21世纪高等学校计算机教育实用规划教材

计算机网络（第2版）

沈 红　李爱华　主编
喻红婕　宋 凯　副主编
金海月　石振刚　参编

清华大学出版社
北京

内 容 简 介

本书共分为6章,比较系统地介绍了计算机网络的发展和原理体系结构、物理层、数据链路层、网络层、传输层和应用层的内容,各章均附有疑难解析、综合练习和习题。与本书配套的网络资料中有全书的课件。

本书的特点是结构合理、概念准确、论述严谨、内容丰富、图文并茂、深入浅出,突出基本原理和基本概念的阐述。为了更好地掌握基本概念和基本原理,同时还配有一定数量的例题。并力图反映出计算机网络的一些最新发展。本书可供电气信息类和计算机类专业的本科生和研究生使用。另外,本书对于相关专业的技术人员也具有一定的参考价值。

图书在版编目(CIP)数据

计算机网络/沈红,李爱华主编.--2版.--北京:清华大学出版社,2015(2021.7重印)
21世纪高等学校计算机教育实用规划教材
ISBN 978-7-302-39968-1

Ⅰ.①计… Ⅱ.①沈…②李… Ⅲ.①计算机网络-高等学校-教材 Ⅳ.①TP393

中国版本图书馆 CIP 数据核字(2015)第 087819 号

责任编辑:付弘宇 薛 阳
封面设计:常雪影
责任校对:李建庄
责任印制:刘海龙

出版发行:清华大学出版社
   网   址:http://www.tup.com.cn,http://www.wqbook.com
   地   址:北京清华大学学研大厦 A 座   邮 编:100084
   社 总 机:010-62770175   邮 购:010-83470235
   投稿与读者服务:010-62776969,c-service@tup.tsinghua.edu.cn
   质量反馈:010-62772015,zhiliang@tup.tsinghua.edu.cn
   课件下载:http://www.tup.com.cn,010-83470236
印 装 者:北京鑫海金澳胶印有限公司
经 销:全国新华书店
开 本:185mm×260mm 印 张:20.25 字 数:504 千字
版 次:2010 年 2 月第 1 版 2015 年 6 月第 2 版 印 次:2021 年 7 月第 5 次印刷
印 数:3501~4000
定 价:44.50 元

产品编号:061080-01

出 版 说 明

随着我国高等教育规模的扩大以及产业结构调整的进一步完善,社会对高层次应用型人才的需求将更加迫切。各地高校紧密结合地方经济建设发展需要,科学运用市场调节机制,合理调整和配置教育资源,在改革和改造传统学科专业的基础上,加强工程型和应用型学科专业建设,积极设置主要面向地方支柱产业、高新技术产业、服务业的工程型和应用型学科专业,积极为地方经济建设输送各类应用型人才。各高校加大了使用信息科学等现代科学技术提升、改造传统学科专业的力度,从而实现传统学科专业向工程型和应用型学科专业的发展与转变。在发挥传统学科专业师资力量强、办学经验丰富、教学资源充裕等优势的同时,不断更新教学内容、改革课程体系,使工程型和应用型学科专业教育与经济建设相适应。计算机课程教学在从传统学科向工程型和应用型学科转变中起着至关重要的作用,工程型和应用型学科专业中的计算机课程设置、内容体系和教学手段及方法等也具有不同于传统学科的鲜明特点。

为了配合高校工程型和应用型学科专业的建设和发展,急需出版一批内容新、体系新、方法新、手段新的高水平计算机课程教材。目前,工程型和应用型学科专业计算机课程教材的建设工作仍滞后于教学改革的实践,如现有的计算机教材中有不少内容陈旧(依然用传统专业计算机教材代替工程型和应用型学科专业教材),重理论、轻实践,不能满足新的教学计划、课程设置的需要;一些课程的教材可供选择的品种太少;一些基础课的教材虽然品种较多,但低水平重复严重;有些教材内容庞杂,书越编越厚;专业课教材、教学辅助教材及教学参考书短缺,等等,都不利于学生能力的提高和素质的培养。为此,在教育部相关教学指导委员会专家的指导和建议下,清华大学出版社组织出版本系列教材,以满足工程型和应用型学科专业计算机课程教学的需要。本系列教材在规划过程中体现了如下一些基本原则和特点。

(1) 面向工程型与应用型学科专业,强调计算机在各专业中的应用。教材内容坚持基本理论适度,反映基本理论和原理的综合应用,强调实践和应用环节。

(2) 反映教学需要,促进教学发展。教材规划以新的工程型和应用型专业目录为依据。教材要适应多样化的教学需要,正确把握教学内容和课程体系的改革方向,在选择教材内容和编写体系时注意体现素质教育、创新能力与实践能力的培养,为学生知识、能力、素质协调发展创造条件。

(3) 实施精品战略,突出重点,保证质量。规划教材建设仍然把重点放在公共基础课和专业基础课的教材建设上;特别注意选择并安排一部分原来基础比较好的优秀教材或讲义修订再版,逐步形成精品教材;提倡并鼓励编写体现工程型和应用型专业教学内容和课程体系改革成果的教材。

Ⅱ

（4）主张一纲多本，合理配套。基础课和专业基础课教材要配套，同一门课程可以有多本具有不同内容特点的教材。处理好教材统一性与多样化，基本教材与辅助教材，教学参考书，文字教材与软件教材的关系，实现教材系列资源配套。

（5）依靠专家，择优选用。在制订教材规划时要依靠各课程专家在调查研究本课程教材建设现状的基础上提出规划选题。在落实主编人选时，要引入竞争机制，通过申报、评审确定主编。书稿完成后要认真实行审稿程序，确保出书质量。

繁荣教材出版事业，提高教材质量的关键是教师。建立一支高水平的以老带新的教材编写队伍才能保证教材的编写质量和建设力度，希望有志于教材建设的教师能够加入到我们的编写队伍中来。

21 世纪高等学校计算机教育实用规划教材编委会

联系人：魏江江 weijj@tup.tsinghua.edu.cn

前　言

本书的第 1 版于 2010 年 2 月出版。由于本书所讲授的是计算机网络的最基本原理,因此新版教材保留了第 1 版中的主要内容。但为了适应网络和因特网技术的迅猛发展,新版教材增加了许多新的内容,以适应计算机网络教学的需要。下面是一些主要的变化。

第 1 章概述部分在计算机网络的发展的介绍中,增加了网络交换技术的介绍。第 2 章物理层,在篇幅上进行了适当的精简,增加了宽带接入技术。第 3 章数据链路层,在结构上的改动较大,这一章包括了点对点信道的数据链路层和广播信道的数据链路层的介绍,把原来有线局域网的内容部分并入现在的第 3 章,并把数据链路层可靠传输部分的内容移到第 5 章传输层中。这样的安排比较符合因特网的实际需要。第 4 章网络互连,主要着重介绍了网络互联问题。新版取消了广域网这一章的介绍,把其中的拥塞控制、路由选择等内容放到了网络层介绍,把宽带接入技术放到了物理层介绍,取消了对一些广域网知识的介绍,但这些并不影响读者对整个计算机网络的学习和理解。第 5 章传输层的改动比较大,把可靠传输的基本概念和 TCP 的滑动窗口机制放在一起讲,可以使读者对可靠传输有一个比较完整的概念,对拥塞控制的方法增加了进一步的解释。第 6 章变化不大,仍然以应用层的协议介绍为主。在每一章中,为了帮助消化相关理论,在介绍原理的同时适当地增加了一些例题。

本书的参考学时为 60 学时左右。如果学时较少,可以适当调整讲授内容。

本书附有随书课件(网络资料)。

本书由沈红、李爱华主编,喻红婕、宋凯副主编,参编有金海月、石振刚、胡树杰、钟辉。其中沈红和李爱华参加了本书大纲的编写,沈红撰写了本书的第 4、5 章,李爱华撰写了本书的第 2、3 章,喻红婕撰写了第 1 章,金海月和石振刚撰写了第 6 章,其他作者对本书的内容和后期的校对做出了很大的贡献。

由于计算机网络涉及的内容极为广泛,技术发展较快,书中不足与欠妥之处在所难免,敬请广大师生批评指正,不胜感激。

编　者
2015 年 5 月

目　　录

X

第1章 概　述

[**本章主要内容**]

1．计算机网络概述

介绍计算机网络的概念，计算机网络的发展（从按时间的顺序和交换技术发展的角度两方面进行论述），计算机网络的分类、组成和功能，计算机网络的拓扑结构等。

2．计算机网络体系结构与参考模型

介绍计算机网络分层结构，计算机网络协议、接口、服务等概念，ISO/OSI 及 TCP/IP 参考模型，具有五层协议的体系结构。

1.1　计算机网络的形成与发展

众所周知，21 世纪是一个数字化、网络化和信息化的时代，而其中最核心的是网络化，网络化是其他技术的基础。

而计算机网络的发展离不开计算机技术与通信技术的飞速发展。今天，人们的生活、工作、学习与沟通方式越来越依赖于计算机网络，它已渐渐成为人们生活的一部分。计算机网络从产生到今天的辉煌只经历了几十年的历程，它仍将继续发展和变化。因此，我们需要掌握计算机网络的基本知识，了解计算机网络的成长经历，在学习中不断提高对计算机网络的认识，使网络技术真正成为我们攀登科学高峰的一个锐利的武器。

1.1.1　计算机网络的产生与定义

1．计算机网络的产生

1946 年世界上第一台数字电子计算机诞生，当时的用户必须带着任务到一个放置大型计算机的房间，数据的处理是以"计算为中心"的服务模式来进行工作的，计算机技术和通信技术并没有什么关系。直至 1954 年，一种能将数据发送并将数据接收的终端设备被制造出来后，人们才首次使用这种终端设备通过电话线路将数据发送到远方的计算机。后来，人们根据计算机通信的特点，将用通信线路把一台计算机与若干台用户终端相连而构成的"终端-计算机"系统，或使用通信线路将分散在不同地点的互相连接的"计算机-计算机"系统称为计算机通信网络，并定义为"计算机技术与通信技术相结合，实现远程信息处理并达到资源共享的系统"。此后，计算机开始与通信技术结合，"计算为中心"的服务模式逐渐让位于计算机网络的服务模式。

计算机与通信相结合主要有两个方面：一方面，通信网络为计算机之间的数据传输和交换提供了必要的手段；另一方面，计算机技术的发展渗透到通信技术，又提高了通信网络的性能。然而,这两方面的进展都离不开超大规模集成电路(半导体)技术的成就。实践表明,计算机网络的产生与发展,对人类社会的发展产生了深远的影响。

2. 计算机网络的定义

1970 年在美国信息处理学会上人们给出了计算机网络的最初的定义,把计算机网络定义为"是将分散的、具有独立功能的计算机系统,通过通信设备与线路连接起来,由功能完善的软件实现资源共享和信息传递的系统"。简言之,计算机网络就是一些互连的、自治的计算机系统的集合。这其中的计算机系统可以是主机(或是端系统),如大型计算机、台式机、笔记本电脑、工作站、无线电话等;通信设备可以是连接网络到其他网络的路由器、将设备连接在一起的交换机和进行数据转换的调制解调器等;线路则是指将这些设备连接起来的有线(如电缆)或无线(如大气)媒介。这一定义主要强调以下三点:

① 计算机网络是计算机系统的群体;

② 各计算机之间不存在主从关系;

③ 计算机互连的目的是为了实现资源共享。

随着分布式处理技术的发展,为了使用户更好地使用网络资源,出现了另一种观点,即强调用户透明性,把计算机网络定义为"使用一个网络操作系统来自动管理用户任务所需的资源,使整个网络像一个大的计算机系统一样对用户是透明的"。这里的"透明"是指用户感觉不到多个计算机的存在。如果不具备这种透明性,而需要用户熟悉资源情况,确定和调用资源,则认为这种网络是计算机通信网而不是计算机网络。按照这种观点,具有资源共享能力只是计算机网络的必要条件,而非充分条件。目前通常采用的计算机网络定义是:计算机网络是用通信线路将分散在不同地点并具有独立功能的多台计算机系统互相连接,按照网络协议实现远程信息处理,并实现资源共享的信息系统。这里强调计算机网络是在协议的控制之下,实现计算机之间的数据通信,网络协议是区别计算机网络与一般计算机互连系统的重要标志。

应该指出的是,计算机网络与分布式计算机系统之间有相同之处,但两者并不完全相同。分布式计算机系统中的各计算机对用户是透明的。对用户来说,这种分布式计算机系统就好像是只有一台计算机一样,用户通过输入命令就可以运行程序、使用文件系统,但用户不知道是哪一台计算机在为他运行程序或处理文件,实际上是操作系统为用户选择一台最合适的计算机来为他服务,并将服务的结果传送到合适的地方,这些都不需要用户的干预。而计算机网络则不同,用户必须先在要为其执行计算或功能处理的计算机上登录,然后按照该计算机的地址,将命令、数据或程序传送到该计算机上去处理或运行。最后,服务方计算机将结果传送到指定的计算机。计算机网络与分布式计算机系统之间主要的区别是软件的不同,一般来说,分布式计算机系统是计算机网络的一个特例。

因此,一个计算机网络必须具备以下 3 个基本要素。

(1) 若干个主机:至少有两个具有独立操作系统的计算机,且它们之间有相互共享某种资源的需求。

(2) 一个通信子网:两个独立的计算机之间必须用某种通信手段将其连接。

(3) 一系列的协议:网络中的各个独立的计算机之间要能相互通信,必须制定相互可确认的规范标准或协议。

1.1.2 计算机网络的发展

计算机网络从 20 世纪 60 年代开始发展到今天,已经从一些小型的办公局域网发展到覆盖全球的因特网(Internet),对人们生活的各个方面都产生了巨大的影响,而这种影响正不断扩大。本书不仅讨论计算机网络的发展历程的时间线索,同时也讨论网络交换技术发展的进程。

1. 计算机网络发展历程的时间线索

按照时间线索来讨论计算机网络的发展,大致可以分为以下 4 个阶段:

* 面向终端的计算机通信网;
* 计算机-计算机网络;
* 开放式标准化阶段;
* 网络互连与高速网络。

(1) 面向终端的计算机通信网

在早期用一台计算机专门进行数据处理,用一个通信处理机或前端处理机(早期为线路控制器)通过调制解调器与远程的终端相连(如图 1-1 所示)。所谓终端通常指一台计算机的外部设备,包括显示器和键盘,无中央处理器和内存。

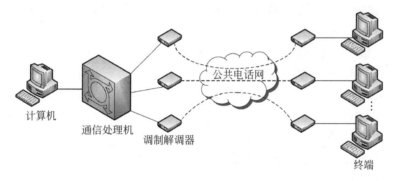

图 1-1 面向终端的计算机通信网

通信处理机用来完成全部通信任务,包括串行和并行传输的转换,计算机专门进行数据处理。调制解调器将终端的数字信号变成可以在电话线上传输的模拟信号或完成相反的变换。这种联机系统称为面向终端的计算机通信网。在初期这种模式一直被广泛使用,被称为第一代计算机网络。这种网络本质上是以单个计算机为中心的远程联机系统,各终端通过通信线路共享计算机的软件和硬件资源。

(2) 计算机-计算机网络

20 世纪 60 年代中期开始,随着计算机技术和通信技术的发展,出现了将多个单处理机利用通信线路相互连接,并以多处理机为中心的计算机网络互连系统,开创了计算机-计算机通信的时代。它的出现使计算机网络的通信方式由终端与计算机之间的通信,发展到计算机与计算机之间的直接通信。用户可把整个系统看作由若干个功能不同的计算机系统集合而成。这就是第二代计算机网络,它比第一代面向终端的计算机网络在功能上扩大了很多。

但是,在早期的通信系统中,应用最广泛的是电话交换系统(电路交换),由于计算机与各种终端的传送速率不同,在采用电路交换时,不同类型、不同规格、不同速率的终端很难相互进行通信,必须采用一些措施来解决这个问题。而在计算机通信中采取有效的差错控制技术,可靠并准确无误地传送每一位数据也是非常必要的,因此需要研究开发出适用于计算机通信的交换技术。

1964年8月,巴兰(Baran)首先提出分组交换的概念。1969年12月,美国国防部高级研究计划局的分组交换网 ARPANET 投入运行,开始时有4个主机相连接,到1975年已经有100多台不同型号的大型计算机连于网内。它是全球第一个分组交换网。从此计算机网络进入了一个崭新的发展阶段,标志着现代通信时代的开始。

(3) 开放式标准化阶段

经过20世纪60年代和70年代前期的发展,人们对网络技术、数据通信的方法和理论的研究日趋成熟。为了促进网络产品的开发,各大计算机公司纷纷制定了自己的网络技术标准。当时各厂商的标准化体系有:IBM 公司的 SNA(系统网络体系结构)、DEC 公司的 DNA(数字网络系统结构)、UNIVAC 公司的 DCA(数据通信体系结构)和 Burroughs 公司的 BNA(宝来网络体系结构)等系统。

但是,这些标准只在一个公司范围内有效,遵从某种特定标准的、能够互连的网络通信产品,也只限于同一公司生产的同种构型设备。网络通信市场这种各自为政的状况使得用户在投资方向上无所适从,也不利于多厂商之间的公平竞争,于是要求制定统一技术标准的呼声日益高涨。1977年国际标准化组织 ISO 开始着手制定开放系统互连参考模型 OSI/RM(Open System Interconnection/Reference Model),并于1984年正式颁布。

(4) 网络互联与高速网络

在20世纪80年代,许多大公司纷纷表示支持 OSI,1984年 ISO 正式颁布开放系统互连参考模型(ISO/OSI)。然而在20世纪80年代到90年代期间没有使用 OSI 标准的 Internet 却发展很快,由各个国家组建的各大主干网与各个地区组建的局域网(LAN)不断地进行互联,覆盖了全世界相当大的范围,其相应的计算机网络产品逐渐遍及全球。Internet 的飞速发展,使它成为世界上最大的国际性计算机互联网。在 Internet 中普遍使用的是 TCP/IP 协议标准,而这一标准从1983年被美国国防部正式规定为其网络的统一标准起,逐步发展成为事实上的国际标准。进入20世纪90年代,随着计算机网络技术的迅猛发展与普及,计算机网络进入一个崭新的阶段。首先是计算机网络向高速化发展;其次是输入的内容由先前主要是数字、文字和程序等数据,发展为越来越多的图形、图像、声音和影像等多媒体信息,对实时性、同步性、服务质量等提出了更高的要求。

目前,全球以 Internet 为核心的高速计算机互联网络已经形成,Internet 已经成为人类最重要的、最大的知识宝库。网络互联和高速计算机网络就成为第四代计算机网络,如图1-2所示。

2. 按网络交换技术的发展

在众多的支撑计算机网络不断变化的技术中,伴随其不断变化的就是数据的交换技术。通信网络的交换方式可以说是至关重要的。当通信节点较多而传输距离较远时,在所有节点之间都建立固定的点对点的连接是不必要的也是不切合实际的。在计算机网络中,常常需要通过中间节点的线路来将数据从源主机发送到目的主机,以此实现通信。而这些中间节点并不关心主机的内容,只是提供一种交换设备,将信息从一个节点转接到另一个节点,直到到达目的主机。信息在这样的网络中传输就像火车在铁路网络中运行一样,经过一系

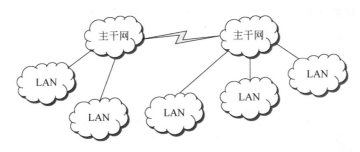

图 1-2 高速计算机网络与网络互联

列交换节点(车站),从一条线路换到另一条线路,最后才能到达目的地。交换节点转发信息的方式就是所谓交换方式。

从通信资源的分配角度来看,所谓"交换"就是按照某种方式动态地分配传输线路的资源。

现代计算机网络实际上是 20 世纪 60 年代美苏冷战时期的产物。大家知道,在 20 世纪 60 年代,传统的以电路交换技术为基础的电信网已经覆盖全球。但在战争期间,一旦正在通信的电路中有一个交换机或一段线路被炸断,则会导致整个通信线路中断。如果要重新通信,就要重新拨号建立连接,重新发送数据,这可能要延误一段时间,例如十几秒或几十秒,这在时间就是生命的战争中,可能造成不可挽回的重大损失。美国国防部担心其一些贵重的主机、路由器和互联的网关会在片刻间因为受到来自苏联的攻击而瘫痪,因此,美国国防部领导的远景研究规划局 ARPA(Advanced Research Project Agency)提出研制新型的、生存性很强的、能够适应现代战争需要的网络,设计目标就是即使在损失子网硬件的情况下网络也能继续工作,原有的会话不能被打断。换句话说,他们希望即使源主机和目标主机之间的一些设备或者传输线路突然不能工作,只要源主机和目标主机还在正常运行,那么它们之间的连接就维持不变。因此要采用一种新型的交换技术的计算机网络——分组交换技术。

在此有必要先简短地引入 ARPANET 的一些关键要点:ARPANET 是由美国国防部DoD(U. S. Department of Defense)资助的研究性网络。最初只是一个单个的分组交换网(并不是一个互联网络),所有要连接在 ARPANET 上的主机都直接与就近的节点交换机相连。但到了 20 世纪 70 年代,单个的网络很难满足所有的通信问题,互联的呼声越来越高。于是 ARPA 开始研究多种网络互联问题。通过租用电话线,将几百所大学和政府部门的计算机连接起来,这就导致互联网的出现。这样的互联网就是当今因特网的雏形。1983 年TCP/IP 协议成为 ARPANET 上的标准协议,这使得所有执行 TCP/IP 标准的计算机都能利用互联网通信。

接下来首先讨论最基本的交换方式。

电路交换、报文交换和分组交换是三种最基本的交换方式,这三种不同的交换方式在网络发展的不同阶段起着不同的作用。在以拨号上网为主的时期,交换方式以电路交换为主,随着网络应用对速度需求的不断提高,存储转发方式得到大量应用。存储转发有两种方式:报文交换和分组交换。

下面分别讨论网络发展的不同时期所采用的不同交换技术的原理及特点。

(1) 电路交换

电路交换(Circuit Switching)是指数据传输期间,在源站点与目的站点之间建立专用电路链接,在数据传输结束之前,电路一直被占用,而不能被其他节点所使用。用电路交换完成的数据传输要经历以下三个阶段。

① 连接建立

图 1-3 所示为电路交换示意图。

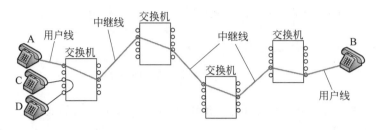

图 1-3 电路交换示意图

在使用电路交换打电话之前,必须建立拨号连接。当拨号的信令通过许多交换机到达被叫用户所连接的交换机时,该交换机就向被叫用户的电话机振铃。在被叫用户摘机且摘机信令传回主叫用户的交换机后,呼叫(连接建立)即完成。这时从主叫端到被叫端就建立了一条连接(物理通路)。这条连接占用了双方通话时所需的通信资源,而这些资源在双方通信时不会被其他用户占用,此后主叫和被叫方才能通话。

② 数据传输

电路连接建立以后,数据就可以从 A 送到 B,这种数据传输经过每个中间节点时几乎没有延迟,并且没有阻塞的问题(因为是专用线路),在整个数据传输过程中,所建立的电路必须保持连接状态,除非有意外的线路或节点故障而使电路中断。

③ 释放连接

通话完毕挂机后,由通信的某一方发出释放连接请求(信令),挂机信令告诉这些交换机,使交换机释放刚才使用的这条物理通路(即归还刚才占用的通信资源),对方作出响应并释放连接。被拆除的信道空闲后,线路上的资源可被其他连接请求所使用。

电路交换的重要特点是在通话的全部时间内,通话的两个用户始终占有端端的通信资源。

电路交换的优点是:

① 传输延迟小,唯一的延迟是电磁信号的传播时间;

② 线路一旦接通,无冲突;

③ 数据传输可靠、迅速,数据不会丢失且保持原来的序列。

电路交换的缺点是:

① 电路交换连接建立时间长;

② 通信双方占有一条信道后,即使不传送数据其他用户也不能使用,造成信道容量的浪费,而且当数据传输阶段的持续时间很短暂时,电路建立和拆除所用的时间也得不偿失;

③ 当用户终端或网络节点负荷过重时,可能出现呼叫不通的情况,即不能建立电路连接。

电路交换适用于大量、持续通信、实时性强和数据传输要求质量高的情况。而对于突发式和间断性的通信,电路交换效率不高。电路交换的典型例子是电话通信网络。

（2）报文交换

当站点间交换的数据具有随机性和突发性时，采用电路交换可能造成信道容量和有效时间的浪费。而采用报文交换则不存在这种问题。

报文交换（Message Switching）方式适用于实时性要求不高的信息传输，不需要在两个站点之间建立一条专用电路，数据传输单位是报文，所谓报文就是站点一次性要发送的数据块，其长度不限并且可变。传送过程采用存储转发方式。当一个站要发送报文时，它将一个目的地址等控制信息附加到报文上，途径的中间节点根据报文上的目的地址信息，把报文发送到下一个节点，中转的节点在收到整个报文并检查无误后，可先把要传输的信息存储起来并进行必要的处理，等到信道空闲时再把信息转发到下一个节点，如果下一个节点仍为中转节点，则仍存储信息，并继续向目的节点方向转发，直至到达目的节点。这种在中间节点把待传输的信息存储起来，然后向下一个节点的转发的交换方式称为**存储交换或存储转发**。因此，在同一时间内，报文的传输只占用两个节点之间的一段线路。而在两个通信用户间的其他线路段，可传输其他用户的报文，不像电路交换那样必须将端到端信道全部占用。

报文交换的缺点是：

① 不能满足实时或交互式的通信要求，报文经过网络的延迟时间长而且不定；

② 中间节点要有较大的存储空间，有时节点收到过多的数据而无空间存储或不能及时转发时，就不得不丢弃报文。

由于报文交换的上述缺点，现在很少采用。而在其基础上发展起来的分组交换得到了广泛的应用。

（3）分组交换

报文交换对传输的数据块（报文）的大小不加限制，分组交换（Packet Switching）又称包交换，也采用存储转发技术，它是报文交换的一种改进。通常我们将要发送的整块数据称为一个报文。分组交换是在发送报文之前，先将报文分成若干个等长的数据段，然后在每一个数据段前面，加上一些必要的控制信息组成的首部，就构成了一个个分组。由于每个数据段的长度有一个上限，因此分组长度也是有限长的，有限长度的分组使得每个节点所需的存储空间降低了，分组可以存储到内存中，提高了交换速度。每个分组中包括数据和目的地址等控制信息。图1-4是把一个报文划分成几个分组的示意图。其传输过程在表面上看与报文交换相类似，但由于限制了每个分组的长度因此大大地改善了网络传输性能。分组交换有面向连接的虚电路分组交换和面向非连接数据报分组交换两种。它是计算机网络中使用最广泛的一种交换技术。

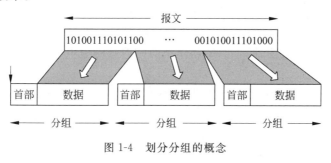

图1-4　划分分组的概念

网络层向上一层提供怎样的服务（"面向连接"还是"无连接"）曾引起长期的争论。其实，争论的焦点在于：在计算机通信中，可靠交付应当由谁来负责，是网络还是端系统？

电信网的成功经验使一些设计者认为，计算机网络也应模仿打电话所使用的面向连接的通信方式，即提供虚电路服务。

（1）虚电路服务：面向连接服务

虚电路服务是一种面向连接的网络服务，属于同一报文的所有分组之间存在着联系。虚电路的设计思想来源于电信网络。在电信网络中，各节点交换机的性能很高，结构比较复杂，这为电信网中的可靠通信提供了保证。在使用虚电路进行计算机之间的通信时，由于广域网采用的是存储转发的分组交换方式，所以这种虚电路就和电路交换的连接又有着很大的不同。在虚电路建立后，只是在分组交换中建立了一条虚电路 VC(Virtual Circuit)，它定义了分组应该经过的路径，并保障双方通信所需要的一切网络资源，作为分组的存储转发之用，然后双方就沿着已建立的虚电路发送分组，每个分组的转发基于分组中的虚电路号。这样的分组首部不需要填写完整的目的主机地址，而只需要填写这条虚电路的编号（一个不大的整数），因而减少了分组的开销。在端与端之间只是断续地占用一段又一段的链路，而不是一条端到端的物理电路。

建立虚电路的好处是，因为所有分组都必须沿着这条**虚电路**传送，所有到达目的主机的分组的顺序与发送时的顺序一致，这种网络提供的虚电路服务对通信服务质量 QoS (Quality of Service)有较好的保证。

建立面向连接服务和电路交换类似，也是使用三个阶段的过程：连接建立、数据交换、连接释放。

虚电路服务又可分为交换式虚电路服务和永久式虚电路服务两种方式。

① 交换式虚电路

两个使用分组交换方式的网上用户在传输数据之前，必须由其中一方呼叫对方的网络地址，建立一条临时的逻辑连接，数据传输完后还要释放该虚电路。即在一台计算机向网络发送分组要求与远程计算机通话时建立，一旦建立好连接，分组就可以在上面发送，通常按次序到达。

② 永久式虚电路

在两个用户设备上建立固定的逻辑连接，用法上和交换式虚电路相同，但永久式虚电路是根据提前在客户端达成的协议而建立的连接，它一直存在，不需要在使用时设置，它与租用线路相似。即在两个用户设备上建立的固定逻辑连接，省去了传输数据前的呼叫过程，需要使用永久型虚电路的用户须预先向网络管理部门提出申请。

虚电路服务能向高层提供面向连接的、可靠地服务。

在虚电路服务中，转发决策基于分组中的虚电路号。如图 1-5 所示，其中图 1-5(a)给出了虚电路分组交换的示意图，图 1-5(b)给出了面向连接的虚电路分组交换网络路由器中的转发过程。

而因特网的设计者认为，电信网提供端到端的可靠传输服务对电话业务是适合的，这是因为电信网的终端（电话机）非常简单，没有智能，也没有差错处理能力。因此电信网必须将分组用户电话机产生的语音信号可靠地传送到对方的电话机，这就要求电信网非常可靠。但计算机网络的端系统是有智能的计算机，计算机本身有很强的差错处理能力。因此，因特

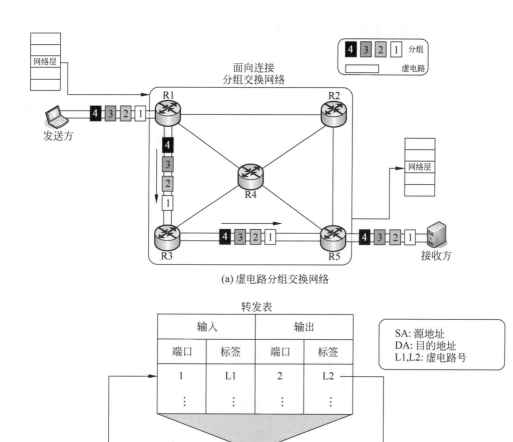

(a) 虚电路分组交换网络

转发表

输入		输出	
端口	标签	端口	标签
1	L1	2	L2
⋮	⋮	⋮	⋮

SA: 源地址
DA: 目的地址
L1,L2: 虚电路号

(b) 用于虚电路网络的路由器中的转发过程

图 1-5　虚电路服务

网在设计上采用和电信网完全不同的思路,即为上一层提供无连接的、不可靠的、尽最大努力交付的数据报服务。

(2) 数据报服务:无连接服务

数据报服务是一种无连接的网络服务。为了使网络更加简单,因特网的网络层被设计成提供无连接服务。当网络层提供无连接服务时,因特网的中每个分组在被传送前不需要建立连接,每个分组都是一个独立的个体,和其他分组没有关系,网络层协议也都独立地对待每个分组。这种网络服务是指源主机只要想发送数据就可随时发送;数据的每一个分组独立地选择路由,并且每个分组的路由选择都是基于分组首部信息进行的;在使用数据报服务的网络中,位于网络里的每个交换机(或路由器)随时都可接收源主机发送的每一个分组(即数据报),网络只是尽最大可能地将分组交付给目的主机,但并不保证分组一定能够到达目的主机。另外数据报服务不能保证按发送顺序交付给目的主机,因此先发送的分组不一定先到达目的主机;数据报是一种不可靠的服务,当网络发生拥塞时,某些节点可能将一些分组丢弃。所以说数据报服务没有质量的保证。为了能够在这种无保证的网络上尽最大可能无差错地传输分组,就要求用于通信的计算机和终端具有一定的智能,即可靠的通信需要由计算机或终端中的软件来保证。

因此,数据报服务只能向上一层提供简单、灵活、快速、无连接、尽最大努力交付的服务。

在数据报服务中,转发决策基于分组的目的地址。如图 1-6 所示,其中图 1-6(a)为无连接分组交换网络,图 1-6(b)给出了数据报分组交换网络中路由器的转发过程。

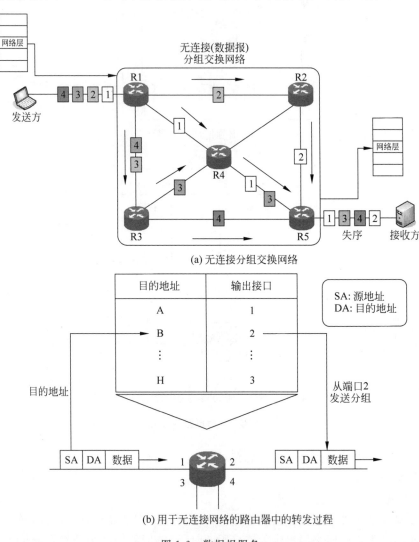

(a) 无连接分组交换网络

(b) 用于无连接网络的路由器中的转发过程

图 1-6 数据报服务

(3) 两种服务的比较

虚电路服务的思路来源于电信网,电信网负责可靠的通信,节点交换机很复杂而且昂贵;数据报服务力求网络的生存性好,对网络的控制功能分散,网络尽最大努力地提供服务,可靠性由上层用户端软件(如 TCP 协议等)完成,简化了网络层的结构。

数据报适合发送计算机的数据(突发性强,数据报短),数据报服务对军事通信有特殊的意义,数据报服务还很适合于将一个分组发送到多个地址(即广播或多播);和虚电路相比它的额外开销小,因特网能够发展到今天这样的规模,充分说明了在网络层提供数据报服务是非常成功的。

虚电路服务和数据报服务的对比如表 1-1 所示。

表 1-1　虚电路服务和数据报服务的对比

对比的方面	虚电路服务	数据报服务
可靠性保障	可靠通信应当由网络来保证	可靠通信应当由用户主机来保证
连接的建立	必须有	不需要
目的站地址	仅在连接建立阶段使用,每个分组使用短的虚电路号	每个分组都有完整的目的站地址
分组的转发	属于同一条虚电路的分组均按照同一路由进行转发	每个分组独立选择路由进行转发
当节点出故障时	所有通过故障的节点的虚电路均不能工作	出故障的节点可能会丢失分组,一些路由可能会发生变化
分组的顺序	总是按发送顺序到达目的站	到达目的站时不一定按发送顺序
端到端的差错处理和流量控制	可以由分组交换网负责,也可以由用户机负责	由用户主机负责

3. 各种数据交换技术的比较

图 1-7 为几种交换技术在 4 个节点情况下进行通信的时序图。传输过程是有延迟的,而且传输报文或分组的实际时间和节点数目、节点的处理速度、线路传输速率、传输质量、节点的负荷等诸多因素有关。表 1-2 给出了几种交换技术性能比较。

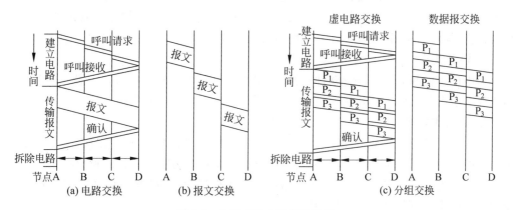

图 1-7　几种交换方法的时序图

表 1-2　交换技术性能比较表

交换方式 项目	电路交换	报文交换	分组交换
接续时间	较长	较短	较短
传输延时	短	长	短
传输可靠性	较高	较高	高
过载反应	拒绝接受呼叫	节点延时增长	采用流控技术

交换方式 项目	电路交换	报文交换	分组交换
线路利用率	低	高	高
实时性业务	适用	不适用	适用
实现费用	较低	较高	较高
传输带宽	固定带宽	动态使用带宽	动态使用带宽

分组交换与报文交换最大的不同点是:

(1) 把传输数据单位的最大长度限制在较小的范围内,这样每个节点所需要的存储容量的要求会相对降低。

(2) 分组是较小的传输单位,只有出错的分组才会被重发,因此大大降低了重发的比例和开销,提高了交换速度。源节点发出一个报文的第一个分组后,可以连续发出第二个、第三个分组,而第一个分组可能还在半路中,这些分组在各个节点中被同时接收、处理和发送,而且可以走不同的路径。这种并行性缩短了整体传输时间,并随时利用网络中流量分布的变化而确定尽可能快的路径。分组交换适用于交互式通信,如终端与主机通信。表 1-2 为交换技术性能比较表。

1.1.3 计算机网络的功能

计算机网络的功能很多,现今的很多应用都与网络有关,其主要有以下三大功能。

1. 数据通信

数据通信是计算机网络最基本的功能,用来实现联网计算机之间的各种信息的传输,并实现将分散在不同地理位置的计算机联系起来,进行统一的调配、控制和管理。例如,文件传输、电子邮件等应用,离开了计算机网络将无法实现。

2. 资源共享

利用计算机网络可以进行软件资源、数据资源以及硬件资源的共享。使计算机网络中的资源互通有无、分工协作,从而极大地提高硬件资源、软件资源和数据资源的利用率。

3. 分布式处理

当计算机网络中的某个计算机系统负荷过重时,可以将其处理的某个复杂任务分配给网络中的其他计算机系统,从而利用空闲计算机资源以提高整个系统的利用率。

除了以上三大主要功能,计算机网络还可以实现远程登录、电子化办公与服务、远程教育、娱乐、搜索信息等功能,满足了社会的需求,方便了人们的学习、工作和生活,具有巨大的经济效益。

1.1.4 计算机网络的分类

由于计算机网络自身的特点,对其划分也有多种方法,例如,可以按网络的作用范围、网络的传输技术、网络的使用范围、通信介质等分类。此外,还可以按信息交换方式、拓扑结构等进行分类。下面就常见的几种分类做介绍。

1. 按网络的地理范围分类

按网络的地理范围可将计算机网络分为个人区域网、局域网、城域网、广域网与接入网。

（1）个人区域网

个人区域网（Personal Area Network，PAN）是将属于个人的电子设备（如平板电脑、智能手机等）用无线技术连接起来的网络，也常称为无线个人区域网（WPAN），其范围大约在 10m 左右。

（2）局域网

局域网（Local Area Network，LAN）通常安装在一个建筑物或校园（园区）中，覆盖的地理范围从几十米至数公里。局域网是计算机通过高速线路相连组成的网络，网上传输速率较高，从 10～100Mb/s，甚至可达 1000Mb/s。通过局域网，各个计算机可以共享资源。有线 LAN 如图 1-8(a)所示，对于有线 LAN 的讨论将在 3.6 节进行。

无线局域网（Wireless Local Area Network，WLAN）近年来得到广泛的应用，尤其是家庭、小型公司、旧办公楼等一些安装电缆较麻烦的场所。在该系统中，每台计算机与一个设备通信，这个设备称为接入点（Access Point）、无线路由器（Wireless Router）或基站（Base Station），它主要的功能是传输无线计算机之间的数据包，并且负责传输计算机和 Internet 之间的数据包，无线 LAN 如图 1-8(b)所示。

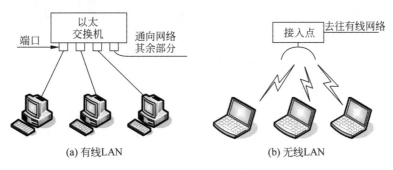

图 1-8　有线 LAN 和无线 LAN

无线局域网的一个标准为 IEEE 802.11，俗称 WiFi，已经被广泛使用。它在任何地方都可以以 11Mb/s 到几百 Mb/s 的速率运行。将在 3.10 节对 IEEE 802.11 进行进一步的讨论。

（3）城域网

城域网（Metropolitan Area Network，MAN）规模局限在一座城市的范围内，覆盖的地理范围从几十公里至数百公里。城域网是对局域网的延伸，用来连接局域网，在传输介质和布线结构方面牵涉范围较广。

最有名的城域网的例子是许多城市都有的有线电视网。有线电视不是唯一的城域网。最近发展的高速无线 Internet 的接入催生了另一种城域网，并且已经被标准化为 IEEE 802.16，这就是所谓的 WiMAN。

（4）广域网

广域网（Wide Area Network，WAN）覆盖的地理范围从数百公里至数千公里，甚至上万公里。可以是一个地区或一个国家，甚至世界几大洲，故称远程网。广域网在采用的技术、应用范围和协议标准方面有所不同。在广域网中，通常是利用电信部门提供的各种公用交换网，将分布在不同地区的计算机系统互连起来，达到资源共享的目的。广域网使用的主要技术为存储转发技术。

（5）接入网

接入网（Access Network，AN）又称为本地接入网或居民接入网。用来把用户接入因特网的网络。接入网是局域网（或校园网）和城域网之间的桥接区。接入网提供多种高速接入技术，使用户接入 Internet 的瓶颈得到某种程度上的解决。在因特网发展初期，用户多用电话线拨号接入因特网，速率很低，因此那时并没有接入网这个名词。而如今，由于出现了多种宽带技术，宽带接入网才成为因特网领域的一个热门课题，宽带接入技术将在 2.4 节介绍。局域网、城域网、广域网、接入网的关系如图 1-9 所示。

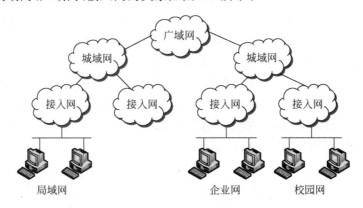

图 1-9　各种地理范围的网络之间的关系

2. 按网络的传输技术分类

按网络的传输技术可将计算机网络分为广播式网络与点对点网络。

（1）广播式网络仅有一条通信信道，网络上的所有计算机都共享这个通信信道。当一台计算机在信道上发送**数据信息**时，网络中的每台计算机都会接收到这个**数据信息**，并且将自己的地址与**数据信息**中的目的地址进行比较，如果相同，则处理该**数据信息**，否则将它丢弃。在广播式网络中，若某个**数据信息**发出以后，网络上的每一台机器都接收并处理它，则称这种方式为广播（Broadcasting），若**数据信息**是发送给网络中的某些计算机，则称为多播或组播（Multicasting），若**数据信息**只发送给网络中的某一台计算机，则称为单播（Unicasting）。

（2）在点对点网络中，两台计算机之间通过一条物理线路连接。若两台计算机之间没有直接连接的线路，**数据信息**可能要通过一个或多个中间节点的接收、存储、转发，才能将数据信息从信源发送到目的地。由于连接多台计算机之间的线路结构可能非常复杂，存在着多条链路，因此在点对点的网络中如何选择最佳路径显得特别重要。

3. 按网络的使用者分类

按网络的使用者分类可将计算机网络分为公用网与专用网。

（1）公用网由电信部门组建，一般由政府电信部门管理和控制，网络内的传输和交换装置可提供（如租用）给任何部门和单位使用，例如公共电话交换网 PSTN、数字数据网 DDN、综合业务数字网 ISDN 等。

（2）专用网由某个单位或部门组建，不允许其他部门或单位使用，例如金融、石油、铁路等行业都有自己的专用网。专用网可以租用电信部门的传输线路，也可以自己铺设线路，但后者的成本非常高。

4. 按传输介质分类

按传输介质分类可将计算机网络分为有线网与无线网。

（1）有线网是指采用双绞线、同轴电缆、光纤连接的计算机网络。

（2）无线网使用电磁波传播数据，它可以传送无线电波和卫星信号。

1.2　计算机网络的组成与结构

1.2.1　计算机网络的组成

从不同的角度，可以将计算机网络的组成分为如下几类。

1. 从组成部分上看

一个完整的计算机网络主要有硬件、软件、协议三大组成部分，缺一不可。硬件主要由主机（也称端系统）、通信链路（如双绞线、光纤）、交换设备（如路由器、交换机）和通信处理机（如网卡）等组成；软件主要包括各种实现资源共享的软件、方便用户使用的各种工具软件，如网络操作系统、邮件收发程序、FTP 程序、聊天程序等。软件部分多属于应用层；协议是计算机网络的核心，如同交通规则制约汽车驾驶一样。协议规定了网络传输数据时所遵循的规范。关于协议的定义，详见 1.4 节。

2. 从工作方式上看

计算机网络（这里主要指 Internet）的拓扑结构虽然很复杂，并且规模非常庞大，但从其工作方式上看，可分为边缘部分和核心部分。

边缘部分由所有连接在因特网上、供用户直接使用的主机组成，这些主机又称为端系统。用来进行通信（如传输数据、音频或视频）和资源共享；核心部分由大量的网络和连接这些网络的路由器组成，它为边缘部分提供连通性和交换服务。图 1-10 给出了这两部分的示意图。

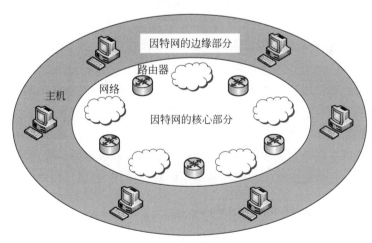

图 1-10　因特网的边缘部分与核心部分

3. 从功能组成上看

一个典型的计算机网络从逻辑功能上可以分为通信子网和资源子网，如图 1-11 所示。

（1）通信子网

通信子网由各种传输介质、通信设备和相应的网络协议组成，负责完成主机之间的数据

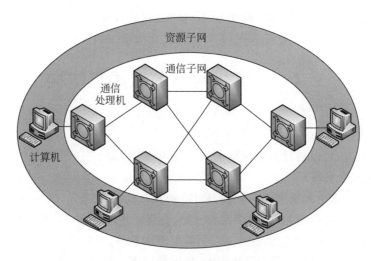

图 1-11　计算机网络的基本组成

传输、交换、控制和变换等通信任务,实现联网计算机之间的数据通信。通信子网的功能可分为交换和传输两大功能,交换功能由节点交换机完成,节点交换机通常是一台小型计算机,它完成通信控制与转发等功能,传输功能由高速通信线路完成,高速通信线路负责传输信息。一个通信子网可以由政府部门或某个电信公司所拥有,但向社会公众开放服务,如电话交换网。

　　(2) 资源子网

　　资源子网是实现资源共享功能的设备及其软件的集合。主要包括实现网络资源共享的计算机与终端。资源子网实现全网的面向应用的数据处理和网络资源共享,它由各种硬件和软件组成。

　　① 主机 Host:它是资源子网的主体,装有本地操作系统、网络操作系统、数据库、用户应用系统等软件。

　　② 终端设备:它是用户与网络之间的接口,用户通过网络终端取得网络服务。

　　③ 网络操作系统:它是建立在各主机操作系统之上的一个操作系统,用于实现不同主机之间的用户通信。

　　④ 网络数据库:它是建立在网络操作系统之上的一种数据库系统。

　　⑤ 应用系统:它是建立在上述部件基础上的具体应用,以满足用户的需求。

1.2.2　现代计算机网络的结构特点

　　现代计算机网络是一个复杂系统,它是由各自具有自主功能的计算机,通过各种通信手段互相连接而成的,以便进行信息交换、资源共享或协同工作等。三网融合甚至多网融合是一个重要的发展方向。所谓三网,指的是电信网络(主要的业务是电话,也包括传真等)、有线电视网和计算机网络。虽然这三种网络在信息化进程中都起到十分重要的作用,但其中最核心的,发展最快的是计算机网络。因此三网融合现代计算机网络的一个结构特点,通过三网的构建,可为在世界各地的用户提供交流信息的途径,提供人际通信手段,让用户可以利用三网做远程信息处理,跨地域共享软件、硬件和数据资源。

1.3 计算机网络的拓扑结构

1.3.1 计算机网络拓扑的基本概念

计算机网络的拓扑结构就是网络中通信线路和节点的几何排列形式。任何一种网络系统都规定了它们各自的网络拓扑结构。在介绍具体的网络拓扑结构之前,我们首先了解一下什么是拓扑图。

拓扑学把实体抽象成与其大小、形状无关的点,将连接实体的线路抽象成线,进而研究点、线、面之间关系;在计算机网络中,将网络节点(计算机或路由器)抽象为图的顶点,图的边代表它们之间的物理链路,形成点和边组成的图形,人们称此图形为网络拓扑图,以此使人们对网络整体有一个明确的全貌印象。研究计算机网络的拓扑结构就是研究网络中通信线路与站点(计算机或设备)之间的几何排列形式,利用数学方法来解决网络中的问题。

1.3.2 网络拓扑的类型

如果把计算机网络中抽象的点定义为节点,两个节点间的连线称为链路,计算机网络就是由一组节点和链路组成,网络中的节点有两类:端节点和转接节点。端节点是指通信的源和宿节点,也叫做访问节点,例如,用户主机和用户终端。转接节点指网络通信过程中起控制和转发信息作用的节点,例如,程控交换机、通信处理机、集线器和终端控制器等。网络拓扑的结构有很多种,图 1-12 主要给出了星型、总线型、树型、环型和网型等几种拓扑结构。

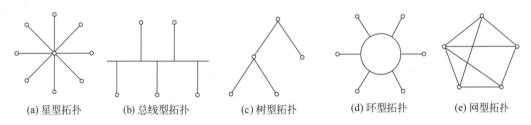

| (a) 星型拓扑 | (b) 总线型拓扑 | (c) 树型拓扑 | (d) 环型拓扑 | (e) 网型拓扑 |

图 1-12 几种网络拓扑结构示意图

1. 星型拓扑网络

在星型拓扑结构中,每个端点(客户机)必须通过点对点链路连接到中心节点上,任何两个端节点之间的通信都要通过中心节点来进行。中心节点也就是一台主机,此时它应具有数据处理和转接的功能。在星型结构的网络中,可采用集中式访问控制和分布式访问控制两种访问控制策略对网络节点实施网络访问控制。

(1) 在基于集中式访问控制策略的星型网络中,中心节点既是网络交换设备,又是网络控制器,由它控制各个节点的网络访问。一个端点在传送数据之前,首先向中心节点发出传输请求,经过中心节点允许后才能传送数据。在这种网络系统中,中心节点具有很强的数据交换能力和网络控制功能,系统结构比较复杂,端点的功能和结构要简单得多。

(2) 在基于分布式访问控制策略的星型网络中,中心节点主要是网络交换设备,采用存储-转发机制为网络节点提供传输路径和转发服务。另外,中心节点还可以根据需要将一个节点发来的数据同时转发给其他所有的节点,从而实现"广播式"传输。各个端节点根据网络状态自行控制对网络的访问。目前,大多数基于分组交换的局域网都采用这种网络结构,已成为网络主流技术。

① 优点:网络结构简单,便于管理,很容易在网络中增加新的站点,数据的安全性和优先级容易控制,易实现网络监控,网络延迟时间较短,误码率较低。

② 缺点:属于集中控制,对中心节点的依赖性大,一旦中心节点有故障会引起整个网络的瘫痪,网络共享能力较差,通信线路利用率不高,中央节点负荷太重,网络可靠性低。

星型结构如图 1-13 所示。

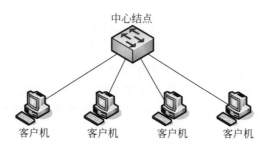

图 1-13　星型网络拓扑结构图

2. 总线型拓扑网络

在总线型拓扑结构中,网络中的所有节点都直接连接到同一条传输介质上,这条传输介质称为总线。各个节点将依据一定的规则分时地使用总线来传输数据,发送节点发送的数据沿着总线向两端传播,总线上的各个节点都能接收到这个数据,并判断是否为发送给本节点的,如果是,则将该数据保留下来;否则将丢弃该数据。总线型网络是依据"广播式"传输数据信号的特性来实现的。常见的总线型结构如图 1-14 所示。

图 1-14　总线型拓扑结构图

(1) 优点:结构简单,安装方便,易于扩充,成本低,信道利用率高。

(2) 缺点:实时性较差,可靠性不高,易产生冲突问题,总线的任何一点故障都会导致网络瘫痪。

3. 树型拓扑网络

网络中的各节点形成了一个层次化的结构,树中的各个节点都为计算机。树中低层计算机的功能和应用有关,一般都具有明确定义和专业化很强的任务,如数据的采集和变换等,而高层的计算机具备通用的功能,以便协调系统的工作,如数据处理、命令执行和综合处理等。

树状拓扑的站点发送时,根节点接收该信号,然后在广播全网。树状拓扑的优缺点类似总线型拓扑,但有其特殊之处。

(1) 优点:结构简单,成本低,每个链路都支持双向传输,节点扩充方便灵活,故障隔离比较容易。

（2）缺点：除叶节点及其相连的链路外，任何一个节点或链路产生的故障都会影响整个网络，一般来说，当层次结构过多时，转接开销过大，使高层节点的负荷过重。

树型拓扑是从总线拓扑演变而来，它把星型和总线型结合起来，形状像一棵倒置的树，顶端有一个带分支的根，每个分支还可以延伸出子分支，如图 1-15 所示。

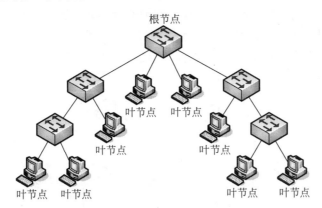

图 1-15 树型拓扑网络结构图

4. 环型拓扑网络

在环型拓扑结构中，各个节点通过中继器连入网络，中继器之间通过点对点链路连接，使之构成一个闭合的环型网络。发送节点发送的数据沿着环路单向传递，每经过一个节点，该节点要判断这个数据是否发送给本节点的，如果是，则要将数据拷贝下来，然后将数据传递到下一个节点。数据遍历各个节点后，由发送节点将数据从环路上取下。通过数据遍历各个节点来实现"广播式"传输。由于多个节点要共享同一环路，需要采用某种分布式访问控制策略来控制各个节点对环路的访问，一般采用基于令牌（Token）的控制访问方法。每个节点都有收发控制的访问逻辑，依据一定的规则来控制节点对网络的访问。因此，环型网络中的节点结构比较复杂。环型网络的拓扑结构如图 1-16 所示。

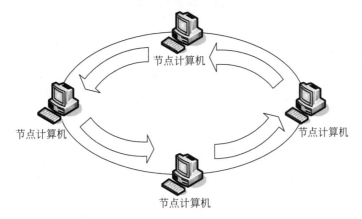

图 1-16 环型拓扑结构图

（1）优点：环型拓扑网络结构简单，传输延时确定，网络的覆盖面积较大，节点的连接能力较强，大大简化了路径选择的控制，可靠性高。

（2）缺点：链路可靠性差，一旦环路上某段链路断开或环路上某个中继器发生故障，都会导致环路的断路，使全网陷于瘫痪。而且环型网络节点的加入、退出、环路的维护和管理都比较复杂，节点过多时，网络响应时间长。

令牌环网是环型拓扑的典型代表，现在已经较少使用。

5. 网型拓扑结构

网型结构分为全连接网型和不完全连接网型两种形式。在全连接网型结构中，每一个终端通过节点和网中其他节点均有链路连接，如图1-17所示。在不完全连接网型网中，两节点之间不一定有直接链路连接，它们之间的通信，依靠其他节点转接。广域网中一般用不完全连接网型结构。

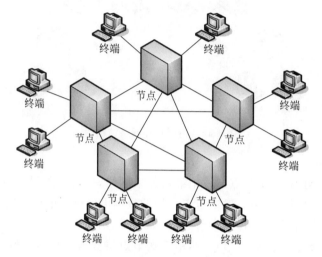

图1-17　全连接网型拓扑结构图

网型拓扑网络中，节点之间的连接是任意的，没有规律。

（1）优点：是可靠性高，节点之间连接灵活。

（2）缺点：结构复杂，必须采用路由选择算法和流量控制方法。

广域网基本上采用网状型拓扑结构。如卫星通信网，通信卫星为一个中间交换站，通过地面站与地区网络互相连接，如图1-18所示，从而构成一个网型拓扑结构。

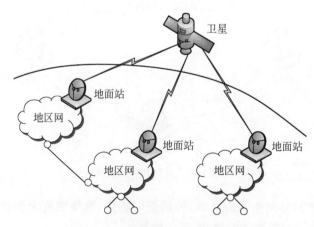

图1-18　卫星通信的网型拓扑结构

1.4 计算机网络体系结构与参考模型

计算机网络是一个涉及计算机技术、通信技术等多个领域的复杂系统，并且两个系统中实体间的通信也是一个极其复杂的过程。而现代计算机网络已经渗透到工业、商业、政治、军事等领域以及我们生活中的各个方面，如此庞大而又复杂的系统要有效而且可靠地运行，网络中的各个部分就必须遵守一整套合理而严谨的结构化管理规则。同时为了降低协议设计和调试过程的复杂性，也为了便于对网络进行研究、实现和维护，促进标准化工作，绝大多数计算机网络是按照高度结构化设计方法的体系结构并采用功能分层原理来实现的。分层的思想也是计算机网络体系结构研究的内容。

1969 年，美国国防部高级研究计划局（Advanced Research Projects Agency，ARPA）首先实现了以资源共享为目的的异构计算机互连的网络，命名为 ARPA 计算机网（ARPAnet），在 ARPAnet 成功运行的驱动下，各大计算机公司为了促进网络产品的开发，纷纷制定了各自的网络技术标准。1976 年，国际电报电话咨询委员会（CCITT），现改名为国际电信联盟电信标准化部门（ITU-T）正式公布了基于分组交换技术的公用数据网的重要建议——X.25 接口规程，该规程后又经过多次修改和补充，成为公用数据网分组交换技术发展过程中的一个里程碑，各国电信部门纷纷兴建分组交换公用数据网（PSPDN），提供各类计算机系统的接入。我国在 1989 年分组交换实验网运行的基础上，于 1993 年建成了 X.25 分组交换公用数据网，称为 ChinaPAC，支持用户接入的数据速率一般不超过 64kb/s。

标准化进一步推动了信息产业。新一代的网络技术、网络互联、网络管理、系统集成也相应而起。

1.4.1 网络体系结构的基本概念

为了降低设计的复杂性，一般网络都组织成一个"层次栈"（A Stack of Layer）或"分组栈"（A Stack of Level），每一层都建立在其下一层的基础之上。不同的网络层的个数、每层的名字、每一层的内容及功能都不尽相同。但每一层的目的都是向上一层提供特定的服务，而把如何实现这些服务的细节对上一层屏蔽。

换言之，**计算机网络体系结构**就是研究系统各部分组成及相互关系的技术科学。它采用分层配对结构，定义和描述了一组用于计算机及通信设施之间互连的标准和规范的集合。按照这组规则可以方便地实现计算机设备之间的通信。在计算机网络中可将其功能划分为若干个层次，较高层次建立在较低层次的基础上，并为其更高层次提供必要的服务功能。网络中的每一层都起到隔离作用，使得低层功能具体实现方法的变更不会影响到高一层所执行的功能。

在这种划分方法中涉及如下几个基本概念。

1. 网络体系结构

计算机网络的各层及其协议的集合称为网络的体系结构（Architecture）。即计算机网络的体系结构就是这个计算机网络及其所应完成的功能的精确定义，它是计算机网络中的层次、各层的协议以及层间接口的集合。需要强调的是，这些功能究竟是用何种硬件或软件完成的，则是一个遵循这种体系结构的实现问题。体系结构是抽象的，而实现是具体的，是真正在运行的计算机硬件和软件。

计算机网络的体系结构通常都具有可分层的特性,这样可以将复杂的简单化,把一个不易实现的大系统分成若干较容易实现的层次。但是分层不是任意的,要遵循以下几个分层的基本原则。

(1) 每一层都实现一种相对独立的功能,降低大系统的复杂度。

(2) 各层之间界面自然清晰,易于理解,相互交流尽可能少。

(3) 各层功能的精确定义独立于具体的实现方法,可以采用最合适的技术来实现。

(4) 保持下层对上层的独立性,上层单向使用下层提供的服务。

(5) 整个分层结构应能促进标准化工作。

为了完成计算机间的通信合作,把每个计算机互联的功能划分成有明确定义的层次,并规定同层次进程通信的协议及相邻层之间的接口服务,所以层次结构方法主要解决如下问题:

(1) 网络应该具有哪些层次?每一层的功能是什么?

(2) 各层之间的关系是怎样的?它们如何进行交互?

(3) 通信双方的数据传输要遵循哪些规则?

因此网络体系结构简单的定义是计算机网络的分层结构、各层协议、功能和层间接口的集合。不同的网络,其层次的数量、各层的名字、内容和功能不尽相同,但是所有分层式网络的体系结构具有共同特点。分层有如下一系列好处。

(1) 简单化:由于每一层只实现一种相对独立的功能,可将一个难以处理的复杂问题分解为若干个容易处理的较小问题,这样就降低了处理问题的难度。某一层不需要知道它的下一层是如何实现的,而仅仅需要知道该层是通过层间接口所提供的服务。由于分层把整体结构分割开,各层都可以采用最合适的技术来实现。

(2) 灵活性:当任何一层进行修改时,只要层间接口关系保持不变,则在这层以上或以下各层均不受影响。此外,对某一层提供的服务也可以进行修改,当某层提供的服务不再需要时,甚至可以将这层取消。

(3) 标准化:能促进标准化工作,因为每一层的功能及其所提供的服务都可以有精确的说明。

在分层时首先要明确每一层的功能;其次层次要适当。因为如果层次过少,会使每一层的协议太复杂;但层次过多,有些功能在不同层中难免重复出现,产生了额外的开销,整体运行效率就越低,这样反而会增加系统工程任务的难度。

2. 服务数据单元(SDU)、协议控制信息(PCI)、协议数据单元(PDU)

依据一定的规则,将分层后的网络从低层到高层依次称为第 1 层、第 2 层、……、第 n 层,通常还为每一层取一个特定的名称,如 OSI/RM 体系结构中的第 1 层命名为物理层。每一层还有自己传送的数据单位,其名称、大小、含义也各有不同。其中涉及的几个比较难理解并且容易混淆的概念如下。

(1) 服务数据单元(Service Data Unit,SDU):为完成用户所要求的功能而应传送的数据。第 n 层的服务数据单元记为 n-SDU。

(2) 协议控制信息(PCI):控制协议操作的信息。第 n 层的协议控制信息记为 n-PCI。

(3) 协议数据单元(PDU):对等层次之间传送的数据单位称为该层的 PDU。第 n 层的

协议数据单元记为 n-PDU。在实际的网络中，每层的协议数据单元都有一个通俗的名称，如物理层的 PDU 叫"比特"，数据链路层的 PDU 叫"帧"，网络层的 PDU 叫"分组"，传输层的 PDU 叫"报文"。

在各层间传输数据时，把从第 $n+1$ 层收到的 PDU 作为第 n 层的 SDU，加上第 n 层的 PCI，就变成了第 n 层的 PDU，交给 $n-1$ 层后作为 $n-1$ 层 SDU 发送，接收方接收时做相反的处理，故可知三者的关系为：n-SDU$+n$-PCI$=n$-PDU$=(n-1)$-SDU。

可将一个计算机网络抽象为若干层。其中，第 n 层是由分布在不同系统中的处于第 n 层的子系统构成。第 n 层只使用第 $n-1$ 层的服务。n 层向第 $n+1$ 层提供服务，此服务不仅包括 n 层本身所执行的功能，还包括由下层服务提供的功能总和。最低层只提供服务，最高层只是用户。各层之间结构关系及其各层数据单元的变换过程如图 1-19 所示。

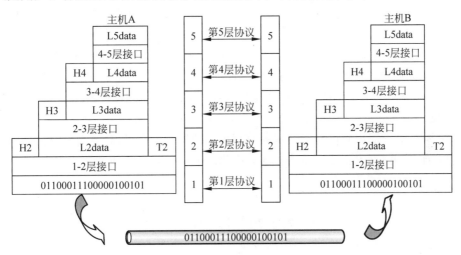

图 1-19　各层之间结构关系及其各层数据单元的变换过程

具体来讲，层次结构的含义包括以下几个方面。

（1）第 n 层的实体不仅要使用第 $n-1$ 层的服务，实现自身定义的功能，还要向第 $n+1$ 层提供本层的服务，该服务是第 n 层及其下面各层提供的服务总和。

（2）最低层只提供服务，是整个层次结构的基础；中间各层既是下一层的服务使用者，又是上一层的服务提供者；最高层面向最终用户提供服务。

（3）上一层只能通过相邻层间的接口使用下一层的服务，而不能调用其他层的服务；下一层所提供服务的实现细节对上一层透明。

（4）两个主机通信时，对等层在逻辑上有一条直接信道，表现为不经过下层就把信息传送到对方。

3. 实体、协议、接口和服务

（1）实体

在网络分层体系结构中，每一层都由一些实体（Entity）组成，第 n 层中的活动元素通常称为 n 层实体。这些实体抽象地表示了通信时的软件过程（如进程或子程序）或硬件设备（如智能 I/O 芯片等），甚至是人类。换句话说，正是这些对等实体为了实现彼此沟通才使用协议来进行通信。

不同机器上同一层称为对等层,同一层的实体叫做对等实体。第 n 层实体实现的服务为第 $n+1$ 层所利用。在这种情况下,第 n 层被称为服务提供者,第 $n+1$ 层是服务用户。

(2) 协议

协议(Protocol)就是规则的集合。它是用来描述进程之间信息交换过程的一个术语。在网络中包含许多计算机系统,它们的硬件和软件系统各不相同,在它们之间要做到有条不紊地交换数据,就必须遵循一些事先约定好的规则。即这些规则必须明确规定了所交换的数据的格式以及有关的同步等问题,这样通信双方才能正确接收信息,并能理解对方所传输信息的含义,这些为进行网络中的数据交换而建立的规则、标准或约定称为网络协议(Network Protocol),它是控制两个(或多个)对等实体进行通信的规则的集合。网络协议也简称为协议。协议由语法、语义和同步规则三部分组成,即协议的三要素。

① 语义:确定协议元素的类型,规定通信双方要发出何种控制信息,完成何种动作以及做出何种应答。

② 语法:语法规定了传输数据的格式,即规定数据与控制信息的结构和格式。

③ 同步规则:规定事件实现顺序的详细说明,确定通信状态的变化和过程,如通信双方的应答关系等。一个完整的协议通常应具有线路管理(建立、释放连接)、差错控制、数据转换等功能。

但要注意,每一层用到的对等协议是本层内部的事情。它可以使用任何协议,只要它能够完成本层任务就行(也就是所承诺本层要提供的服务),它可以随意的改变协议,而不会影响它上面的各层。

(3) 接口

接口(Interface)是同一节点内相邻两层间交换信息的连接点,通常也称为服务访问点SAP (Service Access Point)。每一层的接口告诉它上面的进程如何访问本层。每一层只能为紧邻的层次之间定义接口,不能跨层定义接口。在典型的接口上,同一节点相邻两层的实体通过服务访问点 SAP 进行交互。即第 n 层的 SAP 就是第 $n+1$ 层可以访问第 n 层服务的地方。每个 SAP 都有一个能够标识它的地址。它定义了较低层向较高层提供的原始操作和服务。相邻层通过它们之间的接口交换信息,OSI 将这种交换的数据的单位称为服务数据单元 SDU。在服务提供者的高层实体,也就是"服务用户",它使用服务提供者所提供的服务。高层并不需要知道低层的这些服务是如何实现的,仅需要知道该层通过层间的接口所提供的服务,这样使得两层之间保持了功能的独立性。

服务访问点 SAP 是一个抽象的概念,它实际上就是一个逻辑接口(类似邮政信箱),但和通常所说的两个设备之间的硬件接口是很不一样的。

(4) 服务

服务定义说明了该层是做什么的,而不是上一层实体如何访问这一层,或者这一层是如何工作的。它定义了这一层的语义。是指下层为其相邻的上层提供的功能调用。是某层次对上一层的支持,属于外观的表象。上层使用下层所提供的服务必须通过与下层交换一些命令,这些命令在 OSI 中称为服务原语(Service Primitive),亦即一个服务有一组原语正式说明。OSI 将原语划分为以下 4 类。

① 请求(Request):由服务用户发往服务提供者,请求完成某项工作。

② 指示(Indication):由服务提供者发往服务用户,指示用户做某件事。

③ 响应(Response)：由服务用户发往服务提供者，作为对指示的响应。

④ 证实(Confirm)：由服务提供者发往服务用户，作为对请求的证实。

当一个实体发出连接请求(CONNECT. request)之后，一个 PDU 就被发送出去。接收方会收到一个连接指示(CONNECT. indication)，被告知某处的一个实体希望和它建立连接。收到连接指示的实体使用连接响应(CONNECT. response)原语表示它是否愿意建立连接。但无论是哪一种情况，请求连接的一方都能够通过连接确认(CONNECT. confirm)原语获知接收方的态度。

这 4 类原语用于不同的功能，如建立连接、传输数据和断开连接等。原语一般都带有参数，这些参数表明在实体连接的过程中一些具体要求。连接请求的参数可能指明要与哪台机器连接、需要的服务类别和在该连接上使用的最大报文长度。连接指示原语的参数可能包含呼叫者标识、需要的服务类型和建议的最大报文长度。如果被呼叫实体不同意呼叫实体建议的最大报文长度，他可以在响应原语中做出一个反建议，呼叫方可以从确认原语中获悉该反建议，这一协商细节就是协议内容。有应答服务包括全部 4 类原语，而无应答服务则只有请求和指示两个原语。

4. 服务和协议的关系

在网络体系结构中，"服务"和"协议"是完全不同的概念，它们之间的区别非常重要，有必要在此进一步强调。

服务是指某一层向其相邻的上一层提供的一组原语(操作)，也就是下层为紧相邻的上层提供的功能调用。服务定义了该层准备代表其用户执行哪些操作，但是它不涉及如何实现这些操作。服务与两层之间的接口有关，底层是服务提供者，高层是服务用户。

而与此相反，协议是一组规则，规定了同一层上对等实体之间所交换的数据应该遵循的原则，例如要交换的数据包或者报文的格式或含义。对等实体利用协议来实现它们的服务定义，使得本层能为上一层提供服务，它们可以自由地改变协议，只要不改变呈现给它们的用户的服务即可。但要实现本层协议还需要使用下一层所提供的服务。因此，协议相当于一种工具，层次"内部"的功能和"对外"的服务都是在本层"协议"的支持下完成的。

另外，一定要弄清楚，协议和服务在概念上是很不一样的。首先，协议的实现保证了能够向上一层提供服务。本层的服务用户只能看见服务而无法看见下面的协议，下面的协议对上面的服务用户是透明的。

其次，协议是"水平的"，即协议是控制对等实体之间通信的规则。但服务是"垂直的"，即服务是由下层向上层通过层间接口提供的。上层使用下层所提供的服务必须通过与下层交换一些命令，即服务原语实现的。图 1-20 所示为协议、接口、服务之间的关系。

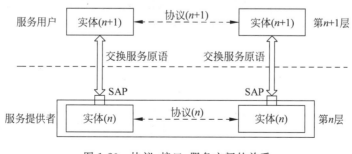

图 1-20　协议、接口、服务之间的关系

5. 计算机网络提供的服务

（1）面向连接服务与无连接服务

面向连接服务类似电话通信,用户先拿起电话,拨号、通话、然后挂断。通信前双方必须先建立连接,建立连接时,发送方、接收方和子网一起协商一组要使用的参数,例如最大的报文长度、所要求的服务质量、要分配相应的资源(如缓冲区)的大小等问题,以保证通信能正常进行,传输结束后释放连接和所占用的资源。因此这种服务可以分为连接建立、数据传输和连接释放这三个阶段。连接本质上像一个管道,发送者把发送对象(数据位)有次序的压入管道的一端,接收者在另一端以同样的次序取出数据。在绝大多数情况下,所有数据位都按发送的顺序到达。

与面向连接相对应的是**无连接服务**,无连接服务类似邮政系统中普通信件的投递。在无连接服务中,通信前双方不需要先建立连接,需要发送数据时就直接发送,每一个报文(信件)带有完整的目标地址并都独立于其他报文。每个报文都由系统中的中间节点路由,经由系统选定的路线传递,而且路由独立于后续报文。

如果中间节点只能在收到报文的全部内容之后再将该报文发送给下一个节点,那么我们就称这种处理方式为**存储-转发交换**(Store-and-Forward Switching)。但如果在报文还没有被全部接收完毕之前就向下一个节点传输,这种处理方式称为**直通式交换**。在正常情况下,当两个报文发往同一个目的地时,先发的先收到。但是,也有可能先发的报文在途中延误了,后发的报文反而先收到。而这种情况在面向连接的发往中是绝对不可能发生的。例如,平常写信交邮局的过程就是无连接的服务。

（2）可靠服务和不可靠服务

可靠服务是指网络具有检错、纠错、应答机制,能保证数据正确、可靠地传送到目的地。

不可靠服务是指网络只是尽量正确、可靠地传送,但不能保证数据正确、可靠地传送到目的地,是一种尽力而为的服务。

对于提供不可靠服务的网络,其网络的正确性、可靠性就要由系统的终端用户来保障。例如,用户收到信息后要判断信息的正确性,如果不正确,用户把出错信息报告给信息的发送者,以便发送者采取纠正措施。通过用户的这些措施,可以把不可靠的服务变成可靠的服务。

（3）有确认服务和无确认服务

有确认服务是指接收方在收到数据后向发送方给出相应的确认,该确认由传输系统内部自动实现,而不是由用户实现。所发送的确认可以是肯定确认,也可以是否定确认,通常在接收到的数据有错误时发送否定确认。例如,文件传输服务就是一种有确认服务。

无确认服务是指接收方收到数据后不自动给出确认。若需要确认,则由高层实现。例如 WWW 服务。客户端收到服务器发送的页面文件后不给出确认。

有确认服务包括请求、指示、响应和确认四个原语,而无确认服务则只有请求和指示两个原语。面向连接服务总是有确认的服务,因为远程对等实体必须同意后才能建立连接。另外,数据传输可以是有确认的,也可以是无确认答的,这取决于发送方是否要求确认。

1.4.2　ISO/OSI 分层体系结构

1977 年,国际标准化组织 ISO(International Standards Organization)设立了 TC97(计

算机与信息处理标准化委员会)下属的 SC16(开放系统互连技术委员会),吸取了 SNA、DNA 以及 APPA 网等网络体系结构的成功经验,参照 X.25 开放互连结构特性,从用户系统信息处理的角度提出了开放系统互连的参考模型(OSI/RM),即 ISO7498,该参考模型于1984 年 5 月被批准成为国际标准,作为各层协议迈向国际标准化的第一步,并且于 1995 年进行了修订。"开放"表示任何两个遵守 OSI/RM 的系统都可以进行互连,当一个系统能按OSI/RM 与另一个系统进行通信时,就称该系统为开放系统。

OSI 参考模型的体系结构如图 1-21 所示,共有 7 层,由低层至高层分别称为物理层、数据链路层、网络层、传输层、会话层、表示层和应用层。适用于这 7 层的基本原则简要概括如下。

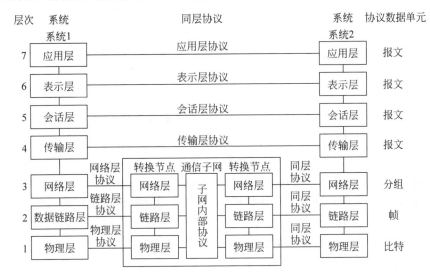

图 1-21　OSI 参考模型

(1) 应该在需要一个不同抽象体的地方创建一层。

(2) 每一层都应该执行一个明确定义的功能。

(3) 每一层功能的选择应该向定义国际标准化需要的目标看齐。

(4) 层与层边界的选择应该使跨越接口的信息量最少。

(5) 层数要足够多,保证不同的功能不会被混杂在同一层中,但同时层数又不能太多,以免体系结构变得过于庞大。

在 OSI 的 7 个层次中,最低三层(1~3)是依赖网络的,涉及将两台通信计算机连接在一起所使用的数据通信网的相关协议,高三层(5~7)面向应用服务,涉及允许两个终端用户应用进程交互作用的协议,通常是由本地操作系统提供的一套服务。中间的传输层是一个承上启下的层次,它为面向应用的上三层屏蔽了与网络有关的下三层的详细操作细节,从本质上讲,传输层建立在由下三层提供的服务上,为面向应用的高层提供与网络无关的信息交换服务。

1. 物理层

物理层(Physical Layer)是 OSI 参考模型中的最低层,也是最重要、最基础的一层。物理层既不是指连接计算机的具体物理设备,也不是指负责信号传输的具体物理介质,而是指在物理介质上为上一层(数据链路层)提供传输比特流服务的一个物理连接。

请注意,传输信息所利用的一些物理媒体,如双绞线、光缆、无线信道等,并不在物理层协议之内而在物理层协议下面。因此,有人把物理媒体当做第 0 层。物理层屏蔽掉了具体的通信介质、通信设备和通信方式的差异,为数据链路层提供服务。

物理层的主要任务是为通信双方的数据传输提供物理连接,并在物理连接上"透明"地传输比特流。物理层的数据传输单位是位(bit)。在设计物理层时应考虑的问题是如何保证一方发送的是二进制 1 时,接收方收到的也是二进制的 1,而不是 0。这里典型的问题包括用什么电子信号来表示 1 和 0;每一个比特应持续多长时间;传输是否在两个方向上同时进行;最初的物理连接应如何建立;当双方接收后如何撤销连接;网络连接插件有多少针以及每一针的用途是什么等。总之,物理层主要涉及的是机械特性、电气特性、功能特性、过程特性以及物理层下的物理传输介质问题等。物理层的具体介绍请看第 2 章。

物理层接口标准有很多,如 EIA-232C、EIA/TIA、RS-449、CCITT 的 X. 21 等。

2. 数据链路层

在介绍数据链路层(Data Link Layer)之前,应该先来了解两个基本的名词:链路与帧。

(1) 链路:就是数据传输中任何两个相邻节点间承载信息的物理线路段。链路间没有任何其他节点存在。链路包括物理链路和逻辑链路。

① 物理链路:两节点间的实际传输介质。

② 逻辑链路:加有逻辑控制功能的物理链路。

(2) 帧:就是数据链路层的数据传输单位,也是分组在数据链路层的具体体现。

数据链路层的主要任务:实现相邻节点之间的通信。在两个相邻节点之间传送数据时,数据链路层将网络层交下来的网络层分组组装成帧,在两个相邻节点间的链路上"透明"地传送帧中的数据。为了将一个原始的传输设施转变成一条没有漏检传输错误的线路,首先要检测并校正物理层传输介质上产生的传输差错。数据链路层完成这项任务的做法是将真实的错误掩盖起来,使网络层感觉不到错误的存在。该层负责数据链路信息从源点传输到目的点的数据传输与控制,如连接的建立、维护与拆除、异常情况处理、差错控制与恢复、信息格式的定义等,检测和校正物理层可能出现的差错,使两系统之间构成一条无差错的链路。数据链路层可以加强物理层传输原始比特的功能,如果需要,它能够使链路对网络层显现为一条无差错线路。

除了校正差错,数据链路层(大多数高层都存在)的另一个问题是如何避免一个快速的发送方用数据"淹没"一个慢速的接收方。所以,往往需要一种流量调节机制,即流量控制,以便让发送方知道接收方正常可以接受的数据。

数据链路层的功能可以概括为:成帧、差错控制、流量控制和传输管理等。

广播式网络的数据链路层还有另外一个问题——如何控制对共享信道的访问。因此,广播信道的数据链路层有一个特殊子层——介质访问控制子层,就是专门处理这个问题的。

典型的数据链路层协议有 SDLC、HDLC、PPP、STP 和帧中继等。

3. 网络层

网络层(Network Layer)是通信子网的最高层,它用于控制和管理通信子网的操作。一个关键问题是如何将数据包从源端发送到接收端。它体现了网络应用环境中资源子网访问通信子网的方式。网络层的数据传输单位为数据分组(包)。

网络层的主要任务:在数据链路层服务的基础上,实现整个通信子网内的连接,网络层提供的是主机之间点对点的通信,即把网络层的协议数据单元(分组或包)从源端传到目的端,为传输层能实现端到端的数据传输提供通路,为报文分组以最佳路径通过通信子网到达目的主机提供服务。如果两实体跨越多个网络,网络层还可提供正确的路由选择和数据传输服务等。

网络层的主要功能可以概括为:分组进行路由选择,并实现流量控制、拥塞控制、差错控制和网际互联等功能。

在广播式网络中,路由问题比较简单,所以网络层比较薄弱,甚至根本不存在。

网络层的协议有 IP、IPX、ICMP、IGMP、ARP、RARP 和 OSPF 等。

4. 传输层

传输层(Transport Layer)也叫运输层。是 OSI 体系结构中负责通信的最高层,是唯一总体负责数据传输和控制的层次。传输层还是 OSI 中用户功能的最低层。使用传输层的服务,高层用户就可以直接进行端到端的数据传输,从而忽略通信子网的存在。通过传输层的屏蔽,高层用户看不到子网的交替和变化。

传输层的主要任务:传输层的基本功能是实现端到端或进程到进程的通信。从高层接收数据,并且在必要时把它分成较小的单位,传递给网络层,并确保到达对方的各段信息正确无误,传输层要决定向高层提供什么质量的服务。一般传输层可实现连接一条无错的、按发送顺序传输报文或字节的点对点的信道,对于网络中通信的两个主机,其端到端的可靠通信最后要靠传输层来完成。由于一个主机可同时运行多个进程,因此传输层具有复用和分用的功能。复用就是多个应用层进程可同时使用下面传输层的服务,分用则是传输层把收到的信息分别交付给上面应用层中相应的进程。

传输层的主要功能可以归纳为向高层用户提供可靠的、透明的、有效的数据传输服务,实现端到端(或进程到进程)的数据传输管理、差错控制、流量控制及复用和分用管理等。

传输层的主要协议有 TCP、UDP 等。

传输层的数据传输单位为 TCP 报文或 UDP 用户数据报。

5. 会话层

会话层(Session Layer)的主要任务:利用传输层提供的端到端服务,向表示层提供它的增值服务。这种服务主要是向表示层实体或用户进程提供建立连接并在连接上有序地传输数据,这就是会话,也称为建立同步(SYN)。会话协议在传输连接的基础上,在会话层实体之间建立会话连接的服务。会话层将该层的控制信息添加到由表示层传下来的数据中,这些新组合成的数据成为下传给传输层的数据。

会话层的主要功能可以归纳为:管理主机间的会话进程,包括建立、管理以及终止进程间的会话。会话层使用校验点可使通信会话在通信失效时从校验点继续恢复通信,实现数据同步。

6. 表示层

表示层(Presentation Layer)的主要任务:用于处理在两个通信系统中交换信息的表示方式,即为在应用进程之间传输信息提供表示服务。不同机器采用的编码和表示方法不同,使用的数据结构也不同。为了使不同表示方法的数据和信息之间能互相交换,表示层采用抽象的标准方法定义数据结构,并采用标准的编码形式。表示服务就是处理与数据表示(语法)有关的问题,即语法转换和上下文控制服务。

表示层的主要功能可以归纳为：数据压缩、加密和解密(即表示层可提供的数据表示变换功能)。

7. 应用层

应用层(Application Layer)是 OSI 模型的最高层,是用户与网络的界面。它包含了用户各种各样的常见的需要。在实际系统环境中,应用进程借助于应用实体、应用协议与表示层交换信息,因此它是应用进程利用 OSI 的唯一窗口,它向应用进程提供了 OSI 7 个层次的综合服务。

应用层的主要任务：为用户的应用进程访问 OSI 环境提供服务。因为用户的实际应用多种多样,这就要求应用层采用不同的应用协议来解决不同类型的应用要求,因此应用层是最复杂的一层,使用的协议也最多。

应用层的协议有文件传送的 FTP、电子邮件的 SMTP、万维网应用的 HTTP 和域名系统 DNS 等。

1.4.3 TCP/IP 分层体系结构

OSI 的 7 层协议体系结构既复杂又不实用,但其概念清楚,理论较完整。然而为了追求一种完美的理想状态,OSI 参考模型的设计者从工作的开始,就试图建立一个全世界的计算机网络都要遵循的统一标准,这也导致基于 OSI 参考模型的软件运行效率极低。但是现在流行的因特网通信结构中已经不再使用会话层和表示层,OSI 体系结构已经成为历史。目前因特网使用的是 TCP/IP 参考模型,该模型不仅被所有广域计算机网络的鼻祖ARPANET 所采用,而且被其继任者——全球范围的 Internet 所使用。TCP/IP 协议是先于 OSI 模型开发的,并不符合 ISO/OSI 标准,但 TCP/IP 的协议现在得到了全世界的承认,它实际上已经形成了一个事实上的标准。TCP/IP 是一个 4 层的体系结构,它包含应用层、传输层、网际层和网络接口层。它们模型之间的比较如图 1-22 所示。

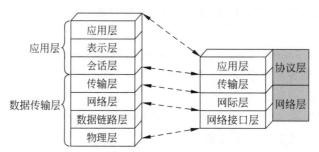

图 1-22　OSI 参考模型与 TCP/IP 体系之间的关系图

网络接口层与 OSI 模型的数据链路层及物理层对应,网际层与 OSI 模型的网络层对应,传输层与 OSI 模型的传输层对应,应用层与 OSI 模型的会话层、表示层和应用层对应。

但从实质上讲,TCP/IP 协议除了 TCP 和 IP 两个主要协议分别属于传输层和网络层,还包括多种其他协议,其中有工具性协议、管理性协议及应用协议等,所以,一般也将 TCP/IP 协议划分为协议层与网络层两个层次,它们在 Internet 中起着重要的作用。

(1) 网络接口层：该层的功能类似 OSI 的物理层和数据链路层。它表示与物理网络的接口,实际上该层本身并未定义自己的协议,也就是说,TCP/IP 本身并没有真正描述这一部分,只是指出主机必须使用某种协议与网络连接,以便能在其上传递 IP 分组。即将其他通信网的数据链路层和物理层协议应用在 TCP/IP 的网络接口层上,如以太网、令牌环网、X.25 网、FDDI 网协议等。网络接口层的任务是从主机或节点接收 IP 分组,并把它们发送到指定的物理网络上。

(2) 网际层:为了将整个体系结构贯穿在一起的关键层次,它和 OSI 网络层在功能上非常相似。其作用是负责将源主机的报文分组发送到目的主机。源主机和目的主机可以在一个网上,也可以在不同的网上。该层允许主机将 IP 数据报发送到任何网络,并且这些数据报独立地到达接收方。数据报到达的顺序和发送的顺序可以不同,即可能出现先发送的后到。网络层是网络互连的基础,提供无连接的数据报分组交换服务。网络层除 IP 协议外,还包括互联网控制报文协议 ICMP、正向地址解析协议 ARP 和反向地址解析协议 RARP。这些协议的具体内容将在第 4 章中详细介绍。

(3) 传输层:它的功能和 OSI 体系结构的传输层非常类似,提供两台主机之间实现端-端(或应用进程之间)数据传输。它的设计目标是源主机和目的主机的对等实体之间建立端-端连接。传输层提供可靠的传输服务,确保数据按序到达。传输层主要有两个协议:传输控制协议(Transmission Control Protocol,TCP)和用户数据协议(User Datagram Protocol,UDP),两者有不同的传输控制机制。TCP 提供可靠的、面向连接的数据传输服务,而 UDP 提供不可靠的、面向无连接的尽最大努力交付的数据传输服务。关于这两个协议的具体内容在第 5 章中将进行详细介绍。

(4) 应用层:TCP/IP 模型没有会话层和表示层,因为对大多数的应用层来说这两层没有多大用处。该层的主要功能是使应用程序、应用进程与协议相互配合,发送或接收数据。该层常用的应用协议有文件传输协议 FTP、远程登录协议 Telnet、简单邮件传输协议 SMTP、域名服务 DNS、超文本传输协议 HTTP、网络文件系统 NFS 和路由信息协议 RIP 等。

TCP/IP 的层次结构及各层的主要协议如图 1-23 所示。由图 1-23 可以看出,IP 协议是因特网中的核心协议;TCP/IP 可以为各式各样的应用提供服务(所谓的 everything over IP),同时 TCP/IP 也允许 IP 协议在各种各样的网络构成的互联网上运行(所谓的 IP over everything)。正因为如此,因特网才会发展到今天的规模。

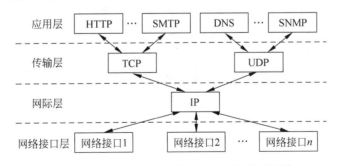

图 1-23 TCP/IP 的层次结构及各层的主要协议

1.4.4 OSI/RM 与 TCP/IP/RM 的比较

如图 1-22 所示,OSI/RM 和 TCP/IP 两者之间有着共同之处,都采用了层次结构模型,这样就将庞大而复杂的问题划分成若干个容易处理的、简单的、范围较小的小问题。除此之外,两个模型中分层的功能也大致相似,都存在网络层、传输层和应用层,两者都可以解决异构网的互连,实现世界上不同厂家生产的计算机之间的通信;都是计算机通信的国际性标准,虽然 OSI 是国际通用的,但 TCP/IP 是当前工业界使用最多的;都能够提供面向连接和无连接两种通信服务机制;都基于一种协议集的概念,协议集是一组完成特定功能的相互独立的协议。但是,它们之间的区别也是显而易见的。

1. OSI 参考模型概念定义精确,而 TCP/IP 相反

由于 OSI/RM 的大而全和层次划分的复杂性,才使得人们只要了解和掌握了 OSI/RM,就能对网络体系结构的概念、结构、功能以及层间关系有一个明确的概念。因此 OSI 参考模型的最大贡献就是精确地定义了三个主要概念:服务、协议和接口,这与现代的面向对象程序设计思想非常吻合。而且 OSI/RM 的层次划分及功能也可很方便地套用到其他网络体系结构的层次分析上。而 TCP/IP 模型在这三个概念上却没有明确区分,不符合软件工程的思想。

2. 模型设计的差别

OSI 是先有模型,后有协议。OSI 参考模型是在具体协议制定之前设计的,对具体协议的制定进行约束。因此,造成在模型设计时考虑不很全面,有时不能完全指导协议某些功能的实现,从而反过来导致对模型的修修补补。例如,数据链路层最初只用来处理点对点的通信网络,当广播网出现后,存在一点对多点的问题,OSI 不得不在模型中插入新的子层来处理这种通信模式。当人们开始使用 OSI 模型及其协议集建立实际网络时,才发现它们与需求的服务规范存在不匹配,最终只能用增加子层的方法来掩饰其缺陷。但 TCP/IP 正好相反,协议在先,模型在后,模型实际上是对已有协议的描述,因此不会出现协议不能匹配模型的情况,但该模型不适合于任何其他非 TCP/IP 的协议栈。

3. 层数和层间调用关系不同

OSI 协议分为 7 层,而 TCP/IP 协议只有 4 层,除网络层、传输层和应用层外,其他各层都不相同。另外,TCP/IP 虽然也分层次,但层次之间的调用关系不像 OSI 那么严格。在 OSI 中,两个实体通信必须涉及下一层实体,下层向上层提供服务,上层通过接口调用下层的服务,层间不能有越级调用关系。OSI 这种严格分层确实是必要的。但是,严格按照分层模型编写的软件效率极低。为了克服以上缺点,提高效率,TCP/IP 协议在保持基本层次结构的前提下,允许跃过紧挨着的下一级而直接使用更低层次提供的服务。

4. 最初设计差别

TCP/IP 在设计之初就着重考虑不同网络之间的互连问题,并将网际协议 IP 作为一个单独的重要的层次。OSI 最初只考虑到用一种标准的公用数据网将各种不同的系统互连在一起。后来,OSI 认识到了互联网协议的重要性,然而已经来不及像 TCP/IP 那样将互联网协议 IP 作为一个独立的层次,只好在网络层中划分出一个子层来完成类似 IP 的作用。

5. 对于无连接和面向连接的通信领域的区别

OSI 参考模型的网络层同时支持无连接和面向连接的通信,但传输层只支持面向连接的通信,这是由该层的特点所决定的(因为传输服务对于用户是可见的)。而 TCP/IP 参考模型的网络层只支持无连接的传输模式,但是传输层同时支持两种模式,这样可以给用户一个选择的机会。

6. 对可靠性的强调不同

OSI 认为数据传输的可靠性应该由点对点的数据链路层和端到端的传输层来共同保证,而 TCP/IP 分层思想认为,可靠性是端到端的问题,应该由传输层解决。因此,它允许单个的链路或计算机丢失或损坏数据,网络本身不进行数据恢复。对丢失或被损坏数据的恢复是在源节点设备与目的节点设备之间进行的。

7. 标准的效率和性能上存在差别

由于 OSI 是作为国际标准由多个国家共同努力而制定的,不得不照顾到各个国家的利益,有时不得不走一些折中路线,造成标准大而全,效率较低(OSI 的各项标准已超过 200 多)。TCP/IP 参考模型并不是作为国际标准开发的,它只是对一种已有标准的概念性描述。所以,它的设计目的单一,影响因素少,不存在照顾和折中,结果是协议简单高效,可操作性强。

8. 市场应用和支持上不同

OSI 参考模型制定之初,人们普遍希望网络标准化,对 OSI 寄予厚望,然而,OSI 迟迟无成熟产品推出,妨碍了第三方厂家开发相应的软、硬件,进而影响了 OSI 的市场占有率和未来发展。另外,在 OSI 出台之前 TCP/IP 就代表着市场主流,OSI 出台后很长时间不具有可操作性,因此,在信息爆炸,网络迅速发展的近十多年里,性能差异、市场需求的优势客观上促使众多的用户选择了 TCP/IP,并使其成为"既成事实"的国际标准。

最后,正如前面描述的那样,OSI 参考模型明确区分了服务、接口和协议的概念。而 TCP/IP 参考模型最初并没有区分上述概念,尽管设计者试图对它进行改进,以便使它更像 OSI。例如 TCP/IP 参考模型的网际层提供的真正的服务只有发送和接收 IP 数据报。因此 OSI 参考模型中的协议比 TCP/IP 参考模型中的协议有更好的隐蔽性。换句话说,当技术发生改变时 OSI 参考模型中的协议相对更容易被新的协议所替换。而这种技术改变的透明性就是网络体系结构最初采用分层协议的主要目的之一。

1.4.5 本书采用的模型

如前所述,OSI 参考模型的实力在于模型本身,即 OSI 的 7 层协议体系结构概念清楚,理论也较完整,但是它既复杂又不实用,它只是对了解讨论计算机网络结构特别有益;而 TCP/IP 参考模型和 OSI 参考模型相反,它原来并没有一个明确的体系结构,它的优势在于被广泛使用多年的协议。将 OSI 参考模型作为网络理论的研究基础和计算机网络教学的理论模型,对于计算机网络的教学是十分有益的。而 TCP/IP 简单、实用,被绝大多数厂商支持和用户使用。因此在学习计算机网络原理时往往采用这样的办法,即综合 OSI 和 TCP/IP 的优点,采用 5 层体系结构,如图 1-24 所示。

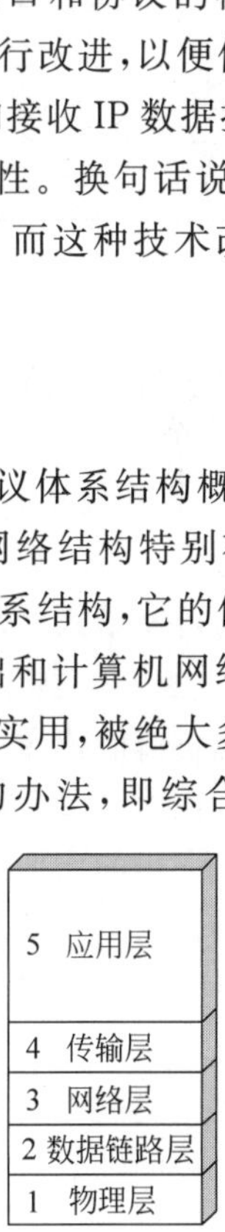

这个 5 层的模型中,自下而上分别是物理层、数据链路层、网络层、传输层和应用层。其中物理层规定了如何在不同的介质上以电气(或其他模拟)信号传输二进制比特流。

数据链路层关注的是如何在直接相连的两台计算机之间发送有限长度的数据帧,并具有指定级别的可靠性。

网络层主要处理的问题是如何把网络与网络连接成互联网,并在互联网环境中在相隔遥远(也可能很近)的计算机

5	应用层
4	传输层
3	网络层
2	数据链路层
1	物理层

图 1-24　5 层协议的体系结构

之间发送数据包(即完成主机到主机之间的通信)。因此网络层的主要任务包括找到传输数据报所走的路径(即要进行相应的路由选择)。IP 协议是我们将要学习的网络层的主要协议。

传输层的主要责任是向两个主机中进程之间的通信提供服务。传输层提高了网络层的传递保障,通常具有更高的可靠性。TCP 协议是我们将要介绍的一个传输层的重要协议。

应用层是体系结构的最高层。它的主要任务是为用户的应用进程提供服务。在因特网中的应用层协议很多,如支持万维网应用的 HTTP 协议,支持电子邮件的 SMTP 协议,支持文件传输的 FTP 协议等。

以上介绍了 5 层协议的体系结构中每层的简单功能,如图 1-25 所示的是应用进程的数据在各层之间的传递过程中所经历的变化。这里为简单起见,假定两个主机是直接相连的。

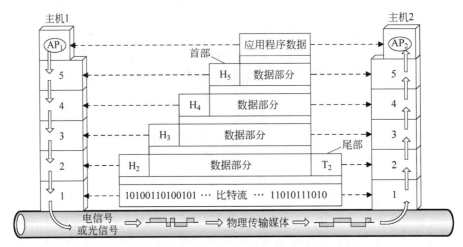

图 1-25　数据在各层之间的传递过程

假定主机 1 的应用进程 AP_1 向主机 2 的应用进程 AP_2 传递数据。AP_1 先将其数据交给本主机的第 5 层(应用层)。第 5 层加上必要的控制信息 H_5 就变成了下一层的数据单元。第 4 层(传输层)收到这个数据单元后,加上本层的控制信息 H_4,再交给第 3 层(网络层),成为第 3 层的数据单元。同样,第 3 层(网络层)收到这个数据单元后,加上本层的控制信息 H_3,再交给第 2 层(数据链路层),成为第 2 层的数据单元。不过如图 1-25 所示,到了第 2 层后,控制信息分成两部分,分别假定本层数据单元是首部(H_2)和尾部(T_2),而第 1 层由于是比特流的传送,所以不加控制信息(但在以太网中,物理层在传输前会加上前导码,相关内容将在第 3 章介绍局域网时进一步介绍)。比特是从有首部的一头开始传送。

当这一串的比特流离开主机 1 经过网络的物理媒体传送到目的主机 2 时,就从主机 2 的第 1 层一次上升到第 5 层。每一层根据控制信息进行必要的操作,然后将控制信息剥去,将该层剩下的数据单元上交给上一层。最后,将应用进程 AP_1 发送的数据交给目的站的应用进程 AP_2。

虽然应用进程数据要经过如图 1-25 所示的复杂过程才能送到目的端的应用进程,但这些复杂过程的细节对用户来说,却被屏蔽掉了,以致应用进程 AP_1 觉得好像是直接把数据交给了应用进程 AP_2。同理,任何两个同样的层次(如在两个系统的第 4 层)之间,也好像如同图中的水平虚线所示的那样,将该层的协议数据单元通过水平虚线直接传递给对方。这就是所谓的"对等层"之间的通信。本书所提到的各层协议,实际上就是在各个对等层之间传递数据时的各项规定。

1.4.6 网络与 Internet 协议标准组织

网络的发展离不开标准的制定和应用,标准不仅使不同的计算机之间可以实现通信,而且可以使符合标准的产品得到推广,从而扩大生产规模,降低生产成本。标准一般可以分为既成事实标准和合法的标准两大类,其中既成事实标准是那些没有正式计划,但却存在的标准,而合法的标准是由一些国际权威机构采纳公共发布的标准,下面将介绍在网络发展过程中起关键作用的几个国际标准组织。

1. 标准化组织(International Standardization Organization,ISO)

国际标准化组织 ISO,是一个全球性的非政府组织,是国际标准化领域中一个十分重要的组织。ISO 于 1947 年 2 月 23 日正式成立,总部设在瑞士的日内瓦。ISO 致力于开发科学、技术、经济领域里的广泛合作,尤其在信息技术方面,ISO 制定了网络通信的标准,即开放系统互连参考模型 OSI。

2. 因特网工程部(Internet Engineering Task Force,IETF)

IETF 是许多工作组(Working Group,WG)组成的论坛,具体工作由因特网工程指导小组(Internet Engineering Steering Group,IESG)管理。这些工作组被划分为若干个领域,每个领域集中研究某一特定的短期和中期的工程问题,主要是针对协议的开发和标准化。

3. 因特网研究部(Internet Research Task Force,IRTF)

IRTF 是由一些研究组(Research Group,RG)组成的论坛,具体工作由因特网研究指导小组管理。IRTF 的任务是进行理论方面的研究和开发一些需要长期考虑的问题。

4. 国际电信联盟(International Telecommunication Union,ITU)

国际电信联盟是世界各国政府的电信主管部门之间协调电信事务方面的一个国际组织,成立于 1865 年 5 月 17 日。ITU 的原设机构有国际电报、电话咨询委员会(CCITT)、国际无线电咨询委员会(CCIR)、国际频率登记委员会(IFRB)。电信标准部门(TSS,即 ITU-T)、无线电通信部门(RS,即 ITU-R)和电信发展部门(TDS,即 ITU-D)。在通信领域,最著名的 ITU-T 标准有 V 系列标准,例如 V.32、V.35、V.42 标准对使用电话线传输数据作了明确的说明;X 系列标准,例如 X.25、X.400、X.500 为公用数字网上传输数据的标准;ITU-T 的标准还包括了电子邮件、目录服务、综合业务数字网 ISDN 以及宽带 ISDN 等方面的内容。

5. 电气和电子工程师学会(Institute of Electrical and Electronics Engineers,IEEE)

IEEE 于 1963 年,由美国电气工程师学会(AIEE)和美国无线电工程师学会(IRE)合并而成,是美国规模最大的专业学会。IEEE 的标准制定内容有电气与电子设备、试验方法、元器件、符号、定义以及测试方法等。IEEE 最大的成果是定义了局域网和城域网的标准,这个标准被称为 802 项目或 802 系列标准。

6. 美国电子工业协会(Electronic Industries Association,EIA)

EIA 创建于 1924 年,它代表了设计生产电子元件、部件、通信系统和设备的制造商以及工业界、政府和用户的利益,在提高美国制造商的竞争力方面起到了重要的作用。在信息领域,EIA 在定义数据通信设备的物理接口和电气特性等方面做出了巨大的贡献,尤其是数字设备之间串行通信的接口标准,例如 EIA RS-232、EIA RS-449 和 EIA RS-530。

此外,还有一些组织也起到了很重要的作用,例如:

(1) 欧洲计算机制造商协会(European Computer Manufacturers Association,ECMA);

(2) 欧洲电信标准机构(European Telecommunication Standard Institute,ETSI);

(3) 美国国家标准学会(American National Standard Institute,ANSI);

(4) 因特网体系结构委员会(Internet Architecture Board,IAB);

(5) 因特网工程任务组(Internet Engineering Task Force,IETF);

(6) 因特网研究任务组(Internet Research Task Force,IRTF);

(7) 中国国家标准化管理委员会(中华人民共和国国家标准化管理局)。

1.5　计算机网络的功能与应用

20 世纪 80 年代后,计算机网络以它的代表性产品—Internet 已经开始在世界范围内连接不同专业、不同领域的组织机构和人员,成为人们打破空间和时间限制的有力手段。Internet 已被连接到政府部门、军事机构、商业领域、学校、家庭以及社会生活的各个角落,在改变着各行各业人们的工作、学习和生活方式。自 20 世纪 90 年代初 Internet 进入中国,随着 PC 价格的下降、网络接入设备的增多、基础设施的加强等都大大推动了 Internet 在中国的应用和发展。CNNIC 发布《第 35 次中国互联网发展统计报告》,报告显示,到 2014 年 12 月,中国网民规模达 6.49 亿,互联网普及率为 47.9%。我国 IPv4 的数量为 3.32 亿,拥有 IPv6 地址为 18792 块/32。

报告同时显示,我国域名总数显著增加,其中,".CN"域名总数达到 1109 万个,年增长为 2.4%。上网方式的调查结果显示,宽带上网人数继续增加,而最新兴起的上网方式——手机上网也初具规模,使用率达到 64.1%。

在我国,计算机网络的应用已渗透到社会的各个领域,从军事、金融、情报检索、交通运输、教育等大型行业,到一个企业、机关或学校内部的业务、办公及各项事务的管理等都采用了计算机网络技术。

1.5.1　计算机网络的功能

在信息化社会中,计算机已从单一使用发展到群集使用。越来越多的应用领域需要计算机在一定的地理范围内联合起来进行群集工作,从而促进了计算机和通信这两种技术紧密的结合,形成了计算机网络这门学科。

计算机网络是指把若干台地理位置不同且具有独立功能的计算机,通过通信设备和线路相互连接起来,以实现信息传输和资源共享的一种计算机系统。也就是说,计算机网络将分布在不同地理位置上的计算机通过有线的或无线的通信链路连接起来,不仅能使网络中的各个计算机(或称为节点)之间相互通信,而且还能共享某些节点(如服务器)上的系统资源。所谓系统资源包括硬件资源(如大容量磁盘、光盘以及打印机等),软件资源(如语言编译器、文本编辑器、工具软件及应用程序等)和数据资源(如数据文件和数据库等)。

对于用户来说,计算机网络提供的是一种透明的传输机构,用户在访问网络共享资源时,可不必考虑这些资源所在的物理位置。为此,计算机网络通常是以网络服务的形式来提供网络功能和透明性访问的。主要的网络服务如下。

1. 文件服务

文件服务为用户提供各种文件的存储、访问及传输等功能。对于不同的文件,可以设置不同的访问权限,维护网络的安全性。这是最重要的一项网络服务。

2. 打印服务

打印服务为用户提供网络打印机的共享打印功能,它使得网络用户能够共享由网络管理的打印机。例如,每个网络用户都需要使用激光打印机输出高质量的文档。由于价格原因,不可能也不必每一台计算机都配备激光打印机。而网络可以将某一台激光打印机作为网络打印机,使每个用户都能共享这台激光打印机,执行打印输出任务。

3. 电子邮件服务

电子邮件服务为用户提供电子邮件(E-mail)的转发和投递功能。电子邮件是一种无纸化的电子信件,具有传递快捷、准确等优点,已成为一种现代化的个人通信手段。

4. 信息发布服务

信息发布服务为用户提供公众信息的发布和检索功能。例如,时事新闻、天气预报、股票行情、企业产品宣传以及导游、导购等公众信息的发布与远程检索。

网络服务还有很多种,如电视会议、电子报刊、新闻论坛、实时对话、布告栏等,并且,新的网络服务还在不断地被开发出来,以满足人们对网络服务的不同需求。

1.5.2 计算机网络的应用

计算机应用日益普及,计算机技术尤其是网络技术正在对人类经济生活、社会生活等各方面产生巨大的影响,成为人们打破空间和时间限制的有力手段。Internet 已被连接到政府部门、军事机构、商业领域、学校、家庭以及社会生活的各个角落,在改变着各行各业人们的工作、学习和生活方式。信息浏览与搜索、电子商务、远程教育等与人们的联系越来越紧密,有理由相信,在不远的将来,人们将过上真正意义上的数字化生活,除了人们日常所熟悉的计算机网络应用的各个领域以外,计算机网络技术在以下几个方面也得到了快速发展。

1. 企业信息网络

企业信息网络是指专门用于企业内部信息管理的计算机网络,它一般为一个企业所专用,覆盖企业生产经营管理的各个部门,在整个企业范围内提供硬件、软件和信息资源的共享。根据企业经营管理的地理分布状况,企业信息网络既可以是局域网,也可以是广域网,既可以在近距离范围内自行铺设网络传输介质,也可以在远程区域内利用公共通信传输介质,它是企业管理信息系统的重要技术基础。

在企业信息网络中,业务职能的信息管理功能是由作为网络工作站的微型计算机提供的,进行日常业务数据的采集和处理,而网络的控制中心和数据共享与管理中心由网络服务器或一台功能较强的中心主机实现,对于分布于广泛区域的分公司、办事处、库房等异地业务部门,可根据其业务管理的规模和信息处理的特点,通过远程仿真终端、网络远程工作站或局域网远程互连实现彼此间的互连。

目前,企业信息网络已成为现代企业的重要特征和实现有效管理的基础,通过企业信息网络,企业可以摆脱地理位置所带来的不便,对广泛分布于各地的业务进行及时、统一的管理与控制,并实现全企业范围内的信息共享,从而大大提高企业在全球化市场中的竞争能力。

2. 联机事务处理

联机事务处理是指利用计算机网络,将分布于不同地理位置的业务处理计算机设备或网络与业务管理中心网络连接,以便于在任何一个网络节点上都可以进行统一、实时的业务处理活动或客户服务。联机事务处理在金融、证券、期货以及信息服务等系统得到广泛的应用。例如,金融系统的银行业务网,通过拨号线、专线、分组交换网和卫星通信网覆盖整个国家甚至于全球,可以实现大范围的储蓄业务通存通兑,在任何一个分行、支行进行全国范围内的资金清算与划拨。

在自动提款机网络上,用户可以持信用卡在任何一台自动提款机上获得提款、存款及转账等服务。在期货、证券交易网上,遍布全国的所有会员公司都可以在当地通过计算机进行报价、交易、交割、结算及信息查询。此外,民航订售票系统也是典型的联机事务处理,在全国甚至全球范围内提供民航机票的预订和售票服务。

3. POS 系统

POS(Point Of Sales)系统是基于计算机网络的商业企业管理信息系统,它将柜台上用于收款结算的商业收款机与计算机系统连成网络,对商品交易提供实时的综合信息管理和服务。商业收款机本身是一种专用计算机,具有商品信息存储、商品交易处理和销售单据打印等功能,既可以单独在商业销售点上使用,也可以作为网络工作站在网络上运行。

POS 系统将商场的所有收款机与商场的信息系统主机互连,实现对商场的进、销、存业务进行全面管理,并可以与银行的业务网通信,支持客户使用银联卡等直接结算。POS 系统不仅能够使商业企业的进、销、存业务管理系统化,提高服务质量和管理水平,并且能够与整个企业的其他各项业务管理相结合,为企业的全面、综合管理提供信息基础,并对经营和分析决策提供支持。

4. 电子数据交换系统

电子数据交换系统(Electronic Data Interchange,EDI)是以电子邮件系统为基础扩展而来的一种专用于贸易业务管理的系统,它将商贸业务中贸易、运输、金融、海关和保险等相关业务信息,用国际公认的标准格式,通过计算机网络,按照协议在贸易合作者的计算机系统之间快速传递,完成以贸易为中心的业务处理过程。

由于 EDI 可以取代以往在交易者之间传递的大量书面贸易文件和单据,因此,EDI 有时也被称为无纸贸易。EDI 的应用是以经贸业务文件、单证的格式标准和网络通信的协议标准为基础的。商贸信息是 EDI 的处理对象,如订单、发票、报关单、进出口许可证、保险单和货运单等规范化的商贸文件,它们的格式标准是十分重要的,标准决定了 EDI 信息可被不同贸易伙伴的计算机系统所识别和处理。EDI 的信息格式标准普遍采用联合国欧洲经济委员会制订并推荐使用的 EDIFACT 标准。

EDI 适用于需处理与交换大量单据的行业和部门,其业务特征是交易频繁、周期性作业、大容量的数据传输和数据处理等。目前 EDI 在欧洲、北美、大洋洲及亚太地区的日本、韩国和新加坡等国家应用相当普及,有些国家已明确规定,对使用 EDI 技术的进口许可证、报关单等贸易文件给予优先审批和处理,而对书面文件延迟处理。国际 EDI 应用的迅速发展,促进了我国 EDI 工作的开展,1991 年我国就成立了"中国促进 EDI 应用协调小组",并加入了国际上的相关组织,EDI 的应用开发纳入了国家科技攻关计划,经贸委、海关、银行、运输等系统以及部分省市已开展了不同程度的研究与应用工作,有些已开始了试运行。从目前科技发展水平来看,实现 EDI 已不是技术问题,而是一个管理问题。

1.6 本章疑难点

1. 计算机网络与分布式计算机系统的主要区别是什么?

分布式系统最主要的特点是整个系统中的各个计算机对用户都是透明的。用户通过输入命令就可以运行程序,但用户并不知道是哪一台计算机在为它运行程序。是操作系统为用户选择一台最合适的计算机来运行其程序,并将运行的结果传送到合适的地方。

计算机网络则不同,用户必须先在要运行程序的计算机上进行登录;其次按照计算机的地址,将程序通过计算机网络传送到该计算机上去运行;最后根据用户的命令将结果传送到指定的计算机。两者的区别主要是软件的不同。

2. 为什么一个网络协议必须把各种不利的情况都考虑到?

因为网络协议如果不全面考虑不利情况,当情况发生变化时,协议就会保持理想状况,一直等下去! 就如同两个朋友在电话中约好,下午 3 点在公园见面,并且约定不见不散。这个协议就是很不科学的,因为任何一方如果有耽搁而来不了,且无法通知对方,而另一方就必须一直等下去。所以判断一个计算机网络是否正确,不能只看在正常情况下是否正确,而且还必须非常仔细地检查协议能否应付各种异常情况。

3. 因特网使用的 IP 协议是无连接的,因此其传输是不可靠的。这样容易使人们感到因特网很不可靠。那么为什么当初不把因特网的传输设计成为可靠的?

传统电信网的主要用途是电话通信,并且普通的电话机没有智能,因此电信公司就必须花费巨大的代价把电信网设计得非常好,以保证用户的通信质量。

数据的传送显然必须是非常可靠的。当初在设计 ARPANET 时有一个很重要的讨论内容就是:谁应当负责数据传输的可靠性? 一种意见是主张应当像电信网那样,由通信网络负责数据传输的可靠性(因为电信网的发展历史及其技术水平已经证明了人们可以将网络设计得相当可靠)。但另一种意见则坚决主张由用户的主机负责数据传输的可靠性,其理由是:一是现在的主机是智能的,可以处理差错;二是这样可以使计算机网络便宜、灵活。

计算机网络的先驱们认为,计算机网络和电信网的一个重大区别就是终端设备的性能差别很大。于是,他们采用了“端到端的可靠传输”策略,即在运输层使用面向连接的 TCP 协议。这样既可以使网络部分价格便宜且灵活可靠,又能够保证端到端的可靠传输。

4. 端到端通信和点对点通信有什么区别?

从本质上说,由物理层、数据链路层和网络层组成的通信子网为网络环境中的主机提供点对点的服务,而传输层为网络中的主机提供端到端的通信。

点对点通信只提供一台机器到另一台机器之间的通信,不会涉及程序或进程的概念。同时点对点通信并不能保证数据传输的可靠性,也不能说明源主机与目的主机之间是哪两个进程在通信,这些工作都是由网络层来完成的。

端到端通信建立在点对点通信的基础上,是比点对点通信更高一级的通信方式,以完成应用程序(进程)之间的通信。“端”是指用户程序的端口,端口号标识了应用层中不同的进程。

5. PCI,SDU,PDU 之间的关系是什么？

答：在各层间传输数据时，把从第 $n+1$ 层收到的 PDU 作为第 n 层的 SDU，加上第 n 层的 PCI，就变成了第 n 层的 PDU，交给第 $n-1$ 层后作为 SDU 发送，接收方接收时做相反的处理，故可知三者的关系为 n-SDU$+n$-PCI$=n$-PDU$=(n-1)$-SDU。

6. 协议、接口、服务、服务访问点之间的关系是什么？

协议就是规则的集合。为进行网络中的数据交换而建立的规则、标准或约定称为网络协议(Network Protocol)。协议由语法、语义和同步规则三部分组成，即协议的三要素。

但要注意，每一层用到的对等协议是本层内部的事情。它可以使用任何协议，只要它能够完成本层任务就行(也就是所承诺本层要提供的服务)，它可以随意的改变协议，而不会影响它上面的各层。

接口(Interface)是同一节点内相邻两层间交换信息的连接点，通常也称为服务访问点(Service Access Point,SAP)。每一层的接口告诉它上面的进程如何访问本层。每一层只能为紧邻的层次之间定义接口，不能跨层定义接口。

服务访问点 SAP 是一个抽象的概念，它实际上就是一个逻辑接口(类似邮政信箱)，但和通常所说的两个设备之间的硬件接口是很不一样的。

服务定义说明了该层是做什么的，而不是上一层实体如何访问这一层，或者一层如何工作的。它定义了这一层的语义。是指下层为其相邻的上层提供的功能调用。

服务和协议的关系：在网络体系结构中，"服务"和"协议"是完全不同的概念，它们之间的区别非常重要，我们有必要在此进一步强调。

服务是指某一层向其相邻的上一层提供的一组原语(操作)，也就是下层为紧相邻的上层提供的功能调用。服务定义了该层准备代表其用户执行哪些操作，但是它不涉及如何实现这些操作。服务与两层之间的接口有关，底层是服务提供者，高层是服务用户。

而与此相反，协议是一组规则，规定了同一层上对等实体之间所交换的数据应该遵循的原则，例如要交换的数据包或者报文的格式或含义。对等实体利用协议来实现它们的服务定义，使得本层能为上一层提供服务，它们可以自由地改变协议，只要不改变呈现给它们的用户的服务即可。但要实现本层协议还需要使用下一层所提供的服务。因此，协议相当于一种工具，层次"内部"的功能和"对外"的服务都是在本层"协议"的支持下完成的。

另外，一定要弄清楚，协议和服务在概念上是很不一样的。首先，协议的实现保证了能够向上一层提供服务。本层的服务用户只能看见服务而无法看见下面的协议，下面的协议对上面的服务用户是透明的。

其次，协议是"水平的"，即协议是控制对等实体之间通信的规则。但服务是"垂直的"，即服务是由下层向上层通过层间接口提供的。上层使用下层所提供的服务必须通过与下层交换一些命令，即服务原语实现的。

1.7 综合例题

通过本章的学习，读者应该对计算机网络的一些基本概念有了一定的了解，为了加强对很多重要概念的理解，特列举如下综合例题，帮助大家学习。题中可能会涉及一些后续章节内容，请适当查阅、参考相关内容。

【例题 1-1】 试述计算机网络与分布式系统的异同点。

解析：本题主要考查对计算机网络的定义及本质的理解。

计算机网络和分布式系统（Distributed System）是两个容易互为混淆的概念。直观地看，它们都是由多个互联的自治计算机系统构成的集合。尽管它们存在相同之处，但两者并不等同。分布式系统的最主要特点是整个系统中的各计算机对用户都是透明的。也就是说，对用户来说，整个分布式系统就好像一台计算机一样。为了完成一个任务，用户只要输入命令运行某个程序，分布式系统就会自动执行该任务，整个过程不需要用户的干预。

而在计算机网络中，每台计算机对用户都是完全可见的。如果用户需要在远程的一台计算机上运行某个程序，用户必须先登录到该计算机，然后执行程序。

从效果上来说，分布式系统是建立于网络之上的软件系统，具有高度的整体性和透明性。因此，网络和分布式系统的区别主要在于软件（尤其是操作系统）而不是硬件。

【例题 1-2】 计算机网络的发展主要经历了几个阶段？每个阶段分别有什么特点？

解析：本题主要考查对计算机网络的发展历程的理解，从对按时间的线索的发展和网络交换技术的发展两方面来考虑，计算机网络的形成和发展历史大致可以划分为以下 4 个阶段。

（1）第 1 阶段可以追溯到 20 世纪 50 年代。数据通信技术与计算机通信网络的研究，为计算机网络的诞生形成了技术准备，并奠定了理论基础。

（2）第 2 阶段始于 20 世纪 60 年代美国的 ARPANET 与分组交换技术的研究。ARPANET 是计算机网络技术发展中的一个里程碑，它的研究成果对促进计算机网络技术和理论体系的研究产生了重要作用，并为 Internet 的形成奠定了基础。

（3）第 3 阶段开始于 20 世纪 70 年代中期。网络体系结构与网络协议的讨论与研究对网络体系结构的形成和网络技术的发展起到了关键性的作用。

（4）第 4 阶段可以从 20 世纪 90 年代计起。Internet 的广泛应用及各种热点技术的研究与不断发展，使计算机网络发展到一个新的阶段。

按网络交换技术的发展可分为三个阶段：电路交换、报文交换和分组交换。

（1）电路交换是一种面向连接的技术。在收发双方在发送数据之前要建立实实在在的物理连接。因此电路交换技术的数据交换过程分三步：连接建立、数据传输和连接释放。

（2）报文交换技术是一种是早期的无连接的技术，现在用到的不多。

（3）分组交换是在报文交换的基础上发展起来的，分为虚电路和数据报技术。

虚电路是一种面向连接的技术。但是这种技术的面向连接和电路交换有区别，即在收发收发之间没有一条物理连接，而是在虚电路建立后，只是在分组交换中建立了一条虚电路，它定义了分组应该经过的路径，并保障双方通信所需要的一切网络资源，作为分组的存储转发之用，然后双方就沿着已建立的虚电路发送分组，每个分组的转发基于分组中的虚电路号。这样的分组首部不需要填写完整目的主机地址，而只需要填写这条虚电路编号（一个不大的整数），因而减少了分组的开销。在端与端之间只是断续地占用一段又一段的链路，而不是一条端到端的物理电路。

数据报服务是一种无连接的网络服务。当网络层提供无连接服务时，因特网的中每个分组在被传送前不需要建立连接，网络层协议也都独立地对待每个分组。这种网络服务是指源主机只要想发送数据就可随时发送；数据的每一个分组独立地选择路由，并且每个分组的路由选择都是基于分组首部信息进行的；在使用数据报服务的网络中，位于网络里的每个交换机(或路由器)随时都可接受源主机发送的每一个分组(即数据报)，网络只是尽最大可能地将分组交付给目的主机，但并不保证分组一定能够到达目的主机。另外，数据报服务不能保证按发送顺序交付给目的主机，因先发送的分组不一定先到达目的主机；数据报是一种不可靠的服务，当网络发生拥塞时，某些节点可能将一些分组丢弃。

所以说数据报服务并没有质量的保证，只能向上一层提供简单、灵活、快速、无连接、尽最大努力交付的服务。

【例题 1-3】 从逻辑功能上看，计算机网络是由哪几个部分组成的？

解析：本题主要考查对计算机网络的结构定义及本质的理解。

从总体上来说，计算机网络主要完成数据处理和数据通信两大功能。相应地，一个典型的计算机网络从逻辑功能上可以分为两大主要部分：资源子网和通信子网。其中，资源子网由主机、终端以及各种软件资源、信息资源组成，负责全网的数据处理业务，向网络用户提供各种网络资源与网络服务。在早期的计算机网络中，通信子网由通信控制处理机、通信线路以及其他通信设备组成，完成网络数据的传输、转发等通信处理任务。

【例题 1-4】 由 n 个节点构成的星状拓扑结构的网络中，共有多少个直接连接？对于 n 个节点的环状网络呢？对于 n 个节点的全连接网络呢？

解析：本题主要考查对计算机网络的拓扑结构的定义及本质的理解。采用星状、环状、全连接拓扑结构的网络如图 1-26 所示。

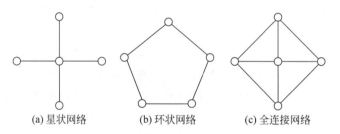

(a) 星状网络　　　　(b) 环状网络　　　　(c) 全连接网络

图 1-26　星状、环状、全连接拓扑结构网络

如图 1-26 所示，在 n 个节点的星状网络中，直接连接数为 $n-1$；在 n 个节点的环状网络中，直接连接数为 n；在 n 个节点的全连接网络中，直接连接数为 $n(n-1)/2$。

【例题 1-5】 在 OSI 参考模型中，当相邻高层的实体把什么传到低层实体后，被低层实体视为 SDU。

解析：本题考查网络分层参考模型中各层之间的关系的一些基本概念。

在 OSI 参考模型中，对于相邻的两层，第 $n+1$ 层实体通过服务访问点 SAP 将一个接口数据单元(Interface Data Unit，IDU)传递给第 n 层实体。IDU 由服务数据单元(Service Data Unit，SDU)和接口控制信息(Interface Control Information，ICI)组成。为了传递 SDU，第 n 层实体可能将 SDU 分为若干段，每一段加上一个报头后作为独立的协议数据单元(Protocol Data Unit，PDU)传送出。简单地说，SDU 就是同一节点内层与层之间交换的数据单元，而 PDU 就是不同节点的对等层实体之间交换的数据单元。

【例题 1-6】 在 ISO 的 OSI 参考模型中，提供流量控制功能的层是第几层？提供建立、维护和拆除端到端连接功能的层是第几层？为数据分组提供在网络中路由功能的是第几层？传输层提供什么数据的传送？为网络层实体提供数据发送和接收功能和过程的是哪一层？

解析：本题主要考查对于 OSI 参考模型的理解。

在计算机网络中，流量控制指的是通过限制发送方发出的数据流量，从而使其发生速率不超过接收方能力的速率的一种技术。流量控制功能可以存在于数据链路层及其之上的各层。目前，提供流量控制功能的主要是数据链路层、网络层、传输层。不过，各层的流量控制对象都不一样。例如，数据链路层的流量控制功能是在数据链路层实体之间进行的，网络层的流量控制功能是在网络层实体之间进行的，传输层的流量控制功能是在传输层实体之间进行的。

在 OSI 参考模型中，物理层实现了比特流在传输介质上的透明传输；数据链路层将有差错的物理线路变成无差错的数据链路，实现两个相邻节点之间即点对点（point-to-point）的数据传输；网络层的主要功能是路由选择、物理互联等，实现主机到主机（host-to-host）的通信；传输层实现主机的进程之间即端到端（end-to-end）的数据传输。

【例题 1-7】 计算机网络提供的服务可以分为有确认服务与无确认服务，两者之间有什么区别？在下列情况中，请说明哪些可能是有确认服务或无确认服务？哪些两者皆可？哪些两者皆不可？

（1）建立连接；

（2）数据传输；

（3）释放连接。

解析：本题考查对计算机网络提供的两种基本服务类型的理解。

服务在形式上是由一组原语或操作来描述的，可以分为有确认服务与无确认服务。在有确认服务中，作为对请求原语的反应，接收方必须要发出一条明确的响应原语；具体地，有确认服务包括请求（request）、指示（indication）、响应（response）与证实（confirm）4 条原语，需要花费较多的时间，但增加了可靠性。而无确认服务只有请求与指示两条原语，实现简单，但可靠性不高。连接服务总是有确认服务，因为远程对等层实体必须同意并发回响应才能建立连接。

对于题中的 3 种情况：（1）必须是有确认服务；（2）和（3）可以是有确认服务，也可以是无确认服务，这取决于网络设计者的选择。

【例题 1-8】 试在下列条件下比较电路交换和分组交换。要传送的报文共 x bit，从源点到终点共经过 k 段链路，每段链路的传播时延为 d 秒，数据传输速率为 b b/s。在电路交换时，电路的建立时间为 s 秒，在分组交换时分组长度为 p bit，且各节点的排队等待时间和处理时间可忽略不计。问在怎样的条件下，分组交换的时延比电路交换的要小？（提示：画一下草图观察 k 段链路共有几个节点）

解析：由于忽略排队时延，故电路交换时延＝连接时延＋发送时延＋传播时延，分组交换时延＝发送时延＋传播时延。

显然，两者的传播时延都为 kd。对电路交换，由于不采用存储转发技术，虽然是 k 段链路，连接后没有存储转发的时延，故发送时延＝数据块长度/信道带宽＝x/b，从而电路交换总时延为

$$s + x/b + kd \tag{1-1}$$

对于分组交换,设共有 n 个分组,由于采用存储转发技术,一个站点的发送时延为 $t=p/b$。显然,数据在信道中,经过 $k-1$ 个 t 时间的流动后,从第 k 个 t 开始,每个 t 时间段内将有一个分组到达目的站,从而 n 个分组的发送时延为 $(k-1)t+nt=(k-1)p/b+np/b$,分组交换的总时延为

$$kd+(k-1)p/b+np/b \tag{1-2}$$

由式(1-1)和式(1-2)比较知,若要分组交换时延<电路交换时延,则

$$kd+(k-1)p/b+np/b < s+x/b+kd$$

对于分组交换,$np \approx x$,则有 $(k-1)p/b < s$ 时,分组交换总时延<电路交换总时延。

【例题 1-9】 协议与服务有何区别?有何联系?

解析: 协议是控制两个对等实体进行通信的规则的集合。在协议的控制下,两个对等实体间的通信使得本层能够向上一层提供服务,而要实现本层协议,还需要使用下一层提供的服务。

协议和服务的概念的区分如下。

(1)协议的实现保证了能够向上一层提供服务。本层的服务用户只能看见服务而无法看见下面的协议,即下面的协议对上面的服务用户是透明的。

(2)协议是"水平的",即协议是控制两个对等实体进行通信的规则。但服务是"垂直的",即服务是由下层通过层间接口向上层提供的。

【例题 1-10】 OSI 模型中,各层都有差错控制过程,指出以下每种差错发生在 OSI 的哪些层次中?

(1)噪声使传输链路上的一个 0 变成 1 或一个 1 变成 0。

(2)某个分组被传送到错误的目的站。

(3)收到一个序号错误的目的帧。

(4)一台打印机正在打印,突然收到一个错误指令要打印头回到本行的开始。

解析:(1)物理层。物理层负责正确地、透明地传输比特流(0/1)。

(2)网络层。网络层的 PDU 称为分组,分组转发是网络层的功能。

(3)数据链路层。数据链路层的 PDU 称为帧,帧的差错检测是数据链路层的功能。

(4)应用层。打印机是向用户提供服务的。运行的是应用层的程序。

【例题 1-11】 假设一个系统分 5 个协议层次,如果应用程序构建了一个 100B 的消息,每一个层次(包括第 1 层和第 5 层)向数据单元增加 10B 的首部,求这个系统的效率。

解析: 最后经网络层传输的数据总量为 $100+10+10+10+10+10=150(B)$,因此效率为 $100/150 \times 100\% = 66.67\%$。

习 题 1

1-1 计算机网络的发展可划分为几个阶段?每个阶段各有何特点?

1-2 试说明计算机网络由哪几部分组成?各部分的主要功能是什么?

1-3 计算机网络的拓扑结构有哪几种?不同拓扑结构的网络对通信进行控制的方法有什么不同?

1-4 简述计算机网络的定义、功能与分类。

1-5　试指出对网络协议的分层处理方法的优缺点。

1-6　试说明服务、协议与层间接口的关系。

1-7　何谓 PCI、SDU 和 PDU？它们之间有何关系？

1-8　OSI/RM 设置了哪些层次？各层的作用和功能是什么？把每一层次的最主要的功能归纳成一或两句话。

1-9　与计算机网络相关的标准化组织有哪些？

1-10　网络的主要应用有哪些？

第2章　物理层

[本章主要内容]

1. 物理层的基本规程

2. 通信基础

信号、信道、带宽、速率、通信系统模型、通信方式、同步技术、奈奎斯特定理与香农定理、编码与调制。

3. 传输介质

双绞线、同轴电缆、光纤、微波等。

4. 物理层设备

中继器、集线器。

5. 宽带接入技术

ADSL、HFC。

6. 物理层接口的特性。

物理层考虑的是怎样在连接各种计算机的传输介质上传输数据比特流。现有的计算机网络中的物理设备和传输介质的种类非常繁多，物理层的作用就是要尽可能地屏蔽掉这些差异，使其上面的数据链路层感觉不到这些差异。用于物理层的协议也常称为物理层规程。

物理层是 OSI 模型的最低层，涉及网络物理设备之间的接口，其目的是向高层提供透明的比特流传输。物理层考虑的是如何在连接各个计算机的传输媒体上传输数据比特流，而不是指具体的传输媒体。物理层应尽可能屏蔽各种物理设备的差异，使数据链路层只需考虑本层的协议和服务。物理层的主要任务可以描述为确定与传输媒体的接口有关的一些特性如下。

（1）机械特性：主要定义物理连接的边界点，即接插装置。规定物理连接时所采用的规格、引线的数目、引脚的数量和排列情况等。

（2）电气特性：规定传输二进制位时，线路上信号的电压高低、阻抗匹配、传输速率和距离限制等。

（3）功能特性：指明某条线上出现的某一电平的电压表示何种意义。

（4）规程特性：主要定义各条物理线路的工作规程和时序关系。

2.1　通信基础

2.1.1　基本概念

数据通信是指在两点或多点之间通过通信系统以某种数据形式进行信息交换的过程，

它是计算机技术与通信技术相结合的产物。

1. 信息、数据、信号与码元

简单地说,通信就是对消息或信息进行传输。这里所讲的消息是对于客观世界发生变化的描述或报道。对客观世界的变化,人类常用语言、文字、图像及数字来进行描述。因此,语言、文字、图像及数字等就成为消息的表现形式。

信息就是表达消息中的内容,是对客观事物的反映。是人们对现实世界事物的存在方式或运动状态的某种认识。信息不仅能反应事物的特征、运动和行为,而且还能够借助媒体(如空气、光波和电磁波等)传播和扩散。信息的载体可以是数值、文字、图形、声音、图像及视频等。

数据是指传送信息的载体,它涉及事物的具体形式,可以是用于描述物体的概念或物体形式的数字、字母和符号。信息涉及数据所表示的内涵。

数据可分为**模拟数据**和**数字数据**。模拟数据是随时间连续变化的函数,在一定的范围内有连续的无数个值。例如语音就是模拟数据的典型例子。计算机处理的二进制就是数字数据,数字数据是离散的,只有有限个值。

信号则是数据的电气或电磁的表现,是数据在传输过程中的存在形式。数据是通过信号进行传输的,信号是传输数据的载体。

信号也可分为**模拟信号**和**数字信号**。模拟信号是表示数据的特征参数连续变化的信号,而数字信号是离散信号,如图 2-1 和图 2-2 所示。例如,把模拟的语音转换为电信号进行传输,使电信号的幅值与声音大小成正比,它是幅值连续变化的模拟信号。如果把二进制代码的 1、0 直接用高、低两种电平信号表示,作为传输信号进行传输,传输信号的幅值只有离散的两种电平,是一种数字信号。

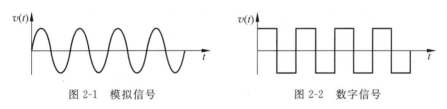

图 2-1　模拟信号　　　　　　　　图 2-2　数字信号

码元是指用一个固定时长的信号波形(数字脉冲),表示一位 k 进制数字,是数字通信中数字信号的计量单位,这个时长内的信号称为 k 进制码元,而该时长称为码元宽度。1 个码元可以携带多个比特的信息量。

2. 信源、信道与信宿

数据通信就是数字计算机或其他数字终端之间的通信。一个数据通信系统主要可划分为信源、信道和信宿三部分。

信源是产生和发送数据的源头,**信宿**是接收数据的终点,它们通常都是数字计算机或其他数字终端装置。发送端信源发出的信息需要通过变换器换成适合在信道上传输的信号,而通过信道传输到接收端的信号先由反变换器转换恢复成原始的信息,再发送给信宿。

信道与电路不等同。一个信道可以看成是一条线路的逻辑部件,一般用来表示向某一个方向传送信息的介质,因此一条通信线路往往包含一条发送信道和一条接收信道。噪声源是信道上的噪声(即对信号的干扰)以及分散在通信系统其他各处的噪声的集中表示。如

图 2-3 所示为一个单向通信系统的模型。实际的通信系统大多为双向的,即往往包含一条发送信道和一条接收信道,信道可以进行双向通信。

图 2-3　通信系统模型

从通信双方信息的交换方式看,可以有以下三种基本方式。

(1) 单工通信:只有一个方向的通信而没有反方向的交互,仅需要一条信道。例如,无线电广播就是属于这种类型。

(2) 半双工通信:通信的双方都可以发送或接收信息,但任何一方都不能同时发送和接收,需要两条信道。

(3) 全双工通信:通信双方可以同时发送和接收信息,也需要两条信道。

信道按传输信号形式的不同分为传送模拟信号的**模拟信道**和传送数字信号的**数字信道**两大类;信道按传输介质的不同可分为无线信道和有线信道。

信道上传送的信号有**基带信号**和**宽带信号**之分,与之相对应的传输分别称为**基带传输**和**宽带传输**。此外还有解决数字信号在模拟信道中传输时信号失真问题的频带传输。

(1) 基带传输

在数据通信中,用于表示计算机传输的二进制数字信号是典型的矩形电脉冲。由于这种未经调制的电脉冲信号所占据的频带通常从直流和低频开始,因而人们把这种矩形电脉冲信号的固有频率称为"基带",即电脉冲信号固有的基本频带,相应的信号称为"基带信号"。采用这样的数字基带信号进行传输就是**基带传输**。这种直流或低频的形式需要独占电线的容量。一般来说,使用基带信号的传输在一条电缆上在任一时刻只能传输一路数字信号。

(2) 宽带传输

所谓宽带,就是指比音频带宽还要宽,频带宽度至少为 1000MHz,简单地说,就是包括了大部分电波频谱的频带。使用这种宽频带进行传输的方法称为**宽带传输**,将基带信号进行调制后形成的频分复用模拟信号,然后传送到模拟信道上去传输。基带信号调制后,其频谱被搬移到较高的频率处,由于每一路基带信号的频谱被搬移到不同的频段,因此合在一起后不会相互干扰。这样做就可以在一条电缆中同时传送多路的数字信号。

(3) 频带传输

为了利用电话交换网实现计算机之间的数字信号传输,必须将数字信号转换成模拟信号。因为传统的电话通信信道是为了传输语音信号而设计的,它只适用于传输音频范围(300~3400Hz)的模拟信号,不适用于直接传输计算机的数字基带信号。为此,需要在发送端选取音频范围的某一频率的正(余)弦模拟信号作为载波,用它运载所要传输的数字信号,通过电话信道将其送至另一端;在接收端再将数字信号从载波上取出来,恢复为原来的信号波形。这种利用模拟信道实现数字信号传输的方法称为**频带传输**。

3. 串行通信与并行通信

按照数据通信使用的信道数,它可以分为两种类型:串行通信与并行通信。如图 2-4

所示为串行通信与并行通信。在计算机中,通常是用 8 位的二进制代码来表示一个字符。在数据通信中,将表示一个字符的二进制代码按由低位到高位的顺序依次发送的方式称为串行通信;将表示一个字符的 8 位二进制代码同时通过 8 条并行的通信信道发送,每次发送一个字符代码的方式称为**并行通信**。

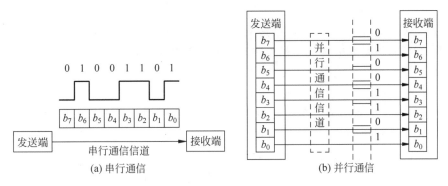

图 2-4　串行通信与并行通信

显然,采用串行通信方式只需在收发双方之间建立一条通信信道;采用并行通信方式在收发双方之间必须建立并行的多条通信信道。对于远程通信来说,在同样的传输速率的情况下,并行通信在单位时间内所传送的码元数是串行通信的 n 倍。由于需要建立多个通信信道,并行通信方式造价较高。因此,在远程通信中,人们一般采用串行通信方式。

4. 速率、波特率与带宽

(1) 速率:也叫数据率,是指数据的传输速率,表示单位时间内传输的数据量。可以用码元传输速率和信息传输速率表示。

(2) 码元传输速率:又可称为码元速率、波形速率等,它表示单位时间内数字通信系统所传输的码元个数(脉冲个数),单位是波特(Baud),1 波特表示数字通信系统每秒传输一个码元。这里的码元可以是多进制的,也可以是二进制的,但码元速率与进制数无关。

(3) 信息传输速率:又可称为信息速率、比特率等,它表示单位时间内数字通信系统传输的比特数,单位是比特/秒(b/s 或 bps)。当数据率较高时,就可以用 kb/s(k=10^3=千)、Mb/s(M=10^6=兆)、Gb/s(G=10^9=吉)或 Tb/s(T=10^{12}=太)。

注意:波特和比特是两个不同的概念,码元传输速率也称为调制速率、波特速率或符号速率。但码元传输速率与信息传输速率在数量上却又有一定的关系。若一个码元携带 $n$bit 的信息量,则 MBaud 的码元传输速率所对应的信息传输速率为 $M \times n$ bit/s。

(4) 带宽(Bandwidth):原是指信号具有的频带宽度,单位是赫兹(Hz)。在实际网络中,由于数据率是信道最重要的指标之一,而带宽与数据率存在数值上的互换关系,因此,常用带宽指标称数据率,即表示一段特定的时间内网络所能传送的最高比特数。

【例 2-1】　若某通信链路的数据传输速率为 2400b/s,采用 4 相位调制,则该链路的波特率是多少?

解析:有 4 种相位,那么一个码元携带 $\log_2 4 = 2$(b)信息,所以

$$波特率=比特率/2=2400/2=1200(Baud)$$

(5) 吞吐量(Throughput):表示在单位时间内通过某个网络(或信道、接口)的数据量。

吞吐量更经常地用于对现实世界中的网络的一种测量,以便知道实际上到底有多少数据量能够通过网络。显然,吞吐量受网络的带宽或网络的额定速率的限制。例如,对于一个 100Mb/s 的以太网,其额定速率是 100Mb/s,那么这个数值也是该以太网吞吐量的绝对上限值。因此,对于 100Mb/s 的以太网,其典型的吞吐量可能只有 70Mb/s。在实际应用中,有时吞吐量还可用每秒传送的字节数或帧数来表示。

(6) 时延(Delay):是指一个数据报文或数据分组从某个网络(或链路)的一端传送到另一端所需的时间,但是它的构成却是很复杂的。因为数据在经过不同的网络分层后由数据最终变为信号后,再在传输媒体中传送,最终到达目的端点要经过不同的网络设备,所以由此造成的时延是由几个不同的部分组成的,通常它应该由如下 3 部分组成。

① 发送时延:发送时延是节点在发送数据时使数据块从节点进入传输媒体所需要的时间,也就是从数据块的第一个比特开始发送算起,到最后一个比特发送完毕所需的时间。发送时延又称为传输时延,它的计算公式为

发送时延 = 数据块长度/信道带宽

信道带宽就是数据在信道上的发送速率,它也常称为数据在信道上的传输速率。

② 传播时延:传播时延是电磁波在信道中需要传播一定的距离而花费的时间。传播时延的计算公式为

传播时延 = 信道长度/电磁波在信道上的传播速率

电磁波在自由空间的传播速率为 3.0×10^5 km/s;它在同轴电缆中的传播速率略低,约为 2.3×10^5 km/s,在光纤中的传播速率约为 2.0×10^5 km/s。

从以上讨论可以看出,信号传输速率(即发送速率)和电磁波在信道上的传播速率是两个完全不同的概念,因此不能将发送时延和传播时延混淆。

③ 处理时延:这是数据在传输途中各交换节点为存储转发而进行的一些必要的处理所花费的时间。在途中各节点的缓存队列中,分组排队所经历的时延是处理时延中最重要的组成部分。但是,处理时延的长短往往取决于网络中当时的通信量。当网络通信量很大时,可能会因为无存储空间而使数据在缓存中溢出,使数据丢失,这相当于处理时延为无穷大。有时也使用排队时延作为处理时延。

所以,数据经历的总时延的计算值应该是以上 3 种时延之和:

总时延 = 传播时延 + 发送时延 + 处理时延

总时延产生示意图如图 2-5 所示。

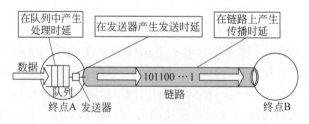

图 2-5　总时延产生示意图

【例 2-2】　收发两端之间的传输距离为 2000km,信号在媒体上的传播速率为 2×10^5 km/s。数据长度为 10^9 b,数据发送速率为 200kb/s。试计算这种情况下的发送时延和传

播时延。

解析：

$$传播时延＝信道长度/传播速率＝2000/200\ 000＝0.01(s)$$
$$发送时延＝数据块长度/信道带宽＝10^9/200\ 000＝5000(s)$$

高速网络是指提高数据的发送速率，而不是比特在链路上的传播速率。荷载信息的电磁波在通信线路上的传播速率与数据的发送速率并无关系。即比特的传播时延与链路的带宽无关。提高链路带宽只是减少了数据的发送时延。还有一点也应当注意，就是数据的发送速率的单位是每秒发送多少个比特，是指某个点或某个端口上的发送速率；而传播速率的单位是每秒传播多少千米，是指传输线路上比特的传播速率。因此，通常所说的"光纤信道的传输速率高"是指向光纤信道上发送数据的速率可以很高，而光纤信道的传播速率实际上比铜线的传播速率略低一点。

（7）时延带宽积和往返时延：有时在发送端和接收端之间相隔多个网络，发送端发送出去的数据要经过多次转发才能到达接收端。此时可以使用带宽和时延两个量的乘积来衡量网络的传播性能，即：

$$时延带宽积＝传播时延×带宽$$

称其为以比特为单位的链路长度。

时延带宽积如图 2-6 所示，它像一个代表链路的圆柱形管道，管道的长度是链路的传播时延，而管道的截面积是链路的带宽，因此时延带宽积就表示这个管道的体积，表示这样的链路可容纳多少个比特。例如，设某段链路的传播时延为 20ms，带宽为 10Mb/s，则时延带宽积＝$20×10^{-3}×10×10^6＝2×10^5$(b)。这就表示，若发送端连续发送数据，则在发送的第一个比特即将到达终点时，发送端就已经发送了 20 万个比特，而这 20 万个比特都正在链路上传输。

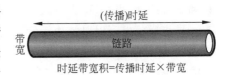

图 2-6 时延带宽积

有时在发送端和接收端之间相隔有好几个网络，发送端发送出去的数据要经过多次转发才能到达接收端。这时仍然可以使用上面这样的从发送端到接收端的传输管道，以及使用时延带宽积这个量度。但这时管道的时延就不再仅仅是网络的传播时延，而是从发送端到接收端的所有时延总和，包括在所有各中间节点引起的处理时延和发送时延。这时的管道只是一种抽象的概念，而管道中的比特数表示从发送端发出的但尚未到达接收端的比特。

在计算机网络中，**往返时延**（Round-Trip Time，RTT）是个重要的性能指标，它可以表示从发送端发送数据开始，到发送端收到来自接收端的确认（接收端收到数据后便立即发送确认），总共经历的时延。对于上述例子，往返时延是 40ms，而往返时延和带宽的乘积是 $4×10^5$b。对于复杂的互联网，往返时延要包括各中间节点的处理时延和转发数据时的发送时延。

往返时延带宽积的意义就是当发送端连续发送数据时，在收到对方的确认之前，就已经将这么多的比特发送到链路上了。对于上述例子，如果数据的传送终点及时发现了差错，那么发送端得知这一信息时，即使立即停止发送，也已经发送了 40 万个比特了。对于一条正在传送数据的链路，只有在代表链路的管道都充满比特时，链路才得到充分利用。

5. 同步技术

同步是数字通信中必须解决的一个重要问题。同步是指要求通信的收发双方在时间基准上保持一致。如果在数据通信中收发双发方同步不良,轻者会造成通信质量下降,严重时甚至会造成系统完全不能工作。

在计算机网络中,"同步"(Synchronous)的意思很广泛,没有统一的定义。例如,协议的三个要素之一就是"同步"。在网络通信编程中常提到的"同步"则主要指某函数的执行方式,即函数调用者需等待函数执行完后才能进到下一步。"异步"(Asynchronous)可简单地理解为"不是同步"。

在数据通信中,同步通信与异步通信区别较大。

(1) 同步通信的通信双方必须先建立同步,即双方的时钟要调整到同一个频率。收发双方不停地发送和接收连续的同步比特流。主要有两种同步方式:一种是全网同步,即用一个非常精确的主时钟对全网所有节点上的时钟进行同步;另一种准同步,各节点的时钟之间允许有微小的误差,然后采用其他措施实现同步传输。同步通信数据率较高,但实现的代价也较高。

(2) 异步通信在发送字符时,所发送的字符之间的时间间隔可以是任意的,但接收端必须时刻做好接收的准备。发送端可以在任意时刻开始发送字符,因此必须在每一个字符的开始和结束的地方加上标志,即起始位和停止位,以便使接收端能够正确地将每一字符接收下来。异步通信也可以以帧作为发送的单位。这时,帧的首部和尾部必须设有一些特殊的比特组合,使得接收端能够找出一帧的开始(即帧定界)。异步通信的通信设备简单、便宜,但传输效率较低(因为标志的开销所占比例较大)。图 2-7 给出了字符、帧为单位的异步通信示意图。

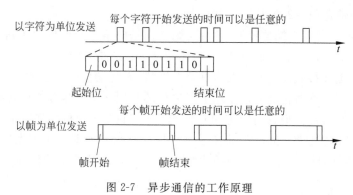

图 2-7　异步通信的工作原理

2.1.2　奈奎斯特定理与香农定理

早在 1924 年,AT&T 的工程师**奈奎斯特**(Henry Nyquist)就认识到即使一条理想的信道,其传输能力也是有限的。他推导出一个公式,用来表示一个有限带宽的无噪声信道的最大数据传输率。1948 年,**香农**(Claude Shannon)进一步把奈奎斯特的工作扩展到有随机噪声(热动力引起的)的信道的情形。香农的文章是所有信息理论领域里最重要的文章。

1. 奈奎斯特定理

奈奎斯特定理又称为奈氏准则,它指出在理想低通(没有噪声、带宽有限)的信道中,极限码元传输率为2WBaud。其中，W是理想低通信道的带宽，单位为Hz。若用V表示每个码元离散电平的数目，则极限数据率为：

$$理想低通信道下的极限数据传输率 = 2W\log_2 V \quad （单位：b/s） \tag{2-1}$$

例如，无噪声的3KHz信道不可能以6000b/s的速率传输二进制（即只有两级的）信号。

对于奈氏准则，可以得出以下结论：

(1) 在任何信道中，码元传输的速率是有上限的。若传输速率超过此上限，就会出现严重的码间串扰问题。使接收端对码元的完全正确识别成为不可能。

(2) 信道的频带越宽（即能通过的信号高频分量越多），就可以用更高的速率进行码元的有效传输。

(3) 奈氏准则给出了码元传输速率的限制，但并没有对信息传输速率给出限制。

由于码元的传输速率受奈氏准则的制约，所以要提高数据的传输速率，就必须设法使每个码元能携带更多个比特的信息量，就是需要采用多元制的调制方法。

【例2-3】 对于某个带宽为4000Hz的低通信道，采用16种不同的物理状态来表示数据，按照奈奎斯特定理，信道的最大传输速率是多少？

解析：信道的极限数据传输率＝$2W\log_2 V＝2\times4000\log_2 16＝32\ 000(b/s)＝32(kb/s)$

2. 香农定理

香农定理给出了带宽受限且有高斯白噪声干扰的信道的极限数据传输速率，当用此速率进行传输时，可以做到不产生误差。香农定理为：

$$信道的极限数据传输速率 = W\log_2(1+S/N) \quad （单位：b/s） \tag{2-2}$$

式(2-2)中，W为信道的带宽；S为信道所传输信号的平均功率；N为信道内部的高斯噪声功率；S/N为信噪比，即信号的平均功率和噪声的平均功率之比。通常情况下为了适应很大的范围，该比率表示成对数形式，对数的取值单位称为分贝dB(decibel)，deci意味着10，而bel则是为了向发明了电话的贝尔(Bell)致敬。

$$信噪比 = 10\lg(S/N) \quad （单位：dB） \tag{2-3}$$

例如，当$S/N＝10$时，信噪比为10dB；而当$S/N＝1000$时，信噪比为30dB。

对于香农定理，可以得出以下结论：

(1) 信道的带宽或信道中的信噪比越大，则信息的极限传输速率就越高。

(2) 对一定的传输带宽和一定的信噪比，信息传输速率的上限就确定了。

(3) 只要信息的传输速率低于信道的极限传输速率，就一定能找到某种方法来实现无差错的传输。

(4) 香农定理得出的为极限信息传输速率，实际信道能达到的传输速率要比它低不少。

从香农定理可以看出，若信道带宽W或信噪比S/N没有上限（实际的信道当然都是不可能这样的），那么信道的极限信息传输速率也就没有上限。

【例2-4】 电话系统的典型参数是信道带宽为3000Hz，信噪比为30dB，则该系统的最大数据速率是多少？

解析：信噪比S/N常用分贝(dB)表示，在数值上＝$10\lg(S/N)$dB。依题意有
$30＝10\lg(S/N)$，可解出$S/N＝1000$，根据香农定理：

$$最大数据传输率－3000\log_2(1+S/N)\approx30(kb/s)$$

2.1.3 编码与调制

数据无论是数字的还是模拟的,为了传输的目的都必须转变成信号,把数据变换为模拟信号的过程称为**数字调制**(Digital Modulation),把数据变换为数字信号的过程称为编码。

信号是数据的具体表示形式,它和数据有一定的关系,但又和数据不同。数字数据可以通过数字发送器转换成数字信号传输,也可以通过调制器转换成模拟信号传输;同样,模拟数据可以通过脉码调制(Pulse Code Modulation,PCM)编码器转换成数字信号传输,也可以通过放大器调制器转换成模拟信号传输。

模拟数据是加载到模拟的载波信号中传输的,数字数据在数字信道上传送需要数字信号编码,数字数据在模拟信道上传送需要调制编码,模拟数据在数字信道上传送更需要进行采样、量化和编码。这样就形成了下列4种编码方式。

1. 数字数据的数字信号编码

数字数据编码用于基带传输中,即在基本不改变数字数据信号频率的情况下,直接传输数字信号。对于这种编码方式,具体用什么样的数字信号表示0以及用什么样的数字信号表示1就是所谓的编码。编码的规则可以有多种,原则上只要能有效地把1和0区分开即可,常用的编码方法有以下几种(如图2-8所示)。

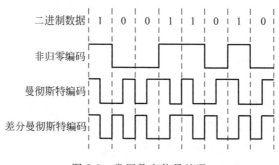

图 2-8   常用数字信号编码

(1)非归零码

非归零码(Non-Return-to-Zero,NRZ)是用两个电压来代表两个二进制数字,如用低电平表示0,用高电平表示1;或者相反。这种编码虽然容易实现,但如果连续传输1或0的话,那么在每一位的传输时间内将有累积的直流分量,也无法判断一个码元的开始和结束,以至于收发双方难以保持同步。

(2)曼彻斯特编码

能够克服不归零制编码缺点的另外一种编码方案是曼彻斯特编码,将一个码元分成两个相等的间隔,前一个间隔为低电平后一个间隔为高电平表示码元1;码元0则正好相反。也可以采用相反的规定。该编码的特点是在每一个码元的中间出现电平跳变,中间的跳变既作时钟信号(可用于同步),又作数据信号,但它要占用双倍的信号宽度。这种编码通常用于局域网的通信,例如以太网通信。

(3)差分曼彻斯特编码

差分曼彻斯特编码也常用于局域网通信,其规则是:若码元为1,则前半个码元的电平与上一个码元的后半个码元的电平相同;若为0,则相反。该编码的特点是,在每个码元的中间,都有一次电平的跳转,可以实现自同步,且抗干扰性较好。

2. 数字数据的调制编码

数字数据在模拟信道上发送的基础就是调制技术。数字数据调制技术在发送端将数字信号转换为模拟信号,而在接收端将模拟信号还原为数字信号,分别对应于调制解调器的调制和解调过程。调制需要一种称为载波信号的连续的、频率恒定的信号,载波可用 $A\cos(\omega t + \phi)$ 表示。调制就是通过改变载波的振幅、频率或相位来对数字数据进行编码。图 2-9 给出了调制的三种基本形式。

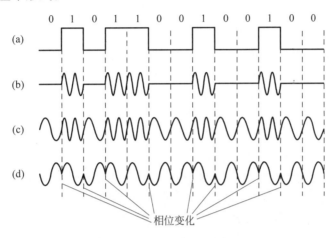

图 2-9 数字调制的三种方法

(a) 二进制;(b) 幅移键控;(c) 频移键控;(d) 相移键控

(1) 幅移键控(Amplitude Shift Keying,ASK):通过改变载波信号的振幅来表示数字信号 1 和 0,而载波的频率和相位都不改变;比较容易实现,但抗干扰能力差。

(2) 频移键控(Frequency Shift Keying,FSK):通过改变载波信号的频率来表示数字信号 1 和 0,而载波的振幅和相位都不改变。容易实现,抗干扰能力强,目前应用较为广泛。

(3) 相移键控(Phase Shift Keying,PSK):通过改变载波信号的相位来表示数字信号 1 和 0,而载波的振幅和频率都不改变。它又分为绝对调相和相对调相。

ASK 中用载波有幅度和无幅度分别表示数字数据的 1 和 0;FSK 中用两种不同的频率分别表示数字数据 1 和 0;PSK 中用相位 0 和相位 π 分别表示数字数据的 1 和 0,是一种绝对调相方式。

为了达到更高的信息传输速率,上述各种技术可以组合起来使用。在频率相同的前提下,将 ASK 与 PSK 结合起来,形成叠加信号。这种调制方法称为**正交调制**(Quadrature Amplitude Modulation,QAM)。

设波特率为 B,采用 m 个相位,每个相位有 n 种振幅,则该 QAM 技术的数据传输率 R 为

$$R = B\log_2(m \times n) \quad (单位:b/s) \tag{2-4}$$

3. 模拟数据的数字信号编码

该编码方法最典型的例子就是常用于对音频信号进行编码的**脉冲编码调制**(Pulse Code Modulation,PCM),也称为脉码调制,是一个把模拟信号转换为二进制数字序列的过程,主要包括三个步骤,即采样、量化和编码。

对于一个连续变化的模拟信号,假设其最高频率或带宽为 f_{max},若对它以周期 T 进行采样取点,则采样频率为 $f=1/T$。若能满足 $f \geqslant 2f_{max}$,那么采样后的离散序列就能做到无失真(相对于信号的传输需求而言,信号采样在理论上是绝对存在失真的)地恢复出原始的模拟信号。这就是著名的奈奎斯特采样定理。也是模拟信号数字化的理论基础。

(1) 采样

采样指对模拟信号进行周期性扫描,把时间上连续的信号变成时间上离散的信号。根据采样定理,采样的频率 f_s 必须满足 $f_s \geqslant 2f_{max}$(f_{max} 是信号最大频率);但 f_s 也不能太大,若 f_s 太大,虽然容易满足采样定理,但却会大大增加信息计算量。

对于带宽为 4kHz 的语音模拟信号,需每秒采集 8000 个样值(125 微秒/样值),根据奈奎斯特定理,这个采样足以捕捉一切来自 4kHz 的电话信道带宽的信息。

(2) 量化

量化是把采样取得的电平幅值按照一定的分级标度转化为对应的数字值,并取整数,这样就把连续的电平幅值转换为离散的数字量。

(3) 编码

用一定位数的二进制码来表示采样序列量化后的振幅。如果有 N 个量化级,那么,就应当至少有 $\log_2 N$ 位的二进制码。PCM 过程由 A/D 转换器实现。在发送端,经过 PCM 过程,把模拟信号转换成二进制数字脉冲序列,然后发送到信道上进行传输。在接收端,首先经 D/A 转换器译码,将二进制数转换成代表原模拟信号的幅度不等的量化脉冲,再经低通滤波器即可还原出原始模拟信号。由于在量化过程中会产生误差,所以根据具体的精度要求,适当增加量化级数即可满足信噪比的要求。图 2-10 描述了一个具有 16 个量化级的 PCM 编码过程。

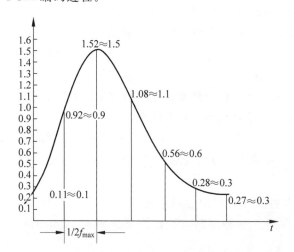

数字	等效二进制数	数字	等效二进制数
0	0000	8	1000
1	0001	9	1001
2	0010	10	1010
3	0011	11	1011
4	0100	12	1100
5	0101	13	1101
6	0110	14	1110
7	0111	15	1111

图 2-10 PCM 编码过程

4. 模拟数据调制为模拟信号

为了实现传输的有效性,可能需要较高的频率。这种调制方式还可以使用频分复用(FDM)技术,充分利用带宽资源。在电话机和本地局交换机所传输的信号是采用模拟信号传输模拟数据的编码方式,模拟的声音数据是加载到模拟的载波信号中传输的。

2.1.4 多路复用技术

在长途通信中,常常用到一些带宽很大的传输介质,如同轴电缆、地面微波、卫星以及光纤等。它们的传输带宽很宽,为了有效利用这些通信资源,通常使用复用技术,使得多路信号可以共同使用同一条线路。

多路复用技术是把多个低速信道组合成一个高速信道的技术。这种技术要用到两种设备:多路复用器(Multiplexer)在发送端根据某种约定的规则把多个低带宽复合成一个高带宽的信号;多路分配器(Demultiplexer)在接收端根据同一规则把高带宽信号分解成多个低带宽信号。多路复用器和多路分配器统称多路器,简写为 MUX,如图 2-11 所示。

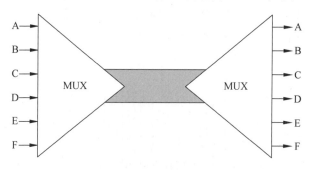

图 2-11　复用系统示意图

主要的多路复用技术包括频分多路复用、时分多路复用、波分多路复用和码分多路复用。

1. 频分多路复用

频分多路复用(Frequency Division Multiplexing,FDM)是在一条传输介质上使用多个频率不同的载波信号进行多路传输。将信道分成若干个相等的频段,每个频段分给不同的用户,每一个载波信号形成一个子信道,各个子信道的中心频率不相重合,子信道之间留有一定宽度的隔离频带,如图 2-12 所示。

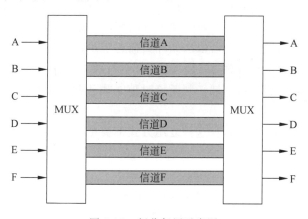

图 2-12　频分复用示意图

目前此技术常用于无线电广播和有线电视系统(CATV)等,一根 CATV 电缆的带宽大约是 500MHz,可传送 80 个频道的电视节目,每个频道 6MHz 的带宽中又进一步划分为声音子信道、视频子信道及彩色子信道。每个频道两边都留有一定的警戒频带,防止相互串扰。

频分复用主要用于模拟信号传输,在数据传输中应与调制解调技术结合使用。

2. 时分多路复用

时分多路复用(Time Division Multiplexing,TDM)按照子信道动态利用情况又可再分为同步时分复用和统计时分复用两种。

(1) 同步时分复用

同步时分复用采用的是(信道的)固定时间分配方式。这种方法的基点是将时间分成若干个时隙 A、B……,将每个时隙分配给不同的用户,在任意时刻整个通路上只有一个特定用户的信号。这样,在接收端可以按约定的时间关系恢复各子信道的信号。在这种方式下,无论用户使用与否,时隙都不会被其他设备占用。正是由于这一点,造成了信道资源的浪费,如图 2-13 所示。

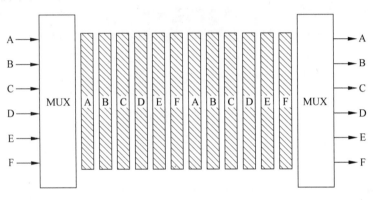

图 2-13　同步时分复用示意图

(2) 统计时分复用

为解决同步时分复用的时隙的浪费问题,产生了**统计时分复用**(Statistic TDM,STMD)技术,这种技术可以动态地分配时隙,避免信道空闲。具体执行过程为在某一用户申请的情况下,才把时隙分配给它。在线路空闲时期可以让别的设备来使用信道。

采用统计时分时,发送端集中器依次循环扫描各个子通道,若某个子通道有信息要发送则为它分配一个时隙,若没有就跳过,这样就没有空时隙在线路上了。在每个时隙中,需要加入一个控制域,接收端利用这个域来判断该时隙是属于哪个子信道的。同步时分和统计时分的区别表示在图 2-14 中。

由于时隙的分配是不固定的,在这种复用方式下要求传输信号必须加上标识码,以便接收端不同的设备读取。

3. 波分多路复用

波分多路复用(Wavelength Division Multiplexing,WDM)是指在一根光纤上使用不同的波长同时传送多路光波信号的一种技术。WDM 应用于光纤信道。

WDM 和 FDM 基本上基于相同原理,所不同的是 WDM 应用于光纤信道上的光波传输过程,如图 2-15 所示,而 FDM 应用于电模拟传输。每个 WDM 光纤信道的载波频率是 FDM 载波频率的百万倍。

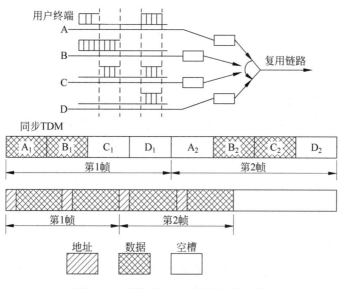

图 2-14　同步 TDM 和 STDM 的比较

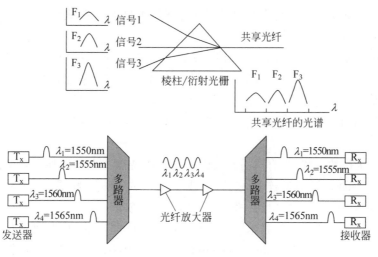

图 2-15　波分多路复用

　　波分复用一般应用波分割复用器和解复用器(也称合波/分波器),分别置于光纤两端,实现不同光波的耦合与分离。这两个器件的原理是相同的。波分复用器是一种将终端设备上的多路不同单波长光纤信号连接到单光纤信道的技术。波分复用器支持在每个光纤信道上传送 2～4 种波长。最初的 WDM 系统采用双信道 1310/1550nm 系统。需要注意的是,相同设备通过相同 WDM 技术原理却可以执行相反过程,即将多波长数据流分解为多个单波长数据流,该过程称为解除复用技术。因此,在同一个箱子中同时存在波分复用器和解复用器也是常见的。波分复用器的主要类型有熔融拉锥型、介质膜型、光栅型和平面型 4 种。

　　波分复用的技术特点和优势如下。

（1）可灵活增加光纤传输容量

波分复用技术可充分利用光纤的低损耗波段,增加光纤的传输容量,使一根光纤传送信息的物理限度增加一倍至数倍。对已建光纤系统,尤其是早期铺设的芯数不多的光缆,只要原系统有功率余量,可进一步增容,实现多个单向信号或双向信号的传送而不用对原系统做大改动。具有较强的灵活性。

（2）同时传输多路信号

波分复用技术使得在同一根光纤中传送两个或多个非同步信号成为可能,有利于数字信号和模拟信号的兼容。而且与数据速率和调制方式无关,在线路中间可以灵活取出或加入信道。

（3）成本低、维护方便

由于大量减少了光纤的使用量,大大降低了建设成本。由于光纤数量少,当出现故障时,恢复起来也方便迅速。

（4）可靠性高,应用广泛

由于系统中有源设备大幅减少,这样就提高了系统的可靠性。目前由于多路载波的波分复用对光发射机、光接收机等设备要求较高,技术实施有一定难度。但是随着有线电视综合业务的开展,对网络带宽需求的日益增长,各类选择性服务的实施以及网络升级改造经济费用的考虑等,光波复用的特点和优势在 CATV 传输系统逐渐显现出来,表现出广阔的应用前景。

4. 码分多路复用

码分多路复用(Code Division Multiplexing,CDM)是靠不同的编码来区分各路原始信号的一种复用方式,主要和各种多址技术结合产生了各种接入技术,包括无线和有线接入。例如在多址蜂窝系统中是以信道来区分通信对象的。一个信道只容纳 1 个用户进行通话,许多同时通话的用户,互相以信道来区分,这就是多址。移动通信系统就是一个多址系统。

信道同时工作的系统,具有广播和大面积覆盖的特点。在移动通信环境的电波覆盖区内建立用户之间的无线信道连接,采用无线多址接入方式。联通 CDMA(Code Division Multiple Access)就是码分复用的一种方式,称为**码分多址**。

码分复用是一种码分多址技术(CDMA),在由 ITU 制定的 3G 移动通信服务下的通用移动电信系统(Universal Mobile Telecommunication System,UMTS)标准中。CDMA 的另一个重要应用是全球定位系统(Global Positioning System,GPS)。

码分复用具有很多特点,码分多址系统为每个用户分配了各自特定的地址码,如图 2-16所示,利用公共信道来传输信息。CDMA 系统的地址码相互具有准正交性,以区别地址,而

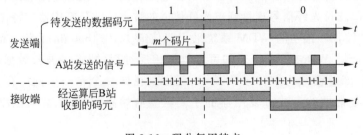

图 2-16　码分复用特点

在频率、时间和空间上都可能重叠。也就是说,每一个用户有自己的地址码,这个地址码用于区别其他用户,地址码彼此之间是互相独立的,也就是互相不影响。但是由于技术等种种原因,采用的地址码不可能做到完全正交,即完全独立,相互不影响,所以称为准正交。由于有地址码区分各个用户,所以对频率、时间和空间没有限制,在这些方面它们可以重叠。

2.1.5 数字传输系统的 SONET 与 SDH

数字传输系统都采用脉冲编码调制与多路复用技术。但是,早期的数字传输系统与设备在运行过程中也暴露出它固有的弱点,主要表现在以下两个方面。

（1）数据传输速率标准不统一

由于历史的原因,多路复用的速率体系存在两个互不兼容的标准:北美和日本的 T1 载波,欧洲的 E1 载波。T1 载波包含 24 个复用信道,T1 的数据传输速率为 1.544Mb/s,E1 载波包含 32 个复用信道,E1 的数据传输速率为 2.048Mb/s。在高次群的速率制定方面,日本又使用了第三种不兼容的标准。

（2）不是同步传输

在传统的多路复用系统中,为了降低设备成本,除了低速率的信号传输采用同步以外,在其他高速率的复用信号传输中一般采用准同步方式。当数据传输速率较低时,收发双方的时钟频率的微小差异不会带来严重的影响。在数据传输速率不断提高时,收发双方的时钟频率的同步问题必须认真加以解决。

为了解决上述问题,美国在 1988 年首先推出了**同步光网络**(Synchronous Optical Network,SONET)的概念,设计同步光网络的目的是解决接口标准规范问题,定义同步传输的线路速率的等级体系,整个同步网络的各级时钟都来自一个非常精确的主时钟。SONET 为光纤传输系统定义了同步传输的线路速率等级结构,其传输速率为 51.84Mb/s 为基础,大约对应于 T3/E3 的传输速率,此速率对电信号称为第 1 级同步传送信号(Synchronous Transport Signal),即 STS-1;对光信号则称为第 1 级光载波(Optical Carrier),即 OC-1。

ITU-T 以美国标准 SONET 为基础,制定了国际标准同步数字系列(Synchronous Digital Hierarchy,SDH),一般可认为 SDH 与 SONET 是同义词,但其主要不同点是:SDH 的基本速率为 155.52Mb/s,称为第 1 级同步传递模块(Synchronous Transfer Module),即 STM-1,相当于 SONET 体系中的 OC-3 速率。

SDH/SONET 标准的制定,使北美、日本和欧洲这三个地区三种不同的数字传输体制在 STM-1 等级上获得了统一。各国都统一将这一速率以及在此基础上的更高的数字传输速率作为国际标准,这是第一次真正实现了数字传输体制上的世界性标准。

2.2 传 输 介 质

传输介质也称为传输媒体,它是发送设备和接收设备之间的物理通路。传输介质可分为导向传输介质和非导向传输介质。在导向传输介质中,电磁波被导向沿着固体媒介(铜线或光纤)传播,而非导向传输介质可以是空气、真空或海水等。

2.2.1 导向传输介质

1. 双绞线

双绞线是最早使用、又最常用的传输介质,它由两根采用一定规则并排绞合的、相互绝缘的铜导线组成。绞合可以减少对相邻导线的电磁干扰。为了进一步提高抗电磁干扰能力,可在双绞线的外面再加上一个由金属丝编织成的屏蔽层,这就是**屏蔽双绞线**(Shielded Twisted Pair,STP),无屏蔽层的双绞线就称为**非屏蔽双绞线**(Unshielded Twisted Pair,UTP),它们的结构如图 2-17 所示。

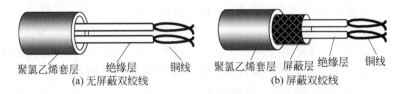

(a) 无屏蔽双绞线   (b) 屏蔽双绞线

图 2-17 双绞线的结构

双绞线价格便宜,是最常用的传输介质之一,在局域网和传统电话网中普遍使用。双绞线的带宽取决于铜线的粗细和传输的距离。模拟传输和数字传输都可以使用双绞线,其通信距离一般为几公里到数十公里。距离太远时,对于模拟传输,要用放大器放大衰减的信号;对于数字传输,要用中继器将失真的信号整形。

2. 同轴电缆

同轴电缆由内导体铜质芯线、绝缘层、屏蔽层和塑料外层构成,如图 2-18 所示。按特性阻抗数值的不同,通常将同轴电缆分为两类:50Ω 同轴电缆和 75Ω 同轴电缆。其中,50Ω 同轴电缆主要用于传送基带教字信号,又称为基带同轴电缆,它在局域网中得到广泛应用;75Ω 同轴电缆主要用于传送宽带信号,又称为宽带同轴电缆,它主要用于有线电视系统。

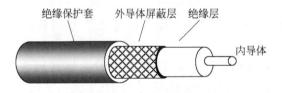

图 2-18 同轴电缆的结构

由于导体屏蔽层的作用,同轴电缆具有良好的抗干扰特性,被广泛用于传输较高速率的数据,其传输距离更远,但价格较双绞线贵。

3. 光纤

光纤通信就是利用光导纤维(简称光纤)传递光脉冲来进行通信。有光脉冲表示 1,无光脉冲表示 0。而可见光的频率大约是 10^8 MHz,因此光纤通信系统的带宽范围极大。随着科技的发展,光导纤维逐渐应用于各个领域。目前遍及全球的互联网主干信道所用的传输介质主要是光导纤维。

光纤主要由纤芯和包层构成,如图 2-19 所示,光波通过纤芯进行传导,包层较纤芯有较低的折射率。当光线从高折射率的介质射向低折射率的介质时,其折射角将大于入射角。

如果入射角足够大,就会出现全反射,即光线碰到包层时候就会折射回纤芯、这个过程不断重复,光也就沿着光纤传输下去。

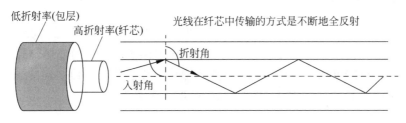

图 2-19　光信号在纤芯中的传播

光纤的种类很多,根据不同的种类可以有很多分类方法。例如,按两层传输介质的状态不同可分为均匀光纤和渐变型光纤(非均匀光纤);按传输光波的传输模式来分,可分为单模光纤和多模光纤等,如图 2-20 所示。最常用的分类方法为按传输光波模式的分类方法。

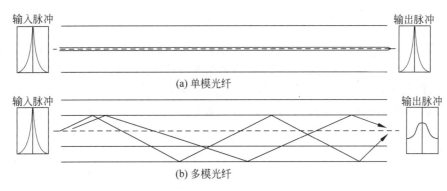

图 2-20　单模光纤和多模光纤的比较

(1) 单模光纤

若光纤的直径减小到只有一个光的波长,则光纤就像一根波导那样,它可使光纤一直向前传播,而不会产生多次反射,这样的光纤就是单模光纤,如图 2-20(a)所示。单模光纤的纤维直径很小,其直径只有几微米,制造成本较高。同时,单模光纤的光源为定向性很好的激光二极管,因此,单模光纤的衰耗较小,适合远距离传输。

(2) 多模光纤

如果在一条光纤中允许多条以不同角度入射的光线进行传播,这种光纤称为多模光纤,如图 2-20(b)所示。多模光纤的光源为发光二极管。光脉冲在多模光纤中传输时会逐渐展宽,造成失真,因此多模光纤只适合于近距离传输。

光纤通信不仅具有通信容量非常大的优点,而且还有其他一些特点。传输损耗小,中继距离长,对远距离传输而言特别经济;抗雷电和电磁干扰的性能好,这在有大电流脉冲干扰的通信环境中显得尤为重要;无串音干扰,保密性好,数据不易被窃听或截取;体积小,重量轻。这在现有电缆管道已拥塞不堪的情况下是特别有利的。例如,1km 长的 1000 对双绞线约重 8000kg,而同样长度但容量大得多的一对光纤仅重 100kg。

光纤的传输特性并不是一成不变的,对不同频率的光的衰减不尽相同。

光纤也存在一定的缺点,这就是要精确地连接两根光纤需要专用设备,而且目前光纤和光电接口比较贵,导致安装成本和使用成本都比较高。

2.2.2 无线传输介质

大气和外层空间是提供电磁信号传播的无线型介质,它们不为信号提供任何导向,这种传输形式称为无线传输。无线通信已广泛应用于移动电话领域,构成蜂窝式无线电话网。随着便携式计算机的出现,以及在军事、野外等特殊场合下移动通信联网的需要,促进了数字化移动通信的发展,现在无线局域网产品的应用已非常普遍。

1. 短波通信

无线短波具有较强的穿透能力,可以传输很长的距离,所以它被广泛应用于通信领域,如无线手机通信,还有计算机网络中的无线局域网(WLAN)。因为无线短波通信是将信号向所有方向散播,这样在有效距离范围内的接收设备就无须对正某一个方向来与无线电波发射者进行通信连接,大大简化了通信连接。这也是无线短波传输的最重要优点之一。

2. 微波

目前高带宽的无线通信主要使用三种技术:微波、红外线和激光。它们都需要在发送方和接收方之间有一条视线(Line-of-Sight)通路,有很强的方向性,都是沿直线传播,有时统称这三者为视线介质。不同的是红外通信和激光通信把要传输的信号分别转换为各自的信号格式,即红外光信号和激光信号,再直接在空间中传播。

微波通信的频率较高、频段范围也很宽,载波频率通常为 $2\sim40\mathrm{GHz}$,因而通信信道的容量大。如一个带宽为 2MHz 的频段可容纳 500 条语音线路,若用来传输数字信号,数据率可达数兆比特每秒。与通常的无线电波不一样,微波通信的信号是沿直线传播的,而非全方位散播,故而可用于较远距离的传输。微波在空间中主要是直线传播,且能够穿透电离层进入宇宙空间,因此它不像短波那样可以经电离层反射传播到地面上很远的地方。这样,微波通信就有两种主要的方式:地面微波接力通信和卫星微波通信。

由于微波在空间中是直线传播,而地球的表面是一个曲面,因此其传播距离受到一定的限制,一般只有 50km 左右。但若采用 100m 高的天线塔,则传播距离可增大到 100km。为了实现远距离通信,必须在一条无线电通信信道的两个终端之间建立若干中继站,其作用是把前一站送来的信号经过放大后再发送到下一站,俗称微波接力通信。

微波接力通信可传输电话、电报、图像、数据等信息,其主要特点如下。

(1) 微波波段的频率很高,其频段范围也很宽,因此其通信信道的容量很大。

(2) 因为工业干扰和天电干扰的主要频谱成分比微波频率低得多,对微波通信的干扰比对短波通信小得多,因而微波通信的质量较高。

(3) 与相同容量和长度的电缆载波通信相比,微波接力通信建设的投资少,见效快。

当然,微波接力通信也存在如下一些缺点。

(1) 相邻站点之间必须直视,不能有障碍物。有时发射天线所发射的信号会经过不同路径到达接收天线,造成信号畸变。

(2) 微波的传播有时会受到恶劣气候的影响。

(3) 大量中继站的使用和维护需要耗费一定的人力和物力。

卫星通信是指在地球站(或地面站)之间利用位于约 36 000km 高空的地球同步卫星作为中继器的一种微波接力通信。通信卫星就是位于太空的无人值守的微波通信中继器,由此可见卫星通信的优缺点大体上和地面微波通信相似。卫星通信的最大特点是通信距离远,且通信费用与通信距离无关。同步卫星发射出的电磁波辐射到地球上的通信覆盖区域的跨度可达 18 000 多公里,只要在地球上空的同步轨道上,等距离地放置 3 颗相隔 120°的卫星,就能基本上实现全球的通信。

卫星通信的另一个特点就是有较大的传播时延,这是通信时必须要考虑的一个重要因素。从一个地球站经卫星到另一个地球站的传播时延都在 250~300ms 之间,计算时可取值为 270ms。对比之下,地面微波接力通信链路的传播时延一般为 $3.3\mu s/km$。

卫星通信非常适合于广播通信,因为它的覆盖范围很广。但从安全的角度考虑,卫星通信与地面微波接力通信一样,保密性较差。通信卫星本身和发射卫星的火箭的造价都比较高。受电源和元器件使用寿命的限制,同步卫星的使用寿命一般只有 7~8 年,加之卫星地球站的技术比较复杂,价格昂贵,这些因素都是在选择卫星通信时应全面考虑的。

3. 激光传输

在空间传播的激光束也可以调制成光脉冲以传输数据。和地面微波一样,可以在视野范围内安装两个彼此相对的激光发射器和接收器进行通信。由于激光的频率比微波更高,因而可获得更高的带宽。激光束的方向性比微波束要好,不受电磁干扰的影响,不怕窃听。但激光穿越大气时会发生衰减,特别是在空气污染、降雨降雾、能见度很差的情况下,可能会使通信中断。一般来说,激光束的传播距离不能太远,因此只能在短距离通信中使用。当传输距离较长时可以用光缆代替。

4. 红外线通信

红外线通信也经常用于短距离的无线通信中,红外传输系统利用墙壁或屋顶反射红外线从而形成整个房间内的广播通信系统。这种系统所用的红外光发射器和接收器与光纤通信中使用的类似,常见于家用电器(如电视机、空调等)的遥控装置中。红外通信的设备比较便宜,可获得高的带宽,这是红外线通信方式的优点。其缺点是传输距离有限,而且易受室内空气状态(如有烟雾等)的影响。

红外线和微波之间的重要差异是,前者不能穿越墙壁,这样,微波通信所遇到的安全和干扰问题在此不再出现。此外,红外线也不存在频率分配的问题。

2.3 物理层设备

为了解决信号远距离传输所产生的衰减和变形问题,需要一种能在信号传输过程中对信号进行放大和整形的设备以拓展信号的传输距离,增加网络的覆盖范围。这种具备物理上拓展网络覆盖范围功能的设备称为网络互连设备。在物理层通常提供两种类型的设备。即中继器和集线器。

2.3.1 中继器

中继器又称为**转发器**,主要功能是将信号整形并放大再转发出去,以消除信号由于经过一长段电缆因噪声或其他原因而造成的失真和衰减,使信号的波形和强度达到所需要的要求,来扩大网络传输的距离。其原理是信号再生,而不是将衰减的信号放大。中继器有两个端口,将一个端口输入的数据从另一个端口发送出去,它仅作用于信号的电气部分,而不管数据中是否有错误数据或不适于网段的数据。

中继器是局域网环境下用来扩大网络规模的最简单最廉价的互连设备。使用中继器连接起来的几个网段仍然是一个局域网。一般情况下，中继器的两端连接的是相同的媒体，但有的中继器也可以完成不同媒体的转接工作。但由于中继器工作在物理层，所以它不能连接两个具有不同速率的局域网。中继器两端的网络部分是网段，而不是子网。中继器若出现故障，对相邻两个网段的工作都将产生影响。

从理论上讲，中继器的使用数目是无限的，因而网络也可以无限延长。但事实上这是不可能的，因为网络标准中都对信号的延迟范围作了具体的规定，中继器只能在此规定范围内进行有效的工作，否则会引起网络故障。例如，在采用粗同轴电缆的10BASE5以太网规范中，互相串联的中继器的个数不能超过4个，而且用4个中继器串联的5段通信介质中只有3个段可以挂接计算机，其余两个段只能用做扩展通信范围的链路段，不能挂接计算机。这就是所谓的"5-4-3规则"。

2.3.2 集线器

集线器（Hub）实质上是一个多端口的中继器，也工作在物理层。在Hub工作时，当一个端口接收到数据信号后，由于信号在从端口到Hub的传输过程中已有了衰减，所以Hub便将该信号进行整形放大，使之再生（恢复）到发送时的状态，紧接着转发到其他所有处于工作状态的端口上。如果同时有两个或多个端口输入，则输出时会发生冲突，致使这些数据都成为无效的。从Hub的工作方式可以看出，它在网络中只起到信号放大和转发作用，其目的是扩大网络的传输范围，而不具备信号的定向传送能力，即信号传输的方向是固定的，是一个标准的共享式设备。

Hub主要用于使用双绞线组建共享网络，是解决从服务器连接到桌面最经济的方案。在交换式网络中，Hub直接与交换机相连，将交换机端口的数据送到桌面。使用Hub组网灵活，它把所有节点的通信集中在以其为中心的节点上，对节点相连的工作站进行集中管理，不让出问题的工作站影响整个网络的正常运行，并且用户的加入和退出也很自由。

由Hub组成的网络是共享式网络，在逻辑上仍然是一个总线网。Hub每个端口连接的网络部分是同一个网络的不同网段。同时Hub也只能够在半双工下工作，网络的吞吐率因而受到限制。

2.4　宽带接入技术

宽带是指高容量的通信线路或通道。它能实现高速上网，并在同一传输介质上，利用不同的频道传输数据、声音和图像等多种信息。

虽然说对于宽带的带宽并没有具体的规定，只是相对而言，但在不同的时期都有相应的判断标准。国际电联在早些时候召开过关于宽带通信的会议，美国提出把200kb/s以上的传输带宽定义为宽带，这是因为200kb/s的带宽使计算机上的小窗口图像能够比较清晰，而且如果用来传送声音，质量相当高。也有人认为数据率要达到1Mb/s以上才能算是宽带。它不仅能显著地提高速度，使数据、声音和图像的传输更连贯，而且能使宽带提供的容量显著地支持业务量高峰。

宽带技术正在发展,下面所举出的是目前主流的几种实现方法,随着时间的推移,还可有可能会出现新的宽带接入技术,而且现在的宽带可能会变成将来的窄带。

2.4.1 ADSL 接入技术

"非对称数字用户线路"常称为 ADSL(Asymmetric Digital Subscriber Line)。ADSL 技术是基于普通电话线的宽带接入技术。虽然模拟电话信号的频带被限制在 300～3400Hz 的范围内,但用户线路本身实际可通过的信号频率却超过 1MHz。ADSL 技术把 0～4kHz 低端频谱留给传统电话使用,而把原来没有被利用的高端频谱留给用户上网使用。它在同一对铜线上分别传送数据和语音信号,数据信号并不通过电话交换机设备,减轻了电话交换机的负载。其优点是不需要改造现有网络,并且不需要拨号,一直在线,也不需要另外缴付电话费。其缺点是传输速率受距离限制,通常用户离中心局不能超过 5km。

之所以 ADSL 为非对称的数字用户线路,是因为上行(从用户到 ISP 如电信提供商方向,如上传动作)和下行(从 ISP 提供商到用户的方向,如下载动作)速率不对称(即上行和下行的速率不相同),因此称为非对称数字用户线路。

ADSL 采用频分复用技术把普通的电话线分成了电话、上行和下行 3 个相对独立的信道,从而避免了相互之间的干扰。因而 ADSL 能同时满足既能打电话也能上网的需求,可以提供 512kb/s～2Mb/s 的上行信道和 1.5～8Mb/s 的下行信道,传输距离达 3～5km。

ADSL 具体工作流程是:经 ADSL 调制解调器编码后的信号通过电话线传到电话局,再通过一个分离器,如果是语音信号就传到电话交换机上,如果是数字信号就接入 Internet。

ADSL 系统主要由局端设备和客户端设备组成,其接入模式如图 2-21 所示。

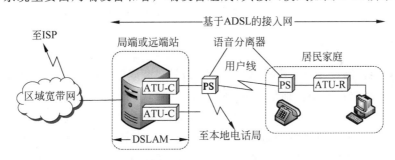

图 2-21 ADSL 系统接入模式

(1) 局端:由数字用户接入复合器(DSL Access Multiplexer,DSLAM)接入平台,它包括 DSL 局端语音分离器(POST Splitter,PS)、许多 ADSL 调制解调器等组成,其中 ADSL 调制解调器又称为接入端连接单元(Access Termination Unit,ATU),分为局端 ATU-C(ATU-Central Office)和客户端 ATU-R(ATU-Remote)。语音分离器 PS 将线路上的音频信号送入电话交换机,高频数字调制信号送入 DSL 接入系统。DSLAM 接入平台可以同时插入不同的 DSL 接入卡和网管卡等局端卡。局端卡将线路上的信号调整为数字信号,并提供数字传输接口。

(2) 客户端:客户端设备由 ADSL 调制解调器 ATU-R 和语音分离器 PS 组成。调制解调器对用户的数据报进行调制和解调,并提供数据传输接口。

ADSL 的国际标准于 1999 年获得批准,称为 G. dmt。它允许高达 8Mb/s 的下行速度和 1Mb/s 的上行速度。这个标准已经被 2002 年发布的 ADSL2 超越,下行速度经过不断的改进,目前已经可以到达 12Mb/s,上行速度仍然是 1Mb/s。目前又有了 ADSL2+,把下行速度翻了一倍,达到 24Mb/s。

我国目前采用 ADSL 技术是**离散多音调**(Discrete Multi-Tone,DMT)调制技术,"多音调"就是"多子信道"的意思。将用户线路上的 40kHz 以上一直到 1.1MHz 的高端频谱划分为许多的子信道,这样的安排如图 2-22 所示,其中 25 个子信道用于上行信道,而 249 个子信道用于下行信道。

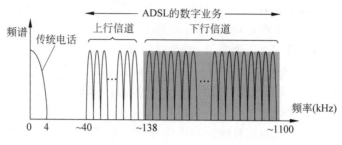

图 2-22　使用离散多音调制方法的 ADSL 操作

ADSL 具有带宽较大、连接简单、投资较小等优点,因此发展很快。但是 ADSL 不能保证固定的数据率,因为,当 ADSL 启动时,用户线两端的 ADSL 调制解调器就测试可用的频率、各子信道受到的干扰情况,以及在每一个频率上测试信号的传输质量,使 ADSL 能够选择合适的调制方案以获得尽可能高的数据率。对于质量很差的用户线甚至无法开通 ADSL。但从技术角度看,ADSL 对宽带业务来说只能作为一种过渡性方法。

2.4.2　HFC 接入技术

光纤同轴混合网(Hybrid Fiber Coax,HFC)是在有线电视网的基础上开发的一种居民宽带接入网,有线电视网是目前覆盖面积很广的网络,HFC 接入技术,简单地说就是把电视上的那根闭路电视线通过一个 Cable MODEM(即电缆调制解调器)一分为二,一根接在电视上看有线电视,而另一根就接在计算机上连接 Internet。Cable MODEM 与常用的 MODEM 在原理上都是将数据进行调制后在电缆的一个频率范围内传输,接收时进行解调。不同之处在于 Cable MODEM 属于用户共享通信介质系统,它是通过有线电视 CATV 的某个传输频带进行调制解调的,其他空闲频段仍然可用于有线电视信号的传输。而普通 MODEM 是用户独享通信介质系统,即 MODEM 的传输介质在用户与交换机之间是独立的。Cable MODEM 彻底解决了由于声音图像的传输而引起的阻塞,其速率已达 10Mb/s 以上,下行速率则更高。但是目前 Cable MODEM 的制造还没有统一的国际标准。HFC 网的结构如图 2-23 所示。

目前这种接入方式一般是通过光纤和同轴电缆混合实现宽带接入,即 HFC 是以模拟频分复用技术为基础,综合应用模拟和数字传输技术、光纤和同轴电缆技术、射频技术及高度分布式智能技术的宽带接入网络。它能充分利用现有 CATV 的频带资源,可同时提供高质量和多频道的传统模拟广播电视节目、电话服务以及高速数据服务等。

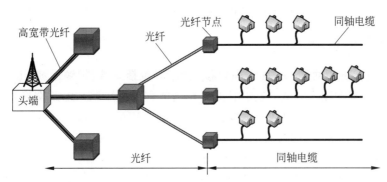

图 2-23　HFC 网的结构图

HFC 主干部分采用光纤,光节点到配线盒部分使用铜轴电缆,配线盒到用户端使用树状结构分配型铜轴引入线。实现双向传输的方式是通过在光纤系统中采用空间分割法,分别用两根光纤传送上行和下行信号,而在同轴系统中采用频率分割法。

原来的有线电视网的最高传输频率是 450MHz,并且仅用于电视信号的下行传输。现在的 HFC 网具有双向传输功能,而且扩展了传输频带。目前我国的 HFC 网的频带划分如图 2-24 所示。

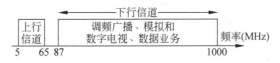

图 2-24　我国的 HFC 网的频谱划分

FHC 与 ADSL 的比较:电缆调制解调器不需要成对使用,而只需安装在用户端。电缆调制解调器比 ADSL 使用的调制解调器复杂得多,因为它必须解决共享信道中可能出现的冲突问题。在使用 ADSL 时,用户 PC 所连接的电话用户线是该用户专用的,因此在用户线上所能达到的最高数据率是确定的,与其他 ADSL 用户是否在上网无关。但在使用 HFC 的电缆调制解调器时,在同轴电缆这一段用户所享用的最高数据率是不确定的,因为某个用户所能享用的数据率大小取决于这段电缆上现在有多少个用户正在传送数据。

2.4.3　FttX 技术

FttX,表示 Fiber to the…。这里字母 X 可代表不同的光纤接入地点。现在已有很多种不同的 FttX:光纤到户 FttH、光纤到路边 FttC(C 表示 Curb)、光纤到小区 FttZ(Z 表示 Zone)、光纤到大楼 FttB(B 表示 Building)和光纤到桌面 FttD(D 表示 Desk)等。光纤已经跨越了传统的"最后一英里"障碍,在下面的讨论中重点关注 FttH。

其中光纤到户 FttH(Fiber to the Home),就是把光纤一直铺设到用户家庭。只有在光纤进入用户的家门后,才把光信号转换为电信号,这样就可以使用户获得最高的上网速率。但 FttH 有两个问题:首先是目前的价格还很贵,一般家庭用户承受不起;其次是一般的家庭用户也并没有这样高的数据率的需求,要在网上流畅地观看视频节目,数兆比特每秒的数据率就可以了,不一定非要使用100Mb/s或更高的数据率。

目前信号在陆地上长距离的传输,基本上都已经实现了光纤化。在前面介绍的 ADSL 和 HFC 宽带接入方式中,用户远距离的传输媒体也早都使用了光纤。

2.4.4 宽带无线接入

无线接入技术分为两种:一种为固定接入方式,包括微波、扩频微波、卫星和 UHF(特高频);另一种为移动接入方式,包括 CDPD(蜂窝数字分组数据)、电路交换蜂窝、专用分组无线电传输和 PCS(个人通信业务)。最近开始兴起的 WAP(无线应用协议)是无线接入技术应用的一个典型代表。目前,通过无线也可以实现宽带接入。它们是利用无线技术和卫星技术作为传输媒介向用户提供宽带接入服务的。

无线的带宽非常拥挤,而且大部分频带早已分配完毕,真正有可能分配给高速接入的十分有限,再加上无线的传播条件、多径效应,也使得无线高速接入的技术十分复杂。该系统必须像无线手机一样,建立起蜂窝基站,所以其基础建设费用昂贵,运营成本很高,一般用户根本负担不起。

卫星接入是用户通过计算机的调制解调器和卫星配合接入互联网,从而获得高速互联网服务。虽然卫星系统可以把信号覆盖全球,但这是一个单向系统,也就是说只能下载。为了把数据传回去,用户必须使用有线调制解调器。

无线接入技术和卫星宽带技术的最大特点是覆盖面广,可以覆盖任何地方,无论是农村还是山区。中国是世界上最适合发展卫星通信的国家之一。因为我国有三分之二的国土面积不适合铺设地面光缆,空中宽带可能是唯一途径。而在地面网比较发达或欠发达的地区,虽然卫星通信可能不是主要传输手段,但依然可能成为地面网很好的补充。

2.5 物理层接口特性

物理层是 OSI 模型的最底层。物理层接口特性主要针对网络中物理设备之间的接口特点而设计,其目的是向高层提供透明的二进制位流传输。物理接口的设计涉及信号电平、信号宽度、传送方式(全双工或半双工)、物理连接的建立和拆除、接插件的引脚的规格和作用等。本节主要介绍 RS-232-C 和 RS-449 接口标准。

2.5.1 EIA RS-232-C 接口标准

作为物理层的一个实例,RS-232-C 是由美国电子工业协会 EIA 在 1969 年发布的一个计算机或终端与调制解调器之间的接口标准。RS 是 Recommended Standard 的缩写,232是标准的标识号码,C 表示对 RS-232 修改的版本号。该标准的全称是 EIA RS-232-C。相应的国际标准是 ITU(国际电联)推荐的标准 V.24。在这个标准中,终端或计算机被正式的叫做**数据终端设备**(Data Terminal Equipment,DTE),调制解调器被正式的叫做**数据电路端接设备**(Data circuit-terminating Equipment,DCE)。RS-232-C 规定了 DTE 和 DCE 间的机械、电气、功能和规程特性接口,其最高速率为 19.2kb/s,最大距离为 15m。如图 2-25 所示为连接到通信电路的

图 2-25　在通信中使用的 DCE 和 DTE

DCE 和 DTE。

1. 机械特性

EIA RS-232-C 关于机械特性的要求，规定使用 DB-20 插针和插孔（现在也有用 DB-15 或 DB-9 等类型的插针和插孔），插孔用于 DCE 方面。

2. 电气特性

RS-232-C 关于电气信号特性的要求，规定逻辑"1"的电平为低于－3V，而逻辑"0"的电平为高于＋3V，在 RS-232-C 连接器任一针上的信号可以为下列状态中的任一状态：

(1) 空(SPACE)/标记(MARK)；

(2) 开(ON)/关(OFF)；

(3) 逻辑 0/逻辑 1。

值得注意的是，RS-232-C 采用负逻辑，即负电压表示逻辑 1、MARK 和 OFF，正电压表示 0、SPACE 和 ON，信号电压是相对于信号地电压测量的，－3V 和＋3V 电压范围是不确定的过渡区域。为了表示一个逻辑 1 或 MARK 条件，驱动器必须提供－5V～－15V 之间的电压；为了表示一个逻辑 0 或 SPACE 条件，驱动器必须给＋5V～＋15V 之间的电压。这就说明，标准留出了 2V 的余地，以防噪声和传输衰减。

对于 RS-232-C 驱动电路来说，当与电缆中任一其他导线短路时，实质上不会破坏它自己或任何相关的设备。这里所说的相关设备包括终端、调制解调器、计算机 I/O 端口以及可能连接到 RS-232-C 电缆的其他设备。即按照标准，如果有两个针无意中被短路，也不应导致设备损坏。

3. 功能特性

RS-232-C 的功能特性规定了 25 针各与哪些电路连接，以及每个信号的含义。如图 2-26 所示为其中 10 针的情况。这 10 针经常要用到，而其余的针通常不用。

4. 规程特性

规程特性主要描述各引脚的工作方式，因为只有图 2-26 中的这 10 针是常用的，所以重点介绍这 10 针的方式，其中针的命名是从 DTE 角度给予的。

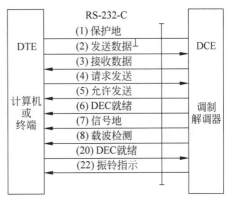

图 2-26 RS-232/V.24 的信号定义

(1) 针 2：发送数据(TD)。信号从 DTE 发给 DCE。不发送数据时，串行口维持该电路在 MARK 状态（逻辑 1 电平，等同于停止位）。在所有遵从 RS-232-C 标准的系统中，DTE 只有在下列 4 个电路都处于逻辑 0（控制功能为 ON）的条件下才能发送数据：

① 请求发送 RTS(针 4)；

② 清送 CTS(针 5)；

③ 数据段装置就绪 DSR(针 6)；

④ 数据终端就绪(针 20)。

(2) 针 3：接收数据(RD)。信号从 DCE 发往 DTE，DTE 用它从 DCE 接收数据。当没有数据传送时该电路也维持在电路 1(MARK)状态。

(3) 针 4：请求发送(RTS)。信号从 DTE 发给 DCE，请求在针 2 上发送数据。该信号和针 5 上的 CTS 信号控制 DTE 和 DCE 之间的数据流动。

- 对于单工(只能在一个方向上通信)和全双工(可以同时在两个方向上通信)通道,RTS 线路上的逻辑 0 信号维持本地 DCE 处在发送方式。如果 DCE 是一个调制解调器,发送方式意味着调制解调器将把它从 DTE 接收到的数据传送到电话网络。相反,如果 RTS 信号是逻辑 1(OFF),本地 DCE 则维持在非发送方式,DCE 将不把它从 DTE 接收到的数据传送到通信网络。

- 对于半双工(在两个方向上都能通信,但不可同时进行)通道,ON 条件将本地 DCE 维持在发送方式,而 OFF 将本地 DCE 维持在接收方式。这里的接收方式指 DCE 将会从通信网络接收数据,并将数据传递给它的本地 DTE。RTS 从 OFF 变成 ON 会触发本地 DCE 进入传送方式,并执行建立通信所需的操作,比如使用一个自动拨号装置连接一台远程计算机等。一旦通信建立动作(不管什么样的动作)成功地完成,DCE 就将 CTS 电路置成 ON,告诉本地 DTE 数据可以在 TD 电路上通过接口点传送了。

(4) 针 5:清送(CTS)。这是一个控制信号,当 CTS 为 ON,并且 RTS、DSR 和 DTR 都为 ON 时,就向 DTE 声明,由 DTE 发送过来的数据将被 DCE 传送到通信通道中去。当 CTS 处于 OFF 状态时,表明 DCE 没有准备好,因此 DTE 不应该试图发送数据。

(5) 针 6:数据装置就绪(DSR)。控制信号由 DCE 发往 DTE,它表明本地数据的状态。如果 DSR 信号是 ON,就意味着 DCE 已连接到通信信道。在自动呼叫的情况下,这就说明 DCE 已拨完号码,完成呼叫建立,并进入了数据传输(而不是语音传输)方式。

(6) 针 20:数据终端就绪(Data Terminal Ready,DTR)。这是一个控制电路,控制信号由 DTE 发往 DCE,当 DTE 准备好与 DCE 通信时,它就将电路置成 ON。只有 DTR 电路处于 ON 状态时,DCE 才能将 DSR 置成 ON 状态。当 DCE 连接成功并且发送数据时,DTR 先从 ON 状态变成 OFF,转发太快会引起 DCE 从通道上断链。

(7) 针 22:响铃指示(Ring Indicator,RI)。这是一个控制电路,控制信号由 DCE 发往 DTE,当 RI 置成 ON 状态时,表明 DCE 正在接收一个响铃信号。该信号主要用于自动应答的调制解调器配置,在每次响铃时电路处于 ON 状态,其他时间电路都处于 OFF 状态(表示 DCE 现在未接收响铃信号)。

(8) 针 8:载波收到(Carrier Detect,CD)。这是一个控制电路,控制信号由 DCE 发往 DTE。当 DCE 向 DTE 发送 ON 状态时,表明它正在从远方调制解调器接收载波信号。在调制解调器上,这个电路通常连在面板上的 LED 指示器(标明为 Carrier),有信号时二极管发光,说明检测到了载波。

(9) 针 7:信号地(SG)。这是一个重要的公共地回路,它是保护地之外的所有其他 RS-232-C 电路的检测参照点,是一个公共返回电路。

(10) 针 1:保护地(Protective Ground,PG)。保护地线是可选的,通常不用,如用则接到设备的外壳。

其余针的电路主要用于选择数据传输速率,检测调制解调器,为数据定时以及在第二辅助通道上沿相反的方向发送数据等,在实际工作中这些电路几乎从未使用过。

规程特性就是指协议,即事件的合法顺序。协议是基于"行为-反馈"关系对的。在此需要再次强调的规程特征是,RS-232-C 的操作过程是在各条控制线的有序的 ON 和 OFF 状态的配合下进行的。只有当 DTR 和 DSR 均为 ON 状态时，才具备操作的基本条件。若 DTE 要发送数据，则首先将 RTS 置为 ON 状态，等待 CTS 应答信号为 ON 状态后，才能在 TD 上发送数据。

2.5.2　EIA RS-449 接口标准

EIA-232-C 所采用的是单端驱动单端接收电路。这种电路的特点是传送一种信号只用一根信号线，对于多种信号线路，它们的地线是公共的，所以这种电路是传送数据的最简单的方法。其缺点是，它不能区分由驱动电路产生的有用信号和外部引入的干扰信号。另外，EIA-232-C 接口标准有两个较大的弱点，即：

（1）数据的传输速率最高为 20kb/s；

（2）连接电缆的最大长度不超过 15m。

这就促使人们制订性能更好的接口标准。出于这种考虑，EIA 于 1977 年又制定了一个新的标准 RS-499，以便逐渐取代旧的 RS-232。实际上，RS-499 由如下 3 个标准组成。

（1）RS-499：规定接口的机械特性、功能特性和过程特性。RS-449 采用 37 针引脚的插头座和一个 9 针引脚的插头座，不再使用人们所熟悉的 25 针插头座，仅当使用第二信道时，才需要 9 针引脚插头座，否则只使用 37 针引脚的插头座。在 CCITT 的建议书中，RS-449 相当于 V.35。

（2）RS-422-A：规定在采用平衡传输时（即所有的电路没有公共地）的电气特性。它的发送器和接收器分别采用平衡发送器和差分接收器。由于采用双线平衡传输，抗串扰能力大大增强。又由于信号电平定义为 ±6V（±2V 为过渡区域）的负逻辑，故当传输距离为 10m 时，速率可达到 10Mb/s，而距离增长至 1000m 时，速率仍可达到 100kb/s，性能远远优于 RS-232-C 标准。RS-422 电气特性与 CCITT V.10 建议中规定的电气特性相似。

（3）RS-423-A：规定在采用非平衡传输时（即所有的电路共用一个公共地）的电气特性。它采用单端发送器（即非平衡发送器）和差动接收器。虽然发送器与 RS-232-C 标准相同，但由于接收器采用差动方式，所以传输距离和传输速率仍比 RS-232-C 有较大的提高。当传输距离为 10m 时，速率可达 300kb/s，而距离增至 100m 时，速率仍有 10kb/s。RS-423 电气特性与 CCITT V.11 建议的电气特性相似，采用的信号电平为 ±6V（其中 ±4V 为过渡区域）的负逻辑。

通常 EIA-232/V.24 用于标准电话线路（一个话路）的物理层接口，而 RS-449/V.35 则用于宽带电路（一般都是租用电路），其典型的传输速率为 48～168kb/s，都是用于点对点的同步传输。如图 2-27 所示的是 RS-449/V.35 的一些主要控制信号，包括发送和接收数据的信号。在 DTE 和 DCE 之间的连接线上注明的"2"字，表明它们都是一对线。图 2-27 中所示的几对线，在 DTE 方标注的是该线的英文缩写名称，在 DCE 方还有其对应的中文名称。

2.5.3　USB 接口

1. USB 概述

USB 通用串行总线是由 Compaq，Digital Equipment，IBM，Intel，Microsoft，NEC 和 Northern Telecom 7 家公司共同开发的一种新的外设连接技术。1995 年，通用串行总线应

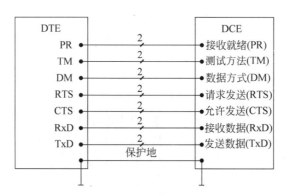

图 2-27   RS-449/V.35 的信号定义

用论坛(USB-IF)对其进行了标准化。USB-IF 发布了一种称为通用串行总线(Universal Serial Bus,USB)的串行技术规范,简称为 USB。

在 1996 年召开的面向计算机硬件技术工作者会议上,Compaq,Intel 和 Microsoft 3 家厂商提出了设备插架(Device Bay)的概念,并于 1997 年第 3 季度将设备插架规格正式确定下来。这种设备插架工作在网络的物理层,具有以下 3 大特点。

(1) 设备插架插拔方式与磁带录像机装入盒式录像带的方式十分相似,把设备插架盒套对准计算机机箱上的设备插架入口轻轻一推即可,十分方便。

(2) 利用设备插架实现计算机功能扩充时,计算机不需要关机,原来的应用程序照样运行,即所谓的动态插拔(热插拔)技术。

(3) 利用设备插架实现计算机功能扩充远比 PCI 总线扩充性高。主板内的 PCI 扩展槽是有限的,即使再加上一两个 ISA 扩展槽,也很难适应未来发展的需要,而使用设备插架技术最多可以扩充 63 个外围设备。

2. USB 结构

USB 系统包括 USB 主机、USB 设备和 USB 互连。USB 互连是指 USB 设备与 USB 主机连接并进行通信的方式,其中主要包括 USB 设备与 USB 主机的连接模型,即 USB 拓扑结构。对于 USB 主机来说,当连接 USB 设备时称为"下行"(Downstream);而对于所有的 USB 设备而言,都称为"上行"(Upstream)连接。"上行"和"下行"连接器在机械特性方面是不能互换的。每个连接器都有 4 个接触点,并且具有屏蔽的外壳、规定的坚固性和易于插拔的特性。对应的 USB 电缆拥有如下 4 根导线。

(1) 一对具有标准规格的双绞线数据信号线(D_+ 和 D_-);

(2) 一对在允许规格范围内的电源线(Vbus 和 GND)。

USB 的插头和插座有两种类型:系列 A 和系列 B。系列 A 的插头和插座用于连接有外部电缆的 USB 设备,例如键盘、鼠标和集线器等。系列 B 的插头和插座用于连接与外部电缆可分离的 USB 设备,例如扫描仪、打印机和调制解调器等,两个系列的连接器不能互换。

系列 A 的插头和插座如图 2-28(a)和(b)所示。系列 A 的 USB 插头是具有屏蔽外壳的 4 针插头。对于通常的使用情况,系列 A 有 4 种插座可供使用,只要满足规范对接口提出的要求,具体采用哪一种形式的插座将由开发人员决定。系列 B 的插头和插座如图 2-29(a)和(b)所示。

(a) 插头

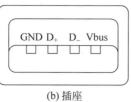
(b) 插座

图 2-28　USB 系列 A 插头和插座

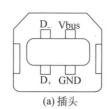
(a) 插头

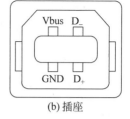
(b) 插座

图 2-29　USB 系列 B 插头和插座

3. 发送与接收

（1）发送驱动器特性

发送驱动器输出必须支持三态操作，以此来进行双向半双工通信。同时还需要高阻抗，目的是支持进行热插入操作，并且隔离已经连入接口但电源却没有接通的下行设备。驱动器须能承受信号管脚上的 $-0.5\text{V} \sim 3.8\text{V}$ 的电压。当驱动器处于工作状态或正在驱动信号时，它能够承受的管脚电压必须达到 10.0ms 以上。

（2）接收器特性

接收 USB 数据信号时必须使用差模输入接收器。接收器所能承受的稳态输入电压应该位于 $-0.5\text{V} \sim 3.8\text{V}$ 之间。另外，对不同的接收器而言，每一条信号线都必须有一个单端接收器，这些接收器必须具有 $0.8\text{V} \sim 2.0\text{V}$ 的开关阈值电压。典型的发送驱动器和接收器连接如图 2-30 所示。

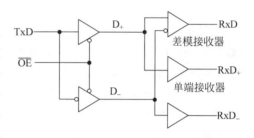

图 2-30　典型的发送驱动器和接收器连接

4. USB 的版本

（1）第一代：USB 1.0/1.1 的最大传输速率为 12Mb/s，在 1996 年推出。

（2）第二代：USB 2.0 的最大传输速率高达 480Mb/s。USB 1.0/1.1 与 USB 2.0 的接口是相互兼容的。USB 2.0 有高速、全速和低速 3 种工作速度，高速是 480Mb/s，全速是 12Mb/s，低速是 1.5Mb/s。其中全速和低速是为兼容 USB 1.1 和 USB 1.0 而设计的。

（3）第三代：USB 3.0 的最大传输速率为 5Gb/s，向下兼容 USB 1.0/1.1/1.2。

2.6　本章疑难点

1. 传输媒体是物理层吗？传输媒体和物理层的主要区别是什么？

传输媒体并不是物理层。由于传输媒体在物理层的下面，而物理层是体系结构的第一层，因此有时称传输媒体为 0 层。在传输媒体中传输的是信号，但传输媒体并不知道所传输的信号代表什么意思。也就是说，传输媒体不知道所传输的信号什么时候是 1 什么时候是 0。但物理层由于规定了电气特性，因此能够识别所传送的比特流。图 2-31 描述了上述概念。

2. 有人说，宽带信道相当于高速公路，车道数目增多了，可以同时并行地跑更多数量的汽车。虽然汽车的时速并没有提高（这相当于比特在信道上的传播速率没有提高），但整个高速公路的运输能力却增多了，相当于能够传送更多数量的比特。这种比喻合适否？

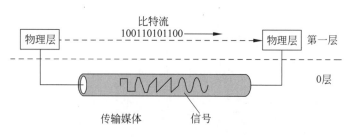

图 2-31　媒体与物理层

可以这样比喻。但一定不能误认为"提高信道的速率是设法使比特并行地传输"。

如果一定要用汽车在高速公路上跑和比特在通信线路上传输相比较,那么可以这样来想象:低速信道相当于汽车进入高速公路的时间间隔较长,例如,每隔一分钟有一辆汽车进入高速公路;"信道速率提高"相当于进入高速公路的汽车的时间间隔缩短了,例如,现在每隔 6 秒钟就有一辆汽车进入高速公路;虽然汽车在高速公路上行驶的速度没有变化,但在同样时间内,进入高速公路的汽车总数却增多了(每隔 1 分钟进入高速公路的汽车现在增加到 10 辆),因而吞吐量也就增大了。

也就是说,当带宽或发送速率提高后,比特在链路上向前传播的速率并没有提高,只是每秒注入链路的比特数增加了。"速率提高"就体现在单位时间内发送到链路上的比特数增多了,而并不是比特在链路上跑得更快。

3. 如何理解传输速率、带宽和传播速率?

传输速率是指主机在数字信道上发送数据的速度,也称为数据率或比特率,单位是"比特每秒",即 b/s。更常用的速率单位是:千比特每秒,即 kb/s(10^3 b/s);兆比特每秒,即 Mb/s(10^6/s);吉比特每秒,即 Gb/s(10^9/s);太比特每秒,即 Tb/s(10^{12}/s)。

注意:在计算机界,表示存储容量或文件大小时,K $= 2^{10} = 1024$,M $= 2^{20}$,G $= 2^{30}$。T $= 2^{40}$。这与通信界不同。

带宽(Bandwidth)在计算机网络中指数字信道所能传送的"最高数据传输速率",常用来表示网络的通信线路传送数据的能力。其单位与传输速率的单位相同。

传播速率是指电磁波在信道中传播的速度,单位是"米每秒",即 m/s,更常用的是千米每秒(km/s)。电磁波在光纤中的传播速率约为 2×10^8 m/s。

4. 如何理解传输时延、发送时延和传播时延?

传输时延又叫发送时延,是主机或路由器发送数据帧所需要的时间,也就是从数据帧的第 1 个比特算起,到该数据帧的最后 1 个比特发送完毕所需要的时间。计算公式是:

$$发送时延 = \frac{数据块长度}{信道带宽}$$

传播时延是电磁波在信道中传播一定的距离所花费的时间。计算公式是:

$$传播时延 = \frac{信道长度}{电磁波在信道上的传播速率}$$

5. 什么是基带传输、频带传输和宽带传输? 三者的区别是什么?

在计算机内部或者在相邻设备之间近距离传输时,可以不经过调制就在信道上直接进行的传输方式称为**基带传输**,它通常用于局域网。数字基带传输就是在信道中直接传输数字信号,且传输媒体的整个带宽都被基带信号占用,双向的传输信息。其最简单的方法是用两个高低电平来表示二进制数字,常用的编码方法有不归零制和曼彻斯特编码。

用数字信号对特定频率的载波进行调制(数字调制),将其变成适合于传送的信号后再进行传输,这种传输方式就是**频带传输**。远距离传输或无线传输时数字信号必须用频带传输技术进行传输。利用频带传输,不仅解决了电话系统传输数字信号的问题,而且可以实现多路复用,以提高传输信道的利用率。

通过借助频带传输,可以将链路容量分解成两个或多个信道,每个信道可以携带不同的信号,这就是**宽带传输**。宽带传输中所有的信道可以同时互不干扰地发送信号,链路容量大大增加。

6. 奈氏准则和香农定理的主要区别是什么?这两个定理对数据通信的意义是什么?

奈氏准则指出,码元传输的速率是受限的,不能任意提高,否则在接收端就无法正确判定码元是 1 还是 0(因为有码元之间的相互干扰)。

奈氏准则是在理想条件下推导出的。在实际条件下,最高码元传输速率要比理想条件下得出的数值要小很多。电信技术人员的任务就是要在实际条件下,寻找出较好的传输码元波形。将比特转换为较为合适的传输信号。

需要注意的是,奈氏准则并没有对信息传输速率(b/s)给出限制。要提高信息传输速率就必须使每一个传输的码元能够代表许多个比特的信息,这就需要有很好的编码技术。但码元所载的比特数确定后,信道的极限数据率也就确定了。

香农定理给出了信息传输速率的极限,即对于一定的传输带宽(以赫兹为单位)和一定的信噪比,信息传输速率的上限就确定了,这个极限是不能够突破的。要想提高信息的传输速率,或者必须设法提高传输线路的带宽,或者必须设法提高所传信号的信噪比,此外没有任何其他办法。

香农定理告诉我们,若要得到无限大的信息传输速率,只有两个办法:要么使用无限大的传输带宽(这显然不可能),要么使信号的信噪比为无限大,即采用没有噪声的传输信道或使用无限大的发送功率(当然这些也都是不可能的)。

2.7 综合例题

物理层是网络层次模型中的最底层,它是通信子网的重要组成部分,其中涉及了很多数据通信的基本概念。学习好这些基本概念有助于后续内容的学习。

【例题 2-1】 在常用的传输介质中,哪一种带宽最宽,信号传输衰减最小,抗干扰能力最强?

解析:本题主要考查对传输介质性能的理解。

常用的传输介质包括双绞线、同轴电缆、光纤以及一些无线传输介质。其中,双绞线是目前最常用的传输介质,特点是:价格便宜,易于敷设与安装,但性能较差,相对而言,数据传输速率低、传输距离短、容易受干扰。同轴电缆的特点是:由于同轴电缆能屏蔽大部分的电磁干扰,具有比双绞线更高的数据传输速率、更长的传输距离、更强的抗干扰能力,但价格也相对较贵,且敷设和安装不如双绞线方便。光纤是所有传输介质中性能最好的一种,具有抗干扰能力强,信号衰减小,频带宽,数据传输速率高,误码率低与安全性高的优点,但安装不方便、费用高。无线电、微波的特点是:安装、使用方便,支持移动性,但容易受干扰、安全性不高。如表 2-1 所示是双绞线、同轴电缆和光纤性能的比较。

表 2-1　传输介质性能比较

传输媒体	费用	速率	衰减	电磁干扰	安全性
双绞线	低	1～10 000Mb/s	高	高	低
同轴电缆	中等	1Mb/s～1Gb/s	中等	中等	低
光纤	高	10Mb/s～2.5Gb/s	低	低	高

【例题 2-2】　卫星通信的优势是什么？

解析：本题主要考查对卫星通信特点的了解。

卫星通信是微波通信的一种特殊形式，通过地球同步卫星作为中继来转发微波信号，可以克服地面微波通信距离的限制。卫星通信的优点是通信距离远，费用与通信距离无关，覆盖面积大，通信容量大，不受地理条件的限制，易于实现多址通信与移动通信；缺点是通信费用高，传输延迟大（从发送站通过卫星转发到接收站的传播延迟时间的典型值为 270ms），对环境气候较为敏感。

【例题 2-3】　数据传输有几种模式？特点是什么？

解析：本题主要考查对数据传输模式的了解。

数据传输共有 3 种模式。允许信号同时在两个方向上传送的数据传输模式称为全双工通信；允许信号在两个方向上传送但每一时刻仅可以在一个方向上传送的数据传输模式称为半双工通信；信号仅可以在一个固定的方向上传送的数据传输模式称为单工通信。

【例题 2-4】　设数据传输速率为 4800b/s，采用十六相相移键控调制，则调制速率为多少？

解析：本题主要考查对数据传输速率 S 与调制速率 B 的计算关系的了解。

调制速率是针对模拟数据信号在传输过程中，从调制解调器输出的调制信号，每秒载波调制状态改变的数值。调制速率的单位为波特（Baud），因此也称为波特率。数据传输速率 S 与调制速率 B 的关系为：$S = B\log_2 K$，K 为多相调制中的相数。本题中，数据传输速率为 4800b/s，相数为 16，因此调制速率为 1200Baud。

【例题 2-5】　在网络中，将语音与计算机产生的数字、文字、图形与图像同时传输，必须先将语音信号数字化。利用什么技术可以将语音信号数字化？

解析：本题主要考查对语音信号处理方法的了解。

利用脉冲编码调制技术就可以将语音信号数字化。由于数字信号传输失真小、误码率低、数据传输速率高，因此语音、图像等信息通常可以采用数字信号的形式传输。脉冲编码调制（Pulse Code Modulation，PCM）是模拟数据数字化的主要方法，它的典型应用就是将语音信号数字化。曼彻斯特编码与差分曼彻斯特编码技术都是对数字数据编码的常用方法。

【例题 2-6】　在各种多路复用技术中，哪一种具有动态分配时隙的功能？

解析：本题主要考查对各种复用技术的了解。

多路复用（Multiplexing）一般有 3 种基本形式：频分多路复用、波分多路复用和时分多路复用。频分多路复用以信道频带作为分割对象，通过为多个子信道分配互不重叠的频率范围的方法来实现多路复用。波分多路复用实际上是光的频分多路复用。时分多路复用以信道传输时间作为分割对象,通过为多个子信道分配互不重叠的时间片的方法来实现多路复用。它又包括两种类型:同步时分多路复用与异步时分多路复用。同步时分多路复用将时间片(时隙)预先分配给各个信道,并且时间片固定不变。异步时分多路复用采用动态分配时间片的方法,又称为统计时分多路复用。

【例题 2-7】 在数字通信中,使收发双方在时间基准上保持一致的技术是什么?

解析: 本题主要考查对同步技术的了解。

在数字通信系统中,由于通信的双方在时间基准上存在差异,这种差异可能导致数据传输出错。同步技术正是使通信的收发双方在时间基准上保持一致的技术。数据通信系统中的同步包括两种:比特同步或位同步(Bit Synchronous)与字符同步(Character Synchronous)。比特同步要求接收端根据发送端发送数据的时钟频率与比特流的起始时刻,来校正自己的时钟频率与接收数据的起始时刻。字符同步就是保证收发双方正确传输字符的过程。

【例题 2-8】 当 PCM 用于数字化语音系统时,如果将声音分为 128 个量化级,由于系统的采样速率为 8000 样本/秒,那么数据传输速率应该是多少?

解析: 本题主要考查对数据传输速率与采样速率之间的计算关系。

数据传输速率(Data Rate)指的是每秒所能传输的二进制信息的比特数。在模拟信号数字化的系统中,数据传输速率在数值上等于采用频率与每次采样的比特数之积。本题中,采样频率为 8000Hz,每次采样的比特数为 $\log_2 128 = 7$,因此对应的数据传输速率为

$$8000 \times 7 = 56\,000\text{b/s} = 56\text{kb/s}$$

【例题 2-9】 曼彻斯特编码后比特率的特点是什么?

解析: 本题主要考查对采用曼彻斯特编码后对比特率的影响。

曼彻斯特编码是数字数据信号的最常用的编码方式之一,可以完全克服信号中的直流分量。曼彻斯特编码的编码规则是:每比特的周期 T 分为前 $T/2$ 与后 $T/2$ 两部分,前 $T/2$ 传送该比特的反码,后 $T/2$ 传送该比特的原码。曼彻斯特编码提取每个比特中间的电平跳变作为收发双方的同步信号,无须额外的同步信号,因此曼彻斯特编码是一种"自含时钟编码"的编码方式。但是曼彻斯特编码需要的编码的时钟信号频率为发送信号频率的两倍,即表明前后比特率相差两倍。差分曼彻斯特编码是曼彻斯特编码的改进,两者存在着一些差异。

【例题 2-10】 数字传输为什么比模拟传输获得的信号质量高?中继器在进行数字信号传输后有什么特点?

解析: 本题主要考查对数字传输优点的了解。

信号在传输介质上传输时,在传输一段距离后,信号就会衰减。为了实现远距离的传输,模拟信号传输系统采用放大器(Amplifier)来增强信号中的能量,但同时也会使噪音分量增强,以致引起信号的失真。对于数字信号只能在一段有限的距离内进行传输,可以采用中继器(Repeater)来扩大传输距离。中继器接收衰减的数字信号,把数字信号恢复为 0 或 1 的标准电平,然后重新传输新的信号。这样就有效克服了信号的衰减。

【例题 2-11】 数据通信系统的基本结构是什么?模拟通信系统和数字通信系统有何不同?

解析: 本题主要考查对数据通信系统结构的理解。

数据通信系统的基本结构包括信源、信道和信宿。模拟通信系统通常由信源、调制器、信道、解调器、信宿以及噪声源组成。信源所产生的原始模拟信号一般都要经过调制后再通过信道传输。到达信宿后,再通过解调器将信号解调出来。数字通信系统由信源、信源编码器、信道编码器、调制器、信道、解调器、信道译码器、信源泽码器、信宿及噪声源组成。通过以上关于模拟信道和数字通信就可知道两者之间的不同。

【例题 2-12】 RS-232-C 接口具有哪些特性?简述使用 RS-232-C 接口进行通信的工作过程。

解析:本题主要考查对 RS-232-C 接口的理解以及数据传输过程中电路的状态。

RS-232-C 使用 9 针或 25 针的 D 型连接器 DB-9 或 DB-25,如图 2-32 所示。目前,绝大多数据计算机使用的是 9 针的 D 型连接器。RS-232-D 规定使用 25 帧的 D 型连接器。RS-232-C 采用的信号电平$-5V\sim-15V$ 代表逻辑 1,$+5V\sim+15V$ 代表逻辑 0。在传输距离不大于 15m 时,最大速率为 19.2kb/s。

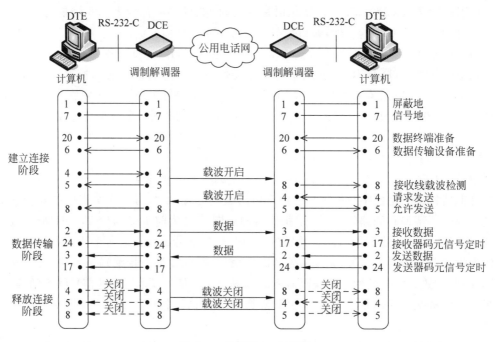

图 2-32 例题 2-12 的图示

(1) 建立连接阶段。当本地计算机有数据要发送时,发送数据终端准备(DTR,引脚 20)信号通知本地 MODEM 计算机已处于通信就绪状态。若本地 MODEM 响应此信号,则发送数据传输设备准备(DSR,引脚 6)信号回答终端 MODEM 已准备好通信。本地计算机发送请求发送信号(RTS,引脚 4)通知本地 MODEM 准备发送数据。本地 MODEM 检测到 RTS 信号后,通过电话线发一个载波信号给远程 MODEM,通知远程 MODEM 准备接收数据,同时向本地计算机返回一个允许发送信号(CTS,引脚 5),告诉本地计算机可以发送数据了。远程 MODEM 检测到载波后,发送载波检测信号(DCD,引脚 8)通知远程计算机准备接收数据。远程的计算机和 MODEM 执行相同的操作。

(2) 数据传输阶段。当计算机检测到允许发送信号 CTS 以及远程 MODEM 发送的载波检测信号时,则通过发送数据线(TxD,引脚 2)发送数据,并通过接收数据线(RxD,引脚 3)接收远程计算机发来的数据。其中,第 24 和第 17 引脚分别用来提供双方发送和接收数据的同步时钟信号。例如,本地计算机在发送数据的同时,也将时钟发给对方,而远程计算机则通过此时钟接收数据。

（3）释放连接阶段。本地计算机数据发送完毕后,关闭请求发送线(RTS),并通知本地 MODEM 发送结束。本地 MODEM 检测 RTS 关闭后,停止向电话线发送载波,同时关闭允许发送线(CTS)以应答计算机。当远程 MODEM 检测不到载波后.则向远程计算机发送关闭载波检测信号。最终,本地和远程计算机释放链路,恢复到原始状态。

习　题　2

2-1　解释名词：数据,信号,模拟数据,模拟信号,数字数据,数字信号,码元,单工通信,半双工通信,全双工通信,发送时延,传播时延,基带传输,频带传输,宽带传输,串行传输,并行传输。

2-2　物理层的接口有哪几个方面的特性? 各包含些什么内容?

2-3　试给出数据通信系统的模型并说明其主要组成构件的作用。

2-4　有一条无噪声的 8kHz 信道,每个信号包含 8 级,采样频率为 24kHz,可以获得的最大传输速率是多少?

2-5　若某通信链路的数据传输速率为 2400b/s 采用 4 相位调制,则该链路的波特率是多少?

2-6　二进制信号在信噪比为 127：1 的 4kHz 信道上传输,最大的数据速率可达到多少?

2-7　分别画出 11101010 的非归零码和曼彻斯特码的波形。假定线路从低电平开始。

2-8　模拟传输系统与数字传输系统的主要特点是什么?

2-9　基带信号与宽带信号的传输各有什么特点?

2-10　常见的传输媒体有哪几种? 各有何特点?

2-11　解释下列英文缩写：

FDM,TDM,STDM,WDM,CDMA,SONET,SDH,HFC,FttH。

2-12　简述 ADSL 的工作原理。

第3章 数据链路层

[本章主要内容]

1. 数据链路层的功能

组帧、帧同步、差错控制。

2. 链路层协议

PPP、CSMA、CSMA/CD、CSMA/CA。

3. 局域网

局域网的体系结构、以太网与 IEEE 802.3、高速以太网、VLAN、IEEE 802.11。

4. 数据链路层设备

网桥、以太网交换机及其工作原理。

数据链路层属于计算机网络的低层，数据链路层使用的信道主要有以下两种类型：

(1) 点对点信道：这种信道使用一对一的点对点通信方式。

(2) 广播信道：这种信道使用一对多的广播通信方式，因此过程比较复杂。局域网就是使用广播信道的网络。

本章首先介绍数据链路层的基本概念及点对点信道，然后在 3.5 节开始介绍共享信道的局域网。

3.1 数据链路层的基本概念

1. 物理线路与数据链路

物理线路与数据线路的含义是不同的。在通信技术中，**链路**是指一条无源的点对点的物理线路段，中间没有任何交换节点。通常，两台计算机进行数据通信，其信道是由许多链路串接而成的，因而一条链路只是一条通路的一个组成部分。值得关注的是，在一条链路上传输数据，除物理线路外，还必须具有控制数据传输的规程。链路加上实现这些规程的软硬件构成了**数据链路**，只有在这样的数据链路上才能进行数据通信。因此，也将链路称为**物理链路**，而将数据链路称为**逻辑链路**。

2. 数据链路层的主要功能

数据链路层在物理层提供服务的基础上向网络层提供服务，其主要作用是加强物理层传输原始比特流的功能，将物理层提供的可能出错的物理连接改造成为逻辑上无差错的数据链路，使之对网络层表现为一条无差错的链路。为了实现数据链路控制功能而制定的协议或规程称为数据链路层协议。可建立数据链路层模型，如图 3-1 所示。

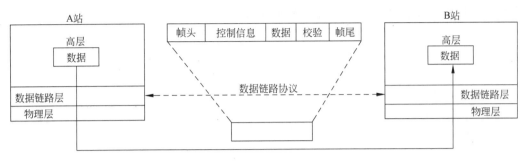

图 3-1　数据链路层模型

下面具体介绍数据链路层的功能。

（1）链路管理

数据链路层连接的建立、维持和释放过程就称做**链路管理**，它主要用于面向连接的服务。在链路两端的节点要进行通信之前，必须首先确认对方已处于就绪状态，并交换一些必要的信息以对帧序号初始化，然后才能建立连接，在传输过程中则要能维持连接，而在传输完毕后则要释放该连接。在多个站点共享同一物理信道的情况下（例如局域网中）如何在要求通信的站点间分配和管理信道也属于数据链路层管理的范畴。

（2）成帧、帧同步

两个工作站之间传输信息时，必须将网络层的分组封装成帧，以帧的格式进行传送。将一段数据的前后分别添加首部和尾部，就构成了帧。首部和尾部中含有很多控制信息，它们的一个重要作用是确定帧的界限，即帧定界。

而帧同步指的是接收方应当能从接收到的二进制比特流中区分出帧的起始与终止。数据在数据链路层以帧为单位传输。物理层的比特流按数据链路层协议的规定被封装在数据帧中传输。帧同步是指接收方应该能够从收到的比特流中正确地判断出一帧的开始位与结束位。

（3）透明传输

当传输的数据中出现控制字符时，就必须采取适当的措施，使接收方不至于将数据误认为是控制信息。如在 HDLC 通信规程中，用标识位 01111110 来标识帧的开始和结束。在通信过程中，当检测到帧标识 01111110 即认为是帧的开始，然后一旦检测到帧标识即表示帧的结束。如果数据中恰好出现与帧定界符相同的比特组合（会误认为"传输结束"而丢弃后面的数据），就要采取有效的措施解决这个问题，即透明传输。

（4）差错控制

由于信道噪声等各种原因，帧在传输过程中可能会出现错误。用以使发送方确定接收方是否正确收到了由它发送的数据的方法称为差错控制。差错控制技术要使接收方能够发现与纠正传输错误，数据链路层协议必须能实现差错控制功能。

由于过去端节点功能较弱，必须在通信的数据链路层实现可靠传输，因此在差错检测的基础上，增加了帧编号、确认和重传机制。收到正确的帧就要向发送方发送确认。发送端在一定的期限内若没有收到对方的确认，就认为出现了差错，因而就进行重传，直到收到对方的确认为止。这种方法在历史上曾经起到很好的作用。但现在的端节点有足够的智能功能，而且通信线路的质量也已经大大提高了，由通信链路质量不好引起差错的概率已经大大降低。因此,现在因特网采取了区别对待的方法,描述如下。

① 对通信质量良好的有线传输链路,数据链路层协议不使用确认和重传机制,即不要求数据链路层向上提供可靠传输的服务。如果在数据链路层传输数据时出现了差错并且需要进行改正,那么改正差错的任务就由高层协议(例如,传输层的 TCP 协议)来完成。

② 对于通信质量较差的无线传输链路,数据链路层协议使用确认和重传机制,数据链路层向上层提供可靠传输的服务。

(5) 流量控制

由于收发双方各自的工作速率和缓存空间的差异,可能出现发送方发送能力大于接收方接收能力的现象,如若此时不对发送方的发送速率(也即链路上的信息流量)做适当的限制,前面来不及接收的帧将会被后面不断发送来的帧“淹没”,造成帧的丢失而出错。因此,流量控制实际上就是限制发送方的数据流量,使其发送速率不致超过接收方的接收能力。

流量控制并不是数据链路层所特有的功能,许多高层协议中也提供此功能,只不过控制的对象不同而已。对于数据链路层来说,控制的是相邻两节点之间数据链路上的流量,而对于运输层来说,控制的则是从源端到目的端之间的流量。

3. 为网络层提供的服务

数据链路层是 OSI 参考模型的第二层,它介于物理层与网络层之间。对网络层而言,数据链路层的基本任务是实现两个相邻节点中来自网络层的数据传输。数据链路层通常可为网络层提供的服务如下。

(1) 无确认的无连接服务:源机器发送数据帧时不需先建立链路连接,目的机器收到数据帧时不需发回确认。对丢失的帧,数据链路层不负责重发而交给上层处理。适用于实时通信或误码率较低的通信信道,如以太网。

(2) 有确认的无连接服务:源机器发送数据帧时无须先建立链路连接,但目的机器收到数据帧时必须发回确认。源机器在所规定的时间内没有收到确定信号,就重传丢失的帧,以提高传输的可靠性。该服务适用于误码率较高的通信信道,如无线通信。

(3) 有确认的面向连接服务:帧传输过程分为三个阶段:建立数据链路、传输帧、释放数据链路。目的机器对收到的每一帧都要给出确认,源机器收到确认后才能发送下一帧,因而该服务的可靠性最高。该服务适用于通信要求(可靠性、实时性)较高的场合。

3.2　成帧与透明传输

数据链路层之所以要把比特组合成帧为单位传输,是为了在出错时只重发出错的帧,而不必重发全部数据,从而提高了效率。为了使接收方能正确地接收并检查所传输的帧,发送方必须依据一定的规则把网络层递交的分组封装成帧(称为成帧)。成帧主要解决帧定界、帧同步、透明传输等问题。通常有以下 4 种方法实现成帧。

1. 字符计数法

第一种成帧方法利用头部中的一个字段来标识该帧中的字符数。如图 3-2 所示,字符计数法是在帧头部使用一个字段来标明帧内字符数。当目的节点的数据链路层收到字节计数值时就知道后面跟随的字节数,从而可以确定帧结束的位置。

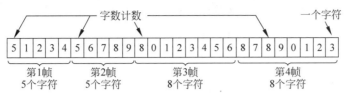

图 3-2 字符计数法

这种方法最大的问题在于如果计数字段出错,即失去了帧边界划分的依据,接收方就无法判断所传输帧的结束位和下一帧的开始位,收发双方将失去同步,从而造成灾难性后果。

2. 字节填充的首尾定界符法

字符填充法考虑到了出错之后的重新同步问题,使用一些特殊的字节作为开始和结束。这些特殊字节通常都相同,称为标志字节(Flag Byte),作为帧的起始和结束分界符。两个连续的标志字节代表了一帧的结束和下一帧的开始。因此,如果接收方丢失了同步,它只需搜索两个标志字节就能找到当前帧的结束位置和下一帧的开始位置。

为了使信息位中出现的特殊字符不被误判为帧的首尾定界符,可以在特殊字符前面填充一个转义字节(ESC)来加以区分,以实现数据的透明传输。接收方收到转义字符后,就知道其后面紧跟的是数据信息,而不是控制信息。

图 3-3(a)所示的是由标志字节分界的帧。若帧的数据段中出现 ESC 转义字节,发送方在每个 ESC 字节前再插入一个 ESC 字节(见图 3-3(b)),在接收方,第一个转义字节 ESC 被删除,留下紧跟在它后面的数据字节(或许是另一个转义字节或者标志字节),结果仍得到原来的数据,图 3-3(b)给出了一些例子。

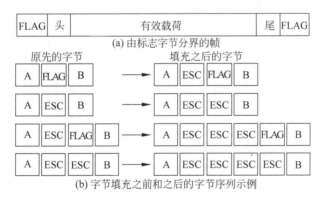

(a) 由标志字节分界的帧

(b) 字节填充之前和之后的字节序列示例

图 3-3 字节填充法

3. 比特填充的首尾标志法

第三种成帧方法考虑了字节填充的缺点,即只能使用 8bit 的字节。帧的划分可以在比特级完成,比特填充法允许数据帧包含任意个数的比特(而不是只能以 8bit 为单元),也允许每个字符的编码包含任意个数的比特。每个帧的开始和结束由一个特殊的比特模式,即 01111110 或十六进制 0x7E 标记,来标志一帧的开始和结束。为了不使信息位中出现的比特流 01111110 被误判为帧的首尾标志,发送方的数据链路层在信息位中遇到 5 个连续的"1"时,将自动在其后插入一个"0";而接收方做该过程的逆操作,即每收到 5 个连续的"1"

时,则自动删除后面紧跟的"0",以恢复原信息。比特填充的过程如图 3-4 所示。

(a) 原始数据   0110111111111111111110010

(b) 线上数据   011011111011111011111010010

填充的位

(c) 接收方删除填
    充位后的数据   0110111111111111111110010

图 3-4   比特填充法

比特填充很容易用硬件来实现,其性能优于字节填充方法。

4. 违规编码法

在物理层比特编码时通常采用违规编码法。例如,曼彻斯特编码方法,将数据比特"1"编码成"高—低"电平对,将数据比特"0"编码成"低—高"电平对。而"高—高"电平对和"低—低"电平对在数据比特中是违规的(没有采用),可以借用这些违规编码序列来定界帧的起始和终止。局域网 IEEE 802 标准就采用了这种方法。

违规编码法不需要采用任何填充技术,便能实现数据传输的透明性,但它只适用于采用冗余编码的特殊编码环境。

由于字节计数法中计数字段的脆弱性和字节填充法实现上的复杂性与不兼容性,目前较常用的组帧方法是比特填充法和违规编码法。

3.3 差 错 控 制

概括地说,传输中的差错都是由于噪声引起的。噪声有两大类:一类是信道所固有的、持续存在的随机热噪声;另一类是由于外界特定的短暂原因所造成的冲击噪声。前者可以通过提高信噪比来减少或避免干扰,而后者不可能靠提高信号幅度来避免干扰造成的差错,是产生差错的重要原因。

通常利用编码技术进行差错控制,主要有两类:**自动重传请求**(Automatic Repeat reQuest,ARQ)和**前向纠错**(Forward Error Correction,FEC)。在 ARQ 方式中,接收端检测出差错时,就设法通知发送端重发,直到接收到正确的码字为止。在 FEC 方式中,接收端不但能发现差错,而且能确定二进制数码的错误位置,从而加以纠正。因此,差错控制又可分为**检错编码**(Error-Detecting Code)和**纠错编码**(Error-Correcting Code),纠错码实现起来比较困难,在一般的通信场合不宜采用。检错码通过重传机制达到纠错目的,工作原理简单,实现起来容易,编码与解码速度快,因此得到了广泛的使用。

检错编码都是采用冗余编码技术。其核心思想是在有效数据(信息位)被发送前,先按某种关系附加上一定的冗余位,构成一个符合某一规则的码字后再发送。当要发送的有效数据变化时,相应的冗余位也随之变化,使得码字遵从不变的规则。接收端根据收到码字是否仍符合原规则,从而判断是否出错。常见的检错编码有奇偶校验码和循环冗余校验码。

1. 奇偶校验码

奇偶校验码是奇校验码和偶校验码的统称,是一种最基本的检错码。其校验规则是:在原数据上附加一个校验位,其值为 0 或 1,使附加该位后的整个数据码中 1 的个数称为奇数(奇校验)或偶数(偶校验),如 Y 的 ASCII 码为 1011001,其中 1 的个数为 4,偶校验为 0,

奇校验位为 1，如图 3-5 所示。接收方通过计算接收到的码中 1 的个数来确定传输的正确性。它又分为垂直奇偶校验、水平奇偶校验和水平垂直奇偶校验。

校验方式	校验位	ASCII 代码位							字符
	8	7	6	5	4	3	2	1	
偶校验	0	1	0	1	1	0	0	1	Y
奇校验	1	1	0	1	1	0	0	1	Y

图 3-5　奇偶校验举例

2. 水平垂直奇偶校验码

同时采用了水平方向的奇偶校验和垂直方向的奇偶校验，既对每个字符做校验，同时也对整个字符块的各位（包括字符的校验位）做校验，则检错能力可以明显提高，这种奇偶校验方式称为**水平垂直奇偶校验**，也称为纵横奇偶校验。如发送 NETWORK 字符串时，先对每个字符各位进行偶校验，再对所有字符的每一位进行偶校验，如图 3-6 所示。

字符	N 字符$_1$	E 字符$_2$	T 字符$_3$	W 字符$_4$	O 字符$_5$	R 字符$_6$	K 字符$_7$	LRC 字符（偶）
位 1	1	1	1	1	1	1	1	1
位 2	0	0	0	0	0	0	0	0
位 3	0	0	1	1	0	1	0	1
位 4	1	0	0	0	1	0	1	1
位 5	1	1	1	1	1	1	0	1
位 6	1	0	0	1	1	0	0	1
位 7	0	1	0	1	1	0	1	0
校验位（偶）	0	1	1	1	1	1	0	1

图 3-6　水平垂直偶校验

3. 循环冗余校验码

循环冗余校验（Cyclic Redundancy Check，CRC）码又称为多项式编码，任何一个由二进制数位串组成的代码都可以和一个只含有 0 和 1 两个系数的多项式建立一一对应关系。一个 k 位帧可以看成是从 X^{k-1} 到 X^0 的 k 次多项式的系数序列，这个多项式的阶数为 $k-1$，高位是 X^{k-1} 项的系数，下一位是 X^{k-2} 的系数，以此类推。例如，1110011 有 7 位，表示成多项式是 $X^6+X^5+X^4+X+1$，而多项式 $X^5+X^4+X^2+X$ 对应的位串是 110110。

给定一个 $m$bit 的帧或报文，发送器生成一个 $r$bit 的序列，称为**帧检验序列**（Frame Check Sequence，FCS）。这样所形成的帧将由 $(m+r)$bit 组成。发送方和接收方事先商定一个多项式 $G(x)$（最高位和最低位必须为 1），使这个带检验码的帧刚好能被这个预先确定的多项式 $G(x)$ 整除。

接收方用相同的多项式去除收到的帧，如果无余数，则认为无差错。

目前，常见的生成多项式 $G(x)$ 国际标准有以下几种：

(1) CRC-16：$G(x)=x^{16}+x^{15}+x^2+1$

(2) CRC-CCITT：$G(x)=x^{16}+x^{12}+x^5+1$

(3) CRC-32：$G(x)=x^{32}+x^{26}+x^{23}+x^{22}+x^{16}+x^{12}+x^{11}+x^{10}+x^8+x^7+x^5+x^4+x^2+x+1$

（1）计算 CRC 码的算法

假设一个帧有 m 位，其对应的多项式为 $M(x)$，则计算冗余码的步骤如下。

① 加 0。假设 $G(x)$ 的阶为 r，在帧的低位端加上 r 个 0。

② 模 2 除。利用模 2 除法，用 $G(x)$ 对应的数据串去除①中计算出的数据串，得到的余数即为冗余码（共 r 位，前面的 0 不可省略）。

多项式以 2 为模运算。按照模 2 运算规则，加法不进位，减法不借位，它刚好是异或操作。乘除法类似于二进制的运算，只是在做加减法时按模 2 规则进行。

循环冗余校验码的计算举例。

【例 3-1】 要发送的数据帧为 110101，假设使用的生成多项式为 $G(x)=x^4+x^3+1$，计算应发送数据帧的比特序列。

解析：多项式为 $G(x)=x^4+x^3+1$ 对应的二进制数为 $G(x)=11001$（即 $r=4$），待传送数据 $M=110101$（即 $m=6$），具体计算过程如图 3-7 所示。

经模 2 除法运算后的结果是：商 $Q=100101$（这个商没什么用），余数 $R=1101$。所以发送出去的数据为 1101011101（即 2^rM+ FCS），共有 $(m+r)$ 位。循环冗余码的运算过程如图 3-7 所示。

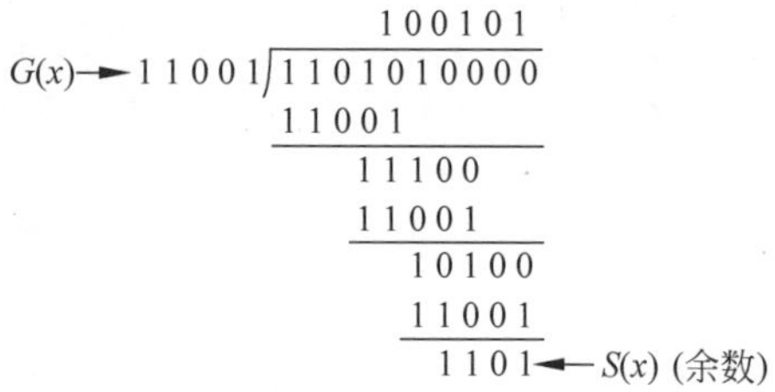

图 3-7 循环冗余码的运算过程

（2）CRC 码的校验过程

在接收方，将收到的数据用约定的多项式 $G(x)$ 去除，如果余数为 0 则传输无误；如有某一位出错，则余数不为 0，且不同数位出错余数不同。

CRC 码的检错能力很强，并且实现起来容易，是目前应用最广的检错码编码方法之一。

【例 3-2】 已知：接收码字为 1101011101，生成多项式为 $G(x)=x^4+x^3+1$，即生成码为 11001（$r=4$）。问接收是否正确？若正确，指出冗余码和原信息码。

解析：用接收的码字除以生成码，过程如图 3-8 所示。

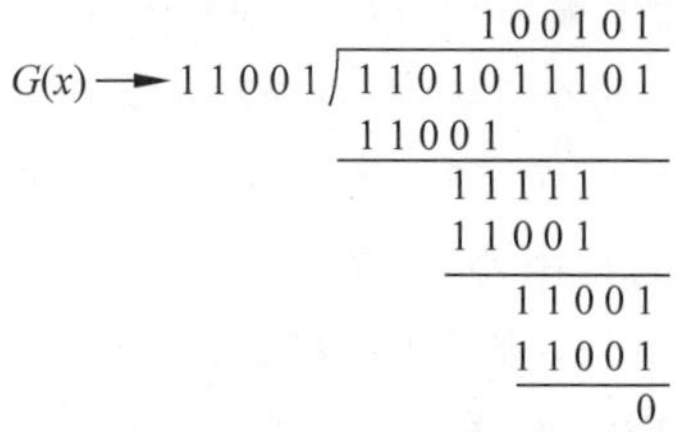

图 3-8 接收方进行的校验计算

计算结果余数为 0，所以接收正确。

因 $r=4$，从接收码中除去右边的 4 位 1101，原信息码是：110101。

注意：在数据链路层若使用 CRC 检验，能够实现无比特差错的传输，但这还不是可靠传输。CRC 差错检测技术，只能做到对帧的无差错接受，因为接收端收到有差错的帧就丢弃，即没有被接受，凡是接收端数据链路层接受的帧均为无差错的帧。

3.4 点对点协议 PPP

在通信线路质量较差的年代，在数据链路层使用可靠传输协议，即高级数据链路控制（High-level Data Link Control，HDLC），但现在 HDLC 已很少使用了，对于点对点的链路，目前使用得最广泛的是点对点协议（Point-to-Point Protocol，PPP）。

1. PPP 协议的特点

PPP 是使用串行线路通信的面向字节的协议，该协议应用在直接连接两个节点的链路之上。设计的目的主要是用来通过拨号或专线方式建立点对点连接发送数据，使其成为各种主机、网桥和路由器之间简单连接的一种共同的解决方案。

PPP 既可以在异步线路上传输，也可在同步线路上使用；不仅用于 Modem 链路，也用于租用的路由器到路由器的线路。

PPP 有以下三个组成部分。

(1) 链路控制协议（Link Control Protocol，LCP），用于建立、配置、测试和管理数据链路。

(2) 网络控制协议（Network Control Protocol，NCP），PPP 允许同时采用多种网络层协议，每个不同的网络层协议要用一个相应的 NCP 来配置，为网络层协议建立和配置逻辑连接。

(3) 一个将 IP 数据报封装到串行链路的方法。IP 数据报在 PPP 帧中就是其信息部分。这个信息部分的长度受最大传送单元（Maximum Transfer Unit，MTU）的限制。

2. PPP 协议的帧格式

PPP 帧的格式如图 3-9 所示。PPP 帧的前 3 个字段和最后两个字段与 HDLC 帧是一样的，PPP 是面向字符的，因而所有 PPP 帧的长度都是整数个字节。

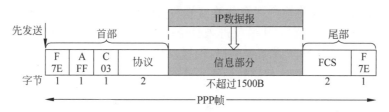

图 3-9　PPP 帧的格式

(1) 首部的第一个字段和尾部的第二个字段都是标志字段 F(Flag)，规定为 0x7E，十六进制的 7E 的二进制表示为 01111110。标志字段表示一个帧的开始或结束。因此标志字段就是 PPP 帧的定界符。连续两帧之间需要一个标志字段。如果出现连续的两个标志字段，则表示这是一个空帧，应该丢弃。

(2) 首部中的地址字段 A 规定为 0xFF(11111111)，控制字段 C 规定为 0x03(00000011)。最初曾考虑以后再对这两个字段的值进行其他定义，但至今也没有给出。可见这两个字段实际上并没有携带 PPP 帧的信息。

(3) PPP 首部的第 4 个字段是 2 字节的协议字段。

① 当协议字段为 0x0021H 时，PPP 帧的信息字段就是 IP 数据报。

② 当协议字段为 0xC021H 时，PPP 帧的信息字段是链路控制协议 LCP 的数据。

③ 当协议字段为 0x8021H 时，PPP 帧的信息字段是网络控制协议 NCP 的数据。

信息字段的长度是可变的，但不允许超过 1500 字节。

(4) 尾部中的第一个字段（2 字节）是使用 CRC 的帧检验序列 FCS。

3. PPP 协议中的透明传输

为了实现透明传输，当信息字段中出现和标志字段一样的比特（0x7E）组合时，就必须采取一些措施使这种与标志字段形式上一样的比特组合不出现在信息字段中。

（1）当 PPP 用在同步传输链路时,协议规定采用硬件来完成比特填充(和 HDLC 的做法一样)。

（2）当 PPP 用在异步传输时,则使用一种特殊的字符填充法。

PPP 使用 0x7D 作为转义字符,并使用字节填充,具体做法如下。

（1）在信息字段中出现的每一个 0x7E 字节转变成为 2 字节序列(0x7D,0x5E)。

（2）若信息字段中出现一个 0x7D 的字节(即出现了和转义字符一样的比特组合),则把 0x7D 转变成为 2 字节序列(0x7D,0x5D)。

（3）若信息字段中出现 ASCII 码的控制字符(即数值小于 0x20 的字符),则在该控制符前面要加入一个 0x7D 字节,同时将该字符的编码加以改变。例如,0x03(在控制字符中是"传输结束"ETX)就要变为(0x7D,0x23)。这样做的目的是防止这些表面上的 ASCII 码控制符(在被传输的数据中当然已不是控制符了)被错误地解释为控制符。

由于在发送端进行了字节填充,因此在链路上传送的信息字节就超过了原来的信息字节数,但接收端在接收数据后,再进行与发送端字节填充相反的逆变换,因而可以正确地恢复出原来的信息。

4. PPP 协议的工作状态

图 3-10 给出了 PPP 链路建立、使用、撤销所经历的状态图。当线路处于静止状态时,不存在物理层连接。当线路检测到有载波信号时,建立物理连接,线路变为建立状态。此时,LCP 开始选项商定。商定成功后就进入身份验证状态。通信双发身份验证通过后,进入网络状态。这时,采用 NCP 配置网络层,配置成功后,进入打开状态,然后就可以进行数据传输了。当数据传输完成后,线路转为终止状态。载波停止后则回到静止状态。

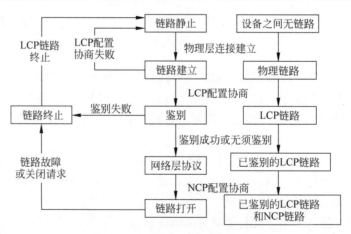

图 3-10 PPP 协议的状态图

注意:

（1）PPP 提供差错检测但不提供纠错功能,只保证无差错接收(通过硬件进行 CRC 校验)。它是不可靠的传输协议,因此也不使用序号和确认机制。

（2）PPP 仅支持点对点的链路通信,不支持多点线路。

（3）PPP 只支持全双工链路。

（4）PPP 的两端可以运行不同的网络层协议，但仍然可使用同一个 PPP 进行通信。

（5）PPP 是面向字节的，当信息字段出现和标志字段一致的比特组合时，PPP 有两种不同处理方法：如果 PPP 用在异步线路（默认）时，采用字节填充法；如果 PPP 用在 SONET/SDH 等同步线路时，协议规定采用硬件来完成比特填充。

3.5　局　域　网

3.5.1　局域网的基本概念和体系结构

局域网（Local Area Network，LAN）是在一个较小的地理范围（一般在几十米至一千米左右）内将各种计算机、外部设备和数据库等互相连接起来组成的计算机通信网络。

局域网技术在计算机网络技术的发展过程中，是发展最快、最为活跃和流行的技术之一。由于局域网的传输速度高、组网简单灵活，因而得到了广泛的应用。

1. 局域网的主要特点

（1）为一个单位所拥有，且地理范围和站点数目均有限。

（2）所有的站共享较高的总带宽（即较高的数据传输速率）。

（3）较低的时延和较低的误码率。

（4）各站为平等关系而不是主从关系。

（5）能进行广播和组播。

2. 决定局域网特性的三种主要技术

（1）网络的拓扑结构

局域网的拓扑结构是指在进行局域网设计时所采用的物理和逻辑的结构。局域网按网络拓扑结构可分类为：总线型网、星型网、环型网、树型网。但在实际应用中，以树型网居多。有关局域网拓扑图的内容在第 1 章有详细的说明。

（2）用来传输数据的传输介质

局域网的传输媒体：与网络拓扑相结合，局域网可以使用双绞线、铜缆和光纤等多种传输介质，其中双绞线为主流传输介质。目前在局域网中使用的传输介质主要有 5 类以上的双绞线和光纤，其中早期的总线型网络中还使用基带同轴电缆。无线局域网的传输介质为电磁波。

（3）介质访问控制方法

局域网的介质访问控制方法主要有 CSMA/CD、令牌总线和令牌环，其中前两种方法主要用于总线型局域网，令牌环主要用于环型局域网。这三种技术在很大程度上决定了传输数据的类型、网络的响应、吞吐量和效率，以及网络的应用等各种网络特性。其中最重要的是介质访问控制方法，它对网络特性有着十分重要的影响。

3. 局域网的体系结构

由于局域网大多采用共享信道，当通信局限于一个局域网内部时，任意两个节点之间都连接的链路，即网络层的功能可由链路层来完成，所以局域网中不单独设立网络层，它和 OSI 参考模型有较大差别。

随着局域网的出现和广泛使用，局域网产品也日益增多，其标准化的工作也显得越来越重要。电气和电子工程师协会(Institute of Electrical and Electronics Engineers,IEEE)于 1980 年 2 月专门成立了 IEEE 802 委员会,从事局域网参考模型和标准化工作的研究与制定,即著名的 IEEE 802 参考模型。IEEE 802 委员会根据局域网适用的传输媒体、网络拓扑结构、性能及实现难易等因素,为 LAN 制定了一系列标准,称为 **IEEE 802** 标准,许多 IEEE 802 标准已成为 ISO 的国际标准,称为 ISO 标准。

IEEE 802 标准的内容如下。

IEEE 802 委员会制定了一系列局域网标准,ISO 也将其作为国际标准,主要包括:

(1) IEEE 802.1:基本介绍和接口原语定义;概述、体系结构和网络互连,以及网络管理和性能测量。

(2) IEEE 802.2:定义了 LLC 子层协议。

(3) IEEE 802.3:定义了总线型网络的介质访问控制协议 CSMA/CD 及物理层技术规范。

(4) IEEE 802.4:定义了令牌总线(Token Bus)网络 MAC 子层协议及物理层技术规范。

(5) IEEE 802.5:定义了令牌环(Token Ring)网络 MAC 子层协议及物理层技术规范。

(6) IEEE 802.6:定义了城域网(MAN)的 MAC 子层协议及物理层技术规范。

(7) IEEE 802.7:定义了宽带网络技术,为其他分委员会提供宽带网络技术建议。

(8) IEEE 802.8:定义了光纤网络技术,为其他分委员会提供光纤网络技术建议。

(9) IEEE 802.9:定义了语音及数据综合局域网(IVD LAN)的 MAC 子层协议及物理层技术规范。

(10) IEEE 802.10:定义了局域网安全技术规范。

(11) IEEE 802.11:定义了无线局域网技术的 MAC 子层协议及物理层技术规范。

(12) IEEE 802.12:定义了 100VG-Any LAN 局域网的 MAC 子层协议。

在这些标准中,IEEE 802.3 标准最为常用。

在 OSI 参考模型中,局域网的相关标准和规范由最低两层(物理层和数据链路层)来定义。由于局域网内部采用的是共享信道的技术,其拓扑结构比较简单,一般不需要中间转接,所以,在局域网中不需要网络层的路由功能,在 IEEE 802 标准中网络层简化成了上层协议的服务访问点(Service Access Point,SAP)。另外,由于局域网使用多种传输介质,而每一种介质访问协议又与传输介质和拓扑结构相关,为了简化局域网中数据链路层的功能划分,所以 IEEE 802 标准把数据链路层划分为 **介质访问控制**(Medium Access Control,MAC)**子层**和**逻辑链路控制**(Logical Link Control,LLC)**子层**,与接入到传输媒体有关的内容都放在 MAC 子层,而 LLC 子层则与传输媒体无关,不管采用何种协议的局域网对 LLC 子层来说是都透明的,LLC 隐藏了不同 802MAC 子层的差异为网络层提供单一的格式和接口,同时 SAP 则位于 LLC 子层与高层的交界面上。

与 OSI 参考模型相比,局域网的参考模型只相当于 OSI 的最低两层。图 3-11 所示的是局域网的协议层次与 OSI 的对比。

由于 TCP/IP 体系经常使用的局域网是 DIX Ethernet V2 而不是 IEEE 802.3 标准中的几种局域网,因此现在 IEEE 802 委员会制定的逻辑链路控制子层 LLC(即 IEEE 802.2 标准)的作用已经不大了。故现在许多网卡仅装有 MAC 协议而没有 LLC 协议。

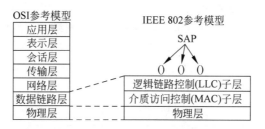

图 3-11　OSI 参考模型与 IEEE 802 参考模型之间的对应关系

3.5.2　以太网与 IEEE 802.3

以太网(**Ethernet**)是在 20 世纪 70 年代中期由 Xerox(施乐)公司 Palo Alto 研究中心推出的。由于相关介质技术的发展,Xerox 可以将许多机器相互连接。这就是以太网的原型。将这项技术命名为"Ethernet"(以太网),源于当时"电磁辐射可以通过以太来传播"的想法。

后来,Xerox 公司推出了带宽为 2Mb/s 的以太网,又与 Intel 和 DEC 公司合作推出了带宽为 10Mb/s 的以太网,这就是通常所称的以太网 Ⅱ 或以太网 DIX(Digital、Intel 和 Xerox),有时也写成 **DIX Ethernet V2**。

IEEE 成立后,制定了以太网介质的标准。其中,IEEE 802.3 与 DIX Ethernet V2 非常相似,两者都使用 CSMA/CD 协议,但两者之间略有不同。

严格来说,以太网应当是指符合 DIX Ethernet V2 标准的局域网。但 DIX Ethernet V2 标准与 IEEE 802.3 标准只有很小的差别,因此通常将 802.3 局域网简称为**以太网**。

以太网逻辑上采用总线型拓扑结构,以太网中所有计算机共享同一条总线,信息以广播方式发送。为了保证数据通信的方便性和可靠性,以太网简化了通信流程并且使用了 CSMA/CD 方式对总线进行访问控制。

以太网采用两项措施简化通信:采用无连接的工作方式;不对发送的数据帧编号,也不要求接收方发送确认,即以太网尽最大努力交付数据,提供的是不可靠服务,对于差错的纠正则由高层完成。

20 世纪 80 年代以来,随着网络技术的发展,以太网的产品及其标准不断更新和扩展,以太网在网络拓扑、传输速率和相应传输介质上都与原来的标准有了很大的变化,表 3-1 中显示的是以太网标准的主要进展情况。

表 3-1　以太网标准的进展情况

时　　间	技 术 描 述	IEEE 标准	网 络 介 质
1982 年	10BASE-5	802.3	粗同轴电缆
1985 年	10BASE-2	802.3a	细同轴电缆
1990 年	10BASE-T	802.3i	双绞线
1993 年	10BASE-F	802.3j	光纤
1995 年	100BASE-T	802.3u	双绞线、光纤
1997 年	100BASE-T2	802.3x	双绞线、光纤
1998 年	100BASE-X	802.3z	光纤、屏蔽铜缆
1999 年	1000BASE-T	802.3ab	双绞线
2002 年	10GBASE-X/R/W	802.3ae	光纤

1. 以太网的传输介质与网卡

以太网常用的传输介质有 4 种：同轴电缆(粗缆和细缆)、双绞线和光纤。

传统以太网是指 IEEE 802.3 中最早的以太网产品,主要有 10BASE-5、10BASE-2、10BASE-T、10BASE-F,这样,以太网就有 4 种不同的物理层,如图 3-12 所示。

图 3-12 传统以太网物理层标准

以太网各种传输介质的使用情况如表 3-2 所示。

表 3-2 以太网各种传输介质的使用情况

参数	10BASE-5	10BASE-2	10BASE-T	10BASE-FL
传输媒体	基带同轴电缆(粗缆)	基带同轴电缆(细缆)	非屏蔽双绞线	光纤
编码	曼彻斯特编码	曼彻斯特编码	曼彻斯特编码	曼彻斯特编码
拓扑结构	总线	总线	星型	点对点
最大段长	500m	185m	100m	2000m

由于以太网的物理层介质和配置方式有多种,为了准确地表达它们所构成的以太网产品,对于它们的名字的命名有一套规定,即由以下三部分组成:

<数据传输率(Mb/s)> <信号方式> <最大段长度(百米)或介质类型>

下面介绍传统以太网的几个标准。

(1) 10BASE-5:速率为 10Mb/s,基带信号传输,一条电缆的最大长度为 500m,是原始的以太网 IEEE 802.3 标准,又称为粗缆以太网,粗缆是粗同轴电缆的简称。

10BASE-5 粗缆以太网的特点:总线一般为粗同轴电缆;抗干扰性好;收发器可以防止信号衰减;布线不方便,价格也比较高。

(2) 10BASE-2:速率为 10Mb/s,基带信号传输,网络的每个段最长为 185m,因此这种细缆局域网就简记为 10BASE-2(2 表示距离约为 200m,实际上是 185m)。是在 10BASE-5 的基础上产生的,工作方式与粗缆相似,它对应 IEEE 802.3a 标准。

10BASE-2 细缆以太网的特点:总线一般为细同轴电缆;布线方便,价格低廉。但网络的可靠性差,总线连接故障很难查找,不利于维护。

(3) 10BASE-T:速率为 10Mb/s,基带传输,采用双绞线和星型结构。是采用非屏蔽双绞线电缆作为传输介质的以太网。1990 年形成 10BASE-T,对应的标准为 IEEE 802.3i。

在 10BASE-T 中,组网的设备为集线器,工作站与集线器之间的双绞线最大距离为 100m。

10BASE-T 以太网的特点:采用双绞线和星型结构;全部集成到网卡;布线更方便;结构化布线。

注意：10BASE-T 非屏蔽双绞线以太网拓扑结构为星型网。星型网中心为集线器,但使用集线器的以太网在逻辑上仍然是一个总线网,属于一个冲突域。

（4）10BASE-F：在 10BASE-T 的基础上,用光纤替代双绞线连接站点和集线器,增加网络段长度和覆盖范围的一种以太网。

10BASE-F 系列又分为以下三个标准：

（1）**10BASE-FP**：P 表示无源(Passive),用于无源星型拓扑,表示连接点(站点或转发器)之间的连接的每段链路最大距离不超过 1km。10BASE-FP 最多可支持 33 个站点。

（2）**10BASE-FL**：L 表示链路(Link),表示连接点(站点或转发器)之间的最大距离不超过 2km。

（3）**10BASE-FB**：B 表示主干(Backbone),表示连接转发器之间的链路的最大距离不超过 2km。

计算机与外界局域网的连接是通过主机箱内插入一块网络接口板,又称为**网络适配器**(Adapter)或**网络接口卡**(Network Interface Card,NIC),或"网卡"。网卡是局域网中连接计算机和传输介质的接口,具有物理层的电气等特性,能实现与局域网的物理连接和电信号匹配。网卡也完成数据链路层的功能,负责处理接收和传输数据帧。

网卡和计算机之间的通信则是通过计算机主板上的 I/O 总线以并行传输方式进行的,如图 3-13 所示。

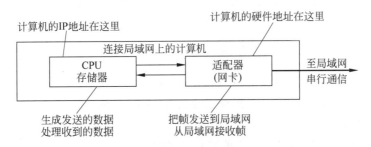

图 3-13　计算机通过适配器和局域网进行通信

网卡的主要功能如下。

（1）**数据的封装与解封**：发送时将网络层传下来的数据加上首部和尾部,成为以太网的帧。接收时将以太网的帧剥去首部和尾部,然后传送至上一层。

（2）**进行串行/并行转换**：网卡和局域网之间的通信是通过电缆或双绞线以串行传输方式进行的,而网卡和计算机之间的通信则是通过计算机主板上的 I/O 总线以并行传输方式进行的。因此,网卡的一个重要功能就是要进行数据串行和并行传输的转换。

（3）**对数据进行缓存**：由于网络上的数据率和计算机总线上的数据率并不相同,因此在网卡中必须装有进行缓存的存储芯片。

（4）**链路管理**：主要是 CSMA/CD 协议的实现。

全世界的每块网卡在出厂时都有一个唯一的代码,称为**介质访问控制**(**MAC**)地址,这个地址用于控制主机在网络上的数据通信。数据链路层设备(网桥、交换机等)都使用各个网卡的 MAC 地址。另外,网卡控制着主机对介质的访问,因此网卡也工作在物理层,因为它只关注比特流,而不关注任何的地址信息和高层协议信息。

2. 以太网的 MAC 帧

每一块网络适配器(网卡)有一个地址,称为 MAC 地址,也称物理地址;MAC 地址长 6字节,一般用由连字符(或冒号)分隔的 6 个十六进制数表示,如 02-60-8c-e4-b1-21。高 24位为厂商代码,低 24 位为厂商自行分配的网卡序列号。

由于总线上使用的是广播通信,因此网卡从网络上每收到一个 MAC 帧,首先要用硬件检查 MAC 帧中的 MAC 地址。如果是发往本站的帧就收下,否则丢弃。

常用的以太网 MAC 帧格式有两种标准:

(1) DIX V2 标准的帧;

(2) IEEE 802.3 标准的帧。

最常用的 MAC 帧是 DIX V2 的格式。DIX V2 标准的帧格式如图 3-14 所示。

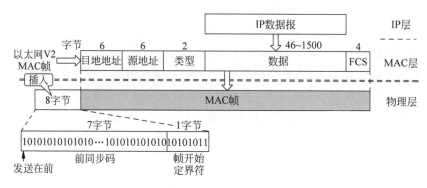

图 3-14   以太网 V2 标准的 MAC 帧格式

(1) 前导码:在帧的前面插入的 8 字节,使接收端与发送端时钟同步,可再分为两字段:第一个字段共 7 字节,是前同步码,用来迅速实现 MAC 帧的比特同步;第二个字段是帧开始定界符,表示后面的信息就是 MAC 帧。

(2) 目的地址:6 字节,是帧发往的站点物理地址。

(3) 源地址:6 字节,是发送帧的站点物理地址。

(4) 类型:指出数据域中携带的数据应交给哪个协议实体处理。

(5) 数据:46~1500B,包含高层的协议消息。由于 CSMA/CD 算法的限制,以太网帧必须满足最小长度要求 64B,当数据较少时必须加以填充(0~46B)。

(6) FCS:4 字节,校验范围从目的地址段到数据段的末尾,算法采用 32 位 CRC。

802.3 帧格式与 DIX V2 帧格式的不同之处:

长度域:替代了 DIX 帧中的类型域,指出数据域的长度。

在实践中,前述长度/类型两种机制可以并存,由于 IEEE 802.3 数据段的最大字节数是 1500,所以长度段的最大值是 1500,因此从 1501~65 535 的值可用于类型段标识符。

3.5.3 共享信道的介质访问控制方法

介质访问控制方法通过解决传输介质使用权问题,实现对网络传输介质的合理分配。IEEE 802 标准规定了局域网中几种常用的介质访问控制方法:CSMA/CD、令牌环访问控制和令牌总线访问控制,后两种已经不再使用,本书也不再赘述,所以本节主要介绍 CSMA/CD 的原理。

带冲突检测的载波侦听多路访问（Carrier Sense Multiple Access with Collision Detection, CSMA/CD），它广泛应用于局域网的 MAC 子层，是一种适合总线结构的采用随机访问技术的竞争型（有冲突的）介质访问控制方法。

CSMA/CD 的工作原理如下。

（1）每个站点在发送数据前，先监听信道，以确定介质上是否有其他站点发送的信号在传送。

（2）若介质处于空闲状态，则发送数据帧。

（3）若介质忙，则继续临听，直到介质空闲，然后立即发送。

（4）边发送帧边进行冲突检测，如果发生冲突，则立即停止发送，并向总线上发出一串阻塞信号（连续几个字节全是"1"）来强化冲突，以保证总线上所有站点都知道冲突已发生。

（5）各站点等待一段随机时间，重新进入侦听发送阶段。

其工作原理可以概括为：先听后发，边发边听，冲突停止，延迟再发。

使用 CSMA/CD 协议，一个站点不能同时进行发送和接收（全双工通信），只能双向交替通信（半双工通信）。

因为电磁波在总线上总是以有限的速率传播的。因此当某个站监听到总线是空闲时，也可能总线并非是空闲的。

每个站点在发送数据之后的一小段不确定时间内，存在着遭遇碰撞的可能性，冲突产生过程如图 3-15 所示。

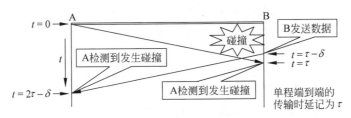

图 3-15　冲突产生示意图

最先发送数据帧的站点，在接收到碰撞信息时才可知道发送的数据帧是否遭受了碰撞。发送的数据帧在可能收到碰撞信息前不应提前结束，否则发送的计算机认为数据已正确发送，会清除缓冲寄存器中的数据，当收到碰撞信息后就无法再重发此数据帧了。

检测到冲突所用的时间，最长为以太网的端到端往返时延 $2r$，这段时间称为**争用期**，或**碰撞窗口**。若经过争用期这段时间还没有检测到碰撞，才能肯定这次发送不会发生碰撞。以太网取 $51.2\mu s$ 为争用期的长度。

对于 10Mb/s 以太网，在争用期内可发送 512bit，即 64B。一个站点在发送数据时，若前 64 个字节没有发生冲突，则后续的数据就不会发生冲突。因此，以太网规定了最短有效帧长为 64B，凡长度小于 64B 的帧都是由于冲突而异常终止的无效帧。

如果数据帧太长就会出现有的工作站长时间不能发送数据，而且可能超出接收端的缓冲区大小，造成缓冲溢出。所以以太网的帧长度规定为 64～1518B。

二进制指数退避算法描述如下。

当站点发现冲突后便会发送一个干扰信号，然后后退（退避）一段时间再重新发送。后退时间的多少对网络的稳定性起着十分重要的作用，这时可以使用二进制指数退避算法来决定后退时间(重传数据的时延)。

在由于检测到碰撞而停止发送后,一个站必须等待一个随机时间段,才能重新尝试发送。这一随机等待时间是为了减少再次发生碰撞的可能性。通常,人们把这种等待一段随机时间再重传的处理方法称为**退避处理**,把计算随机时间的方法称为**退避算法**。

IEEE 802.3 所使用的是截断的二进制指数退避算法,其基本工作原理为:先确定基本退避时间(如 2τ),再定义 $k=\text{Min}[重传次数,10]$,然后从正整数集合 $[0,1,2,\cdots,2^k-1]$ 中随机取出一个数,记为 r。重传所需的后退时延就是 r 倍的基本退避时间(如 $r\times 2\tau$)。具体来说:如果一个站发生了第 2 次冲突,则 $k=2$,r 可随机从 $[0,1,2,3]$ 中取得,然后在 r 倍的基本退避时间后再重试,以此类推。

标准中允许的最大尝试发送的次数是 16,超过 16 次以后,就放弃这一帧,并向高层报告。

退避算法的一个缺点是它具有一种后进先出的效应,即无碰撞或少碰撞的站比起等待时间较长的站来讲可获得优先的发送机会。

3.6 局域网扩展

由于以太网的物理限制,一个局域网网段覆盖的范围是有限的,每个网段的最大距离、最大站点数也都有一定的限制。但在许多情况下,一个单位往往拥有许多个局域网,因而需要实现局域网之间的通信,这时就需要使用一些中间设备将这些局域网连接起来。本节要讨论的是如何在物理层或数据链路层将局域网进行扩展,这种扩展的局域网在网络层看来仍然是一个网络;同时介绍集线器、网桥、交换机等局域网的扩展设备。

3.6.1 集线器扩展局域网

集线器(多端口中继器)又称 Hub,工作在物理层,是以太网中的中心连接设备,它是对"共享介质"总线型局域网结构的一种改进。所有的节点通过非屏蔽双绞线与集线器连接,这样的以太网物理结构看似星型结构,但在逻辑上仍然是总线型结构。当集线器接收到某个节点发送的帧时,它立即将数据帧通过广播方式转发到其他的连接端口。

集线器的一些特点如下。

(1) 集线器是使用电子器件模拟实际电缆线的工作,因此整个系统仍然像一个传统以太网那样运行。10BASE-T 以太网又称为星型总线或盒中总线。

(2) 一个集线器有许多端口。

(3) 集线器和转发器都是工作在物理层,它的每个端口都具有发送和接收数据的功能。

(4) 集线器采用了专门的芯片,进行自适应串音回波抵消。

在节点竞争共享介质的过程中,冲突是不可避免的。在网络中,冲突发生的范围称为**冲突域**。冲突会造成发送节点随机延迟和重发,进而浪费网络带宽。随着网络中节点数的增加,冲突和碰撞必然增加,相应的带宽浪费也会越大。

集线器组建的网络处于一个冲突域中,站点越多,冲突的可能性越大,如图 3-16 所示。

减小网络冲突的解决方法是将网络分段,减少每个网段中站点的数量,使冲突的概率减小,从而增加网络的总体带宽。实现网络分段的设备包括网桥、变换机和路由器,网桥和交换机可以隔离冲突域,如图 3-17 所示。

图 3-16　集线器组建的网络处于一个冲突域中

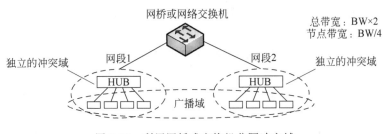

图 3-17　利用网桥或交换机分隔冲突域

3.6.2　网　桥

网桥(Bridge)也称网络桥接器,它工作于数据链路层,网桥能将两个局域网连接起来,并对网络的数据流进行管理。它不但能扩展网络的距离和范围,网桥还可以在不同介质之间转发信号以及隔离不同网段之间的通信。

1. 网桥的基本功能

(1)过滤通信量。网桥具有帧过滤的功能,可以按目的地址过滤、源地址过滤和协议过滤,可以阻止某些帧通过网桥,使局域网各网段成为隔离开的碰撞域。

(2)扩大了物理范围。因而也增加了整个局域网上工作站的最大数目。

(3)提高了可靠性。当隔离开的碰撞域出现故障时,一般只影响个别网段。

(4)可互连不同物理层、不同 MAC 子层和不同速率(如 10Mb/s 和 100Mb/s 以太网)的局域网。

由于网桥对接收的帧要先存储和查找站表,然后才转发,这就增加了时延。

前面提到网桥的最主要功能是在不同局域网之间进行互连。由于不同局域网在帧格式、数据传输率、CRC 校验等方面都不相同。这些方面都涉及帧的分段和重组,帧的分段和重组工作必须快速完成,否则会降低网桥的性能。

另外,网桥还必须具有一定的管理功能,以便对扩展网络进行有效管理。例如,可对网桥转发及丢弃的帧进行统计,及时修改网桥地址映像表,某些类型的网桥还可以通过**生成树算法**动态调整扩展网络的拓扑结构以适应网络的变化。

网桥的缺点:①增加时延;②MAC 子层没有流量控制功能;③不同 MAC 子层的网段桥接在一起时,帧格式的转换;④网桥只适合于用户数不多和通信量不太大的局域网,否则有时还会因传播过多的广播信息而产生网络拥塞,这就是所谓的广播风暴。

2. 网桥的工作原理

下面主要讨论两种最常见的网桥:透明网桥和源路由网桥。

（1）透明网桥

透明网桥（Transparent Bridge）是由 DEC 公司针对以太网提出的桥接技术。所谓"**透明**"是指 LAN 上的每个站并不知道所发送的帧将经过哪几个网桥，而网桥对各站来说是看不见的。

透明网桥的基本思想是：网桥自动了解每个端口所接同段的物理地址（MAC 地址），形成一个地址映像表，网桥每次转发帧时，先查地址映像表，如查到，则向相应端口转发；如查不到，则向除接收端口之外的所有端口转发或扩散。

对于到来帧的处理取决于它来自哪个 LAN 以及目的地属于哪个 LAN：

① 学习：当接收到一个数据帧时，将源 MAC 地址与接收的端口号写入地址映射表。

② 过滤：如果源和目的地 LAN 相同，则丢弃此帧。

③ 转发：目的地址在地址映射表中存在并和源地址在不同端口，则由此端口转发。

④ 泛洪：若目的地址不再映射表中，则向除源端口外的所有端口转发该帧。

在上述过程中，网桥在站表中登记以下三个信息。

① 站地址：收到的帧的源 MAC 地址。

② 端口：收到的帧进入该网桥的端口号。

③ 时间：收到的帧进入该网桥的时间。超时过期时移除此条目。

网桥站表的形成基于这样的原理：若网桥现在能从端口 x 收到从源地址 A 发来的帧，则以后就可以从端口 x 将一个帧转发到目的地址 A。

透明网桥是通过**逆向学习算法**（Backward Learning）来填写地址映像表的。当桥刚接入时，其地址映像表是空的，此时，网桥采用扩散技术将接收的帧转发到桥的所有端口上（接收帧的端口除外）。透明网桥通过查看转发帧的源地址就可以知道通过哪个 LAN 可以访问某个站点。

为了说明透明桥的工作原理，先看图 3-18 所示的例子。

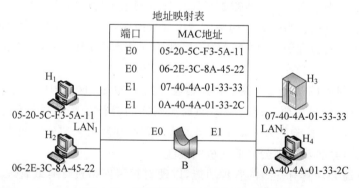

图 3-18　透明网桥的工作原理示意图

在图 3-18 中，网桥 B 连接 LAN₁ 和 LAN₂，主机 H₁、H₂ 接在 B 的 E0 端口上，主机 H₃、H₄ 接在 B 的 E1 端口上。

若 H₁ 向 H₂ 发送数据：

① 取目的地址：网桥 B 取出帧中的目的地址 06-2E-3C-8A-45-22。

② 查地址映射表：表中目的地址 06-2E-3C-8A-45-22 对应的端口为 E0。

③ 比较：发送端口与目的端口一致。

④ 过滤：丢弃该帧。

若 H_1 向 H_3 发送数据帧：

① 取目的地址：网桥 B 取出帧中的目的地址 07-40-4A-01-33-33。

② 查地址映射表：表中目的地址 07-40-4A-01-33-33 对应的端口为 E1。

③ 比较：发送端口 E0 与目的端口为 E1 不相同。

④ 转发：经 E1 端口转发该数据帧至 LAN_2。

一般在一对 LAN 之间可以使用多个这种桥接器来连接，以增加可靠性。多条路由的存在意味着有一个闭合的环。为了避免转发的帧在网络中不断地"兜圈子"，产生帧传送的回路，透明网桥还使用了一个**生成树**（Spanning Tree）算法来覆盖实际的拓扑结构，使得从每一个源到每个目的地只有唯一的通路。生成树使得整个扩展局域网在逻辑上形成树型结构，所以工作起来逻辑上没有环路，但生成树一般不是最佳路由。

IEEE 802.3 以太网选用的是透明网桥方案。透明网桥的优点是安装容易，它犹如一个黑盒子，对网上主机完全透明；缺点是不能选择最佳路径，无法利用冗余网桥来分担负载。

当互连局域网的数目非常大时，支撑树的算法可能要花费很多的时间。

（2）源路由网桥

源路由网桥（Source-Route Bridge，SRB）即源选径网桥，其核心思想是发送方知道目的站点的位置，并将路径中间所经过的网桥地址包含在帧头中一并发出，路径中的网桥依照帧头中的下一站网桥地址将帧一一转发，直到将帧传送到目的地。

确定路由：

① 源站以广播的方式向要通信的目的站发送一个发现帧，作为探测之用；

② 发现帧在整个扩展的 LAN 中沿所有可能的路由传送，在传送过程中，每个发现帧都记录它所经过的路由；

③ 发现帧到达目的站后，再沿原路返回源站；

④ 源站得到这些路由后，从所有可能的路由中选择一个最佳的路径，以后凡从这个源站向该目的站发送的帧的首部，都携带源站所确定的这一路由信息。

为了说明源路由网桥的工作原理，先来考察如图 3-19 所示的例子。

对于图 3-19 的例子，H_1 想向 H_2 发送数据帧，则 H_1 首先发送一个测试帧以检测 H_2 是否与 H_1 在同一网段上；如果测试后发现 H_2 与 H_1 不在同一网段上，则 H_1 将进行下列动作：

第一步，H_1 发出一个探测帧，探测 H_2 的所在位置；

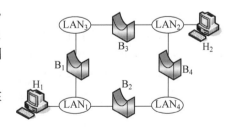

图 3-19　4 个源选径网桥和 4 个局域网的配置

第二步，网桥 B_1 和 B_2 都收到 H_1 发出的探测帧，它们分别在探测帧中加进路由信息，然后将探测帧分别转发到 LAN_3 和 LAN_4；

第三步，桥 B_3 和 B_4 也收到 H_1 发出的探测帧，它们也分别在探测帧中加进自己的路由信息，然后继续将探测帧转发到 LAN_2；

第四步，H_2 收到两个探测帧，H_2 检查探测帧中累积的路由信息，然后分别沿着探测帧来的路径发响应帧；

第五步，H_1 收到两个 H_2 发来的两个响应帧，从而得知有两条路径可以到达 H_2，分别为

$$LAN_1 \rightarrow B_1 \rightarrow LAN_3 \rightarrow B_3 \rightarrow LAN_2 \text{ 和 } LAN_1 \rightarrow B_2 \rightarrow LAN_4 \rightarrow B_4 \rightarrow LAN_2$$

最后，H_1 选择其中一条路径，将路由信息加到数据帧中发给 H_2。

需要注意的是，源路由网桥必须对 IEEE 802.5 的帧格式进行扩充。如果 IEEE 802.5 帧格式中的源地址字段最高位为"1"，则表明源地址字段之后还有一个路由信息字段（Route Information Field, RIF），该字段包含了如何到达目的节点的路径信息；并将 IEEE 802.5 帧格式中的源地址字段最高位称为**路由信息标识符**（Route Information Indicator, RII）。

源路由网桥只关心源地址字段中 RIF 位为"1"的帧。对于这些帧，网桥扫描 RIF 字段并根据 RIF 中的路由信息进行帧的转发。

源路由算法能寻找最佳路径，因而可以充分利用冗余的网桥来分担负载，其缺点是存在帧爆发现象。特别当互联网络规模很大时，包含很多网桥和局域网，广播帧的数目在网内剧增，会产生拥塞现象。

（3）两种网桥的比较

使用源路由网桥可以利用最佳路由。若在两个以太网之间使用并联的源路由网桥，还可使通信量较平均地分配给每一个网桥。用透明网桥则只能使用生成树，而使用生成树一般并不能保证所使用的路由是最佳的，也不能在不同的链路中进行负载均衡。

3.6.3 局域网交换机

1. 局域网交换机

桥接器的主要限制是在任一时刻通常只能执行一个帧的转发操作，于是就出现了**局域网交换机**，又称**以太网交换机**。从本质上说，以太网交换机就是一个多端口的网桥，工作在数据链路层。交换机能将网络分成小的冲突域，为每个工作站提供更高的带宽。

以太网交换机对工作站是透明的，这样管理开销低廉，简化了网络节点的增加、移动和网络变化的操作。利用以太网交换机还可以很方便地实现虚拟局域网 VLAN，VLAN 不仅可以隔离冲突域，也可以隔离广播域。

2. 交换机工作原理

在介绍交换机的工作原理之前，先来比较一下集线器与交换机的特点。

（1）从工作现象看，它们都是通过多端口连接以太网的设备，可以将多个用户通过网络以星型结构连接起来，共享资源或交流数据。

（2）从外观上看，交换机跟集线器差不多，但端口的数目可能比集线器多（一般情况下是 24 个或更多）。

（3）设备结构、工作原理不同。集线器是一种"盒中总线"的结构，采用的是**共享带宽**的工作方式，同一时间只能有一个端口**转发数据**；交换机采用专用的交换结构芯片，是一个**独享带宽**的通道，它能确保每个端口使用的带宽，例如百兆的交换机，能确保每个端口都有百兆的带宽。

（4）转发方式不同。交换机跟集线器的最大区别就是转发方式不同，交换机能做到接口到接口的转发。比如接收到一个**数据帧**以后，交换机会根据数据帧头中的目的 MAC 地

址发送到适当的端口；而集线器则不然，它把接收到的数据帧向所有端口转发。交换机之所以能做到根据 MAC 地址进行选择端口，完全依赖于内部的一个重要的数据结构：地址映射表。

集线器是工作在物理层的设备，以太网交换机是工作在链路层的设备。

（5）集线器所有端口是一个广播域，所有端口是一个冲突域；而以太网交换机所有端口是一个广播域，但每个端口是一个独立的冲突域。例如，对于 4 端口的集线器：广播域是1，冲突域也是 1；对于 12 端口的交换机：广播域是 1，冲突域是 12。

交换机的工作原理：它检测从以太端口来的数据帧的源 MAC 地址和目的 MAC 地址，然后与系统内部的地址映射表进行比较（地址映射表的建立过程可参考网桥的工作原理），若数据帧的 MAC 地址不在表中，则将该地址加入地址映射表中，并将数据帧发送给相应的目的端口，交换机的工作原理与网桥相同，交换机的内部结构与工作原理如图 3-20所示。

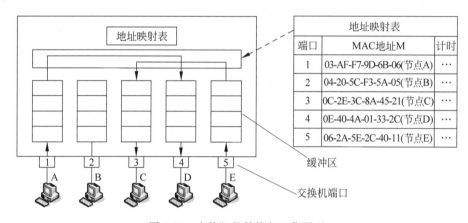

图 3-20 交换机的结构与工作原理

3. 交换机的特点

以太网交换机的特点如下。

（1）每个端口都直接与单个主机相连（普通网桥的端口往往是连接到以太网的一个网段），并且一般都工作在全双工方式。

（2）能同时连通许多对的端口，使每一对相互通信的主机都能像独占通信媒体那样，无碰撞地传输数据。

（3）也是一种即插即用设备（和透明网桥一样），其内部的帧的地址映射表也是通过自学习算法自动地逐渐建立起来的。

（4）由于使用了专用的交换结构芯片，其交换速率较高。

（5）独占传输媒体的带宽。

对于普通 10Mb/s 的共享式以太网，若共有 N 个用户，则每个用户占有的平均带宽只有总带宽（10Mb/s）的 N 分之一。在使用以太网交换机时，虽然在每个端口到主机的带宽还是 10Mb/s，但由于一个用户在通信时是独占而不是和其他网络用户共享传输媒体的带宽，因此对于拥有 N 对端口的交换机的总容量为 $N \times 10$Mb/s。这正是交换机的最大优点。

以太网交换机一般都具有多种速率的端口，例如，可以具有 10Mb/s、100Mb/s 和 1Gb/s

的端口的各种组合,这就大大方便了各种不同情况的用户。

4. 以太网交换技术

以太网交换机的交换方式分为**静态方式**和**动态方式**。静态方式的特点是端口间的通道由人工事先配置,两个端口间的连接类似硬件连接,端口按固定的连接方式交换帧。

动态交换方式又分为:存储转发(Store Forward),直通,自由分段(帧碎片丢弃)。下面分别予以介绍。

(1) 存储转发方式

当交换机运行存储转发模式时,在转发数据帧之前必须接收整个帧,交换机接收到完整的数据帧以后,检查其源地址和目标地址,并对整个帧进行 CRC(循环冗余校验)。如果交换机没有发现错误,它将继续转发这个帧;如果交换机发现数据帧中存在错误,它将丢弃这个帧。

(2) 直通转发方式

直通转发方式(也称为直通式)允许交换机在检查到数据帧中的目标地址时就开始转发数据帧。目标地址在数据帧中占用 6 字节(这 6B 正是目标设备的 MAC 地址),所以直通式的延迟很小。

(3) 自由分段方式

自由分段方式有效地结合了直通式和存储转发模式的优点。当交换机工作在自由分段模式时,它只检查数据帧的前 64B,如果前 64B 没有出现错误,交换机就转发该帧;反之,如果检测到前 64B 出错,交换机就丢弃该帧。

交换机的每种工作方式都有各自的优点和缺点。主要体现在两个方面:错误检测和延迟。

存储转发工作方式:检查整个数据帧,如果发现错误则丢弃该帧。延迟随数据帧的长度而变化,不固定,延迟最大。

直通式工作方式:不进行帧的错误检查,收到前 6B 直接转发。延迟是固定的,属于低延迟。

自由分段工作方式:检查前 64B,如果发现错误则丢弃该帧。延迟是固定的,比直通式稍大。

3.7　高速以太网

1995 年,IEEE 公布了 100Mb/s 以太网标准 IEEE 802.3u,命名为 100BASE-T,100Mb/s 以太网以它的价格低廉和与传统以太网相兼容的优势迅速占领了整个局域网市场,速率达到或超过 100Mb/s 的以太网称为快速以太网。

3.7.1　100BASE-T 以太网

100BASE-T 是在 10Mb/s 系列 IEEE 802.3 传统以太网的基础上开发出来的,为了与传统以太网兼容,提供了 10M/100Mb/s 双速自适应功能,具有协商功能也被用来判定双方设备是采用半双工还是全双工方式工作,该以太网既支持全双工又支持半双式方式,可在全双工方式下工作而无冲突发生。因此,在全双工方式下不使用 CSMA/CD 协议。

1. 100BASE-T 以太网的特点

（1）MAC 帧格式仍然是 IEEE 802.3 标准规定的。

（2）保持最短帧长 64B 不变，但将一个网段的最大电缆长度减小到 100m。

（3）帧间间隔从原来的 $9.6\mu s$ 改为现在的 $0.96\mu s$。

（4）使用新的编码方式取代低效的曼彻斯特编码。

100BASE-T 不再支持同轴电缆介质和总线型拓扑，100BASE-T 中所有的电缆连接都是点对点的星型拓扑。

2. 100BASE-T 以太网的物理层标准

IEEE 802.3u 标准定义了不同的物理层规范以支持不同的物理介质。

（1）100BASE-TX：使用 5 类以上的 UTP 或 STP，通信中使用两对双绞线，其中一对用于发送，另一对用于接收。在传输中使用 4B/5B 编码方式，支持半双工/全双工系统。

（2）100BASE-FX：使用两根独立的多模光纤作为传输介质，其中一根用于发送，另一根用于接收，光纤的最大长度为 412m。信号的编码采用 4B/5B-NRZ1 编码，100BASE-FX 允许工作在全双工方式下，这时其跨距可增加到 2km。

（3）100BASE-T4：使用 4 对 3 类以上的 UTP，它是为已使用 3 类 UTP 的大量用户而设计的。信号的编码采用 8B6T-NRZ（不归零）的编码方法。100BASE-T4 使用 3 对线同时传送数据，使每一对线的传输速率达到 33.3Mb/s，将另一对线作为冲突检测的接收信道。

快速以太网支持结构化布线，包括 3 类、4 类、5 类无屏蔽双绞线、150Ω 屏蔽双绞线（STP）以及光纤、这些介质都是当前流行的，且各类介质可混合使用，通过中继器或交换器连接起来。

3.7.2 吉比特以太网

1996 年，IEEE 成立了千兆以太网（Gigabit Ethernet，GE）工作组来制定千兆以太网的标准。1998 年 6 月，IEEE 制定了第一个使用光纤线缆和短程铜线线缆的千兆以太网标准 IEEE 802.3z。1999 年公布了使用双绞线的 IEEE 802.3ab。十几年来，吉比特以太网迅速占领了市场，成为以太网的主流产品。

1. 吉比特以太网的特点

（1）允许以 1000Mb/s 的速度进行半双工或全双工操作。

（2）保持 IEEE 802.3 以太网帧格式不变。

（3）帧间间隔改为 $0.096\mu s$。

（4）在半双工方式下继续使用 CSMA/CD 协议。

（5）与 10BASE-T 和 100BASE-T 技术向后兼容。

2. 吉比特以太网的物理层共有以下两个标准

（1）1000BASE-X（IEEE 802.3z 标准）

1000BASE-LX：可支持单模光纤，采用 8B/10B 编码，传输距离一般可达 5km 以上；也可支持多模光纤，一般为 550km（$50\mu m$ 多模），它主要应用在园区网络的骨干连接。

1000BASE-SX：可支持多模光纤，采用 8B/10B 编码，传输距离依据不同的光纤标准为 220～550m，它主要应用在建筑物内的网络骨干连接。

1000BASE-CX：1000BASE-CX 用于屏蔽双绞线电缆 STP，传输距离为 25m。采用

8B/10B 编码。它主要应用在高速存储设备之间的低成本高速互连。

（2）1000BASE-T（IEEE 802.3ab 标准）

1000BASE-T：定义在传统的 5 类双绞线上将传输距离提高到 100m，可应用于高速服务器和工作站的网络接入，也可作为建筑物内的 1000Mb/s 骨干连接。

IEEE 802.3z 和 IEEE 802.3ab 都能实现 1Gb/s 的数据传输，不同的是它们定义了不同传输介质的技术规范。IEEE 802.3z 主要定义基于光缆和短距离同轴电缆的 1000BASE-X，它采用了 8B/10B 编码技术，信道信号速率达 1.25Gb/s。IEEE 802.3ab 定义了基于 5 类非屏蔽双绞线的 1000BASE-T 规范，它的最终目的是在 5 类非屏蔽双绞线上实现最长距离达 100m 的 1000Mb/s 的以太网数据传输速率。

吉比特以太网在工作在半双工方式时，就必须进行碰撞检测。

由于数据率提高了，因此只有减小最大电缆长度或增大帧的最小长度，吉比特以太网仍然保持一个网段的最大长度为 100m，但采用了"载波扩展"的办法，使最短帧长仍为 64B（这样可以保持兼容性），同时将争用时间增大为 512B。凡发送的 MAC 帧长不足 512B 时，就用一些特殊字符填充在帧的后面，使 MAC 帧的发送长度增大到 512B，但这对有效载荷并无影响，如图 3-21 所示。

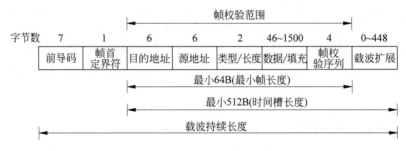

图 3-21　带有扩展的千兆以太网帧格式

使用载波扩展技术，当网络中短帧较多时，网络性能会大大降低，为了解决这个问题，吉比特以太网还增加一种功能称为**帧突发**（Frame Bursting）技术，用来提高半双工方式下吉比特以太网的性能。即当很多短帧要发送时，第一个短帧要采用上面所说的载波延伸的方法进行填充，但随后的一些短帧则可一个接一个地发送，它们之间只需留有必要的帧间最小间隔即可。

这样就形成了一串分组的突发，直到达到 1500B 或稍多一些为止，如图 3-22 所示。

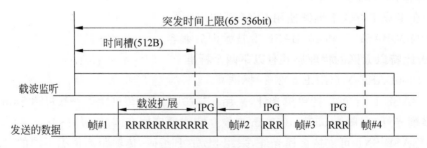

图 3-22　帧突发示意图

当吉比特以太网工作在全双工方式时(即通信双方可同时进行发送和接收数据),不采用 CSMA/CD 协议,因此不需要载波延伸和帧突发。

3.7.3　10 吉比特以太网

10 吉比特以太网也称为万兆网,10 吉比特以太网并非将吉比特以太网的速率简单地提高到 10 倍。万兆以太网技术的研究始于 1999 年年底,当时成立了 IEEE 802.3ae 工作组,并于 2002 年 6 月正式发布 IEEE 802.3ae 10GE 标准。

1. 万兆位以太网的特点

(1) 把数据速率提升到 10Gb/s。

(2) 与标准的、快速的、千兆位的以太网兼容。

(3) 只工作在全双工方式,不再使用 CSMA/CD 协议。

(4) 使用同样的帧格式。

(5) 保持同样的最小和最大帧长度。

(6) 只使用光纤作为传输介质。

IEEE 为万兆位以太网建立了 IEEE 802.3ae 标准。万兆位以太网仅仅以全双工的方式运行,不需要竞争,不使用在千兆位以太网中还使用的 CSMA/CD。

2. 万兆网的物理层

万兆位以太网的物理层的设计使用长距离的光纤,3 种最普遍的实现如下。

(1) 10GBASE-S:多模,短波长 850nm,300m 距离。

(2) 10GBASE-L:单模,长波长 1310nm,10km 距离。

(3) 10GBASE-E:单模,扩展波长 1550nm,40km 距离。

在数据链路层 IEEE 802.3ae 继承了 IEEE 802.3 以太网的帧格式和帧长度,支持多层星型连接、点对点连接及其组合,充分兼容已有应用,且不影响上层应用,进而降低了升级风险。

万兆以太网的应用领域主要是用于大型网络的主干网连接。

3.8　虚拟局域网

虚拟局域网(Virtual Local Area Network,VLAN)是指在交换式局域网的基础上,采用网络管理软件构建的可跨越不同网段、不同网络的端到端的**逻辑网络**。IEEE 于 1999 年颁布了用以标准化 VLAN 实现方案的 IEEE 802.1Q 协议标准草案。

VLAN 技术的出现,主要是为了解决交换机在进行局域网互联时无法限制广播的问题。这种技术可以把一个 LAN 划分成多个逻辑的 LAN——VLAN,每个 VLAN 都是一个广播域,VLAN 内的主机间通信就像在一个 LAN 内一样,而不同 VLAN 间则不能直接互通。

用集线器、网桥和未划分 VLAN 的交换机组建的传统网络中存在下列问题。

(1) 全网属于一个广播域,每一次广播的数据帧无论是否需要,都会到达网络中的所有设备,这就必然造成带宽资源的极大浪费。

(2) 全网属于一个广播域,很容易引起广播风暴等问题。

(3) 网络的安全性不高。在这种网络结构中,所有用户都可以监听到服务器以及其他设备端口发出的数据包,所以很不安全。

　　VLAN 允许一组不同物理位置的用户群共享一个独立的广播域,可以在一个物理网络中划分多个 VLAN,使得不同的用户群属于不同的广播域。

　　VLAN 在网络管理中具有以下三个优点:

　　(1) 控制广播风暴;

　　(2) 提高网络整体安全性;

　　(3) 方便的网络管理。

　　图 3-23 所示是没有划分 VLAN 的传统局域网,它有三个局域网,分别为 LAN1、LAN2 和 LAN3,分别是三个不同的广播域。由于网络的物理结构隔断了相同部门之间的资源共享,给业务处理带来了很多不便。

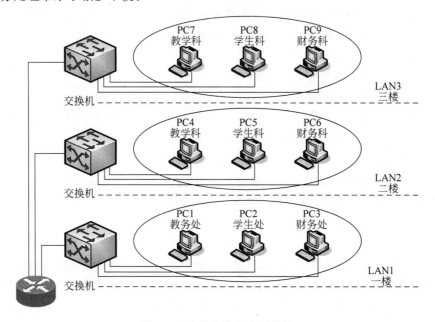

图 3-23　交换机将以太网分段

　　采用了 VLAN 技术,如图 3-24 所示,根据业务关系将它们重新进行划分,组成三个 VLAN:VLAN1、VLAN2 和 VLAN3,根据业务需求重新划分了广播域,使得相同部门的业务可以直接广播信息。

　　VLAN 的实现方式描述如下。

　　VLAN 划分的方式分为静态 VLAN 和动态 VLAN。

1. 静态 VLAN

　　静态 VLAN 是基于端口的 VLAN,它将端口强制性地分配给 VLAN,这是一种最经常使用的配置方式。静态 VLAN 容易实现和监控,而且比较安全。

　　静态 VLAN 是一种最简单的 VLAN。划分静态 VLAN 时,既可以把同一交换机的不同端口划分为同一 VLAN,如图 3-25 所示,也可以把不同交换机的端口划分为同一 VLAN,如图 3-26 所示。可以把位于不同物理位置、连接在不同交换机上的用户按照一定的逻辑功能和安全策略进行分组,根据需要将其划分为同一或不同的 VLAN。静态 VLAN 通常使用网络管理软件来配置和维护端口。若需要改变端口的属性,必须手动重新配置,所以具有很好的安全性。

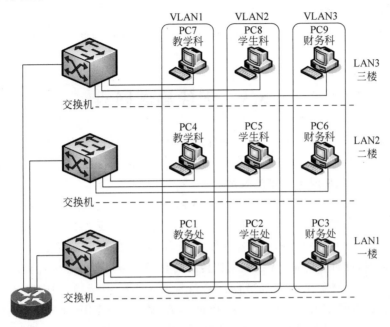

图 3-24 VLAN 分段

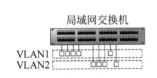

图 3-25 同一交换机的不同端口
划分为同一 VLAN

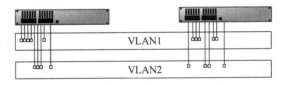

图 3-26 不同交换机的端口划分为同一 VLAN

2. 动态 VLAN

动态 VLAN 是一种较为复杂的划分方法,它可以通过基于硬件的 MAC 地址、IP 地址等条件划分。

(1) 基于 MAC 地址的 VLAN 划分

动态划分 VLAN 的方法是根据每个主机的 MAC 地址来划分。在这种实现方式中,必须先建立一个较复杂的数据库,数据库中包含了要连接的网络设备的 MAC 地址及相应的 VLAN 号。这样当网络设备接到交换机端口时,交换机会自动把这个网络设备分配给相应的 VLAN。

基于 MAC 地址的 VLAN 在把网络上的工作站移动到网络上的不同物理位置时,无须重新配置 VLAN。但当更换网卡或增加工作站时,需要重新配置数据库,而且需要手动建立 MAC 地址的数据库。

(2) 基于 IP 地址的 VLAN

在基于 IP 地址的 VLAN 中,新站点在入网时无须进行太多配置,交换机则根据各站点网络地址自动将其划分成不同的 VLAN。可以按传输协议划分网段,用户可以在网络内部自由移动而不用重新配置自己的工作站。

由于检查 IP 地址比检查 MAC 地址要花费更多的时间,因此用 IP 地址划分 VLAN 的速度比较慢。

3.9 无线局域网

前面讨论的都是有线局域网,其传输介质主要依赖铜缆或光缆。但有线网络在某些场合受到布线的限制:布线、改线工程量大;线路容易损坏;网中的各节点不可移动。对正在迅速扩大的连网需求形成了严重的瓶颈阻塞。

无线局域网(Wireless Local Area Network,WLAN)是指以无线信道作传输介质的计算机局域网,无须布线即可实现计算机之间互连的网络。无线网络的适用范围非常广泛,它不但能够替代传统的物理布线,而且在传统布线无法解决的环境或行业,都能够方便地组建无线网络。同时,在许多方面,无线网络比传统的有线网络具有明显的优势。

1998 年 IEEE 制定出无线局域网的协议标准 IEEE 802.11。IEEE 802.11 使用星型拓扑,其中心叫做接入点 AP(Access Point),在 MAC 层使用 CSMA/CA 协议,凡使用 IEEE 802.11 系列协议的局域网又称为 Wi-Fi(Wireless-Fidelity,意思是“无线保真度”)。因此,Wi-Fi 几乎成为无线局域网 WLAN 的同义词。

3.9.1 无线局域网基本结构模型

无线局域网可分为两大类:第一类是有中心结构(Infrastructure 模式);第二类是无中心结构(Ad hoc 模式)。

(1) Infrastructure 模式和无线移动通信的蜂窝小区相似。在无线局域网中,Infrastructure 模式的范围可以有几十米的直径,如图 3-27 所示。

(2) Ad hoc 模式的无线局域网,又叫做自组网络(Ad hoc network)。这种自组网络没有上述中心接入点,而是由一些处于平等状态的移动站之间相互通信组成的临时网络,如图 3-28 所示。移动自组网络也就是移动分组无线网络。

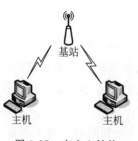
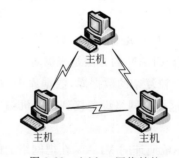

图 3-27 有中心结构   图 3-28 Ad hoc 网络结构

自组网络通常是这样构成的:一些可移动的设备发现在它们附近还有其他的可移动设备,并且要求和其他移动设备进行通信。便携式电脑的大量普及,自组网络的组网方式已受到人们的广泛关注。由于在自组网络中的每一个移动站都要参与到网络中的其他移动站的路由的发现和维护,同时由移动站构成的网络拓扑有可能随时间变化的很快,因此在固定网络之中一些行之有效的路由选择协议对移动自组网络已不适用,这样,路由选择协议在自组网络中就引起了特别的关注。另一个重要问题是多播。在移动自组网络中往往需要将某个重要信息同时向多个移动站传送,这种多播比固定节点网络的多播要复杂得多,需要由实时性好而效率又高的多播协议。在移动自组网络中,安全问题也是一个更为突出的问题。

　　移动自组网络在军用和民用领域都有很好的应用前景。在军事领域中,由于战场上往往没有预先建好固定接入点,但携带了移动站的战士就可以利用临时建立的移动自组网络进行通信。这种组网方式也能够应用到作战的地面车辆群和坦克群,以及海上的舰艇群,空中的机群。由于每一个移动设备都具有路由器的转发分组的功能,因此分布式的移动自组网络的生存性非常好。在民用领域,开会时持有笔记本电脑的人可以利用这种移动自组网络方便地交换信息,而不受笔记本电脑附近没有电话线插头的限制。当出现自然灾害时,在抢险救灾时利用自组网络进行及时的通信往往也是很有效的,因为这时事先已建好的固定网络基础设施(基站)可能已经都被破坏了。

　　下面对有固定基础设施的无线局域网进行更加细致的讨论。

3.9.2　IEEE 802.11 物理介质规范

　　IEEE 802.11 标准的物理层有以下三种实现方法。

　　(1) 跳频扩频(Frequency Hopping Spread Spectrum,FHSS)是扩频技术中常用的一种。它使用 2.4GHz 的 ISM 频段(即 2.4000~2.4835GHz)。共有 79 个信道可供跳频使用。第一个频道的中心频率为 2.402GHz,以后每隔 1MHz 一个信道,因此每个信道可使用的带宽为 1MHz。当使用二元高斯移频键控 GFSK 时,基本接入速率为 1Mb/s。当使用四元 GFSK 时,接入速率为 2Mb/s。

　　(2) 直接序列扩频(Direct Sequence Spread Spectrum,DSSS)是另一种重要的扩频技术。它也使用 2.4GHz 的 ISM 频段。当使用二元相对移相键控时,基本接入速率为 1Mb/s。当使用四元相对移相键控时,接入速率为 2Mb/s。

　　(3) 红外线(Infra Red,IR)的波长为 850~950nm,可用于室内传送数据。接入速率为 1~2Mb/s。

3.9.3　IEEE 802.3 介质访问控制

1. CSMA/CD 协议在无线网中的不足

　　虽然 CSMA/CD 协议已成功地应用于使用有线连接的局域网,但无线局域网却不能简单地搬用 CSMA/CD 协议。这里主要有以下两个原因。

　　(1) 第一,CSMA/CD 协议要求一个站点在发送本站数据的同时还必须不断地检测信道,以便发现是否有其他的站也在发送,这样才能实现"碰撞检测"的功能。但在无线局域网的设备中要实现这种功能就花费过多。

　　(2) 第二,更重要的是,即使能够实现碰撞检测的功能,并且当我们在发送数据时检测到信道是空闲的,在接收端仍然有可能发生碰撞。这就表明,碰撞检测对无线局域网没有什么用处。

　　产生这种结果是由无线信道本身特点决定的。具体地说,这是由于无线电波能够向所有的方向传播,且传播距离受限。当电磁波在传播过程中遇到障碍物时,其传播距离就更加受到限制。图 3-29 的例子表示了无线局域网的特殊问题。图中画有 4 个无线移动站,并假定无线电信号传播的范围是以发送站为圆心的一个圆形面积。

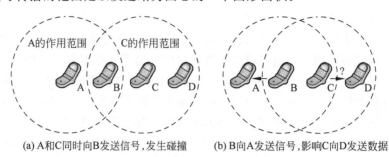

(a) A和C同时向B发送信号,发生碰撞   (b) B向A发送信号,影响C向D发送数据

图 3-29 无线局域网的问题

图 3-29(a)表示站 A 和 C 都想和 B 通信。但 A 和 C 相距较远,彼此都接收不到对方发送的信号。当 A 和 C 检测不到无线信号时,就都以为 B 是空闲的,因而都向 B 发送自己的数据。结果 B 同时收到 A 和 C 发来的数据,发生了碰撞。可见在无线局域网中,在发送数据前未检测到媒体上有信号还不能保证在接收端能够成功地接收到数据。这种未能检测出媒体上已存在的信号的问题叫做**隐蔽站问题**(Hidden Station Problem)。

当移动站之间有障碍物时也有可能出现上述问题。例如,三个站 A、B 和 C 彼此距离都差不多,但 A 和 C 之间有一座山,因此 A 和 C 都不能检测到对方发出的信号。若 A 和 C 同时向 B 发送数据就会发生碰撞(但 A 和 C 并不知道),则 B 无法正常接收。

图 3-29(b)给出了另一种情况。站 B 向 A 发送数据,而 C 又想和 D 通信,但 C 检测到媒体上有信号,于是就不敢向 D 发送数据。其实 B 向 A 发送数据并不影响 C 向 D 发送数据,这就是**暴露站问题**(Exposed Station Problem)。在无线局域网中,在不发生干扰的情况下,可允许同时多个移动站进行通信。这点与总线式局域网有很大的差别。

除以上两个原因外,无线信道还由于传输条件特殊,造成信号强度的动态范围非常大,致使发送站无法使用碰撞检测的方法来确定是否发生了碰撞。

因此,无线局域网不能使用 CSMA/CD,而只能使用改进的 CSMA 协议。

改进的办法是将 CSMA 增加一个碰撞避免(Collision Avoidance)功能。于是 IEEE 802.11 就使用 CSMA/CA 协议,而在使用 CSMA/CA 的同时还增加使用确认机制。

2. IEEE 802.11 的介质访问控制机制

下面在讨论 CSMA/CA 协议之前,先介绍 IEEE 802.11 的 MAC 层。

(1) IEEE 802.11 的 MAC 层

IEEE 802.11 标准设计了独特的 MAC 层,如图 3-30 所示。

IEEE 802.11 它通过协调功能(Coordination Function)确定基本服务集 BSS 中的移动站在什么时间能发送数据或接收数据。IEEE 802.11 的 MAC 层在物理层的上面,它包括两个子层。在下面的一个子层是**分布协调功能**(Distributed Coordination Function,DCF)。DCF 在每一个节点使用 CSMA 机制的分布式接入算法,让各个站通过争用信道来获取发送权。因此 DCF 向上提供争用服务。另一个子层叫做**点协调功能**(Point Coordination Function,PCF)。PCF 是选项,自组网络就没有 PCF 子层。PCF 使用集中控制的接入算法

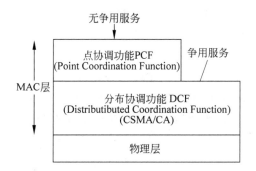

图 3-30   IEEE 802.11 标准中的 MAC 层

（一般在接入点 AP 实现集中控制），用类似于探询的方法将发送数据权轮流交给各个站，从而避免了碰撞的产生。对于时间敏感的业务，如分组话音，就应使用提供无争用服务的 PCF。

（2）帧间间隔

为了尽量避免碰撞，IEEE 802.11 规定，所有的站在完成发送后，必须在等待一段很短的时间（继续监听）才能发送下一帧。这段时间的通称是**帧间间隔**（Inter Frame Space，IFS）。帧间间隔的长短取决于该站打算发送的帧的类型。高优先级帧需要等待的时间较短，因此可优先获得发送权，但低优先级帧就必须等待较长时间。若低优先级帧还没来得及发送而其他站的高优先级帧已发送到媒体，则媒体变化为忙态因而低优先级帧就只能推迟发送了。这样就减少了发生碰撞的机会。常用的三种帧间间隔如下（如图 3-31 所示）。

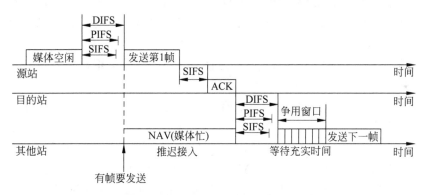

图 3-31   CSMA/CA 协议的工作原理

① SIFS，即短（Short）帧间间隔，长度为 28μs。SIFS 时最短的帧间间隔，用来分隔属于一次对话的各帧。一个站应当能够在这段时间内从发送方式切换到接收方式。使用 SIFS 的帧类型有：ACK 帧，CTS 帧（在后面第（4）小节中讲），由过长的 MAC 帧分片后的数据帧，以及所有回答 AP 探询的帧和在 PCF 方式中接入点 AP 发送出的任何帧。

② PIFS，即点协调功能帧间间隔（比 SIFS 长），是为了在开始使用 PCF 方式时（在 PCF 方式下使用，没有争用）优先获得接入媒体中。PIFS 的长度是 SIFS 加一个时隙（slot）长度（其长度为 50μs），即 78μs。时隙的长度是这样确定的：在一个基本服务集 BSS 内当某个站在一个时隙开始时接入媒体时，在下一个时隙开始时，其他站就能检测出信道已转变为忙态。

③ DIFS，即分布协调功能帧间间隔（最长的 IFS），在 DCF 方式中用来发送数据帧和管

理帧。DIFS 的长度比 PIFS 再多一个时隙长度,因此 DIFS 的长度为 $128\mu s$。

(3) CSMA/CA 协议原理

CSMA/CA 协议的原理可用图 3-31 来说明。

要发送数据的站先检测信道。在 IEEE 802.11 标准规定了在物理层的空中接口进行物理层的载波监听。通过收到的信号强度是否超过一定的门限数值就可以判定是否由其他的移动站在信道上发送数据。当源站发送它的第一个 MAC 帧时,若检测到信道空闲,则在等待一段时间 DIFS 后就可发送。

为什么信道空闲还要再等待呢? 就是考虑到可能有其他的站有高优先级的帧要发送。如有,就要让高优先级帧先发送。

现在假定没有高优先级帧要发送,因而源站发送了自己的数据帧。目的站若正确收到此帧,则经过时间间隔 SIFS 后,向源站发送确认帧 ACK。若源站在规定时间内没有收到确认帧 ACK(由重传计时器控制这段时间),就必须重传此帧,直到收到确认为止,或者经过若干次的重传失败后放弃发送。

IEEE 802.11 标准还采用了一种叫做虚拟载波监听(Virtual Carrier Sense)的机制,即让源站将它要占用信道的时间(包括目的站发回确认帧所需的时间)通知给所有其他站,以便使其他所有站在这一段时间都停止发送数据。这样就大大减少了碰撞的机会。"虚拟载波监听"是表示其他站并没有监听信道。所谓"源站的通知"就是源站在其 MAC 帧首部中的第二个字段"持续时间"中填入了在本帧结束后还要占用信道多少时间(以微秒为单位),包括目的站发送确认帧所需的时间。

当一个站检测到正在信道中传送的 MAC 帧首部的"持续时间"字段时,就调整自己的网络分配向量(Network Allocation Vector,NAV)。NAV 指出了必须经过多少时间才能完成数据帧的这次传输,才能使信道转入到空闲状态。因此,信道处于忙态,可能是由于物理层的载波监听检测到信道忙,或者是由于 MAC 层的虚拟载波监听机制指出了信道忙。

图 3-31 指出,一旦信道从忙态变为空闲,任何一个站要发送数据时,不仅都必须等待一个 DIFS 的间隔,而且还要进入争用窗口,并计算随机退避时间以便再次重新试图接入信道。请读者注意,在以太网的 CSMA/CD 协议中,碰撞的每个站是在发生了碰撞之后执行退避算法的。但在 IEEE 802.11 的 CSMA/CA 协议中,因为没有像以太网那样的碰撞检测机制,因此在信道从忙态转为空闲时,各站就要执行退避算法。这样就减少了发生碰撞的概率(当多个站都打算占用信道)。IEEE 802.11 也是使用二进制指数退避算法,但具体做法稍有不同,即第 i 次退避就在 (2^{2+i}) 个时隙中随机地选择一个。即第 1 次退避是在 8 个时隙(而不是 2 个)中随机选择一个,而第 2 次退避是在 16 个时隙(而不是 4 个)中随机选择一个。

当某个想发送数据的站使用退避算法选择了争用窗口中的某个时隙后,就根据该时隙的位置设置一个退避计时器(Backoff Timer)。当退避计时器的时间减小到零时,就开始发送数据。也可能当退避计时器的时间还未减小到零时而信道又转变为忙态,这时就冻结退避计时器的数值,重新等待信道变为空闲,再经过时间 DIFS 后,继续启动退避计时器(从剩下的时间开始)。这种规定有利于继续启动退避计时器的站更早地接入信道中。

应当指出的是,当一个站要发送数据帧时,仅在下面的情况下才不使用退避算法:检测到信道是空闲的,并且这个数据帧是它想发送的第一个数据帧。除此之外的所有情况,都必

须使用退避算法。具体来说,就是:

① 在发送它的第一个帧之前检测到信道处于忙态;

② 在每一次的重传后;

③ 在每一次的成功发送后。

（4）对信道进行预约

为了更好地解决隐蔽站带来的碰撞问题,IEEE 802.11 允许要发送数据的站对信道进行预约。具体的做法是这样的:如图 3-32(a)所示,源站 A 在发送数据帧之前先发送一个短的控制帧,叫做**请求发送**(Request To Send,RTS),它包括源地址,目的地址和这次通信(包括相应的确认帧)所需的持续时间。若媒体空闲,则目的站 B 就发送一个响应和这次控制帧,叫做**允许发送**(Clear To Send,CTS),如图 3-32(b)所示,它也包括这次通信所需的持续时间(从 RTS 帧中将此持续时间复制到 CTS 帧中)。A 收到 CTS 帧后就可发送其数据帧。下面讨论在 A 和 B 两个站附近的一些站将做出什么反应。

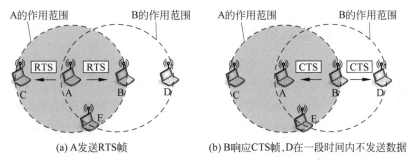

(a) A发送RTS帧　　　(b) B响应CTS帧,D在一段时间内不发送数据

图 3-32　CSMA/CA 协议中的 RTS 帧和 CTS 帧

C 处于 A 的传输范围内,但不在 B 的传输范围内。因此,C 能够收到 A 发送的 RTS,但经过一小段时间后,C 不会收到 B 发送的 CTS 帧。这样,在 A 向 B 发送数据时,C 也可以发送自己的数据给其他的站而不会干扰 B。请读者注意,C 收不到 B 的信号表明 B 也收不到 C 的信号。

再观察 D,D 收不到 A 发送的 RTS 帧,但能收到 B 发送的 CTS 帧。D 知道 B 将要和 A 通信,D 在 A 和 B 通信的一段时间内不能发送数据,因而不会干扰 B 接收 A 发来的数据。

至于站 E,它能收到 RTS 和 CTS,因此 E 和 D 一样,在 A 发送数据帧和 B 发送确认帧的整个过程中都不能发送数据。

可见这种协议实际上就是在发送数据帧之前先对信道进行预约一段时间。

使用 RTS 和 CTS 帧会使整个网络的效率有所下降。但这两种控制帧都很短,其长度分别为 20B 和 14B,与数据帧(最长可达 2346B)相比开销不算大;相反,若不使用这种控制帧,则一旦发生碰撞而导致数据帧重发,浪费的时间就更多。虽然如此,但协议还是设有三种情况供用户选择:第一种是使用 RTS 和 CTS 帧;第二种是只有当数据帧的长度超过某一数值时才使用 RTS 和 CTS 帧(显然,当数据帧本身就很短时,再使用 RTS 和 CTS 帧只能增加开销);第三种是不使用 RTS 和 CTS 帧。

虽然协议经过精心设计,但碰撞仍然会发生。例如,B 和 C 同时向 A 发送 RTS 帧。这两个 RTS 帧发生碰撞后,使得 A 收不到正确的 RTS 帧因而 A 就不会发送后续的 CTS 帧。

这时,B 和 C 像以太网发生碰撞那样,各自随机地推迟一段时间后重新发送 RTS 帧。推迟时间的算法也是使用二进制指数退避。

如图 3-33 所示为 RTS 和 CTS 帧以及数据帧和 ACK 帧的传输时间关系。在除源站和目的站以外的其他站中,有的在收到 RTS 帧后就设置网络分配向量 NAV,有的则在收到 CTS 帧或数据帧后才设置 NAV,图中画出了几种不同的 NAV 的设置。

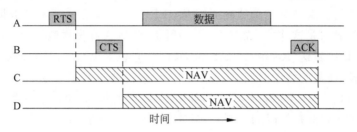

图 3-33　RTS 和 CTS 帧以及数据帧和 ACK 帧的传输时间关系

3.9.4　其他无线计算机网络

(1) 蓝牙技术

蓝牙系统(802.15)就是早期无线个人区域网(Wireless Personal Area Network, WPAN)的一个例子。蓝牙(Bluetooth 技术)是一种用于各种固定与移动的数字化硬件设备之间的低成本、近距离的无线通信连接技术。利用蓝牙技术能够有效地简化掌上电脑、笔记本电脑、移动电话等终端设备之间的通信,也能够成功地简化以上这些设备与 Internet 之间的通信。这种连接是稳定的、无缝的,其程序写在一个 9mm×9mm 的微型芯片上,可以方便地嵌入设备之中。这项技术能够非常广泛地应用于我们的日常生活中。

蓝牙系统一般由无线单元、链路控制(固定)单元、链路管理(软件)单元和蓝牙软件(协议栈)单元四个功能单元组成。

蓝牙技术中也采用了调频技术,但与其他工作在 2.4GHz 频段上的系统相比,蓝牙调频更快,数据包更短,这使蓝牙比其他系统都更稳定。蓝牙技术理想的连接范围为 0.1~10m,但是通过增大发射功率可以将传输距离延长。

(2) HiperLAN 技术

HiperLAN(高性能无线局域网)是为集团消费者、公共和家庭环境提供无线接入 Internet 和未来多媒体应用,由欧洲电信标准化协会(ETSI)的宽带无线电接入网络(BRAN)小组制定的。到目前为止,已推出 HiperLAN1 和 HiperLAN2 两种标准。该标准与 IEEE 802.11 标准类似,制定了网络结构中的物理层和数据链路层。

ETSI 所制定的标准有 4 个:HiperLAN1、HiperLAN2、HiperLink 和 HiperAccess。其中 HiperLAN1 和 HiperLAN2 用于高速无线 LAN 接入;HiperLink 用于室内无线主干系统;HiperAccess 用于室外有线通信设施的固定接入。

HiperLAN 中的两个节点不通过有线网络也能直接交换数据,这与 IEEE 802.11 的工作模式相似。最简单的 HiperLAN 包含两个节点,但是如果两个 HiperLAN 节点彼此处在覆盖范围之外,那么就利用其他节点中转信息。工作频带为 5.15~5.3GHz 和 17.1~17.3GHz。

（3）Home RF 技术

1998 年 3 月，由 Intel、IBM、Compaq、3com、Philps、Microsoft、Motorola 等公司组建了家用射频工作组（Home RF Working Group）。Home RF 工作组于 1998 年制定了共享无线访问协议（Shared Wireless Access Protocol，SWAP）该协议主要用于家庭无线局域网，支持语音和数据。

Home RF 是 IEEE 802.11 与 DECT 的结合，使用开放的 2.4GHz 频段。采用跳频扩频（FHSS）技术，跳频速率为 50 跳/s，共有 75 个带宽为 1MHz 的跳频信道。

Home RF 的传输速率原先为 2Mb/s，2000 年 8 月 31 日美国联邦通信委员会批准了 Home RF 工作组成员的要求，允许 Home RF 的传输速率由 2Mb/s 提高到 8～11Mb/s，而且，Home RF 工作组的成员提出将发射带宽由原来的 1MHz 提高到 5MHz，如果此项工作付诸实施，数据率将会进一步提高。

3.10　本章疑难点

1. "链路"和"数据链路"有何区别？"电路接通了"与"数据链路接通了"有何区别？

所谓链路（Link）就是从一个节点到相邻节点的一段物理线路，而中间没有其他任何的交换节点。在进行数据通信时，两个计算机之间的通信路径往往要经过许多段这样的链路。可见，链路只是一条路径的组成部分。

数据链路（Data Link）则是另一个概念。当要在一条线路上传送数据时，除了必须要有一条物理线路外，还必须有一些通信协议来控制这些数据的传输。若把实现这些协议的硬件和软件加到链路上，就构成了数据链路。有时也把链路分为物理链路和逻辑链路。物理链路就是指上面所谓的链路，逻辑链路就是上面所谓的数据链路。

"电路接通了"表示链路两端的节点交换机已经开机，物理连接已经能够传送比特流了。但是，数据传输并不可靠，在物理连接基础上，再建立数据链路连接，才是"数据链路接通了"。此后，由于数据链路连接具有检测、确认和重传功能，才使不太可靠的物理链路变成可靠的数据链路，进行可靠的数据传输。当数据链路断开连接时，物理电路连接不一定跟着断开连接。

2. 数据链路层使用 PPP 协议或 CSMA/CD 协议时，既然不保证可靠传输，那么为什么对所传输的帧进行差错检验呢？

当数据链路层使用 PPP 协议或 CSMA/CD 协议时，在数据链路层的接收端对所传输的帧进行差错检验是为了不将已经发现了有差错的帧（不管是什么原因造成的）收下来。如果在接收端不进行差错检测，那么接收端上交给主机的帧就可能包括在传输中出了差错的帧，而这样的帧对接收端主机是没有用处的。换言之，接收端进行差错检测的目的是："上交主机的帧都是没有传输差错的，有差错的都已经丢弃了"。或者更加严格地说，应当是："我们以很接近于 1 的概率认为，凡是上交主机的帧都是没有传输差错的。"

3. 为什么 PPP 协议不使用帧的编号和确认机制来实现可靠传输？

PPP 不使用序号和确认机制是出于以下考虑。

若使用能够实现可靠传输的数据链路层协议（如 HDLC），开销就要增大。当数据链路层出现差错的概率不大时，使用比较简单的 PPP 较为合理。

在因特网环境下,PPP 的信息字段放入的数据是 IP 数据报。假定采用了能实现可靠传输但十分复杂的数据链路层协议,当数据帧在路由器中从数据链路层上升到网络层后,仍有可能因网络拥塞而被丢弃。因此,数据链路层的可靠传输并不能保证网络层的传输也是可靠的。

PPP 在帧格式中有帧校验序列 FCS 字段。对于每一个收到的帧,PPP 都要使用硬件进行 CRC 检验。若发现有差错,则丢弃该帧(一定不能把有差错的帧交给上一层)。端到端的差错控制最后由高层协议负责。因此,PPP 可以保证无差错接收。

4. IEEE 802 局域网参考模型与 OSI 参考模型有何异同之处?

局域网的体系结构只有 OSI 的下两层(物理层和数据链路层),而没有第三层以上的层次。即使是下两层,由于局域网是共享广播信道,而且产品的种类繁多,涉及多种媒体访问方法,所以两者存在明显的差别。

在局域网中,与 OSI 参考模型的物理层相同的是:该层负责物理连接和在媒体上传输比特流,主要任务是描述传输媒体接口的一些特性。在局域网中,数据链路层的主要作用与 OSI 参考模型的数据链路层相同:都是通过一些数据链路层协议,在不可靠的传输信道上实现可靠的数据传输;负责帧的传送与控制,但在局域网中,由于各站共享网络公共信道,因此数据链路层必须具有媒体访问控制功能(如何分配信道,如何避免或解决信道争用)。又由于局域网采用的拓扑结构与传输媒体多种多样,相应的媒体访问控制方法也有多种,因此在数据链路功能中应该将与传输媒体有关的部分和无关的部分分开。这样,IEEE 802 局域网参考模型中的数据链路层划分为两个子层:媒体访问控制 MAC 子层和逻辑链路控制 LLC 子层。

与 OSI 参考模型不同的是:在 IEEE 802,局域网参考模型中没有网络层。局域网中,在任意两个节点之间只有唯一的一条链路,不需要进行路由选择和流量控制,所以在局域网中不单独设置网络层。

从上面的分析可知,局域网的参考模型只相当于 OSI 参考模型的最低两层,且两者的物理层和数据链路层之间也有很大差别,在 IEEE 802 系列标准中各个子标准的物理层和媒体访问控制 MAC 子层是有区别的,而逻辑链路控制 LLC 子层是相同的,也就是说,LLC 子层实际上是高层协议与任何一种 MAC 子层之间的标准接口。

5. 在 IEEE 802.3 标准以太网中,为什么说如果有冲突则一定发生在冲突窗口内,或者说一个帧如果在冲突窗口内没发生冲突,则该帧就不会再发生冲突?

节点要发送数据时,先侦听信道是否有载波,如果有,表示信道忙,则继续侦听,直至检测到空闲为止;当一个数据帧从节点 A 向最远的节点传输过程中,如果有其他节点也正在发送数据,此时就发生冲突,冲突后的信号需要经过冲突窗口时间后传回节点 A,节点 A 就会检测到冲突,所以说如果有冲突则一定发生在冲突窗口内,如果在冲突窗口内没有发生冲突,之后如果其他节点再要发送数据,就会侦听到信道忙,而不会发送数据,从而不会再发生冲突。

6. 一个以太网速率从 10Mb/s 升级到 100Mb/s,满足 CSMA/CD 冲突条件,为使其正常工作,需做哪些调整?为什么?

由于 10BASE-T 证明比 10BASE-2 和 10BASE-5 具有更明显的优越性,因此所有的快速以太网系统都使用集线器(Hub),而不使用同轴电缆,100BASE-T MAC 与 10Mb/s 的经典以太网 MAC 几乎一样,唯一不同的参数就是帧际间隙时间:10Mb/s 以太网是 $9.6\mu s$(最小值),快速以太网(100Mb/s)是 $0.96\mu s$(最小值)。另外,为了维持最小分组尺寸不变,需要减小最大冲突域直径。所有这些调整的主要原因是因为速率提高到了原来以太网的 10 倍。

7. 假定连接在透明网桥上的一台计算机把一个数据帧发给网络上不存在的一个设备,网桥将如何处理这个帧?

网桥不知道网络上是否存在该设备,它只知道在其转发表中没有这个设备的 MAC 地址。因此,当网桥收到这个目的地址未知的帧时,它将扩散该帧,即把该帧发送到所连接的除输入网段以外的所有其他网段。

8. 与传统共享式局域网相比,使用局域网交换机的交换式局域网为什么能改善网络的性能和服务质量?

传统共享式局域网的核心设备是集线器,而交换式局域网的核心是以太网交换机。在使用共享式集线器的传统局域网中,在任何一个时刻只能有一个节点能够通过共享通信信道发送数据;在使用交换机的交换式局域网中,交换机可以在它的多个端口之间建立多个并发连接,从而实现了节点之间数据的并发传输,有效地改善了网络性能和服务质量。

9. 试分析中继器、集线器、网桥和交换机这 4 种网络互联设备的区别和联系。

这 4 种设备都是用于互联、扩展局域网的连接设备,但它们工作的层次和实现的功能不同。

中继器工作在物理层,用来连接两个速率相同且数据链路层协议也相同的网段,其功能是消除数字信号在基带传输中由于经过一长段电缆而造成的失真和衰减,使信号的波形和强度达到所需的要求。其原理是信号再生。

集线器(Hub)也工作在物理层,相当于一个多接口的中继器,可以将多个节点连接成一个共享式的局域网,但任何时刻都只能有一个节点通过公共信道发送数据。

网桥工作在数据链路层,可以互联不同的物理层、不同的 MAC 子层以及不同速率的以太网。网桥具有过滤帧以及存储转发帧的功能,可以隔离冲突域,但不能隔离广播域。

交换机工作在数据链路层,相当于一个多端口的网桥,是交换式局域网的核心设备。它允许端口之间建立多个并发的连接,实现多个节点之间的并发传输。因此,交换机的每个端口节点所占用的带宽不会因为端口节点数目的增加而减少,且整个交换机的总带宽会随着端口节点的增加而增加。交换机一般工作在全双工方式,有的局域网交换机采用存储转发方式进行转发,也有的交换机采用直通交换方式(即在收到帧的同时立即按帧的目的 MAC 地址决定该帧的转发端口,而不必进行先缓存再进行处理)。另外,利用交换机可以实现虚拟局域网(VLAN),VLAN 不仅可以隔离冲突域,也可以隔离广播域。

3.11 综合例题

数据链路层的知识点较多,通过本章例题的学习,加深对数据链路层的成帧、协议、传输介质及网络设备的深入理解。

【例题 3-1】 通过提高信噪比可以降低什么差错发生?

解析:本题主要考查传输差错的基本概念与分类。

一般来说,数据的传输差错都是由噪声引起的。通信信道的噪声可以分为两类:热噪声与冲击噪声。热噪声一般是信道固有的,引起的差错是随机差错。热噪声可以通过提高信道的信噪比来降低它对数据传输的影响。冲击噪声一般是由外界电磁干扰引起的,导致的差错是突发差错。冲击噪声无法通过提高信道的信噪比来避免,它是引起传输差错的主要原因。

【例题 3-2】 数据链路层的主要功能是什么?

解析:本题主要考查对数据链路层主要功能的了解。

数据链路层处于 OSI 参考模型中的第二层,在物理层提供的服务的基础上向网络层提供服务,即将原始的、有差错的物理线路改进成逻辑上无差错的数据链路,从而向网络层提供高质量的服务。数据链路层提供的基本服务是将源节点中来自网络层的数据传输给目的节点的网络层。为了达到这一点,数据链路层必须具备一系列相应的功能,主要有:如何将二进制比特流组织成数据块,即数据链路层的数据传输单元——帧;如何控制帧在物理信道上的传输,包括如何处理传输差错,如何调节发送方的数据发送速率使之与接收方相匹配;在两个网络实体之间提供数据链路的建立、维持和释放管理。这些功能对应为帧同步功能、差错控制功能、流量控制功能、链路管理功能。

【例题 3-3】 是否可以说只有数据链路层存在流量控制?

解析:本题主要考查流量控制在各层中的基本概念。

流量控制机制是通过限制发送方发出的数据流量,从而使其发送速率不超过接收方速率的一种技术。流量控制是数据链路层的重要功能之一,但并不只存在于数据链路层,在数据链路层之上的各层同样也可以设置流量控制功能。但是,各层的流量控制对象都不一样。例如,数据链路层的流量控制功能是在数据链路层实体之间进行的,网络层的流量控制功能是在网络层实体之间进行的,传输层的流量控制功能是相传输层实体之间进行的。

【例题 3-4】 零比特插入/删除方法规定:发送端在两个标志字段 F 之间的比特序列中,如果查出连续几个 1,不管它后面的比特位是 0 或 1,都增加 1 个 0?

解析:本题主要考查实现透明传输的零比特插入法。

零比特插入/删除方法规定:发送端在两个标志字段 F 之间的比特序列中,如果检查出连续的 5 个 1,不管后面的比特位是 0 或 1,增加 1 个 0;那么在接收过程中,在两个标志字段 F 之间的比特序列中检查出连续的 5 个 1 之后就删除 1 个 0。这样就保证了在所传送的比特序列中,不管出现什么样的比特组合,都不会引起帧边界的判断错误,实现了数据链路层的透明传输。

【例题 3-5】 决定局域网特性的主要技术是什么?其中最为重要的是什么?

解析:本题主要考查局域网中主要技术的概念。

决定局域网特性的主要技术要素包括传输介质、拓扑结构、介质访问控制方法。其中以介质访问控制方法最为重要,是局域网的核心内容。

【例题 3-6】 为什么典型的局域网交换机允许 10Mb/s 和 100Mb/s 两种网卡共存?采用的技术是什么?

解析:本题主要考查局域网中两种网卡的概念。

局域网交换机(Switch)是交换式局域网的核心设备。典型的局域网交换机允许一部分端口支持 10BASE-T(速率为 10Mb/s);另一部分端口支持 100BASE-T(速率为 100Mb/s)。交换机可以使用自动侦测技术自动识别网卡的速率和工作方式(全双工或半双工)并做相应的调整,完成不同端口速率之间的转换,使得 10Mb/s 和 100Mb/s 的两种网卡共存。

【例题 3-7】 使用网桥分隔网络所带来的好处是什么?

解析:本题主要考查局域网使用网桥的概念。

早期的局域网使用集线器将计算机连接在一起。然而,随着所连接的前点数的增加,采用集线器连接的这种共享式局域网的负载增加,网络性能下降。这是因为所有连接集线上的节点都共享同一个"冲突域"。另外,在这种结构的局域网中,一个节点发送的每一帧都能够被所有节点接收到,即所有节点共享同一个"广播域"。

为了结束"冲突域"问题,提高共享介质的利用率,人们利用网桥和和交换机来分隔所互连的各网段中的通信量,建立多个分离的"冲突域"。但是,当网桥和交换机接收到一个未知转发信息的数据帧时,为了保证该数据帧能够被目的节点正确接收到,将该帧向所有的端口广播出去。这种方法虽然简单,但可能使网络中无用的通信量剧增,造成所谓的"广播风暴"。从上述的描述中可以看出,网桥和交换机的"冲突域"个数等于端口的个数,广播域都为 1。

为了解决"广播域"问题,人们引入了路由器,为互连网络之间的信息量提供路由。路由建立了分离的广播域,可以根据所接收的分组头部的地址决定是否转发分组。因此,路由器的"冲突域"和"广播域"的个数都等于端口的个数。网桥作为一种工作在数据链路层的互连设备,通过接收数据帧、地址过滤、存储与转发数据帧的方式来实现多个局域网的互连。网桥可以根据数据帧中的源地址、目的地址以及网桥中存储的"端口-节点地址表"来决定是否转发帧。如果源地址与目的地址处于同一个网段,网桥不转发该数据帧;如果源地址与目的地址不属于同一个网段,网桥将根据"端口-节点地址表"把该数据帧转发到相应的端口;如果"端口-节点地址表"中没有相应的节点地址信息,网桥将该数据帧向所有的端口广播出去。

【例题 3-8】 如果一个局域网有 11 台主机与 1 台服务器,使用一个 12 端口的集线器连接了主机与服务器,同时可以有多少条并发的连接?

解析:本题主要考查局域网中集线器的概念。

在使用共享式集线器的传统局域网中,当连接集线器上的一个节点发送数据时,集线器将用广播方式将数据传送到集线器的每个端口。因此共享式以太网在每个时间片只能有一个节点占用公用通信信道发送数据,即任何一个时刻网络中只能有一条并发的连接。题中的 1 台服务器和 11 台主机共 12 台设备在任何一个时刻只能有一台设备通过总线发送数据。

【例题 3-9】 如果一个网络采用一个具有 24 个 10Mb/s 端口的集线器作为连接设备,每个连接节点平均获得的带宽为多少?

解析:本题主要考查局域网中使用集线器时带宽的概念。

在采用交换机作为连接设备的交换式局域网中,交换机允许在端口之间建立多个并发的连接,即连接于一个端口的节点可以独占该端口的带宽。另外,交换机的端口可以设计成支持两种工作模式,即半双工与全双工。对于 10Mb/s 的端口,半双工端口带宽为 10Mb/s,而全双工端口的带宽为 20Mb/s。

【例题 3-10】 在以太网中,一个数据帧从一个站点开始发送,该数据帧完全到达另一个站点的总时间为多长?

解析：本题主要考查局域网中信号时延的概念。

信号传播时延指的是载波信号从发送节点传播到接收节点所需的时间,在数值上等于两站点的距离除以信号传播速度。数据传输时延值是一个站点从开始发送数据到数据发送完毕所需的时间,也可以是接收节点接收整个数据的全部时间,在数值上等于发送数据的长度除以数据传输速率。在以太网中如果不考虑中继器引入的时延,一个数据帧从一个站点开始发送,该数据帧完全到达另一个站点的总时间等于信号传播时延加上数据传输时延;一个站点从开始发送数据到监测到冲突的时延为信号传播时延的两倍。

【例题 3-11】 CSMA/CD 使用什么方法来解决多节点共享公用总线传输介质的问题?

解析：本题主要考查局域网中最主要的技术 CSMA/CD 的概念。

在采用 CSMA/CD 介质访问控制方法的局域网中,每个节点发送数据之前必须侦听信道的状态。如果信道空闲,则立即发送数据,同时进行冲突检测;如果信道忙,站点将继续侦听总线,直到信道变为空闲。如果在数据发送过程中检测到冲突,将立即停止发送数据并等待一段随机长的时间,然后重复上述过程。因此,不需要集中节点进行控制,而是让每个节点去争用总线以获得数据的发送权。

【例题 3-12】 虚拟局域网中逻辑工作组节点的组成不受地理位置的限制,逻辑工作组的划分与管理是通过什么方式实现的?

解析：本题主要考查构成虚拟局域网的主要技术的概念。

虚拟局域网 VLAN 是在交换式局域网的基础上形成的一种局域网,其技术基础是交换技术。VLAN 在功能、操作上与传统的局域网基本相同,其主要区别在于组网方法不同。在虚拟局域网中,处于不同物理网段的一组节点可以形成一个逻辑上的局域网。这样,虚拟局域网就不受网络用户的地理位置限制,而是根据用户需求进行网络的分段。根据虚拟局域网对成员的定义方法的不同,可以将虚拟局域网的组网方法分为 4 类:基于交换机端口号的 VLAN、基于 MAC 地址的 VLAN、基于网络层地址的 VLAN 以及 IP 多播组的 VLAN。虚拟局域网基于交换技术,因此其核心设备是局域网变换机,而不是共享式局域网的设备——集线器。

【例题 3-13】 局域网交换机使用何种方式完成数据转发?

解析：本题主要考查局域网中使用交换机时数据转发方式的概念。

局域网交换机的帧转发方式可以分为:直接交换方式,存储转发方式,改进的直接交换方式。在直接交换方式中,交换机只要接收并检测到目的地址字段,就立即将该帧转发出去,而不管这一帧是否出现传输差错,帧出错检测任务由目的节点完成。在存储转发方式中,交换机必须完整地接收一个帧,然后进行差错检测;只有所接收的帧没有出错,交换机才根据目的地址转发该帧。改进的直接交换方式则将直接交换与存储转发两种方式结合起来,交换机在接收到帧的前 64B 后,判断 Ethernet 帧的帧头字段是否正确,如果正确则转发出去。

习　题　3

3-1　数据链路层提供的基本服务可以分为哪几类? 试比较它们的区别。

3-2　物理线路与数据链路的区别是什么?

3-3 数据链路协议使用了下面的字符编码:

A:0100 0111 B:1110 0011 FLAG:0111 1110 ESC:1110 0000

为了传输一个包含 4 个字符的帧:A、B、FLAG、ESC,试问使用下面的成帧方法时所发送的比特序列(用二进制表达)是什么?

(1) 字节计数;(2) 字节填充的标志字节;(3) 比特填充的首尾标志字节。

3-4 计算 CRC 校验码:要发送的数据为 1010 0001,采用的生成多项式 $G(x)$ 为 x^3+1,求应添加在数据后面的余数。

3-5 某个数据通信系统采用 CRC 校验方式,并且生成多项式 $G(x)$ 为 x^4+x^3+1,目的节点接收到的二进制比特序列为 1 1011 1001(含 CRC 校验码)。试判断传输过程中是否出现了差错,为什么?

3-6 简述 PPP 协议的组成及其功能。

3-7 说明局域网采用广播通信方式的特点。

3-8 什么是传统以太网?以太网有哪两个主要标准?

3-9 说明 10BASE-5、10BASE-2、10BASE-T 所代表的含义。

3-10 什么是 CSMA/CD,它是如何工作的?

3-11 简述网卡的主要功能。

3-12 简述 IEEE 802.3 标准规定的无效 MAC 帧。

3-13 考虑建立一个 CSMA/CD 网,电缆长 1km,不使用重发器,运行速率为 1Gb/s,电缆中的信号速度是 200 000km/s,求最小帧长度是多少?

3-14 若构造一个 CSMA/CD 总线网,速率为 100Mb/s,信号在电缆中的传播速度为 200 000km/s,数据帧的最小长度为 125B。试求总线电缆的最大长度(假设总线电缆中无中继器)。

3-15 某局域网采用 CSMA/CD 协议实现介质访问控制,数据传输输速率为 10Mb/s,主机甲和主机乙之间的距离是 2km,信号传播速度是 200 000km/s。请回答下列问题,要求说明理由或写出计算过程。

(1) 若主机甲和主机乙发送数据时发生冲突,则从开始发送数据的时刻起,到两台主机均检测到冲突为止,最短需要经过多长时间?最长需要经过多长时间(假设主机甲和主机乙发送数据过程中,其他主机不发送数据)?

(2) 若网络不存在任何冲突与差错,主机甲总是以标准的最长以太网数据帧(1518B)向主机乙发送数据,主机乙每成功收到一个数据帧后立即向主机甲发送一个 64B 的确认帧,主机甲收到确认帧后方可发送下一个数据帧。此时主机甲的有效数据传输速率是多少(不考虑以太网的前导码)?

3-16 什么是广播域?什么是冲突域?集线器、网桥、交换机如何划分广播域、冲突域?

3-17 高速以太网的特点有哪些?

3-18 什么是 VLAN?简述 VLAN 的原理。

3-19 以太网交换机如何划分 VLAN?

3-20 什么是 Wi-Fi?简述无线局域网的基本结构模型。

3-21 什么是隐蔽站和暴露站?

3-22 简述 CSMA/CA 的工作原理。

第4章 网络互联

[本章主要内容]

1. 网络层的主要概念和网络层提供的服务

2. 异构网络互联的基本概念及互联设备

3. 集中介绍 TCP/IP 协议簇的网络层,专注于 IPv4 协议的介绍(包括 IP 地址、IP 数据报、子网的划分、CIDR、ARP、ICMP)

4. Internet 的路由协议的介绍(自治系统、RIP 协议、OSPF 协议、BGP 协议)

5. 多播的基本概念简介

6. 新一代的网络协议 IPv6(IPv6 地址、格式、IPv4 向 IPv6 过渡)

7. 网络地址转换 NAT 及移动 IP

4.1 网络层的基本介绍

在实际的网络应用中,现在已经很难看到某种单一的网络了,互联网的结构已经成为网络的基本结构模式。而 Internet(因特网)已成为当今社会最普及的也是最大的计算机网络。在讨论当今因特网的网络层之前,首先简单介绍一下网络层提供的服务。

4.1.1 网络层服务

1. 分组

通过前几章的介绍,对于分组的概念我们一定不会陌生。分组是网络层的协议数据单元,网络层的主要任务是:在源端将从上一层接收的数据封装进网络层的分组并在目的端从网络层分组中解封成上一层的数据。换言之,网络层的功能是从源端向目的端携带数据但并不改变或使用它。网络层就像邮局一样提供从发送者向接收者传递邮件的服务,但在传递的过程中并不改变或使用邮件里面的内容。

2. 路由

网络层的另一个重要的功能是路由选择。一个互联网络(多个 LAN 和多个 WAN)是由网络和连接网络的路由器组成的,这就意味着从源端到目的端可能要经过多个路由器。网络层要将分组从源端送到目的端,需要找最佳路由(即进行路由选择),因此网络层需要一些特定的策略来确定最佳路由。在当今的因特网,是通过运行某些路由选择协议来生成路由器中的路由表的,相关内容将在 4.6 节介绍。

3. 转发

当路由器从它连接的网络接收到一个分组时,它需要将分组转发到另一个所连接的网络上(在单播路由中)或转发到多个自己所连接的网络上(在多播路由中)。而所谓转发就是当分组到达路由器的某个端口时,路由器所采用的行为。而行为的采用是通过路由表(或称转发表)实现的,转发过程如图 4-1 所示。

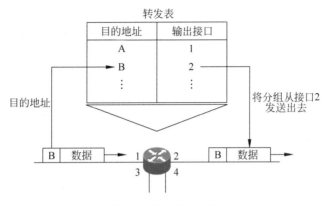

图 4-1　分组转发过程

4. 差错控制

在第 3 章中,讨论了数据链路层的差错校验机制,下一章将讨论传输层的差错控制机制。尽管差错控制也可以在网络层实现,但是因特网的设计者往往忽略网络层携带的数据中的差错,原因是网络层中的分组可能在每个路由器中被分段,这使得网络层检测差错的效率很低。另外,网络层不提供可靠的传输,可以使网络中的路由器做得比较简单,而且价格低廉(与电信网的交换机比较)。这样就使网络的造价大大降低,运行方式灵活,能够适合多种应用。

因此,因特网的网络层的差错控制是针对数据报的首部的,而不是针对整个数据报。即设计者将校验和字段加入数据报中是用来检查首部出现的差错而不检查整个数据报的差错。因特网发展到今天的规模,充分证明了采取这种思路的正确性。

尽管网络层的差错控制能力很有限,但当数据报出现严重差错时(如数据报丢失),因特网使用一个辅助协议 ICMP 来提供某种差错控制。

5. 拥塞控制

网络层的另一个功能是拥塞控制。如果源端计算机发送的数据报数量超过了网络或路由器的容量,那么就可能发生拥塞。这时,一些路由器可能丢弃数据报。并且,随着更多的数据报被丢弃,情况可能变得更糟,甚至导致系统崩溃且没有数据报被传递。拥塞控制的方法在接下来的 4.1.3 节将进一步介绍。

6. 服务质量

由于多媒体通信的等新应用的出现,通信的服务质量(QoS)已经变得越来越重要。当今的因特网是通过提高更好的服务质量支持这些服务进而实现自身的发展。在后续章节关于 IP 协议首部的格式的介绍时,大家会看到一个相关字段——服务类型。

4.1.2　网络层向上一层提供的服务

网络层向上一层提供了两大类服务:面向连接的虚电路服务和面向非连接的数据报

服务。

网络层向上一层提供怎样的服务("面向连接"还是"无连接")曾引起长期的争论。其实,争论的焦点在于:在计算机通信中,可靠交付应当由谁来负责,是网络还是终端系统?

电信网的成功经验使一些设计者认为,计算机网络也应模仿打电话所使用的面向连接的通信方式,即提供虚电路服务。在虚电路方法中,转发策略基于分组的虚电路号。

但因特网的设计者认为,电信网提供端到端的可靠传输服务对电话业务是适合的,这是因为电信网的终端(电话机)非常简单,没有智能,也没有差错处理能力。因此电信网必须将用户电话机产生的语音信号可靠地传送到对方的电话机,这就要求电信网非常可靠。但计算机网络的端系统是有智能的计算机,计算机本身有很强的差错处理能力。因此,因特网在设计上采用和电信网完全不同的思路,即为上一层提供无连接的、不可靠的、尽最大努力交付的数据报服务。在数据报方法中,转发策略基于分组的目的地址。

4.1.3 网络层拥塞

拥塞控制是指在拥塞发生前,应用某种策略来预防拥塞现象的产生,或在拥塞发生后消除拥塞的技术。网络层的拥塞与两个问题有关:吞吐量和延迟,这两个概念我们在前面的章节讨论过。

1. 网络拥塞的概念

拥塞(Congestion)是指到达通信子网中某一部分的分组数量太多,超出了网络所能承受的处理能力,使得该部分网络几乎不能够正确地传送任何分组,以致引起这部分乃至整个网络性能下降的现象。严重时甚至会导致所有的信息缓冲区全部占满而无法空出,使得网络通信停止,即出现所谓的**死锁现象**(或称为拥塞崩溃)。死锁有两种情况:一种是互相占用了对方需要的资源而造成的死锁,称为**直接死锁**;另一种是由于路由器的缓存的拥塞而引起的死锁,称为**重装死锁**。

拥塞现象跟公路网中经常遇见的交通拥挤一样,当节假日公路网中车辆大量增加时,各种走向的车流相互干扰,使每辆车到达目的地的时间都相对增加(即时延增加),甚至有时在某段公路上车辆因堵塞而无法开动(即发生局部死锁)。

拥塞的定义:若对网络中某一资源的需求超过了该资源所能提供的可用部分,网络的性能就要变坏,这种情况就叫**拥塞**。即下面不等式成立:

$$\sum \text{对资源的需求} > \text{可用资源} \tag{4-1}$$

也就是说,网络对资源的需求大于网络可用的资源。

造成拥塞的原因有很多,如果突然之间,分组流同时从多个输入线到达,并且要求输出到同一线路,这就将建立队列。如果没有足够的空间来保存这些分组,有些分组就会丢失。节点的处理器速度慢也能导致拥塞。在路由器互联形成的网络中,如果路由器的处理器的处理速度太慢,以至于不能及时地执行缓冲区排队、更新路由表等任务,那么,即使有多余的线路容量,也可能使队列饱和。类似的低带宽线路也会导致拥塞。如果节点没有空闲缓冲区,它必须丢弃新到来的分组。当有一个分组被丢弃时,发送方可能会因为超时而重传此分组,或许要重发多次。由于发送方在未收到确认之前必须在缓冲区中保存该分组,故拥塞将迫使发送方不能释放在通常情况应该释放的缓冲区。这样便形成了恶性循环,使拥塞加重。

拥塞控制与流量控制不同。拥塞控制主要用于保证网络能够传送待传送的数据,将涉及网络中所有与之相关的主机、路由器、路由器存储转发处理的行为,它的目的是保持网络中的分组数不要超过某一限度,否则,网络性能将显著下降。一个通信子网一般由许多路由器和通信链路组成。发送者可能以过高的速率向网络发送数据,这些分组可能会在路由器中排队,可能造成缓冲区溢出,进而导致分组丢失、重传,降低网络的性能。拥塞控制确保通信子网能够有效地为主机传递分组,这是一个全局性的问题,涉及所有主机、所有路由器、路由器中的存储-转发处理以及所有导致削弱通信子网能力的其他因素。是一种全局性的控制措施。流量控制只设计发送方和接收方之间的点对点的流量控制行为,主要用于确保发送方的发送速率与接收方的缓冲区容量相匹配,以防止在接收方缓冲区不足时发生数据丢失。

加上合适的拥塞控制后,网络就不易出现拥塞现象和死锁。付出的代价就是:当提供的负载较小时,有拥塞控制的吞吐量反比无拥塞控制时要小。

如图 4-2 所示为拥塞控制与网络延迟及网络负载之间的关系;如图 4-3 所示为拥塞控制与网络吞吐量及网络负载之间的关系。

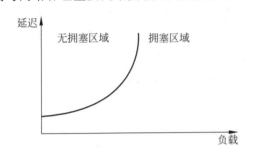

图 4-2　作为负载函数的延迟

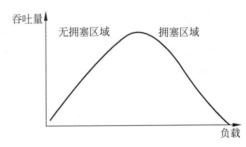

图 4-3　作为负载函数的吞吐量

当负载远远小于网络容量时,延迟是最小的。最小延迟由传播时延和处理时延组成,排队时延可忽略。然而,当负载达到网络容量时,延迟急剧增加,因此现在要将排队时延加到总时延当中。注意,当负载大于网络容量时延迟为无限大。

当负载小于网络容量时,吞吐量随着负载的加大而增加。我们希望在分组达到网络容量之后负载保持不变,但是吞吐量会急剧下降,原因在于路由器在丢弃分组。当分组超过网络容量时,路由器中的队列变满造成分组溢出。然而,丢弃的分组不会减少网络中的分组数量,因为当分组没有到达目的端时,源端使用超时重传机制。

2. 拥塞控制的基本原理

从原理上讲,寻找拥塞控制的方案无非是寻找使不等式(4-1)不再成立的条件。这可以是增加网络的某些可用资源(如增加链路的带宽,或是额外的通信量从其他的分路分流),或减少一些用户对某些资源的需求(如拒绝新的建立连接的请求,或要求用户减轻其负荷,这些都属于以降低服务质量为代价)。但正如前面所述,在采用某种措施时,还必须考虑到该措施带来的其他影响。

实践证明,拥塞控制是很难设计的,因为它是一个动态的(不是静态的)问题。而当前高速化的网络,很容易出现缓存不够大而造成分组丢失。但分组丢失是网络拥塞的征兆而不是原因。在很多情况下,甚至正是拥塞控制机制本身成为引起网络性能恶化甚至发生死锁的原因。这点更应该引起重视。

从控制论的角度看拥塞控制,可以把拥塞控制算法分成开环控制和闭环控制两大类。开环控制算法通过良好的网络系统设计来避免拥塞问题的发生。在进行网络设计时,应用某种策略来预防拥塞现象的发生,即事先将有关发生拥塞的因素考虑周到,力求网络在工作中不产生拥塞。但一旦系统运行起来,就不能中途进行改正。在网络运行过程中,何时接受新分组,何时丢弃分组以及丢弃哪些分组都是事先规划好的,并不考虑当前的网络流量状况。闭环控制算法是在网络发生拥塞后,通过反馈机制来调整当前网络流量,使网络流量与网络可用资源相协调,从而使网络拥塞问题得到缓解。闭环控制算法能够根据当前网络状况对流量进行动态控制,具有较高的效率。因此,现代网络系统大都采用闭环控制算法来解决网络拥塞问题。

在闭环控制算法中,关键措施在于:

(1) 监测机制,以便检测网络何时何地发生了拥塞;

(2) 反馈机制,将发生拥塞的信息传送到可能采取行动的地方(如控制点);

(3) 调整机制,调整网络的运行以解决出现的问题。

监测机制将根据当前网络状况来监测网络是否发生了拥塞,判断的依据主要有因缺少缓冲区空间而丢弃的分组数量、平均分组队列长度、超时重发分组的数量、平均分组延迟时间等。如果检测数据超过了临界值,则意味着可能发生了拥塞。

反馈机制将发生拥塞的信息从拥塞点传送到控制点。反馈方式有显示反馈和隐式反馈两种。显示反馈采用由拥塞点向控制点反馈一个警告分组的方式来通告网络已发生拥塞;隐式反馈通过发送端(控制点)观察应答分组返回所用时间的方式来判断网络是否发生了拥塞。如在路由器转发的分组中保留一个比特或字段,以此表示网络中的拥塞情况。

调整机制通过拥塞点和控制点(或发送方)相互协调来解决拥塞问题。控制点通过降低负载,即降低分组发送速率来缓解拥塞;拥塞点通过负载脱落(Load Shedding),即丢弃一些分组来疏导通信,或者通过启用备份的空闲系统资源来提高通信容量。

将以上方法应用于实际可总结为以下几种。

(1) 缓冲区预分配方法

缓冲区预分配方法(Buffer Allocation)用于虚电路分组交换网中。在建立虚电路时,让呼叫请求分组途经的节点为虚电路预先分配一个或多个数据缓冲区。若某个节点缓冲器已被占满,则呼叫请求分组会绕过这个节点选择其他路径,或者返回一个“忙”信号给呼叫者。

(2) 分组丢弃法

分组丢弃法(Packet Elimination)不必预先保留缓冲区,当缓冲区占满时,将到来的分组丢弃。若通信子网提供的是数据报服务,则用分组丢弃法来防止拥塞的发生,从而不会引起大的影响。但若通信子网提供的是虚电路服务,则必须在某处保存被丢弃分组的备份,以便拥塞解决后能重新传送。

有两种解决被丢弃分组重发的方法:一种是让发送被丢弃分组的节点超时,并重新发送分组直至分组被收到;另一种是让发送被丢弃分组的节点在一定次数后放弃发送,并迫使数据源节点超时而重新开始发送。

(3) 通信量控制法

拥塞发生的主要原因在于通信量常常是突发性的,如果主机能以一个恒定的速率发送分组,拥塞将会少得多。而对于子网来说,子网强迫分组以某种预定的速率传送。这种方法被广泛应用在 ATM 网络中,也称为通信量整形(Traffic Shaping)。

4.2 网络互联概述

在 4.1 节中,着重介绍了网络层的一些基本概念。在本节将着重介绍网络互联的相关理论。

从本节开始将着重介绍如何把不同的网络互联起来,而且能使连接在网络上的主机互相通信,实现不同网络之间的互联、互通、信息共享。

4.2.1 网络互联的概念

网络互联就是将地理位置不同的局域网或广域网通过网络互联设备采用相关技术将其连接起来,形成一个很大规模的网络系统,使不同网络上的主机能够互相通信,并能实现资源共享。在用户看来,这些互联在一起的网络就好像是一个网络一样。

4.2.2 网络互联的类型

计算机网络按覆盖范围可分为局域网(LAN)、城域网(MAN)和广域网(WAN)三大类。网络互联类型有 LAN-LAN、LAN-WAN、LAN-WAN-LAN 及 WAN-WAN 四种形式。

1. LAN-LAN 互联

LAN-LAN 网络互联发生在 OSI/RM 的数据链路层,是在实际应用中最常见的一种网络互联。这种互联又可以进一步分为以下两种。

(1) 同种 LAN 互联。要求相连的局域网都执行相同的协议。例如,两个 Ethernet 网络的互联,两个 Token Ring 网络的互联,都属于同种 LAN 的互联。这类互联比较简单,可用中继器实现互联。另外,网桥(Bridge,一种中间设备)也可以将分散在不同地理位置的多个 LAN 互联。

(2) 异型 LAN 的互联。例如,一个 Ethernet 网络与一个 Token Ring 网络的互联。异型 LAN 也可以用网桥互联起来。

在这个层次中经常使用的互联设备是中继器或网桥。

2. LAN-WAN 互联

LAN-WAN 网络互联发生在 OSI/RM 的网络层,这也是目前常见的网络互联方式之一。显然,在网络层上实现互联要比在数据链路层上实现互联更复杂些。

LAN-WAN 网络的互联时使用的设备是路由器。

3. LAN-WAN-LAN 互联

LAN-WAN-LAN 网络互联发生在 OSI/RM 的网络层,两个分布在不同地理位置的局域网通过广域网实现互联,也是目前常用的互联类型之一。

LAN-WAN-LAN 网络的互联设备是路由器。LAN-WAN-LAN 的结构正在改变传统的主机通过广域网中通信子网的通信控制处理机 IMP 的传统模式,大量的主机通过 LAN 来接入 WAN 是今后主机接入 WAN 的一种重要方法。

4. WAN-WAN 互联

WAN-WAN 网络互联发生在 OSI/RM 的传输层及其以上层,WAN-WAN 互联也是目前常用的网络互联方式之一。WAN-WAN 网络互联使用的设备是网关。

4.2.3 互联设备及功能

在选择网络互联设备时往往是根据设备的具体特点与网络的性能而定的。

中继器、集线器工作在物理层,主要用于扩展网络的距离。

网桥工作在数据链路层,用于连接两个相同体系结构的网络。实现在两个局域网段之间存储、转发数据链路帧。它把两个物理网络连接成一个逻辑网络(可互联两个不同物理层、不同 MAC 子层和不同速率的局域网)。它的功能是:实现不同类型局域网的互联(利用网桥可以实现大范围局域网的互联);隔离错误帧;提高可靠性;网桥可使各个局域网段内部信息包不会广播到另一个局域网段,从而可进一步提高网络的安全性。

路由器工作在网络层,用路由器连接的网络仍保持各自的网络地址。它把网关、桥接、交换技术集于一体,其最突出的特性是能将不同协议的网络视为子网而互联,更能跨越广域网将远程局域网互联成一个大网。它与网桥的根本区别是:网桥工作在数据链路层,而路由器工作在网络层。路由器是面向协议的设备,能够识别网络层地址(如 IP 地址),而网桥只能识别数据链路层地址(MAC 地址或物理地址)。如果使用网桥去连接两个局域网,那么网桥要求两个局域网的物理层和数据链路层协议可以是不同的,如果使用路由器去连接两个局域网,那么路由器要求两个局域网的物理层、数据链路层和网络层的协议可以是不同的,但网络层以上的高层要采用相同的协议。路由器的功能为:在网络间截获发送到远程网络上的数据并转发;为不同网络之间的用户提供最佳的通信路径;子网隔离;抑制广播风暴;生成和维护路由表;进行数据包格式转换;实现不同协议。

网关是传输层及以上层的互联设备,用于在应用层实现不同体系结构的网络互联,通常由软件来实现。网关用于连接不同体系结构的网络,现在用到的不多。

表 4-1 列出了这些网络互联设备工作的层次、名称、作用和寻址方式。

表 4-1　网络互联设备工作的层次、名称、作用和寻址方式

OSI 层次	互 联 设 备	作　　用	寻址功能
物理层	中继器、集线器、调制解调器	在电缆段间复制、放大电信号,扩展网络长度	无地址
数据链路层	网桥、网卡、交换机	在 LAN 之间存储转发数据链路帧	MAC 地址
网络层	路由器	在异型网络间存储转发分组	网络地址
应用层	网关、防火墙	实现不同的网络体系间的互联接口	—

以上是对各种网络设备的基本功能的简要介绍。其中对中继器和网桥的详细介绍请参考第 2 章及第 3 章的相关部分。网关的使用在目前的网络互联中用到的很少,在此不再赘述。而路由器是目前重要的网络互联设备,下面对其构成及主要功能进行详细的介绍。

4.2.4 路由器在网络互联中的作用及组成

我们知道,现在经常使用的计算机网络往往由许多种不同类型的网络互联而成。通常在谈到"互联"时,就已暗示这些通过各种网络相互连接的计算机不仅仅在物理上是连通的,更重要的是它们能进行通信。

那么,这些网络是怎样连接起来的呢?

当互联的局域网为数不多时,使用网桥是非常有效的。但是,若互联的局域网数目很多或要将局域网与广域网互联时,则需要使用路由器。因为路由器的互联功能更强。路由器是组建互联网的重要设备。

下面首先讨论路由器的基本功能,其次介绍路由器的组成;最后介绍路由器的操作过程。

1. 路由器的基本功能

路由器是在网络层对分组信息进行存储转发,实现多个网络互联。因此,路由器应具有以下基本功能。

(1)协议转换:能对网络层及其以下各层的协议进行转换。

(2)路由选择:当分组从互联的网络到达路由器时,路由器能根据分组的目的地址按某种路由策略选择最佳路由,将分组转发出去,并能随网络拓扑的变化动态调整路由表。

(3)支持多种协议的路由选择:路由器与协议有关,不同的路由器有不同的路由器协议,支持不同的网络层协议。如果互联的局域网采用了两种不同的协议,例如,一种是TCP/IP协议;另一种是SPX/IPX协议(即Netware的传输层/网络层协议)。由于这两种协议有许多不同之处,分布在互联网中的TCP/IP(或SPX/IPX)主机上,只能通过TCP/IP(或SPX/IPX)路由器与其他互联网中的TCP/IP(或SPX/IPX)主机通信,但不能与同一个局域网或其他局域网中的SPX/IPX(或TCP/IP)主机通信。问题产生的原因在于互联网主机之间的通信受到路由器协议的限制。因此,近年来推出了一种多协议路由器,它能支持多种协议,如IP、IPX、X.25及DECnet协议等,能为不同类型的协议建立和维护不同的路由表。这样路由器不仅能连接同构型局域网,还能用它连接局域网和广域网。例如,利用一个多协议路由器来连接以太网、令牌环网、FDDI网、X.25网及DECnet等,从而使大型、中型网络的组建更加方便,并获得较高的性价比。但是,由于目前多协议路由器尚未标准化,不同厂家的多协议路由器不一定能协同工作,在选购时应加以注意。

(4)流量控制:路由器不仅具有缓冲区,而且还能控制收发双方数据流量,使两者更加匹配。

(5)分段和重组功能:当多个网络通过路由器互联时,各网络传输的数据分组的大小可能不同,这就需要路由器对分组进行分段或组装。即路由器能将接收的较大分组分段并封装成较小分组后转发(为适应其物理网段对数据长度的限制),或将接收的小分组组装成大分组后转发(很少这么做,一般重组在目的主机进行)。如果路由器没有分段组装功能,那么整个互联网就只能按照所允许的某个最短分组进行传输,大大降低了网络的效率。

(6)网络管理功能:路由器是连接多种网络的汇集点,网间信息通过它,在这里对网络中的信息流、设备进行监视和管理是比较方便的。因此,高档路由器都配置了网络管理功能,以便提高网络的运行效率、可靠性和可维护性。

2. 路由器的组成

路由器是一种具有多个输入端口和多个输出端口的专用计算机,其任务是转发分组。也就是说,将路由器某个输入端口收到的分组,按照分组要去的目的地(即目的网络),将该分组从某个合适的输出端口转发给下一跳路由器,下一跳路由器也按照这种方法处理分组,直到该分组到达目的地为止。路由器的转发分组正是网络层的主要工作。整个路由器结构可划分为两大部分,即路由选择部分和分组转发部分,如图 4-4 所示。

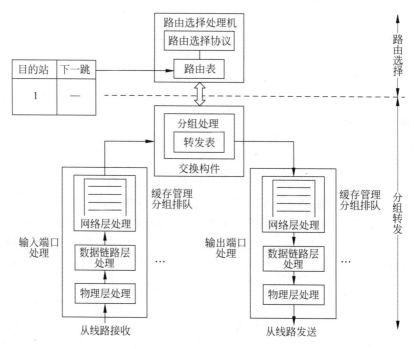

图 4-4　路由器的组成

(1) 路由选择部分:也叫做控制部分,其核心是路由选择处理机,路由选择处理机的核心任务是根据所选定的路由选择协议构造出路由表,同时经常或定期的和相邻路由器交换路由信息,不断更新和维护路由表。

(2) 分组转发部分由三部分组成:**交换构件**、一组**输入端口**和一组**输出端口**。

交换构件(Switching Fabric)的作用是根据转发(Forwarding Table)对分组进行处理。将从某个输入端口进入的分组,按目的地址(或目的网络地址)从某个合适的输出端口转发给下一个路由器。转发表是从路由表得到的,它必须包含完成转发功能所必需的信息,即转发表的每一行必须包含要到达的目的网络、输出端口和相关的 MAC 地址信息(如下一跳的以太网地址)的映射,其中 MAC 地址需要根据 IP 地址通过 ARP 协议得到(具体内容见4.3.4 节)。交换构件是路由器中的网络。

路由表是路由选择机制,根据分布式路由选择算法得到,每个路由器都可从相邻路由器得到关于整个网络拓扑变化的情况,然后动态地改变自己的路由表。一般来讲路由表仅包含从目的网络到下一跳 IP 地址的映射。转发表和路由表采用不同的数据结构是因为转发表的结构应当使查询过程最优化,而路由表则要使网络拓扑变化的计算最优化。此外,路由表是用软件实现,而转发表可用硬件实现。

虽然转发表和路由表存在差别,在讨论路由选择原理时,往往不区分二者的差别,统称路由表。

路由器的输入和输出端口里的 3 个方框分别代表物理层、数据链路层和网络层的处理模块。物理层进行比特流的接收或发送,数据链路层则按链路层协议接收和传送帧,并将分组从帧中解封,而网络层则根据分组首部信息,判断分组是否出了差错:如果出错了,丢弃之;否则被网络层处理。

数据链路层将从物理层收到的帧剥去首部和尾部后送网络层处理。若接收的是路由器之间交换路由信息的分组(如 RIP 或 OSPF 分组等),则将这种分组送交路由器的路由选择处理机。若收到的是数据分组,则按分组首部中的目的地址查找转发表,根据查到的结果,交换结构将分组送到合适的输出端口输出。一个路由器的输入、输出端口就在路由器的线路接口卡上。

输入端口中的查找和转发功能在路由器的交换功能中是最重要的,路由器容易因此而出现瓶颈。为了解决这个问题,可使交换的功能分散化,将复制的转发表放在每一个输入端口中。由路由选择处理机负责对各转发表的副本进行更新。

3. 路由器的操作过程

为了更好地了解路由器进行协议转换的过程,图 4-5 表示出了两个不同的局域网 LAN_1 和 LAN_2 通过两个 IP 路由器与 X.25 广域网互联的情况。

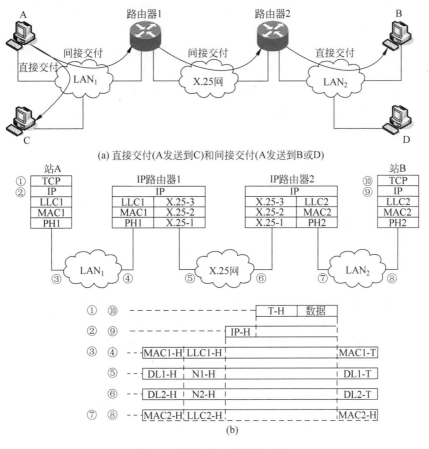

图 4-5 用 IP 路由器进行互联

这里 IP 协议是在因特网中使用的互联协议。该协议提供无连接数据报服务。主机 A、B、C、D 都有同样的传输协议 TCP,而且 A、B、C、D 和路由器 1、2 都有同样的 IP 协议。这样不管互联的各子网之间有多少差异,当上升到 IP 层时整个网络都按照同一个协议工作。

当主机 A 要向另一个主机 C 发送数据报时先检查目的主机 C 是否与源主机 A 连接在同一个网络上,如果是,就将数据报直接交付给目的主机 C,而不需要通过路由器(如图 4-5(a)所示)。但对目的主机 B 或 D,由于它们与源主机 A 不是连接在同一个网络上,就必须将数据报送给本网络上的某个路由器,由这个路由器按转发表指出的路由将数据转发给下一个路由器,这就叫做**间接交付**。当数据报传输到最后一个路由器,也就是目的主机所在的网络上,这时直接交付给主机 B 或 D。

现在假设主机 A 向目的主机 B 发送数据报。主机 A 上的 IP 模块首先对目的主机 B 构成一个 IP 地址的报头 IP-H 加到用户数据(即①)上,组成一个 IP 数据报②,再先后由 LLC1 子层和 MAC1 子层加上首部和尾部构成帧③,形成物理层的比特流(见第 3 章,还要加上前同步码)送至路由器 1。路由器 1 将收到的帧④拆开恢复成源数据报,同时分析报头确定该数据带的是控制信息还是数据,若是控制信息就按控制要求处理;若是数据则按目的地址后续路由选择,并按 X.25 的要求对数据进行分段,使每段成为独立的 IP 数据报,然后按 X.25 协议的帧格式予以包装成帧⑤,排成队列穿过 X.25 网进入路由器 2。由于 X.25 协议只定义了 DTE 和公用数据网的接口,而没有涉及网络内部情况,因此,图中 X.25 广域网和 IP 路由器相连的两条链路上的帧⑤和帧⑥是不一样的,它们的链路层首部分别为 DL1-H 和 DL2-H,其尾部分别为 DL1-T 和 DL2-T,而这两条链路的帧交给网络层时,其网络层分组的首部分别为 N1-H 和 N2-H。

路由器 2 将收到的帧⑥剥去首部尾部恢复成数据报,选择路径后,组装成 IP 数据报,然后再按 LLC2 和 MAC2 的帧格式包装成帧⑦,经 LAN₂ 传输至站 B(帧⑧)。在目的端 B 需将相应的首、尾部剥去,恢复成 IP 数据报⑨,存入缓冲区,重装成用户数据⑩交高层协议处理,由 TCP 协议负责端到端的流量控制和差错控制等。

IP 协议提供不可靠的服务,它不保证全部数据的正确发送及其到达的顺序,纠错由 IP 上层的协议完成,这就提供了较大的灵活性。也就是对各个子网的可靠性要求较低,有利于各种类型子网的组合运行。

4.3 Internet 的网际协议 IP

网络互联的目标是提供一个无缝的通信系统(即互联网上的主机的通信感觉像在一个网络上一样)。为达到这一目标,互联网协议必须屏蔽物理网络的具体细节。因特网在 IP 层(互联层)采用了标准化的 IP 协议。图 4-6(a)表示有许多计算机网络通过一些路由器进行互联。由于参加互联的计算机网络都使用相同的网际协议 IP(Internet Protocol,接下来我们要重点介绍这个协议,它也是 TCP/IP 体系结构中最重要的协议之一),因此可以将互联以后的计算机网络看成如图 4-6(b)所示的虚拟互联网络。

所谓虚拟互联网络就是逻辑互联网络,就是互联起来的各种物理网络的异构性本来是客观存在的。TCP/IP 技术正是为包容物理网络技术的多样性而设计的,这种包容性主要体现在 IP 层中。由于在网际层采用了统一的协议——IP 协议,以便抽象和屏蔽硬件细节,使得各物理帧的差异性对上层协议软件好像不存在,仅向用户提供通用网络服务。这样就可以使这些性能各异的网络从用户看起来好像是一个统一的网络。使用虚拟互联网络的好处是:当互联网上的主机进行通信时,就好像在一个网络上通信,它们感觉不到互联的各种

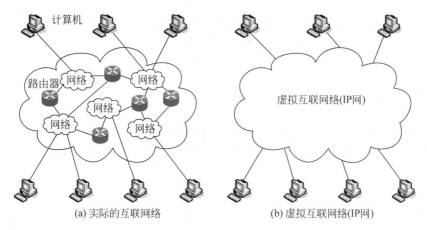

(a) 实际的互联网络　　　　　　　(b) 虚拟互联网络(IP网)

图 4-6　互联网络的概念

物理网络的异构细节。

　　在本节,我们重点论述当前版本 4,即 IPv4 协议。包括 IP 地址的定义、IP 分组(数据报)及其确切的格式;还包括 IP 协议的一套规则,指明分组如何处理、错误怎样控制;特别还包括非可靠传输的思想,以及与此相关的分组路由选择的思想。在 4.8 节,将简要讨论 IP 协议的版本 6,这个版本是今后的发展趋势,现在已出现端倪,但还没有完全实现。

　　第 4 版的网络层被看做是由一个主要协议和 4 个辅助协议组成。其中最主要的网际协议 IP 是 TCP/IP 体系结构中两个最主要的协议之一,也是最重要的因特网标准协议之一。其辅助协议分别如下。

　　(1) 地址解析协议(Address Resolution Protocol,ARP),用来将网络层的 IP 地址转换成数据链路层的 MAC 地址。

　　(2) 逆地址解析协议(Reverse Address Resolution Protocol,RARP),作用与 ARP 相反,是将数据链路层的 MAC 地址转换成网络层的 IP 地址。

　　(3) 网际控制协议(Internet Control Message Protocol,ICMP),帮助 IPv4 处理一些网络层传递过程中可能出现的错误。

　　(4) 网际组管理协议(Internet Group Management Protocol,IGMP),用于帮助 IPv4 实现多播。

　　如图 4-7 所示为网际协议 IP 和这 4 个协议的关系。

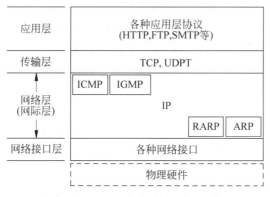

图 4-7　网际协议 IP 及其配套协议

4.3.1节将开始讨论因特网的核心协议,即网际协议IP。首先讨论IP地址的表示形式,接下来讨论IP协议的具体内容。

4.3.1 分类的IP地址

编址是互联网抽象的一个重要组成部分,为了以一个单一的统一的系统出现,所有主机必须使用统一编址方案。然而,物理网络地址并不满足这个要求,因为一个互联网可以包括多种物理网络技术,每种技术定义了自己的地址格式。于是,不同技术采用的地址因为长度不同或格式不同而互不兼容。为了提供因特网中的统一编址,因特网协议定义了一种抽象的编址方案——IP编址方案,它被TCP/IP协议簇的IP层用来标示连接到因特网上的设备,即给每台因特网上主机分配一个唯一的地址,用户、应用程序及高层协议软件都使用这一地址进行通信。这种地址称为IP地址或因特网地址。

1. IP地址及其表示方法

我们把整个因特网看成为一个单一的、抽象的网络。IP地址就是给每个连接在因特网上的主机(或路由器)分配一个在全世界范围内唯一的32位的标识符。IP地址是连接网络的地址,不是主机或路由器的地址,因为如果网络设备移动到另外一个网络,IP地址可能会改变。

IP地址是唯一的,这表示每一个地址定义了一个而且是唯一的一个连接到因特网上的设备。如果某个设备有两个或两个以上的因特网的连接,那么它就有两个或两个以上的IP地址(如路由器)。IP地址是通用的,这表示地址系统被任何一个想要连接到因特网上的主机所接受。

IP地址的编址方法共经过了以下三个历史阶段。

(1) 分类的IP地址,这是最基本的编址方法。

(2) 子网的划分,这是对最基本的编址方法的改进。

(3) 构成超网,这是比较新的无分类编址方法。本节只讨论最基本的分类IP地址,后两种方法将在4.4节中讨论。

(1) IP地址的结构

像电话网络或邮政网络这类涉及传递的网络,地址系统都是有层次结构的。在邮政系统中,邮政地址(信件地址)包括国家、州、城市、街道、门牌号以及接收者的姓名。类似地,电话号码也分为国家代码、地区代码、当地交换局代码及连接。

Internet包括了多个网络,而一个网络又包括了多台主机,因此,Internet是具有层次结构的,所以Internet使用的IP地址也采用层次结构。IP地址以32位二进制数的形式存储于计算机中。32位的IP地址结构由**网络号**(net-id)和**主机号**(host-id)两部分组成,如图4-8所示。其中,**网络号**(又称为网络标识、网络地址、网络前缀)用于标识Internet中的一个特定网络,标识该主机所在的网络,而主机号(又称为主机地址、主机号)则标识该网络中的一个特定连接,在一个网段中,主机号必须是唯一的。IP地址的编址方式携带了主机的位置信息。通过一个具体的IP地址,马上就能知道该主机位于哪个网络。正是因为网络标识所给出的网络位置信息才使得路由器能够在通信子网中为IP分组选择一条合适的路径,寻找网络地址对于IP数据报在Internet中进行路由选择极为重要。地址的选择过程就是通过Internet为IP数据报选择目地地址的过程。

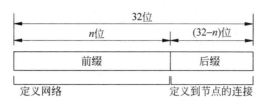

图 4-8 IP 地址的层次结构

但是由于 32 位的二进制数表示 IP 地址的可读性较差，且不容易记忆，为了提高可读性，通常在 8 位二进制数之间插入一个或多个空格，每 8 位通常称为一个字节。为了使 IP 地址更加简洁和易读，因特网地址通常用十进制形式来表示，即采用点分十进制法来表示 IP 地址，把 32 位的 IP 地址中的每 8 位用其等效的十进制数字表示，并在这些数字之间加一个点，如图 4-9 所示。

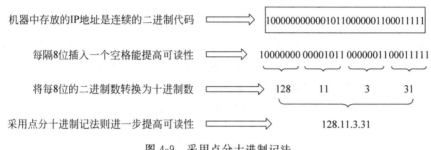

图 4-9 采用点分十进制记法

（2）分类的 IP 地址

在因特网发展的前期，IP 地址被设计成定长前缀，但为了满足不同网络（有的网络较大，而有的较小），设计了三种网络前缀（$n=8$，$n=16$，$n=24$）而不是只有一种网络前缀。所谓"分类的 IP 地址"就是将 IP 地址划分为若干个固定类，每一类地址都由两个固定长度的字段组成，Internet 将 IP 地址分为 A、B、C、D 和 E 类，共 5 类地址，图 4-10 给出了各种 IP 地址的网络号字段和主机号字段，这里 A 类、B 类和 C 类地址都是单播地址（一对一通信），是最常用的；D 类用于提供网络多播服务（一对多通信）或作为网络测试之用；E 类保留给未来扩充使用。每类地址都定义了它们的网络 ID 和主机 ID 各占用 32 位地址中的多少位，就是说每一类地址，规定了可以容纳多少个网络，以及每个网络中可以容纳的主机台数。

① A 类地址

如图 4-10 所示，A 类地址用来支持超大型网络。A 类 IP 地址的第 1 个字节用来标识地址的网络部分，其余的 3 个字节用来标识地址的主机部分。用二进制表示时，A 类地址的第 1 个字节的第 1 位（最左边）总是 0，因此只能用 7 位作为网络标示符。所以，第 1 个字节的最小值为 0000 0000（十进制数为 0），最大值为 0111 1111（十进制数为 127），这意味着世界上只能有 $2^7=128$ 个网络可以拥有 A 类地址。但是 0 和 127 两个数保留使用，不能用作网络地址。不能使用的原因是：第一，网络号字段为全 0 的 IP 地址是个保留地址，意思是"本网络"，表示"这个（This）"，第二，网络号字段为 127（即 0111 1111）保留作为本地软件环回测试（Loopback Test）本主机之用。（后面 3 个字节的二进制数字可任意填入，但不能都

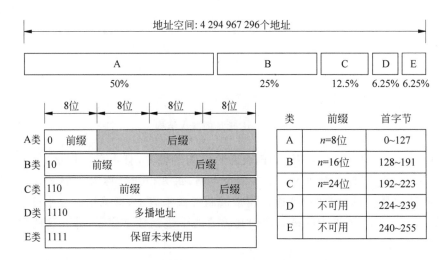

图 4-10　分类 IP 地址中的网络号字段和主机号字段

是 0 或都是 1,即除了 127.0.0.0 和 127.255.255.255 以外都可以用)第 1 个字节的取值范围在 1～126 之间的任何 IP 地址都是 A 类地址。A 类地址的主机号字段为 3 个字节,因此每一个 A 类网络中的最大主机数是 $2^{24}-2$,即 16 777 214。这里减 2 的原因是:全 0 的主机号字段表示该 IP 地址是"本主机"所连接到的单个网络地址(例如,一台主机的 IP 地址为 5.16.16.118,则该主机所在的网络地址就是 5.0.0.0),而全 1 表示"所有的(All)",因此全 1 的主机号字段表示该网络上的所有主机。

A 类地址的覆盖范围为 1.0.0.0 ～126.255.255.255。IP 地址空间共有 2^{32}(即 4 294 967 296)个地址。整个 A 类地址空间共有 2^{31} 个地址,占整个 IP 地址空间的 50%。

② B 类地址

如图 4-10 所示,B 类地址用来支持中大型网络。B 类 IP 地址的前 2 个字节用来标识地址的网络部分,其余的 2 个字节用来标识地址的主机部分。用二进制表示时,B 类地址的第 1 个字节的前两位(最左边)总是 10,只剩下 14 位可以变化,因此 B 类地址的网络数为 $2^{14}=$ 16 384。但请注意,这里不存在减 2 的问题,因为网络号字段最前面的两位(10)使得后面的 14 位无论怎样排列也不可能出现使整个 2 个字节的网络号字段成为全 0 或全 1。因此,第 1 个字节的最小值为 1000 0000(十进制数为 128),最大值为 1011 1111(十进制数为 191)。第 1 个字节的取值范围在 128～191 之间的任何 IP 地址都是 B 类地址。B 类地址的每一个网络上的最大主机数是 $2^{16}-2$,即 65 534。这里需要减 2 是因为要扣除全 0 和全 1 的主机号(减 2 的原因同 A 类地址)。

B 类地址的覆盖范围为 128.0.0.0 ～191.255.255.255。整个 B 类地址空间共有 2^{30} 个地址,占整个 IP 地址空间的 25%。

③ C 类地址

如图 4-10 所示,C 类地址用来支持小型网络。C 类 IP 地址的前 3 个字节标识地址的网络部分,剩余的 1 个字节用来标识地址的主机部分。用二进制表示时,C 类地址的第 1 个字节的前 3 位(最左边)总是 110。只剩下 21 位可以变化,因此 C 类地址的网络总数是 2^{21},即 2 097 152(这里也不需要减 2)。因此,第 1 个字节的最小值为 1100 0000(十进制数为 192),

最大值为 1101 1111(十进制数为 223)。第 1 个字节的取值范围在 192～223 之间的任何 IP 地址都是 C 类地址。每一个 C 类地址的最大主机数是 2^8-2,即 254(减 2 的原因同 A 类地址)。

C 类地址的覆盖范围为:$192.0.0.0 \sim 223.255.255.255$。整个 C 类地址空间共有 2^{29} 个地址,占整个 IP 地址的 12.5%。

④ D 类地址

如图 4-10 所示,D 类地址并不分前缀和后缀,它是多播地址。用来转发目的地址为预先定义的一组 IP 地址。因此,一台工作站可以将单一的数据流传送给多个接收者。用二进制表示时,D 类地址的前 4 位(最左边)总是 1110。整个 D 类地址空间共有 2^{28} 个地址,占整个 IP 地址的 6.25%。

⑤ E 类地址

如图 4-10 所示,E 类 IP 地址暂时保留,用于某些实验和将来扩充使用。因此 Internet 上没有发布 E 类地址。像 D 类地址一样,E 类地址也没有分为前缀和后缀。用二进制表示时,E 类地址的前 4 位(最左边)总是 1111。整个 E 类地址空间共有 2^{28} 个地址,占整个 IP 地址的 6.25%。

这样,就可得出表 4-2 所示的 A、B、C 常用的三类 IP 地址的使用范围。

表 4-2　常用的三类 IP 地址的使用范围

网络类别	最大网络数	每个网络可容纳的最大主机数
A	$2^7-2=126$	$2^{24}-2=16\ 777\ 214$
B	$2^{14}=16\ 384$	$2^{16}-2=65\ 534$
C	$2^{21}=2\ 097\ 152$	$2^8-2=254$

(3) 特殊的 IP 地址

另外,在 IP 地址中,有些 IP 地址是被保留作为特殊之用的,不能用于标识网络设备。表 4-3 给出了一般不使用的 IP 地址,这些地址只能在特定的情况下使用。

表 4-3　一般不使用的特殊 IP 地址

网络号	主机号	源地址使用	目的地址使用	代表的意思
全"0"	全"0"	可以	不可	在本网络上的本主机(见 DHCP 协议)
全"0"	host_id	可以	不可	在本网络上的 host_id 主机
全"0"	全"1"	不可	可以	直接广播地址(本网络)
全"1"	全"1"	不可	可以	受限广播地址(只在本网络上进行广播,各路由器均不转发)
全"1"	host_id			无意义
全"1"	全"0"			标示本网络掩码
net_id	全"1"	不可	可以	直接广播地址(对 net_id 上的所有主机进行广播)
net_id	全"0"	不可	可以	标示某个网络地址
127	任何数	可以	可以	用作本地软件环回测试之用

① 网络地址

用于表示网络本身,只有正常的网络号部分,host_id 部分为全 0,代表一个特定的网络,即作为网络标识之用,该地址称为网络地址。例如,112.0.0.0、180.1.0.0 和 197.10.22.0 分别代表了 A 类、B 类和 C 类网络地址。

② 广播地址

IP 协议规定,host_id 为全 1 的 IP 地址是保留给广播用的。广播地址又分为两种:直接广播地址和受限广播地址。

- 直接广播地址

如果广播地址包含一个有效的网络号和一个全 1 的主机号,则该地址称为直接广播(Directed Broadcasting)地址。在 IP 互联网中,任意一台主机均可向其他网络进行直接广播。例如,C 类地址 209.11.192.255 就是一个直接广播地址。互联网上的一台主机的数据包的目的 IP 地址为该 IP 地址,那么这个数据包同时发送到 209.11.192.0 网络上的所有主机。直接广播在发送前必须知道目的网络的网络号。

- 受限广播地址

如果网络号和主机号的 32 位全为 1 的 IP 地址(255.255.255.255)用于本网广播,该地址叫做受(有)限广播(Limited Broadcasting)地址。它用来将一个分组以广播的方式发送给网络上的所有主机。实际使用时,由于路由器对广播域的隔离,即阻挡该分组的通过,将其广播功能限制在该网络的内部。受限广播将广播限制在最小的范围内。当主机不知道本机所处的网络时(如主机在启动过程中),只能采用受限广播方式,通常由无盘工作站启动时使用,希望从网络 IP 地址服务器处获得一个 IP 地址。

③ 回送地址

A 类网络地址 127.0.0.0 是一个保留地址。其作为环路自检(Loopback Text)地址,即含网络号 127 的分组不能出现在任何网络上,主机和路由器不能为该分组广播任何寻址信息。也就是说,任何一个以 127 开头的 IP 地址(127.0.0.0~127.255.255.255)是一个保留地址,该地址用于网络软件测试以及本地机器进程间通信。例如,Ping 应用程序可以发送一个将回送地址作为目的地址的分组,以测试 IP 软件能否接收或发送一个分组;一个客户可以用回送地址发送一个分组给本机的另一个进程,用来测试本地进程间的通信状况。这个 IP 地址叫做回送地址(Loop Back Address),其最常见的表示形式为127.0.0.1。

在每个主机上对应于 IP 地址 127.0.0.1 的接口,称为回送接口(Loop Back Interface)。IP 协议规定,无论什么程序,一旦使用回送地址作为目的地址时,协议软件不会把该数据包向网络上发送,而是把数据包直接返回给本机。

④ 所有地址

32 位全为 0,即 0.0.0.0 表示本网络上的本主机,是被还没有分配 IP 地址的主机在发送 IP 报文时用作源主机的 IP 地址。另外,路由器用 0.0.0.0 地址指定默认路由。

⑤ 公用地址和私有地址

公用 IP 地址是唯一的,因为公用 IP 地址是全局的和标准的,所以没有任何两台连到公共网络的主机拥有相同的 IP 地址。所有连接 Internet 的主机都遵循此规则。公用 IP 地址是从 Internet 服务供应商(ISP)或地址注册处获得的。

另外,在 IP 地址资源中,还保留了一部分被称为私有地址(Private Address)的地址资源供内部实现 IP 网络时使用。[RFC1918]留出 3 块 IP 地址空间(1 个 A 类地址段、16 个 B 类地址段和 256 个 C 类地址段)作为私有的内部使用的地址,即 10.0.0.0～10.255.255.255、172.16.0.0～172.31.255.255 和 192.168.0.0～192.168.255.255。根据规定,所有以私有地址为目标地址的数据包都不能被路由至 Internet 上,这些以私有地址作为逻辑标识的主机若要访问 Internet,必须采用网络地址翻译(Network Address Translation,NAT,将在 4.9 节中讨论)。

由此可见,每一个网段都会有一些 IP 地址不能用作主机的 IP 地址。例如,C 类网段 211.31.192.0,有 8 个主机位,因此有 2^8 个 IP 地址,去掉一个网络地址 211.31.192.0 和一个广播地址 211.31.192.255 不能用作标识主机,那么共有 2^8-2 个可用地址。

2. IP 地址的特点

(1) IP 地址是一种层次地址结构,由网络号和主机号两部分组成。

这样分层次的好处如下。

① 方便 IP 地址的管理。IP 地址管理机构在分配 IP 地址时只分配自己网络号(第一级),而剩下的主机号(第二级)则由得到该网络号的单位自行分配。

② 路由器可以仅根据目的主机所连接的网络号来转发分组(不考虑目的主机号),从而大大减少了路由表的项目数,减少了路由表的存储空间,也缩短了查找路由表的时间。

IP 地址的层次结构,不能反映任何有关主机位置的物理地址信息。这和电话号码的等级结构不一样。

(2) 实际上 IP 地址是标志一个主机(或路由器)和一个链路的接口。

当一个主机同时连接到两个网络上时(如作路由器用的主机),该主机就必须同时具有两个相应的 IP 地址,其网络号码(net_id)是不同的,每个 IP 地址的网络号必须与所连接的网络的网络号相同。这种主机称为多地址主机(Multihomed Host)。而一个路由器至少连接两个网络(这样它才能将一个数据报从一个网络转发到另一个网络),因此路由器至少有两个不同的 IP 地址。

(3) 按照 Internet 的观点,用转发器或网桥连接起来的若干个局域网仍为一个网络(同一个广播域),因此,这些局域网都具有同样的网络号码。

(4) 在 IP 地址中,所有分配到同一网络号码的网络,不管是小的局域网还是很大的广域网都是平等的。

如图 4-11 给出了三个局域网(LAN₁、LAN₂ 和 LAN₃)通过三个路由器(R₁、R₂ 和 R₃)互联起来所构成的一个互联网(此互联网用虚线圆角方框表示)。其中局域网 LAN₂ 是由两个网段通过网桥 B 互联的。图中的小圆圈表示需要有一个 IP 地址。

应当注意到:

(1) 连接互联网的每台主机或路由器至少要有一个 IP 地址。

(2) 连接互联网的两台主机或路由器不能使用相同的 IP 地址。

(3) 在同一个局域网上的主机或路由器的 IP 地址中的网络号必须是一样的。例如,处于 LAN₁ 的主机的网络号都是 222.1.1。图 4-11 中所示的网络号就是只取 IP 地址中的网络号字段的值,这也是常见的一种表示方法。另一种表示方法是用主机号为全 0 的网络 IP 地址。

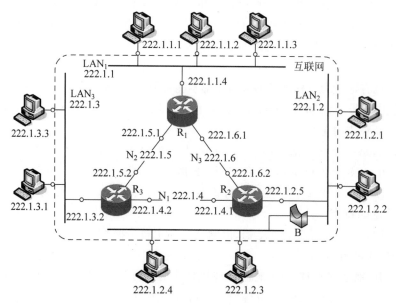

图 4-11　互联网中的 IP 地址

（4）用网桥(它只在链路层工作)互联的网段仍然是一个局域网,只能有一个网络号。例如,用网桥连接起来的网段,网络号均为 222.1.2。

（5）路由器总是具有两个或两个以上的 IP 地址。即路由器的每一个接口都有一个不同网络号的 IP 地址。例如,路由器 R_1 分别与 LAN_1、N_2 和 N_3 相连,它的 IP 地址分别为 222.1.1.4、222.1.5.1 和 222.1.6.1,各个 IP 地址是不同的。

（6）N_1,N_2 和 N_3 之所以叫做"网络"是因为它有 IP 地址。但为了节省 IP 地址资源,对于这种由一段连线构成的特殊"网络",现在也常常不指明 IP 地址。

3. IP 地址与物理地址

在学习 IP 地址时,很重要的一点就是要弄懂主机的 IP 地址与物理地址(或称为硬件地址、MAC 地址)的区别。图 4-12 说明了这两种地址的区别。主机或路由器的 IP 地址与物理地址是有区别的,IP 地址是网络层(或 IP 层)的地址,它放在 IP 数据报的首部;而物理地址是数据链路层及物理层的地址,在局域网中,物理地址已固化在网卡上的 ROM 中,因此也将物理地址称为硬件地址或 MAC 地址。但是,有时计算机的物理地址并不固化在 ROM 中,例如 X.25 网。

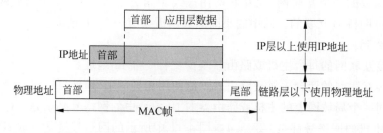

图 4-12　IP 地址与硬件地址的区别

数据在传输时,首先从高层传送到低层,然后才到通信链路上传输。因此使用 IP 地址的 IP 数据报一旦交给了数据链路层,就被封装在 MAC 帧里。MAC 帧在传送时只使用源主机物理地址和目的主机物理地址(硬件地址),这两个物理地址(硬件地址)都写在 MAC 帧的首部中。

连接在通信链路上的设备(主机或路由器)根据 MAC 帧首部中目的主机的硬件地址是否和自己的硬件地址相同来接收 MAC 帧。但在数据链路层的首部看不见隐藏在 MAC 帧数据中的 IP 地址。只有在剥去 MAC 帧的首部和尾部后,将 MAC 帧中的数据上交给网络层(这时 MAC 帧的数据就变成了 IP 数据报),网络层才能在 IP 数据报的首部中找到源 IP 地址和目的 IP 地址。

总而言之,物理地址是一个具体的物理网络内对一个计算机进行寻址时所使用的地址,而 IP 地址则是在 IP 层抽象的互联网上进行寻址时所使用的地址。IP 地址放在 IP 数据报的首部,而硬件地址则放在 MAC 帧的首部。在图 4-12 中,当 IP 数据报放入数据链路层的 MAC 帧中以后,整个的 IP 数据报就成为 MAC 帧的数据,因而在数据链路层看不见数据报的 IP 地址,只能看见硬件(MAC)地址。

如图 4-13(a)所示三个局域网由两个路由器 R_1 和 R_2 互联起来,现在主机 H_1 要和主机 H_2 通信。这两个主机的 IP 地址分别是 IP_1 和 IP_2,而它们硬件地址分别为 HA_1 和 HA_2(HA 表示 Hardware Address)。通信的路径是:$H_1 \rightarrow$ 经过 R_1 转发 $\rightarrow$ 再经过 R_2 转发 $\rightarrow H_2$。路由器 R_1 因同时连接到两个 LAN 上,因此它有两个硬件地址及 IP 地址,即 HA_3 和 HA_4 及 IP_3 和 IP_4。同理,路由器 R_2 也有两个硬件地址 HA_5 和 HA_6 及两个 IP 地址 IP_5 和 IP_6。

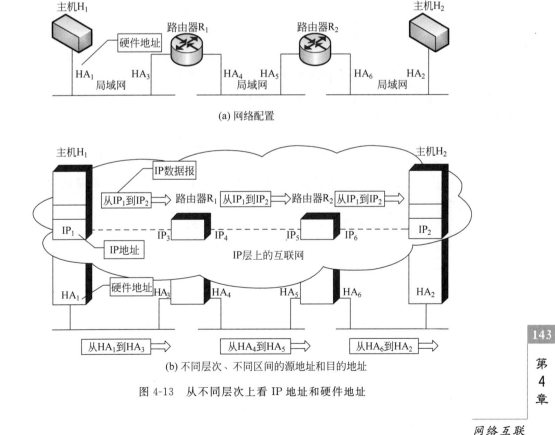

(a) 网络配置

(b) 不同层次、不同区间的源地址和目的地址

图 4-13　从不同层次上看 IP 地址和硬件地址

图 4-13(b)特别强调了 IP 地址与硬件地址的区别,表 4-4 归纳了这种区别。

表 4-4　图 4-13 中不同层次、不同区间的源地址和目的地址

通信路径	在网络层 写入 IP 数据报首部的		在数据链路层 写入 MAC 帧首部的	
	源地址	目的地址	源地址	目的地址
从 H_1 到 R_1	IP_1	IP_2	HA_1	HA_3
从 R_1 到 R_2	IP_1	IP_2	HA_4	HA_5
从 R_2 到 H_2	IP_1	IP_2	HA_6	HA_2

主机 H_1 与主机 H_2 通信的过程是:主机 H_1 发送的 IP 数据报先找到路由器 R_1,经过路由器 R_1 转发到路由器 R_2,最后找到主机 H_2。

这里需要强调指出如下几点。

(1) 在 IP 层抽象的互联网上只能看到 IP 数据报。虽然 IP 数据报要经过路由器 R_1 和 R_2 的两次转发,但在它的首部中的源地址和目的地址始终分别是 IP_1 和 IP_2,即经过的两个路由器的 IP 地址并不在 IP 数据报首部中出现,而这两个地址却是寻址不可缺少的。图 4-13 中的数据报上写的"从 IP_1 到 IP_2"就表示前者是源地址而后者是目的地址。

(2) 虽然在 IP 数据报首部中,有源主机的 IP 地址,但路由器只根据目的主机的 IP 地址的网络号进行路由选择。

(3) 在具体的物理网络(如以太网)的链路层,只能看见 MAC 帧。IP 数据报被封装在 MAC 帧中。MAC 帧在不同网络上传送时,其 MAC 帧首部中的源地址和目的地址要发生变化,变化方法如图 4-13(b)所示。开始在 H_1 到 R_1 间传送时,MAC 帧首部中写的是从硬件地址 HA_1 发送到硬件地址 HA_3,路由器 R_1 收到此 MAC 帧后,在转发时要改变首部中的源地址和目的地址,将它们换成从硬件地址 HA_4 发送到硬件地址 HA_5。路由器 R_2 收到此帧后,再改变一次 MAC 帧的首部地址,填入从 HA_6 发送到 HA_2,然后在 R_2 到 H_2 之间传送。MAC 帧的首部的这种变化,在上面的 IP 层上也是看不见的。

(4) 尽管互联在一起的网络的物理地址的体系各不相同,但 IP 层抽象的互联网却屏蔽了下层这些很复杂的细节。只要我们在网络层上讨论问题,就能够使用统一的、抽象的 IP 地址。上述的这种"屏蔽"概念是一个很有用、很普遍的基本概念。

以上这些概念是计算机网络的精髓所在,也是我们进一步讨论问题的基础,因此要务必掌握和领会。

现在的问题是,IP 数据报如何选择路由,确定下一跳路由器,主机或路由器如何根据 IP 地址找到对应的物理地址(硬件地址),这两个问题分别在 4.3.3 节及 4.3.4 节讨论。

4. IP 地址的分配和管理

我们都知道,连接到因特网上的不同主机必须具有唯一的 IP 地址。为了确保唯一性,所有的 IP 地址都由一个中央管理机构进行统一分配。最初,因特网编号分配管理机构(Internet Assigned Number Authority,IANA)控制着所有 IP 地址的分配,并制定相关的政策。从 1998 年年底开始,成立了一个新组织——因特网名字和编号分配协会(Internet Corporation for Assigned Names and Numbers,ICANN)来管理地址分配问题,该组织负责制定政策,并为协议中使用的名字和其他常量分配值,也为地址分配值。

为了将自己的网络接入因特网,大多数单位不会直接和中央管理机构联络,他们通常与本地的因特网服务提供商(Internet Service Provider,ISP)联络。ISP除了向客户提供与因特网的连接外,还要给客户的网络分配一个有效的地址前缀(网络地址)。实际上,许多本地ISP是更大型ISP的客户,当一个客户请求得到一个地址前缀时,本地ISP只是从更大型的ISP那里获得一个前缀。因此,只有最大型的ISP需要直接和ICANN联络。

但要注意的是,中央管理机构只分配IP地址的网络号部分,一个单位只要获得了一个网络的网络号,那么如何给该网络中的每台主机分配唯一的IP地址,就是该单位内部的事了,而不必与管理机构联络。

4.3.2 IP协议特点与IP数据报的格式

Internet网中的核心层是网络层和传输层,因此其相应的核心协议便是IP协议和TCP协议。IP协议位于TCP/IP模型的网络的网际层(互联层、IP层),而且是TCP/IP协议簇中最为核心的协议之一。TCP、UDP、ICMP(ICMP将在4.5节介绍)等协议都以IP数据报的形式传输。

1. IP协议的特点

IP协议主要提供无连接的、不可靠、尽最大努力交付的点对点的数据报传送服务。其主要功能包括数据报的发送和接收、数据报路由选择以及差错处理等。

不可靠的意思是它不能保证IP数据报能够成功地到达目的地。IP协议仅提供尽最大努力的传输服务。它只是将分组传送到目的主机,在其通过的每一个中间节点(路由器),都不做检验,不发确认,也不保证分组的正确顺序。如果传输过程中发生某种错误时,IP使用一个简单的错误处理算法,即丢弃该数据报,然后发送ICMP消息报给源主机。任何的可靠性必须由高层协议(如TCP)来提供。

无连接的意思是IP协议要求发送主机在发送数据报之前不需要在源主机与目的主机之间建立连接,每个数据报的发送和接收都是相互独立的。也就是说,如果源主机向相同的目的主机发送两个(或多个)连续的数据报,每个数据报都是独立地进行路由选择,可能选择不同的路线,后发的数据报可能在先发的之前到达等。即目的主机可以不按序接收。

点对点的意思是IP层对等实体间的通信不经过中间主机,对等实体所在主机位于同一物理网络,对等主机之间拥有直接的物理连接,IP层点对点通信的一个最大问题是寻径,即根据目的主机的IP地址如何确定通信的下一个站点。

2. IP数据报的格式

IP数据报的内容包括数据报的格式和IP数据报寻址两方面的内容,而这两方面是密切相关的。IP数据报的格式能够说明IP协议的具体功能,IP数据报寻径说明IP数据报的传输过程。

在TCP/IP的标准中,各种数据格式常常以32bit(即4字节)为单位来描述。图4-14是IP数据报的完整格式。

在TCP/IP标准中,网际层传输的协议数据单元是IP数据报(或称IP分组)。一个IP数据报由首部和数据两部分组成。首部长度取32bit字长的整数倍,由IP协议处理,是IP协议的体现;首部的前一部分是固定的20字节,是所有IP数据报必须具有的;而在首部固定部分后面是一些可选字段,其长度是可变的,用来提供错误检测及安全机制。所以 IP 数据报是可变长度的分组。下面将分别介绍 IP 数据报首部中各个字段,说明 IP 协议功能是如何体现在 IP 数据报格式中的。

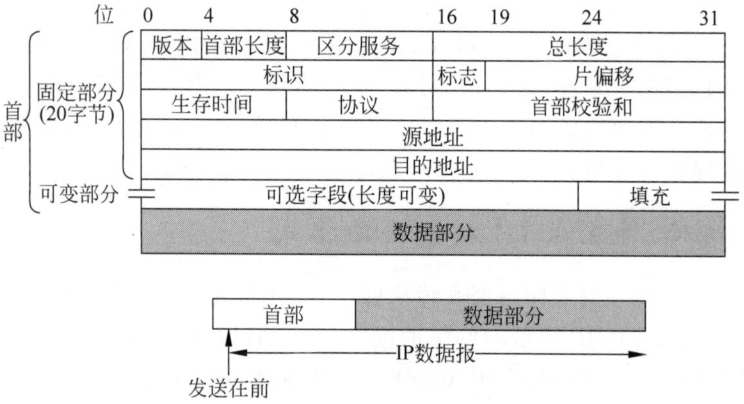

图 4-14　IP 数据报的格式

IP 数据报首部固定部分中的各个字段如下。

(1) 版本字段占 4bit,指出与数据报格式相对应的 IP 协议的版本号。通信双方使用的 IP 协议的版本必须一致,如果版本号不同,则需要转换。目前广泛使用的 IP 协议版本号为 4(即 IPv4),以前的三个版本目前已不使用。但是目前可用的 IPv4 地址已近枯竭,为了彻底解决互联网的地址危机,IETF 早在 20 世纪 90 年代中期就提出了拥有 128 位地址的 IPv6 互联网协议,并在 1998 年进行了进一步的标准化工作。

(2) 首部长度字段占 4bit,指出以 4 字节为单位的首部长度,默认的最小值为 5 个单位(即二进制的 0101,共 20 字节)。4bit 可表示的最大数值是 15 个单位(即二进制数 1111),因此 IP 的首部长度的最大值是 $15 \times 4 = 60$(字节)。其中首部有 10 个单位(即 40 字节)作为可选字段。当 IP 分组的首部长度不是 4 字节的整数倍时,必须用 0 加以填充,从而保证数据部分始终在 4 字节的整数倍时开始,这样在实现 IP 协议时较为方便。限制首部长度的缺点是显而易见的,如需要记录分组所经路由(如源站路由选择)时,40 字节的可选字段就常常显得不够用。但这样做是希望用户尽量减少开销。最常用的首部长度就是 20 字节,即不使用任何选项。

(3) 区分服务字段占 8bit,在最初的 IP 首部设计中,这个字段指的是服务类型(Type Of Service,TOS),它定义了数据报如何被处理,但实际上一直没有被使用过。1998 年 IETF 把这个字段改名为区分服务(Differentiated Services,DS)。只要在使用区分服务时这个字段才起作用(感兴趣的同学请参考相关教材),一般情况下都不使用这个字段。

(4) 总长度字段占 16bit,指出数据报首部和数据之和的长度,单位为字节。因此数据报的最大长度为 $(2^{16} - 1)$(即 65 535)B。这个字段帮助接收设备知道什么时候分组完全到达。

IP 数据报是以帧的形式通过物理网络传输的,在 IP 层下面的每一种数据链路层都有其自己的帧格式,对应不同的物理网络,对帧的数据字段的最大长度有不同的限制,这个限制称为**最大传送单元**(Maximum Transfer Unit,MTU)。当一个 IP 数据报封装成链路层的帧时,此数据报的总长度(即首部加上数据部分)一定不能超过下面的数据链路层的 MTU

值。例如,以太网的 MTU 为 1500B,X.25 网的 MTU 为 576B 等。

虽然使用尽可能长的数据报会使传输效率提高,但因以太网的普遍应用,实际上使用的数据报长度很少有超过 1500B 的,而有时数据报长度还被限制在 576B。当数据报长度超过网络所容许的最大传送单元 MTU 时,就必须将过长的数据报进行分片后才能在网络上传送(见后面的标识、标志及片偏移字段的讨论)。如图 4-15 所示为最大传送单元概念。这时,数据报首部中的"总长度"字段不是指未分片前的数据报长度,而是指分片后每片的首部长度与数据长度的总和。

当然,有分片就要有重装,分片是在传输路径中最大传输单元 MTU 不同的两个物理网络的交界处(路由器)进行,而片的重装则在目的主机中进行。

(5) 标识字段占 16bit,它是一个计数器,用来产生数据报的标识,每产生一个数据报就加 1,使分片后的各数据报片最后能准确地重

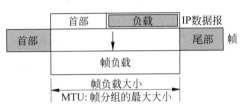

图 4-15　最大传送单元 MTU

装成为原来的数据报。这个标识就是源主机赋予 IP 数据报的标识号,同一源主机发出的数据报有唯一的标识。需要注意的是,这里的"标识"并不代表顺序号,因为 IP 是无连接的服务,数据报不存在按序接收的问题,而是当 IP 协议发送数据报时,它就将这个计数器的当前值复制到标识字段中。当数据报由于长度超过网络的 MTU 而必须分片时,无论分多少片,这个标识字段的值就被复制到所有的数据报片的标识字段中,即所有属于同一 IP 数据报的分片包含同样的标识值。相同的标识字段的值使分片后的各数据报片最后能正确地重装成原来的数据报。

(6) 标志字段占 3bit,目前只有前两位有意义。标志字段中间的一位记为 DF(Don't Fragment),意思是不能分片。只有当 DF=0 时才允许分片,当 DF=1 时,代表不要分片,它命令路由器不要将数据报分片,因为目的端不能重组分片。标志字段中的最低位记为 MF(More Fragment),MF=1 即表示后面还有分片的数据报,MF=0 表示这已是若干数据报片中的最后一个。当有 N 个数据报片时,前 $N-1$ 个数据报片的 MF 为 1。

(7) 片偏移字段占 13bit,指出较长的数据报在分片后,该分片在原数据报中的相对位置。也就是说,相对于用户数据字段的起点,该片从何处开始。片偏移以 8 字节为一个偏移单位,这就是说,每个分片的长度一定是 8B(即 64bit)的整数倍。由于各个数据报片多是以数据报的形式独立的传送,无法保证到达目的主机的顺序。因此在重新组装时,要根据片偏移来确定个数据报片的先后顺序。计算分片的长度时,除数据报中的最后一个分片外,所有分片都要乘以 8B。因为提供了 13bit,所以每个数据报最多由 2^{13} 即 8192 个片组成。

下面举例说明标识、标志及片偏移三个字段在数据报首部中的作用。

例:如图 4-16 所示,一数据报的数据部分为 2000B(使用固定首部),需要通过 MTU 为 576B 的物理网络,因此分片为长度不超过 576B 的数据报片。因固定首部长度为 20B,所以每个数据报片的数据部分长度不能超过 556B。而片偏移为 8B 的整数倍,于是取数据报片中的数据部分的最大值为 552B(数据部分的长度要能被 8 整除),共分为四个数据报片,其数据部分的长度分别为 552、552、552 和 344B。原始数据报首部被复制为各数据报片的首部,但必须修改有关字段的值。表 4-5 是各数据报的首部中与分片有关的字段中的数值,其中

标识字段的值是任意给定的。具有相同标识的数据报片在目的端就可准确无误地重装成原来的数据报。

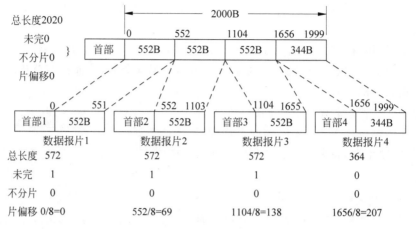

图 4-16 IP 数据报的分片

表 4-5 IP 数据报首部中与分片有关的字段中的数值

数据报片	总长度	标识	MF	DF	片偏移
原始数据报	2020	11111	0	0	0
数据报片 1	572	11111	1	0	0
数据报片 2	572	11111	1	0	69
数据报片 3	572	11111	1	0	138
数据报片 4	364	11111	0	0	207

　　IP 数据报片从源主机传送到目的主机,4 个 IP 数据报片不一定走相同的路线。如果某个数据报(例如数据报片 3)经过某个网络的最大传送单元 MTU 只有 420B,则该数据报片还要进行分片,计划分为数据报片 2-1(携带数据 400B)和数据报片 2-2(携带数据 152B)。这两个数据报片首部的总长度、标识、MF、DF、片偏移分别为:420、11111、1、0、138 和 172、11111、1、0、188。

　　(8) 生存时间字段记为 TTL(Time to Live),字段占 8bit,是一个用来限制数据报生命周期的计数器,防止数据报在网络中兜圈子。也就是数据报在网络中的寿命,其单位原为秒,为了便于实现,后来将 TTL 的单位改为数据报在网络中经过的路由器数。这一特性能防止数据报在网中无限制地漫游,当路由表崩溃时就会发生这种情况。

　　当源主机发送一个数据报时,它在这个字段存储一个数字(这个数值大约是任意两主机之间路由数量最大值的两倍)。每个处理数据报的路由器将此数值减 1。如果在减 1 之后,此字段的值为 0,路由器就丢弃该数据报。

　　(9) 协议字段占 8bit,协议字段指出此数据报携带的数据是使用何种协议,以便使目的主机的 IP 层知道应将数据部分上交给哪个协议。例如,一个 IP 数据报可以携带属于任何传输层协议如 TCP 协议的报文或 UDP 协议的用户数据报;IP 数据报也可以从其他协议携带数据,其他协议直接使用 IP 服务,例如路由协议 OSPF 协议或某些辅助协议 ICMP 协议(这些协议的相关原理和功能将在后续章节中介绍)。

因特网机构已经给任何使用 IP 服务的协议一个唯一的 8 位数字。在源端的 IP 层的实体当把数据被封装到数据报中时,相应的协议号被插入这个字段中;当数据报到达目的端时,这个字段的值是目的主机了解应将数据提交给哪个协议。常用的一些协议字段值是:ICMP(1)、IGMP(2)、TCP(6)、EGP(8)、IGP(9)、UDP(1)、IPv6(41)、OSPF(89)以及 ISO 的第四类协议 TP4(29)等。

(10) 首部检验和字段占 16bit,此字段只检验数据报的首部,不包括数据部分。原因是数据报每经过一个路由器,一些字段(如生存时间、标志、片偏移等)都可能发生变化,路由器都要重新计算一下首部校验和,如将数据部分一起检验,计算的工作量就很大。但是,IP 首部的差错可能是个灾难。例如,如果目的地址被破坏,分组可能被传到错误的主机;如果协议字段被破坏,分组的数据部分可能被错误地提交某个协议;如果与分段有关的字段出错,则数据报不能在目的主机重组等。出于以上原因,IP 协议加入首部校验和字段来检查首部,但不检查数据部分。如果校验出错,就将此数据报丢弃。而数据部分的差错,则交给高层处理。

(11) 源 IP 地址和目的 IP 地址字段各占 32bit,指明了本数据报的源主机和目的主机的地址。注意,这两个字段的数值必须在 IP 数据报从源主机到目的主机的传输过程中保持不变。

IP 数据报首部的选项部分:

IP 数据报首部的选项部分是一个可变字段,从 1～40B 不等,取决于所选择的项目。用来支持排错、测试、调试及安全等措施。选项是用来提供一个余地,当试验者进行新的尝试时,可以允许在后续版本的协议中引入最初版本中没有的信息,以及避免为很少使用的信息分配首部字段。选项字段的长度是 4B 的整数倍。某些选项项目只需要 1 个字节,它只包括 1 个字节的选项代码。但还有些选项需要多个字节,这些选项一个个拼接起来,中间不需要分隔符,最后用全 0 的填充字段补齐成为 4 字节的整数倍。

尽管选项不是 IP 首部必需的部分,但是选项处理是 IP 软件必需的。这意味着,首部可能有选项,所以实现必需能够处理它。

3. IP 数据报的分片与重组

通过之前的学习了解到,数据报是通过底层物理网络的数据帧来传输的。从主机发出的 IP 数据报在其子网接口中封装成帧后,送到与之相连的第一个物理网络。帧的长度正好就是第一个物理网络所允许的最大帧长度。当此帧到达与第一个物理网络相连的下一个路由器时,在其子网接口中删除帧头,露出 IP 数据报,送到 IP 层。在此 IP 层查找路由表,得到要传送的下一个路由器的 IP 地址,并解析出与下一个路由器相连的物理网络地址。将 IP 数据报送回子网接口,子网接口根据新的物理网络要求,重新封装成下一个物理网络的数据帧,并传送到新的物理网络。即被发送的帧的格式和长度取决于将要经过的物理网络所使用的协议。例如,如果一个路由器将一个 LAN 连接到一个 WAN,那么它以 LAN 格式接收帧,以 WAN 的格式发送帧。

下面,将更具体地来说明 IP 数据报的分片和重组过程。

(1) 数据报封装

如果按新的物理网络技术装配成帧后,总长度能被新的物理网络允许,那么就可以将 IP 数据报直接装入数据链路层的帧数据区,物理硬件并不关心其细节。这种将数据报直接映射到物理帧的方式叫做数据报封装(Encapsulation)。

每一个数据链路层协议都有其自己的帧格式。每种格式的特征之一是可以封装的负载的最大长度,这个长度就是最大传输单元(MTU)。换句话说,当数据被封装到帧中时,数据报的总长度必须小于这个最大长度,这个长度是根据网络中所使用的硬件和软件给出的限定所决定的。

MTU 的值随着物理网络协议的不同而不同。例如,LAN 的值通常为 1500B,但是对于WAN 这个值可能更大或更小。

这里要特别强调指出,按照新物理网络技术重新封装 IP 数据报片是绝对必要的,各种物理网络技术,对帧的大小有不同的规定,某种物理网络所允许的 MTU 由硬件决定。不同物理网络,其 MTU 一般不相同。此外,不同物理网络的帧的格式一般也不相同。反过来说,同一个物理网络的各个节点上的 MTU 是一样的,帧格式也是一样的。因此,当大的数据报片在通过相对小的物理网络时,要进行分片;各个数据报片到达目的主机后,要进行重组,以恢复成原来的数据报。如前所述,IP 数据报中的标识、标志及片偏移字段就是提供以上用途的三个字段。

为了使 IP 协议独立于物理网络,设计者决定将 IP 数据报的最大长度限定为 65 535 字节。如果使用的链路层协议允许这个大小的 MTU,将使得传输更加有效率。然而,对于大多数的物理网络,我们必须将数据报进行分片,使其能够通过这些网络。

(2) 数据报分片

数据报分片(Fragment)可在路径上的任意路由器中进行。如果新的物理网络不能容纳原数据报的整体封装,就要将其分成两片或更多的片,使得数据报分片封装后,新的物理网络能容纳下分片封装的每一个数据帧。

分片必须满足两个条件:第一,各片尽可能大,但要能为数据帧所封装;第二,必须为8B 的整数倍(以字节为单位),因为 IP 数据报报头中的片偏移域是以 8B 为 1 个片偏移单位的。

分片只可能出现在不同 MTU 网络交界处的路由器中。因为根据"方便"原则,按照所在网络的 MTU 确定初始数据报大小,所以源主机不进行分片。在同一物理网络传输过程中,由于数据报及 MTU 大小均无改变,同样不会出现分片。

当数据报被分片后,每个报片都有自己的首部,首部中绝大多数的字段都是重复的,但是有一些会被改变。一个被分片的数据报如果遇到一个 MTU 更小的网络它可能再次被分片。换言之,一个数据报在到达目的主机之前可能被多次分片。

(3) 数据报片的重组

一个数据报可能被路径上的任意路由器分片,然而所有数据报片的重组只在目的主机中进行。这就是说,一旦数据报被分片,各片就作为独立的数据报进行传送,由于被分片的数据报可能沿着不同的路径传输,我们不能控制或保证一个分片会走哪一条路径,也不能保证所以属于同一个数据报的分片最终都能到达目的主机,并且在到达目的主机之前可能还会多次被分片。一次路由器决不进行数据报片的重组。这就大大减轻了路由器的负担,使数据报以最快的速度在网络中传递。

当讨论分片时,我们的意思是 IP 数据报的负载被分片。并且,除了某些选项外,头部的绝大部分必须拷贝到所有分段。将数据报分片的主机或路由器必须改变这些字段的值:标记、片偏移和总长度字段。其他字段必须拷贝。当然，无论是否分片，校验和的值必须被重新计算。

TCP/IP 对数据报的分片与重组，是网络操作系统的内部功能，对应用软件和用户都是透明的。

4.3.3　IP 层处理数据报的流程

寻址（或寻径）是指寻找一条传输路径，将数据报从源主机送往目的主机的过程，也就是解决 IP 数据报如何选择路由、转发分组的问题。由于如今的 Internet 是由链路（网络）组成的，转发意味着将数据报传递到下一跳（可能是最终的目的主机，也可能是中间路由器）过程。Internet 中所有的数据报的转发都是基于目的主机所在的网络地址，路由器依据路由表内容（关于路由表内容的填写方法将在 4.6 节中的介绍）确定 IP 数据报的转发，路由表的内容至少有两项：目的网络地址和下一跳路由地址。不过一个实际的路由表还有一些其他的内容。例如，标志、使用情况和接口等。

在点对点的存储转发通信子网中，寻址问题由节点交换机完成。而因特网是网际网，其寻址过程与点对点网络非常相似。只要把连接相邻路由器的物理网络看成一条链路，将路由器看成广域网的节点交换机，这样就可以把因特网简化，将其看成一个点对点的虚拟存储转发网络。这时候我们不用关心某个网络内部的拓扑以及有多少台计算机连接在该网络上，因为这些对于研究分组转发问题并没有什么关系。这样的简化图强调了在互联网上转发分组时，是从一个路由器转发到下一个路由器。但是，路由器和节点交换机毕竟不相同，它们的不同表现在以下几方面。

（1）路由器是用来连接不同的网络，而节点交换机只是在一个特定的网络中工作。

（2）路由器是专门用来转发分组的，而节点交换机还可接上许多个主机。

（3）路由器使用统一的 IP 协议，而节点交换机使用所在广域网的特定协议。

（4）路由器根据目的网络地址找出下一跳（即下一个路由器），而节点交换机则根据目的端所接入的交换机号找出下一跳（即下一个节点交换机）。

因此，因特网的寻址分两个层次：一个是在以路由器为节点的虚拟网络上的间接寻址；另一个是在物理网络上的直接寻址。当数据报一旦需要跨越不同的物理网络时，必须先通过间接寻址找到目的主机所在的物理网络，然后通过直接寻址到达目的主机。IP 数据报寻址要解决的问题正是间接寻址，也就是根据目的网络地址找下一个路由器（或找下一跳地址）。

图 4-17(a)是一个路由表转发分组的简单例子。有 4 个 A 类网络通过 3 个路由器连接在一起，每一个网络上都可能有成千上万个主机。可以想象，若按查找目的主机号来制作路由表，则所得出的路由表就会过于庞大。这不仅使查找时间长，而且要占用很大的存储空间。但若按主机所在的网络地址来制作路由表，那么每一个路由器中的路由表就只包含 4 个项目。以路由器 R 的路由表为例，如图 4-17(b)所示。

由于 R 同时连接在 20.0.0.0 网和 30.0.0.0 网上，因此只要目的主机在这两个网络上，都可通过接口 0 或 1 由路由器直接交付（当然还要利用地址解析协议 ARP 才能找到这些主机相应的硬件地址，ARP 协议将在 4.3.4 节介绍）。若目的端在 10.0.0.0 网中，则下一跳路由器应为 Q，其 IP 地址为 20.0.0.5。路由器 R 和 Q 由于同时连接在 20.0.0.0 上，

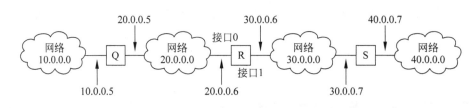

(a) 互联网

目的主机的网络地址	下一跳地址
20.0.0.0	直接交付(接口0)
30.0.0.0	直接交付(接口1)
10.0.0.0	20.0.0.5
40.0.0.0	30.0.0.7

(b) 路由器R的路由选择表

图 4-17　路由表举例

因此从路由器 R 将分组转发到路由器 Q 是很容易的。同理,若目的端在 40.0.0.0 网中,则路由器 R 应将分组转发给 IP 地址为 30.0.0.7 的路由器 S。

总之,在路由表中,对每一条路由最主要的是目的网络地址与下一跳地址两项,我们就根据目的网络地址来确定下一跳路由器,这样做的结果如下。

(1) IP 数据报首先要设法找到目的主机所在目的网络上的路由器(间接交付);

(2) 只有到达最后一个路由器时,才试图向目的主机进行直接交付。

虽然因特网所有的分组转发都是基于目的主机所在的网络,但在大多数情况下都允许有这样的特例,即对特定的目的主机指明一个路由。这种路由叫做**特定主机路由**。采用特定主机路由可使网络管理人员能更方便地控制网络和测试网络,同时也可在需要考虑某种安全问题时采用这种特定主机路由。在对网络的连接或路由表进行排错时,指明到某一个主机的特殊路由就十分有用。

当某部分(若干网络)只通过一个路由器连接到因特网时,在定义了本地其他路径后,便可以将这个唯一可用的路由器定义一条**默认路由**。当路由表前面部分的所有路径都无效时,就选中默认路由。这种将多个项目(或行)归结为一个默认项的做法叫做默认路由。例如,在 Q 路由表中,目的主机所在的网络 30.0.0.0 和 40.0.0.0 的下一跳路由器地址均为 20.0.0.6,可以用一个默认路由代替这两个具有相同"下一跳"的项目。路由器采用默认便可以减少路由表所占用的空间和查找路由表所用的时间。

综上所述,可以得到在因特网中某个路由器的 IP 层所执行的数据报转发算法如下。

(1) 从收到的 IP 数据报的首部提取目的 IP 地址 I_D。

(2) 从 I_D 中得出目的网络地址 I_N。

(3) 判断 I_N 是否是与此路由器直接连接的某个网络地址相匹配,若是,则通过该物理网络向以 I_D 为目的地址的主机直接发送数据报(这里包括将目的主机地址 I_D 转换为相应的物理地址,并将数据报封装成 MAC 帧后发送出去);否则,执行步骤(4)。

(4) 若路由表中有目的地址为 I_D 的特定主机路由,则将数据报传送给路由表中所指明的下一跳路由器;否则,执行步骤(5)。

（5）若路由表中有目的网络地址 I_N，则将数据报发送给路由表中所指的下一跳路由器；否则，执行步骤（6）。

（6）若路由表中有一个默认路由，则将数据报发往路由表中所指明的默认路由器；否则，执行步骤（7）。

（7）报告寻径有错。

最后，讨论 IP 层软件收到 IP 数据报后将怎样处理。IP 层软件为 IP 数据报寻址后，怎样将它们发送出去？

（1）当主机的 IP 层软件收到数据报时，若数据报的目的地址等于主机地址，则 IP 软件接收该数据报，并将它交给高层协议软件处理；否则，主机丢弃该数据报。

（2）当路由器的 IP 软件收到数据报时，路由器首先判断数据报是否到达最终目的地，若是，则交相应软件处理；否则，IP 层软件进一步寻址，其过程如前所述。由于路由器的路由表中有多个目的地址，而 IP 数据报只有一个目的地址，因此需要一行一行的查找路由表，逐行进行比较，以确定是否到达最终目的地。一旦地址匹配不成功，IP 软件从数据报 TTL 字段中减 1。当 TTL＝0 时，则丢弃该数据报；否则，重新计算检验和并继续寻址。

对第二个问题，我们需再强调指出，在 IP 数据报的首部中没有地方可以用来指明"下一跳路由器的 IP 地址"。在 IP 数据报的首部写上的 IP 地址是源 IP 地址和目的 IP 地址，而没有中间经过的路由器的 IP 地址。当 IP 层软件找到数据报的下一跳路由器后，IP 软件将数据报和下一跳路由器地址交给网络接口软件，网络接口软件首先调用 ARP 完成下一跳路由器 IP 地址到物理地址的转换。然后，将此物理地址作为帧的目的地址写入帧首部的目的地址字段，IP 数据报被封装在帧的数据区，最后通过相应端口将帧传送到与其相连的物理网络，由物理网络送往下一跳路由器。由此可见，当发送一连串的数据报时，上述的这种查找路由表、计算硬件地址和写入 MAC 帧的首部等过程，将不断地重复进行，造成了一定的开销。

那么是否可以在路由表中直接使用物理地址呢？答案是否定的。因为底层的物理地址是各种各样的，编制方式也不尽相同，如物理地址的位数不同，每一位的含义也不相同。使用抽象的 IP 地址，就是为了屏蔽各种底层物理网络的复杂性而便于分析和研究问题，这样不可避免的会要付出一定代价，增加一定的开销。但如果直接使用物理地址，将会带来更多的麻烦。

4.3.4 ARP 和 RARP

无论网络层使用什么协议，在实际的物理链路上传送数据帧时，最终必须使用硬件地址。然而互联的物理网络是纷杂的，不同的物理网络都有自己的编址方式，它们都不尽相同。因特网利用 IP 地址能够屏蔽各种网络物理地址的差异，为上层用户提供"统一"的地址形式，但是这种"统一"是通过在物理网络上覆盖一层 IP 软件实现的，互联网并不对物理地址做任何修改。高层软件通过 IP 地址来指定源地址和目的地址，而低层在物理网络内部仍然使用各自原来的物理地址。即在实际通信时，物理网络依然是利用物理地址进行传输的，IP 地址在物理网络中是不能被识别的。对于以太网而言，当 IP 数据报通过以太网发送时，以太网设备并不识别 32 位的 IP 地址，而是以 48 位的 MAC 地址传输以太网数据的，因为

IP 地址只是主机在网络层的地址,是不能直接用来通信的。要想通信,需要将 IP 数据报传送到数据链路层,装配成符合物理网络的数据帧后,送到物理网络,然后才能利用物理网络地址进行传输到达下一站。因此,必须在主机的 IP 地址和物理地址之间进行转换,建立两者之间的映射关系。

但是物理网络技术的多样性,致使不同的物理网络的物理地址不尽相同,即使对同一物理网络,IP 地址与物理地址之间也不存在简单的对应关系。例如以太网的物理地址是 48 位的,而 IP 地址是 32 位的,它们之间就不存在简单的转换关系。况且,在一个网络上可能经常会有新的主机加入进来,或撤走一些主机,更换网卡也会使主机的物理地址改变。由此可见,应该存放一个 IP 地址和物理地址之间的转换表,并且这个转换表还必须能经常动态更新。这种地址之间的映射关系称为地址解析(Resolution)。地址解析包括两方面的内容,即从 IP 地址到物理地址的映射和从物理地址到 IP 地址的映射。为此,TCP/IP 专门提供了两个协议:

(1) 地址解析协议(Address Resolution Protocol,ARP),完成从 IP 地址到物理地址的映射;

(2) 逆地址解析协议(Reverse Address Resolution Protocol,RARP),完成从物理地址到 IP 地址的映射。

1. 从 IP 地址到物理地址的解析

每一个主机都要设有一个 ARP 高速缓存,存放最近获得的 IP 地址到物理地址的映射,这些都是该主机目前知道的一些地址。表 4-6 给出了一个地址映射的例子。

表 4-6 IP 地址映射表

IP 地址	物理地址	IP 地址	物理地址
197.15.3.2	0A:07:4B:12:82:36	197.15.3.5	0A:74:59:32:CC:1F
197.15.3.3	0A:9C:28:71:32:8D	197.15.3.6	0A:04:BC:00:03:28
197.15.3.4	0A:11:C3:68:01:99	197.15.3.7	0A:77:81:0E:52:FA

那么主机是怎样知道这些地址呢? 可以通过下面的例子来说明,如图 4-18 所示。

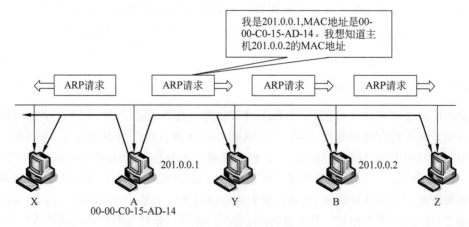

图 4-18 主机 A 发送 ARP 请求分组

假设在某个广播型网络上，有 5 台主机，分别是主机 A、B、X、Y 和 Z。当主机 A 要向本局域网上主机 B 发送 IP 分组时，主机 A 将按以下步骤找到主机 B。

（1）先在自己的高速缓存中查找有无主机 B 的 IP 地址 IP_B。如有，就可查到对应的物理地址 MAC_B，则完成 ARP 地址解析，然后此主机 A 以主机 B 的物理地址 MAC_B 为目标 MAC 地址、以自己的物理地址 MAC_A 为源 MAC 地址进行帧的封装并进行帧的发送；主机 B 收到该帧后，确认是给自己的帧，进行帧的拆封并取出其中的 IP 分组交给上层去处理。若查不到主机 B 的物理地址，即在缓存中不存在关于主机 B 的 IP 地址 IP_B 和物理地址 MAC_B 的映射信息，原因可能是主机 B 才入网，也可能是主机 A 刚刚加电，其高速缓存还是空的。这时则转至第（2）步。

（2）A 主机的 ARP 进程在本局域网上广播发送一个 ARP 请求分组（目的地址是 FF-FF-FF-FF-FF-FF）。ARP 请求分组携带主机 A 的 IP 地址 IP_A 和物理地址 MAC_A，以及主机 B 的 IP 地址 IP_B。

（3）在本局域网上的所有主机（包括主机 B）和路由器上运行的 ARP 进程都收到此 ARP 请求分组，而且都将主机 A 的 IP 地址 IP_A 和物理地址 MAC_A 存入自己的缓存中。写入的原因是：当主机 A 向 B 发送数据报时，很可能其后不久自己的主机要向 A 发送数据报，因而自己主机也可能要向 A 发送 ARP 请求分组。为了减少网络上的通信量，主机 A 在发送其 ARP 请求分组时，就把自己的 IP 地址到物理地址的映射写入 ARP 请求分组。当网上的其他主机收到 A 的 ARP 请求分组时，就把主机 A 的这一地址映射写入自己的 ARP 高速缓存中。这为网上的主机以后向 A 发送数据报时提供了方便，节省了时间及网络资源。

（4）虽然本局域网上所有运行 ARP 进程的主机都会收到这个 ARP 请求分组，但都不予理睬。只有主机 B 识别自己的 IP 地址 IP_B，于是就向主机 A 发回一个 ARP 响应分组，如图 4-19 所示，回答自己的物理地址为 MAC_B。ARP 响应分组的主要内容是给出主机 B 的 IP 地址和硬件地址。请注意，虽然 A 主机的 ARP 请求分组是广播发送的，但 B 主机的 ARP 响应分组是普通的单播发送的，即从一个源地址发送到一个目的地址。

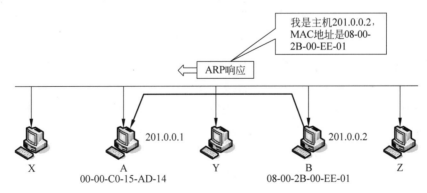

图 4-19　主机 B 发送 ARP 响应分组

（5）主机 A 收到主机 B 的 ARP 响应分组后，就在其 ARP 高速缓存中写入 B 的 IP 地址到物理地址的映射，并以此物理地址 MAC_B 向主机 B 发送 MAC 帧。

这里需要说明以下几点。

(1) ARP 高速缓存非常有用。如果不使用 ARP 高速缓存,那么任何一个主机只要进行一次通信,就必须在网络上用广播方式发送 ARP 请求分组,这势必会增加网络上的通信量。ARP 把已经得到的地址映射保存在高速缓存中,这样就使得该主机下次再和具有同样目的地址的主机通信时,可以直接从高速缓存中找到所需的硬件地址而不必再用广播方式发送 ARP 请求分组。

(2) 当一台主机新入网时,为了避免其他主机对自己运行 ARP,应主动广播自己的 IP 地址到物理地址的映射。

(3) 既然主机 A 能用广播方式将 ARP 请求分组发往主机 B,为什么不直接广播数据本身? 这是因为广播数据的开销远高于直接传输数据的开销,每广播一个分组,网上所有主机都要对它进行处理,而用 ARP 仅有发 ARP 请求分组的一次性广播开销,一旦获得物理地址后就可以直接进行传输了,总的开销大为减少。

(4) ARP 将保存在高速缓存中的每一个映射地址项目都设置生存时间(例如,10～20 分钟),凡超过生存时间的项目就从高速缓存中删除掉。设置这种地址映射项目的生存时间是很重要的。试想会有这样的一种情况发生:主机 A 要和主机 B 通信,在 A 的 ARP 高速缓存里保存有 B 的物理地址。但 B 的网卡突然坏了,于是 B 立即更换了一块,因此 B 的硬件地址就改变了。A 在其 ARP 高速缓存中查找到 B 原先的硬件地址,并使用该硬件地址向 B 发送数据帧。但 B 原先的硬件地址已经失效了,因此 A 无法找到主机 B。但是过了一段时间,A 的 ARP 高速缓存中已经删除了 B 原先的硬件地址(因为它的生存时间到了),于是 A 重新广播发送 ARP 请求分组,又找到了 B。

(5) ARP 解决的问题是**同一个局域网**上的主机或路由器的 IP 地址和物理地址的映射。如果所要找的主机和源主机不在同一个局域网上,如图 4-13 所示的主机 H_1 和 H_2,那么主机 H_1 就无法解析出主机 H_2 的硬件地址(实际上主机 H_1 也不需要知道远程主机 H_2 的硬件地址)。主机 H_1 发送给 H_2 的 IP 数据报需要通过与主机 H_1 连接在同一个局域网上的路由器 R_1 来转发。因此,主机 H_1 这时需要的是把路由器 R_1 的 IP 地址 IP_3 解析为硬件地址 HA_3,以便能够将 IP 数据报传送到转发该数据报的路由器 R_1。以后 R_1 从路由表找出了下一跳路由器 R_2,同样使用 ARP 解析出 R_2 的物理地址 HA_5。于是 IP 数据报按照物理地址 HA_5 转发到路由器 R_2。路由器 R_2 也在转发这个 IP 数据报时用类似方法解析出目的主机 H_2 的硬件地址 HA_2,使 IP 数据报最终交付给主机 HA_2。

(6) IP 地址到物理地址的转换是自动进行的,主机的用户看不见转换过程。只要主机或路由器要和本网络上的另一个已知 IP 地址的主机或路由器进行通信,ARP 协议就会自动地把这个 IP 地址解析为数据链路层所需的物理地址。

2. 从物理地址到 IP 地址的映射(RARP 协议)

所谓逆地址解析协议 RARP 就是做与 ARP 相反方向的工作,也就是在发送端知道目的端物理地址却不知道其 IP 地址时,可以使用 ARP 协议来寻找 IP 地址,这样的情况一般发生在无盘工作站的主机上。

在 Internet 中有一类站点为无盘工作站,无盘指的是没有硬盘,这种无盘工作站在需要硬盘时通常是利用某个服务器的硬盘。它一般只要运行其 ROM 中的文件传送代码,就可以从局域网上其他主机下载所需的操作系统和 TCP/IP 通信软件,但这些软件中并没有 IP 地址,无盘工作站也只有一个物理地址。IP 地址一般由高层通信协议使用,不用硬件实现,只是存放在硬盘中。由于无盘工作站没有硬盘,所以也就不能从本机获得 IP 地址。

这就要用到 RARP 协议。RARP 协议使只知道自己硬件地址的主机能够知道其 IP 地址,无盘工作站要运行 ROM 中的 RARP 来获得其 IP 地址。

RARP 的工作过程大致如下所述:为了使 RARP 能工作,在局域网上至少有一个主机要充当 RARP 服务器,无盘工作站先向局域网发出 RARP 请求分组,并在此分组中给出自己的硬件地址。ARP 服务器有一个事先做好的从无盘工作站的硬件地址到 IP 地址的映射表,当收到 RARP 请求分组后,RARP 服务器就从这映射表中查出该无盘工作站的 IP 地址。然后写入 RARP 响应分组,发回给无盘工作站。无盘工作站用此方法获得自己的 IP 地址,如图 4-20 所示。

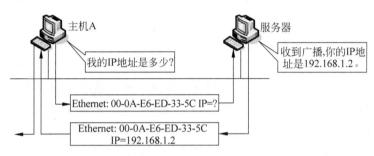

图 4-20　无盘工作站通过 MAC 地址获得 IP 地址

ARP 和 RARP 现在都已经成为因特网标准协议。

4.4　划分子网与构造超网

4.4.1　划分子网的意义

如上所述,IP 地址长度为 32 位,地址的一部分为网络标识 net_id;另一部分标识网络上的主机或路由器,这意味着 IP 地址是层次结构。数据报为了到达 Internet 上的某一主机,首先需要利用地址的第 1 部分 net_id 找到相对应的网络,然后再根据地址的第 2 部分 host_id 找到该网络上的对应主机。也就是说,A、B、C 3 类 IP 地址结构都设计成两级层次结构。

然而,这种两级层次结构在许多情况下存在一些不够合理之处,如下所述。

(1) IP 地址空间的利用率低。例如,采用 A 类地地网络理论上可连接 1600 万台以上的主机,而每个 B 类地址网络可连接的主机数也可达 65 534 台,然而由于有些网络对连接在网络上的主机数目有限制,实际上这些网络连接的主机数目远远达不到这样大的数值。例如,10BASE-T 以太网规定最大节点数只有 1024,地址空间的利用率还不到 2%。然而一个单位的剩余地址,无法供其他单位使用。据统计,超过半数的 B 类地址网络所连接的主机还不到 50 台,而这些单位并不愿意申请一个足够使用的 C 类地址(理由是考虑到今后可能的发展)。IP 地址的浪费,会使有限 IP 地址空间资源过早被用完。

(2) 一个网络上安装过多主机,会因拥塞而影响网络性能。

(3) 每一个路由器都应当能够从路由表查出应怎样到达其他网络的下一跳路由器。因此,如果给一个单位的物理网络地址太多,给每个物理网络分配一个网络号,使互联网中的网络数越多,路由器的路由表的项目数也就越多。会使路由表变得过于庞大,而且耗费更多查找路由表时间,并且增加路由器成本(因为需要更多的存储空间),同时也使路由器之间定期交换的路由信息急剧增加,从而使路由器和整个因特网的性能下降,使网络性能变坏。

(4) 两层 IP 地址不便于一个有网络号的单位灵活地增加或减少网络数目。有时情况紧急,一个单位需要在新的地点马上开通一个新的网络。但是在申请到一个新的 IP 地址之前,新增加的网络不可能连接到因特网。

为了解决分类地址存在的不合理性,从 1985 年起在 IP 地址中增加一个"子网号字段"。变两级 IP 地址为三级 IP 地址,这种做法叫做"划分子网(Subnetting)",或子网寻址,或子网路由选择。

4.4.2　子网划分的方法

采用子网划分可将一个网络进一步划分成很多子网。如图 4-21 所示,将 141.14 网络划分成 3 个子网。在这个例子中,Internet 上的其他网络并不能觉察该网络已分成 3 个物理网络,还是认为只是一个网络。假如一个分组的目的主机地址是 141.14.2.21,则Internet 仍将该分组送到路由器 R_1,该 IP 数据报的目的地址仍是 B 类地址,其中 141.14 标识 net_id,而 2.21 标识 host_id。

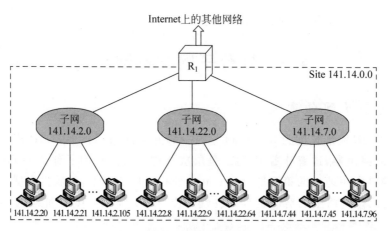

图 4-21　具有 3 级层次结构的网络(有子网)

然而,当分组到达路由器 R_1 后,R_1 路由器将该目的地址进行解释,路由器 R_1 知道141.14 这个网在物理上已分成 3 个子网。根据地址的最后两个字节分别确定子网标识subnet_id 和主机标识 host_id。也就是 2.21 被解释成 subnet_id 为 2,host_id 为 21。它能够较好地解决上述问题,并且使用起来也很灵活。

划分子网的基本思路如下。

一个拥有许多物理网络的单位,可将所属的物理网络划分为若干个子网(Subnet)。而划分子网纯属单位内部的事情。本单位以外的网络察觉不到这个网络是否划分了子网,或该单位的网络是由多少个子网组成的,因为这个单位对外仍然表现为一个没有划分子网的网络。

划分子网的方法是从 IP 地址的主机号字段借用若干位作为子网号(Subnebid),而主机号也就相应减少了若干位,但不改变 IP 地址的网络号字段。于是两级 IP 地址在本单位内部就变为三级 IP 地址结构,第一级是网络标识 net_id,确定网络,第二级是子网标识 subnet_id,确定子网,第三级是主机标识 host_id,确定连接在该子网上的主机,如图 4-22 所示。也可以用以下记法来表示:

IP 地址::=｛＜网络号＞,＜子网号＞,＜主机号＞｝

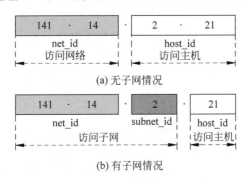

(a) 无子网情况

(b) 有子网情况

图 4-22　三级网络地址

划分子网后,用路由器可将本单位的各子网互联起来,再接到因特网路由器上。凡是从其他网络发送给本单位某个主机的 IP 数据报,仍然是根据 IP 数据报的目的网络号找到连接在本单位网络上的路由器的。此路由器在收到 IP 数据报后,再按目的网络号和子网号找到目的子网,将 IP 数据报交付给目的主机。

注意:

(1) 当没有划分子网时,IP 地址是两级结构,地址的网络号字段也就是 IP 地址的“因特网部分”,而主机号字段是 IP 地址的“本地部分”。划分子网后 IP 地址就变成了三级结构。请注意,划分子网只是将 IP 地址的本地部分进行再划分,而不改变 IP 地址的因特网部分(即网络号部分)。因此,从一个 IP 地址本身或 IP 数据报的首部,并无法判断源主机或目的主机所连接的网络是否进行了子网的划分。

(2) [RFC 950]规定,对分类的 IPv4 地址进行子网划分时,子网号不能为全 1 或全为 0。然而随着 CIDR 的广泛使用,现在全 1 或全 0 的子网号也可以使用了,但使用时一定要谨慎,要弄清你的路由器所使用的软件是否支持全 1 或全 0 的子网号的这种用法。

(3) 无论是分类的 IPv4 地址还是 CIDR,其子网中的主机号全 1 或全 0 的地址都不能被指派。子网中的主机号全 0 的地址为该子网的网络号,主机号全 1 的地址为该子网的广播地址。

4.4.3　子网掩码

IP 数据报在寻址过程中要找到目前的子网,必须确定目的网络号和子网号,让路由器知道子网划分。但如上所述,从 IP 数据报的首部并不知道源主机或目的主机所连接的网络是否进行了子网的划分。这是因为 32 位的 IP 地址本身以及数据报的首部都没有包含任何有关子网划分的信息。并且,我们也知道,从 IP 地址的类别标志位中,可以知道 A 类地址有一个字节的网络号,B 类地址有两个字节的网络号,C 类地址有三个字节的网络号,而这些网络号,都是原 Internet 部分的信息,不包括子网信息。因此必须另外想办法,使我们能了解某个物理网络是否划分了子网,子网的长度是多少,这就要使用子网掩码。

子网掩码(Subnet Mask)与 IP 地址一样,也是 32bit 长,它由一串 1 和一串 0 组成,如图 4-23 所示。一串 1 与划分子网后的 IP 地址的网络号和子网号相对应,一串 0 则对应划分子网后的 IP 地址的主机号(这里的"一串"在 RFC 文档中并没有限制必须是连续的,但却极力推荐大家在子网掩码中选用连续的 1,以避免出现可能发生的差错)。这表示在划分子网的情况下,网络地址(即子网地址)就是将主机号置为 0 的 IP 地址。这等于是将子网掩码和 IP 地址逐位相"与"(AND)的结果,即子网地址由网络号、子网号和主机号对应的 0 组成。这里要注意,现在的网络地址(在划分子网时常称为子网地址)并不是仅仅是一个子网号,而是将主机号置为 0 的 IP 地址。

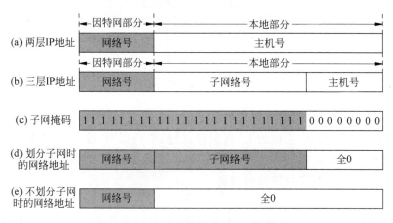

图 4-23　IP 地址的各字段和子网掩码

使用子网掩码的好处是:不管网络有没有划分子网,不管网络字段的长度是 1 字节、2 字节或 3 字节,只要将子网掩码和 IP 地址进行逐比特的"与"运算,就立即得出网络地址来。这样在路由器处理到来的分组时就可采用同样的算法。子网掩码是整个子网的一个重要属性,连接在一个子网上的所有主机和路由器其子网掩码相同。这样,当一个路由器连接在两个子网上时,就拥有两个子网地址和两个子网掩码。

这里还要弄清一个问题:在不划分子网时,既然没有子网,为什么还要使用子网掩码?好处就是能够简化路由器的路由选择算法。现在,将不划分子网的 IP 地址也纳入划分子网的范畴,只需将子网掩码中值为 1 的位和 IP 地址中的网络号字段相对应即可。如果一个网络不划分子网,那么该网络的子网掩码就使用默认子网掩码。默认子网掩码中 1 的位置和 IP 地址中的网络号字段正好相对应。因此,若将默认的子网掩码和某个不划分子网的 IP 地址逐位相"与",就得出该 IP 地址的网络地址来。这样做可以不用查找该地址的类别标志位就能知道这是哪一类的 IP 地址。与 A、B 和 C 类的 IP 地址相对应的默认子网掩码分别是:255.0.0.0、255.255.0.0 和 255.255.255.0。

由于子网掩码是一个网络或一个子网的重要属性,所以路由器在相互交换路由信息时,必须把自己所在网络或子网的子网掩码告诉对方。

在使用子网掩码的情况下:

(1)一个主机在设置 IP 地址信息的同时,必须设置子网掩码;

(2)同属于一个子网的所有主机以及路由器的相应端口,必须设置相同的子网掩码;

(3)因特网的标准规定:所有的网络都必须有一个子网掩码,同时在路由器的路由表中也必须有子网掩码这一栏。因此,路由表至少有三项,即目的网络地址、子网掩码、下一跳地址。

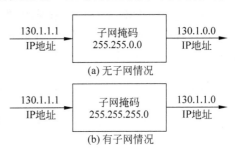
图 4-24 掩码的抽取

总之,从一个 IP 地址中抽取网络地址的方法和过程称为掩码(Masking)。这种方法对于有无子网都适用。如果该网不划分子网,则用掩码方法从 IP 地址中抽取的是网络地址,如果划分子网,则用掩码方法从 IP 地址中抽取的是子网地址,如图 4-24 所示。

表 4-7 表示对无子网网络的掩码设置及网络地址的抽取,表 4-8 表示对有子网网络的掩码设置及网络地址抽取。

表 4-7　对无子网网络的掩码设置及网络地址的抽取

地址类别	子网掩码	IP 地址	网络地址
A	255.0.0.0	125.32.2.3	125.0.0.0
B	255.255.0.0	168.67.2.3	168.67.0.0
C	255.255.255.0	200.43.12.72	200.43.12.0

表 4-8　对有子网网络的掩码设置及网络地址抽取

地址类别	子网掩码	IP 地址	网络地址
A	255.255.0.0	125.32.2.3	125.32.0.0
B	255.255.255.0	168.67.2.3	168.67.2.0
C	255.255.255.192	200.43.12.72	200.43.12.64

下面用一些实例来说明如何使用子网掩码寻找子网地址,它分边界级掩码和非边界级掩码两种方法。

对边界级掩码(即掩码为 255 或 0),子网的寻找很容易,只需遵照以下两个规则处理:

(1)对应于掩码为 255 的 IP 地址部分,子网地址与其相同;

(2)对应于掩码为 0 的 IP 地址部分,子网地址均为 0。

【例 4-1】

IP 地址	145	123	21	8
∧子网掩码	255	255	0	0
子网地址	145	123	0	0

【例 4-2】

IP 地址	145	123	21	8
∧子网掩码	255	255	255	0
子网地址	145	123	21	0

对非边界级掩码要采用按位与的操作,并遵照以下 3 个规则处理:

(1) 对应于掩码为 255 的 IP 地址部分,子网地址与其相同;

(2) 对应于掩码为 0 的 IP 地址部分,子网地址均为 0;

(3) 对应于掩码既非 255,也非 0 的 IP 地址部分,子网地址为按位"与"操作的结果。

【例 4-3】

IP 地址	145	223	123	8
∧子网掩码	255	225	192	0
子网地址	145	223	64	0

因为 123 和 192 的"与"操作为 64,即

	123	0 1 1 1	1 0 1 1
∧	192	1 1 0 0	0 0 0 0
	64	0 1 0 0	0 0 0 0

【例 4-4】

IP 地址	213	123	147	137
∧子网掩码	255	255	255	240
子网地址	213	123	147	128

因为 137 和 240 的"与"操作为 128,即

	137	1 0 0 0	1 0 0 1
∧	240	1 1 1 1	0 0 0 0
	128	1 0 0 0	0 0 0 0

网络地址就是 IP 地址与子网掩码逐位相"与"的结果。计算机进行这种逻辑运算,一般都是用硬件实现的,速度很快,实现起来也很容易。

划分子网增加了 IP 地址的灵活性,减少了 IP 地址的浪费,提高了网络性能,但代价是连接在网络上的主机总数比不划分子网时要少些。这时因为全 0 和全 1 的子网号一般都不使用。

4.4.4 使用子网掩码转发分组过程

如前所述,在不划分子网的两级 IP 地址下,从 IP 地址能很容易得出网络地址。但在划分子网的情况下,仅从 IP 地址却不能得出网络地址来,这是因为数据报的首部并没有提供子网掩码的信息。划分子网后,路由表中的项目要增加子网掩码,于是路由表的主要项目变为:目的网络地址、子网掩码和下一跳地址。IP 数据转发的算法也必须做相应的改变。如图 4-25 所示的网络拓扑为例说明这一问题。为清楚起见,已将各子网的网络地址和子网掩码标注在图 4-25 中。

假设主机 H_1 要向主机 H_2 发送数据报,首先,主机 H_1 应先判断是直接交付还是间接交付。因此,主机 H_1 先将数据报的目的 IP 地址与自己的子网掩码逐位相"与"运算。

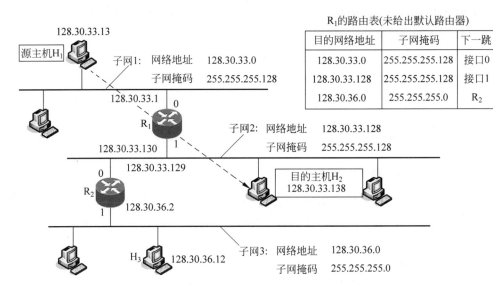

<figure>R₁的路由表(未给出默认路由器)

目的网络地址	子网掩码	下一跳
128.30.33.0	255.255.255.128	接口0
128.30.33.128	255.255.255.128	接口1
128.30.36.0	255.255.255.0	R₂

128.30.33.13
源主机H₁
子网1：网络地址　128.30.33.0
　　　　子网掩码　255.255.255.128
128.30.33.1　0
R₁
子网2：网络地址　128.30.33.128
　　　　　　　　子网掩码　255.255.255.128
128.30.33.130　1
0　128.30.33.129
R₂
目的主机H₂
128.30.33.138
1　128.30.36.2
H₃　128.30.36.12
子网3：网络地址　128.30.36.0
　　　　子网掩码　255.255.255.0
</figure>

图 4-25　划分子网后转发数据举例

若运算结果等于主机 H₁ 的网络地址,则说明目的主机 H₂ 与 H₁ 在同一个子网上,可以直接交付,不需通过其他路由器转发。现在假设数据报的目的 IP 地址是 128.30.33.138,H₁ 的子网掩码为 255.255.255.0,逐位"与"运算后,结果是 128.30.33.128,不等于 H₁ 的网络地址 128.30.33.0,这说明目的主机 H₂ 和源主机 H₁ 不在同一个子网上,应采用间接交付,必须将该分组交给本子网上的一个路由器进行转发。因此,H₁ 调用 ARP 找出子网上的默认路由器 R₁ 的物理地址,并将此物理地址放在数据链路层的 MAC 帧的首部,然后根据这个硬件地址将数据报交路由器 R₁ 转发。

下面讨论路由器 R₁ 收到一个数据报后,查找路由表的过程:

路由器 R₁ 收到一个分组后,先找其路由表第 1 行,看看这一行的网络地址和收到的数据报的网络地址是否一致。即用第 1 行的子网掩码 255.255.255.128 和收到的数据报的目的地址 128.30.33.138 逐位相"与",得到 128.30.33.128,与同行的目的地址 128.30.33.0 比较,不匹配,要用同样的方法继续往下找第 2 行。用第 2 行的子网掩码 255.255.255.128 和收到的数据报的目的地址 128.30.33.138 逐位相"与"得 128.30.33.128,与同行的目的网络地址 128.30.33.128 比较,这个结果与第 2 行的目的网络地址相匹配,说明这个网络就是收到的数据报所要寻找的目的网络。于是 R₁ 将数据报从接口 1 转发至路由器 R₂,当然在转发前,还要使用 ARP 找到 R₂ 的物理地址,并将此物理地址放在数据链路层的 MAC 帧的首部,然后根据这个硬件地址将数据报交路由器 R₂ 转发。

综上所述,在划分子网的情况下,得出路由器转发分组的算法如下。

(1) 从收到的 IP 数据报的首部提取目的 IP 地址 I_D。

(2) 路由器用与其直接相连的网络的子网掩码和 I_D 进行逐位"与"运算,得到目的子网地址 I_N。

(3) 若目的子网地址 I_N 和相应的网络地址匹配,则将数据报进行直接交付(需将 I_D 转换成物理地址并将数据报封装成 MAC 帧后发送出去),转发任务结束;否则为间接交付,执行步骤(4)。

（4）若路由表中有目的地址为 I_D 所指明的主机路由,则将数据报传送给路由表中所指明的下一跳路由器;否则执行步骤(5)。

（5）对路由表中的每一行,将其中的子网掩码和 I_D 逐位相"与",得结果 I_N,若 I_N 与该行的目的网络地址匹配,则将数据报传至该行指明的下一跳路由器;否则执行步骤(6)。

（6）若路由表中有默认路由,则将数据报发往路由表指示的默认路由器,否则执行步骤(7)。

（7）报告寻径有错。

4.4.5　变长子网掩码技术

虽然划分子网在一定程度上缓解了因特网在发展中遇到的困难,但是因特网仍然有许多需要解决的问题:IP 地址日趋严重的紧缺状况;Internet 主干网上路由器中的路由表的项目数急剧增长;整个 IPv4 的地址空间最终将全部耗尽。

针对以上问题其实可以在一个划分子网的网络中同时使用几个不同的子网掩码,即使用不同长度的子网号,就是使用变长子网掩码(Variable Length Subnet Mask,VLSM),可进一步提高 IP 地址资源的利用率。

例如,某个学院申请了一个整个 C 类的 IP 地址空间 202.160.131.0。该学院的计算机教研室有 100 名教师,50 名教师在网络教研室工作,50 名教师在通信教研室工作。要求我们为计算机教研室、网络教研室和通信教研室分别组建子网。

针对上述情况,我们可以通过变长子网掩码 VLSM 技术,将一个 C 类 IP 地址分为 3 个部分,其中子网 1 的地址空间是子网 2 与子网 3 的地址空间的两倍。

首先,我们可以使用子网掩码 255.255.255.128,将一个 C 类 IP 地址一分为二,结果为 202.60.31.0 和 202.60.31.128。这样我们可以把 202.60.31.0 作为子网 1 的子网地址,即可以将 202.60.31.1～202.60.31.127 作为子网 1 的 IP 地址。但由于 202.60.31.127 第 4 个字节全为 1,被保留作为广播地址,因此子网 1 的 IP 地址范围为:202.60.31.1～202.60.31.126。

其次,将余下的部分 202.60.31.128 再进一步一分为二。可以使用子网掩码 255.255.255.192,将平分后的两个较小的地址空间分配给子网 2 与子网 3。把子网地址 202.60.31.128 分配给子网 2,把子网地址 202.60.31.192 分配给子网 3。对于子网 2 来说,即可以将 202.60.31.129～202.60.31.191 作为子网 2 的 IP 地址;对于子网 3 来说,即可以将 202.60.31.193～202.60.31.255 作为子网 3 的 IP 地址。

而 IP 地址 202.60.31.191 中 191 是全 1 的地址,需要留做广播地址。那么,子网 2 的 IP 地址应该是从 202.60.31.129～202.60.31.190。同理,接下来的一个地址是 202.60.31.192,它是子网 3 的网络地址。那么,子网 3 的 IP 地址应该是从 202.60.31.193～202.60.31.254。所以,采用变长子网的划分的三个子网的 IP 地址分别如下。

（1）子网 1:202.60.31.1～202.60.31.126;

（2）子网 2:202.60.31.129～202.60.31.190;

（3）子网 3:202.60.31.193～202.60.31.254。

其中,子网 1 使用的子网掩码为 255.255.255.128,允许使用的 IP 地址数为 126 个;子网 2 与子网 3 的子网掩码为 255.255.255.192,它们可以使用的 IP 地址数均为 62 个。该方案可以满足学院的要求。采用可变长度子网掩码技术后,该公司网络的逻辑结构如图 4-26 所示。变长子网的划分的关键是找到合适的 VLSM。

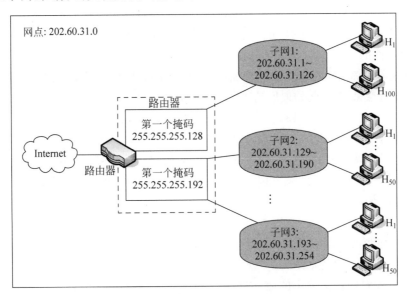

图 4-26 可变长度子网划分的结构

4.4.6 CIDR 技术

1. 无分类编址的由来

面对 IP 地址日趋紧张的情况,长期的解决方案是 IPv6。但是短期的解决方案是使用相同的 IPv4 的地址空间,但是它称为无分类寻址(Classless Addressing)。换言之,很多系统在 VLSM 的基础上又进一步研究出无分类编址方法,它的正式名字是无分类域间路由选择(Classless Inter-Domain Routing,CIDR,读音同 sider)。现在 CIDR 已成为因特网建议标准协议。

采用 CIDR 的优点是可以在更加有效地提高 IP 地址利用率和减少主干路由器负荷两个方面取得平衡。例如,如果一个单位需要 2000 个地址,那么就分配它一个 2048 地址的块(8 个连续的 C 类网络),而不是一个完全的 B 类地址。这样可以大幅度提高 IP 地址空间的利用率,减小路由器中的路由表大小,提高路由转发能力。无分类域间路由选择也被称为超网技术。目前 Internet 服务提供商 ISP 使用的都是 CIDR。

2. CIDR 的特点

(1) CIDR 取消了传统的 A、B、C 类地址以及子网划分的概念,使用各种长度的网络前缀(Network-Prefix)代替分类地址中的网络号和子网号,而不是像分类地址中只能使用 1B、2B 和 3B 长的网络号。CIDR 不再使用子网的概念,使 IP 地址又回到了两级编址,但是无分类的两级编址,因而可以更加有效地分配 IPv4 的地址空间,并且可以在新的 IPv6 使用之前允许因特网的规模继续增长。CIDR 的表示方法如下:

$$IP 地址::=\{<网络前缀>,<主机号>\}$$

(2) 在应用中 CIDR 使用斜线记法(Slash Notation),也称为 CIDR 记法。方法是在 IP

地址后面加一条斜线"/",然后写上网络前缀所占的位数(这个数值相当于三级编址中子网掩码中1的个数)。例如,138.130.136.12/24表示在32位的IP地址中,前24位表示网络前缀,后面的8位表示主机号。有时需要将点分十进制的IP地址写成二进制的才能看清楚网络前缀和主机号。例如,上述地址的前24位是10001010 10000010 10001000(这就是网络前缀),而后面的8位是00001100(这就是主机号)。

(3)网络前缀都相同的连续的IP地址组成CIDR地址块。一个CIDR地址块由起始地址和地址块中的地址数来定义,起始地址是地址块中地址数值最小的一个。例如,138.130.36.0/24,该地址块的起始地址为138.130.36.0,地址数为2^8,也可以将该地址块简称为"/24地址块"。该地址块的最小地址和最大地址可以用32位二进制数表示为

最小地址　138.30.36.0　　10001010　00011110　00100100　00000000
最大地址　138.30.36.255　10001010　00011110　00100100　11111111
地址数量为

$$N = 2^{32-n} = 2^8 = 256$$

n为网络前缀的长度。当然,这两个全0和全1的主机号地址一般并不使用。通常只使用在这两个地址之间的地址。

当我们见到斜线记法表示的地址时,一定要根据上下文弄清它是指一个单个的IP地址还是指一个地址块。下面看一个无分类地址的相关例子。

【例4-5】 一个无分类地址167.199.170.82/27,从这个地址中我们可以得到的信息是什么?

解析:可以得到三个信息,分别如下。

(1)首地址可以通过保持前27位不变,并将剩余位设为0得到。

地址:167.199.170.82/27 10100111 11000111 10101010 01010010
首地址:167.199.170.64/27 10100111 11000111 10101010 01000000

(2)末地址可以通过保持前27位不变,并将剩余位设为1得到。

末地址:167.199.170.95/27 10100111 11000111 10101010 01011111

(3)网络中的地址数量:$N = 2^{32-27} = 2^5 = 32$个地址。

使用CIDR地址块的好处是在路由表中可以利用CIDR地址块查找目的网络,使得路由表中的一个表项可以表示很多个分类IP地址的路由,这种地址的聚合称为**路由汇聚或路由聚合**(Route Aggregation)。路由汇聚也称为构成超网(Supernet)。路由汇聚减少了路由器表项的数目,也减少了路由器之间的信息交换量。CIDR虽然不再使用子网,但仍然使用"掩码"这一名词(但不叫子网掩码)。对于/24地址块,它的掩码是:11111111 11111111 11111111 00000000(24个连续的1)。斜线记法中的数字就是掩码中1的个数。当数据报在网络前缀不同的网络之间传输时需要通过路由器。

如果没有采用CIDR,则在1994年和1995年,因特网的一个路由表就会超过7万个项目,而使用了CIDR后,在1996年一个路由表的项目数才只有3万多个。路由聚合有利于减少路由器之间的路由选择信息的交换,从而提高了整个因特网的性能。下面看一个路由聚合的例子。

【例4-6】 如图4-27所示的网络中,如果不使用路由聚合,那么R1的路由表中需要分别有到网络1和网络2的路由表项。不难发现,网络1和网络2的网络前缀在二进制表示

的情况下,前 16 位都是相同的,第 17 位分别是 0 和 1,并且从 R1 到网络 1 和网络 2 的路由的下一跳皆为 R2。若使用路由聚合,在 R1 看来,网络 1 和网络 2 可以构成一个更大的地址块 206.1.0.0/16,到网络 1 和网络 2 的两条路由就可以聚合成一条到 206.1.0.0/16 的路由。

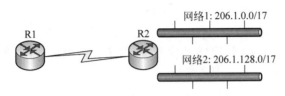

图 4-27　路由聚合的例子 1

让我们再看一个路由聚合的事例,进一步理解有关概念。

【例 4-7】　如图 4-28 所示为给出 4 个小地址块如何通过一个 ISP 分配给 4 个组织。ISP 将这 4 个块联合成单独的一个块并向世界其余计算机声明这个更大的块。任何想要到达这个较大块的分组都应该被发送到这个 ISP。将分组转发到适当的组织是 ISP 的责任。

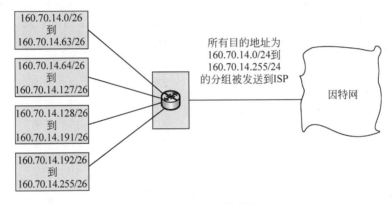

图 4-28　路由聚合的例子 2

CIDR 地址块中的地址数一定是 2 的整数次幂,实际可指派的地址数通常为 2^n-2,n 表示主机号的位数,主机号全 0 代表网络号,主机号全 1 为广播地址。网络前缀越短,其地址块所包含的地址数就越多。而在三级结构的 IP 地址中,划分子网的方法是使网络前缀变长。

CIDR 的优点在于网络前缀长度的灵活性。在分类地址的环境中,网络地址长度只能是 8、16、24 位,非常不灵活。而 CIRD 可以有效地分配 IPv4 的地址空间,可根据用户的需要分配适当大小的 CIDR 地址块。另外,由于上层网络的前缀长度较短,因此相应的路由表的项目较少。而内部又可采用延长网络前缀的方法来灵活地划分子网。

3. CIDR 记法有几种等效的形式

(1) 100.0.0.0/10 可简写为 100/10,也就是将点分十进制中低位连续的 0 省略。100.0.0.0/10 相当于指出 IP 地址 100.0.0.0 的掩码是 255.192.0.0。

(2) 比较清楚的表示方法是直接使用二进制。例如,100.0.0.0/10 可写为

01100100 00×××××× ×××××××× ××××××××

这里的 22 个×可以是任意值的主机号(但全 0 和全 1 的主机号一般不使用)。因此 100/10 可表示包含有 2^{22} 个 IP 地址的地址块,这些地址块都具有相同的网络前缀 01100100 00。

(3) 另一种简化表示方法是在网络前缀的后面加一个星号 *,例如:

00001010 00 *

意思是,在星号 * 之前是网络前缀,而星号 * 表示 IP 地址中的主机号,可以是任意值。

4. 常用的 CIDR 地址块

如表 4-9 所示,网络前缀小于 13 或大于 27 的情况很少出现,包含的地址数中包括全 0 和全 1 的主机号。K 表示 1024,即 2^{10}。

表 4-9　常用的 CIDR 地址块

CIDR 前缀长度	点分十进制	包含的地址数	包含的分类的网络数
/13	255.248.0.0	512K	8 个 B 类或 2048 个 C 类
/14	255.252.0.0	256K	4 个 B 类或 1024 个 C 类
/15	255.254.0.0	128K	2 个 B 类或 512 个 C 类
/16	255.255.0.0	64K	1 个 B 类或 256 个 C 类
/17	255.255.128.0	32K	128 个 C 类
/18	255.255.192.0	16K	64 个 C 类
/19	255.255.224.0	8K	32 个 C 类
/20	255.255.240.0	4K	16 个 C 类
/21	255.255.248.0	2K	8 个 C 类
/22	255.255.252.0	1K	4 个 C 类
/23	255.255.254.0	512	2 个 C 类
/24	255.255.255.0	256	1 个 C 类
/25	255.255.255.128	128	1/2 个 C 类
/26	255.255.255.192	64	1/4 个 C 类
/27	255.255.255.224	32	1/8 个 C 类

从表 4-9 可看出,除最后几行外,CIDR 地址块都包含了多个 C 类地址,这就是"构成超网"这一名词的由来。构成超网是将网络前缀缩短,网络前缀越短,该地址块所包含的地址数越多。

在 CIDR 应用中需要注意的是,有些使用分类 IP 地址的主机的软件不支持 CIDR,不能将网络前缀值设置得比分类地址的子网掩码连续 1 的数值小。用 CIDR 分配的地址块中的地址数是 2 的整数次幂。CIDR 的地址块分配有时不容易看清楚,这是由于网络前缀和主机号的界限不是恰好出现在整数字节位置,可以通过写出地址对应的二进制位,找出网络前缀的位数。对于前缀位数不是 8 的整数倍时,需要特别小心。

【例 4-8】　如图 4-29 所示为给出 4 个小地址块如何通过一个 ISP 分配给 4 个组织。某个 ISP 拥有地址块 206.0.64.0/18,相当于有 64 个 C 类网络,某学校需要 800 个 IP 地址。采用分类 IP 地址时,需要给该学校分配一个 B 类地址,但会浪费 64 734 个地址;或分配 4 个 C 类地址,但会在路由表中出现对应 4 个表项。若用 CIDR 方法 ISP 可以给该学校分配一个地址块 206.0.68.0/22,该地址块包括 1024 个 IP 地址,相当于 4 个连续的 C 类/24 地址块,占该 ISP 拥有的地址空间的 1/16。学校可以再对各院系分配地址块,院系可以继续对各教研室划分地址块,以此类推。使用 CIDR 的例子中的地址块分配如表 4-10 所示。

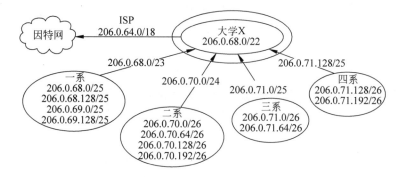

图 4-29 使用 CIDR 的例子

表 4-10 使用 CIDR 的例子图中的地址块分配

单位	地址块	二进制表示	地址数
ISP	206.0.64.0/18	11001110.00000000.01*	16 384
大学	206.0.68.0/22	11001110.00000000.010001*	1024
一系	206.0.68.0/23	11001110.00000000.0100010*	512
二系	206.0.70.0/24	11001110.00000000.01000110.*	256
三系	206.0.71.0/25	11001110.00000000.01000111.0*	128
四系	206.0.71.128/25	11001110.00000000.01000111.1*	128

ISP 将这 4 个块联合成一个单独的块并声明这个更大的块。任何想要到达这个较大块的分组应该被发送到这个 ISP。将 ISP 转发到恰当的组织是 ISP 的责任。这与邮政网络类似,所有来自这个国家之外的分组首先被发送到首都,然后被分发到相应的目的地。

采用地址聚合后,在 Internet 路由器的路由表中只需用路由聚合后的一个表项 206.0.64.0/18 就可以找到该 ISP,在 ISP 路由器的路由表中只需用路由聚合后的一个表项 206.0.68.0/22 就可以找到该学校。

5. 最长前缀匹配(Longest-Prefix Matching,LPM)

使用 CIDR 时,由于采用了网络前缀这种记法,IP 地址由网络前缀和主机号两个部分组成,因此在路由表中的项目也要有相应的改变。这时路由器中路由表的表项需要有网络前缀和下一跳地址,在查找路由表时可以得到多个符合的匹配结果,应当从多个匹配结果中选择具有最长网络前缀的路由,这称为最长前缀匹配。这是因为网络前缀越长,其地址块就越小,路由的目的地就越接近。下面我们看一个关于最长前缀匹配的例子。

【例 4-9】 在上述例子中,若学校文学院希望 ISP 转发给四系的数据报直接发到四系,而不要经过学校的路由器,可以在 ISP 路由器的路由表中包含两个表项:206.0.68.0/22 和 206.0.71.128/25。假设 ISP 收到目的 IP 地址 D 为 206.0.71.130 的数据报,把 D 与路由表中的这两个表项的掩码进行"与"运算,得到两个相匹配的结果:

(1) D 和 11111111 11111111 11111100 00000000"与"运算,结果为 206.0.68.0/22;

(2) D 和 11111111 11111111 11111111 10000000"与"运算,结果为 206.0.71.128/25。

可以看出,现在同一个 IP 地址 D 可以在路由表中找到两个目的网络和该地址相匹配。根据最长前缀匹配的原理,应当选择后者,将收到的数据报转发到后一个目的网络(四系),

即选择两个匹配的地址中更具体的一个。

根据最长前缀匹配规则,应选择的表项是 206.0.71.128/25。

从例 4-8 的讨论可以看出,被授予一定地址范围的 ISP 可以将地址空间分为几个子网,并将每个子网分配给一个组织。而该组织可以进一步去创建下一级等级,即子网可以分为多个子子网,一个子子网可以被分为多个子子子网,以此类推。

如果 IP 地址的分配一开始就采用 CIDR,那么我们可以按网络所在的地理位置分配地址块,这可以大大减少路由表中的路由项目。例如,可以将世界划分为 4 个地区,每一地区分配一个 CIDR 地址块:

(1) 地址块 194/7(194.0.0.0 至 195.255.255.255)分配给欧洲;

(2) 地址块 198/7(198.0.0.0 至 199.255.255.255)分配给北美洲;

(3) 地址块 200/7(200.0.0.0 至 201.255.255.255)分配给中美洲和南美洲;

(4) 地址块 202/7(202.0.0.0 至 203.255.255.255)分配给亚洲和太平洋地区。

上面的每一个地址块包含有约 3200 万个地址。这种分配地址的方法就使得 IP 地址与地理位置相关联。它的好处是可以大大压缩路由表中的项目数。例如,凡是从中国发往北美洲的数据报(不管它是地址块 198/7 中的哪一个地址)都先送交位于美国的一个路由器,因此在路由表中使用一个项目就行了。

但是,在使用 CIDR 之前因特网的地址管理机构没有按地理位置分配 IP 地址。现在要把已分配出的 IP 地址收回再重新分配是十分困难的,因为这牵涉很多正在工作的主机必须改变其 IP 地址。尽管这样,CIDR 的使用已经推迟了 IP 地址将要耗尽的日期。

最长前缀匹配会使路由表的查找过程变得复杂,需要在路由表中设计很好的数据结构,采用快速查找算法。通常是采用把无分类编址的路由表存放在层次数据结构中,然后自上而下按层次进行查找,最常使用的数据结构是二叉线索,即使用二叉线索查找路由表。

4.5 Internet 控制报文协议(ICMP)

4.5.1 ICMP 报文的作用

IP 协议提供的是面向无连接的、不可靠的、尽最大努力交付的服务,IP 数据报在传输时不存在网络连接的建立和维护过程,也不包括流量控制与差错控制等功能。因此在从发送方向接收方路由报文的过程中可能会出现许多问题,例如,当 TTL 计时器超时前分段数据报可能没有全部到达目的端,导致这个数据报的全部分段都被丢弃;路由器可能出现错误的路由而导致数据报找不到目的主机;或者网络发生拥塞而导致大量数据报的丢失等。当发生上述情况时,IP 协议没有内在机制控制或改正上述情况的发生,甚至没有通知发送该数据报的主机已经发生了以上问题的机制。为了提高 IP 数据报成功交付的机会,在 IP 层使用了因特网控制报文协议(Internet Control Message Protocol,ICMP),作为主机或路由器报告差错和提供有关异常情况报告的主要手段,它是配合 IP 协议设计的。当主机或路由器发现传输出现问题时,立即向源主机发送 ICMP 报文,报告出错情况,源主机收到 ICMP 报文后,由 ICMP 软件确定出错类型或重发出错的数据报。这对于数据报的传输状况很重要,这样,在网络自身可行的范围内,能够正确地处理错误。

ICMP 就是基于这种考虑而开发的。但 ICMP 协议并不是高层协议,仍为网络层协议。实际上,它的报文并不像其他网络层协议那样直接传递给数据链路层。在进入较低层之前,报文首先被封装到 IP 数据报中。当 ICMP 报文将作为 IP 层数据报的数据,IP 数据报中的协议字段值就被设为"1",这表示 IP 数据报中的数据部分是一个 ICMP 报文。如图 4-30 所示。ICMP 报文作为 IP 层数据报中的数据部分,加上 IP 数据报的首部,组成数据报发送出去。

4.5.2 ICMP 报文的格式与类型

ICMP 报文的格式如图 4-30 所示。

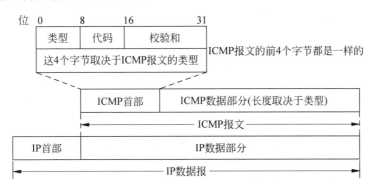

图 4-30 ICMP 报文的格式

ICMP 报文的种类有两种,即 ICMP 差错报告报文和 ICMP 询问报文。ICMP 报文有一个 8B 的首部和一个可变的数据部分。虽然每一种报文类型的首部的格式都是不相同的,但 ICMP 报文的前 4 个字节对所有报文类型来说都是统一的格式,共有三个字段,即类型、代码和校验和,如图 4-30 所示。第一个字段是 ICMP 的类型字段,它定义报文的类型;代码字段指定了发送此特定报文类型的原因;最后一个共同的字段是校验和字段。接着的4 个字节的内容对每一种报文类型都是特定的。最后是数据字段,其长度取决于 ICMP 的类型。差错报文数据部分所携带的信息可找出引起差错的原始分组;查询报文数据部分所携带的信息是基于查询类型的额外信息。ICMP 报文的类型字段的值与 ICMP 报文类型的对应关系如表 4-11 所示。

表 4-11 ICMP 报文的类型字段的值与 ICMP 报文类型的关系

ICMP 报文种类	类型的值	ICMP 报文类型
差错报告报文	03	终点不可到达(代码 0~15)
	04	源站抑制(代码只是 0)
	05	改变路由(重定向)(代码 0~3)
	11	时间超过(代码 0 和 1)
	12	参数问题(代码 0 和 1)
询问报文	08 或 00	回送请求或应答(代码只是 0)
	13 或 14	时间戳请求或应答(代码只是 0)
	10 或 9	路由器询问或通告
	17 或 18	地址掩码请求或应答

1. ICMP 差错报告报文

ICMP 仅仅报告差错,它并不更正差错。差错纠正留给高层协议。差错报文总是被发给源端,因为在数据报中关于路由唯一可用的信息就是源 IP 地址和目的 IP 地址。ICMP 报文使用源 IP 地址将差错报文发送给数据报的源端(发送方)。另外,为了简化差错报文,对以下几种情况不应发送 ICMP 差错报告报文:

(1) 对 ICMP 差错报告报文不再发送 ICMP 差错报告报文;

(2) 对除第一个分片的数据报片的所有后续数据报片都不发送 ICMP 差错报告报文;

(3) 对具有多播地址的数据报都不发送 ICMP 差错报告报文;

(4) 对具有特殊地址(如 127.0.0.0 或 0.0.0.0)的数据报不发送 ICMP 差错报告报文。

ICMP 差错报告报文共有 5 种,描述如下。

(1) 终点不可达(Destination-unreachable Message)(类型 3),是使用最广泛的报文。这个报文使用不同的代码(0~15)来定义差错报文的类型和数据不可到达目的端的原因。分为网络不可达、主机不可达、协议不可达、端口不可达、需要分片但 DF 位已置为 1 以及源路由失败等多种情况,其代码字段分别置为 0~5。当出现以上 6 种情况时就向源站发送终点不可达报文。无论何时,当一个路由器检测到数据报无法传递到它的最终目的地时,就会向创建这一数据报的主机发送一个终点不可达报文,该报文指明了是目的主机不可达还是目的主机所连的网络不可达。换句话说,这一差错报文能让人们区分是某个网络暂时不在 Internet 上,还是某一特定主机暂时断线。

(2) 源站抑制(Source Quench)(类型 4)。当一个路由器或主机收到太多的数据报以致用尽了缓冲区时,以及当路由器或主机因拥塞而丢弃数据报时,就向源站发送源站抑制报文,使源站知道应当将数据报的发送速率放慢。当一台主机收到源抑制报文时,就要降低发送速率。

(3) 改变路由(重定向)(Redirection Message)(类型 5)当一台主机创建了一个数据报并将其发往远程网络时,主机先将这个数据报发给一个默认路由器,由路由器转发到它的目的地。如果路由器发现主机错误地将发给另一路由器的数据报发给了自己,则使用重定向报文通知主机改变它的路由。一个重定向报文能指出一台特定主机或一个网络的变化,后者更为常见。路由器将改变路由报文发送给主机,让主机知道下次应将数据报发送给另外的路由器(可通过更好的路由)。

为了动态更新路由表,在因特网中各路由器之间要经常交换路由信息,以便动态地更新各自的路由表。但在因特网中主机的数量远大于路由器的数量。主机如果也像路由器那样经常交换路由信息,就会产生很大的额外通信量,将会消耗大量的网络资源。所以,出于效率的考虑,连接在网络上的主机的路由表一般都采用人工配置(即静态路由选择),而不是主机和连接在网络上的路由器定期交换路由信息。在主机刚开始工作时,一般都在路由表中设置一个默认路由器的 IP 地址。不管数据报要发送到哪个目的地址,都一律先将数据报传送给网络上的这个默认路由器,而这个默认路由器知道到每一个目的网络的最佳路由。如果默认路由器发现主机发往某个目的地址的数据报的最佳路由,不应当经过默认路由器而应当经过网络上的另一个路由器才是最佳路由时,就用改变路由报文将此情况告诉主机。于是,该主机就在其路由表中增加一个项目:到某目的地址应经过路由器 R,而不是默认路由器。

如图 4-31 所示，主机 A 打算向主机 B 发送数据报，路由器 R_2 显示是最有效的路由选择，但主机 A 没有选择路由器 R_2，而是将数据报发送给了默认路由器 R_1。路由器 R_1 在查找路由表时发现，数据报应该发送给路由器 R_2，于是它就将该数据报发送到路由器 R_2，并同时向主机 A 发送改变路由的 ICMP 路由重定向报文。这样，主机 A 的路由表就被更新了。

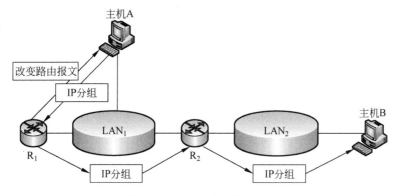

图 4-31　改变路由更新示意图

（4）时间超过（Time Exceeded）（类型 11）有两种情况会发送超时报文：首先，当一个路由器将一个数据报的生存时间（TTL）减到零时，路由器就会丢弃这一数据报，并发送一个超时报文（代码为 0）；其次，在一个数据报的所有分段到达之前，重组计时器超时，则主机会发送一个超时报文（代码为 1）。

（5）参数问题（Parameter Problem）（类型 12）。当路由器或目的主机收到的数据报的首部中某些字段的值出现问题时（代码 0），或一些选项丢失或不能被解释（代码 1），则路由器或主机就丢弃该数据报，并向源站发送参数问题报文。例如，当一台主机产生一个数据报时，可以在首部中设置某一位，规定这一数据报不允许分段。如果一个路由器发现这个数据报比它要去的网络所要求的尺寸大时，路由器会向发送方发送一个要求分段报文，然后丢弃这一数据报。

所有的 ICMP 差错报告报文中的数据部分都由两部分组成，具有同样的格式，如图 4-32 所示。将收到的需要进行差错报告的 IP 数据报的首部和数据字段的前 8 个字节提取出来，作为 ICMP 报文的数据字段。原始数据报的首部被加入是因为正是这个源端接收差错报文。那为什么要提取收到的 IP 数据报的数据字段的前 8 个字节呢？这是因为收到 IP 数据报的数据字段的前 8 个字节中有传输层的端口号（对 TCP 和 UDP）以及传输层报文的发送序号（对于 TCP）（相关内容将在第 5 章介绍）。这些信息对源站通知高层协议是有用的（端口的作用将在 5.2.2 节中介绍）。这些信息是必须的，这样源端可以将差错情况通知给这些协议。再加上相应的 ICMP 差错报告报文的前 8 个字节，就构成了 ICMP 差错报告报文。

整个 ICMP 报文作为 IP 数据报的数据字段发送给源站。图 4-32 为 ICMP 差错报告报文的数据字段的内容。

ICMP 的差错报文是单向的，而 ICMP 的询问报文是双向的，是成对出现的。

ICMP 的查询报文可以独立使用而与 IP 数据报无关。当然，查询报文需要作为数据部

174

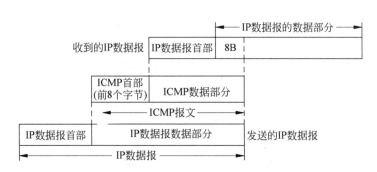

图 4-32　ICMP 差错报告报文的数据字段的内容

分被封装在 IP 数据报中。设计 ICMP 的询问报文的主要目的是用来探测互联网中主机或路由器是否处于活跃状态,也用来获取两台设备之间 IP 数据报的单向或往返时间,甚至用于检查两台设备之间的时钟是否同步。因此,在 ICMP 的询问报文中,一个节点发出信息请求报文,然后由目的节点用特定的格式进行应答。

2. ICMP 询问报文

ICMP 询问报文有 4 种,即回送请求和应答、时间戳请求和应答、掩码地址请求和应答及路由器询问和通告。

ICMP 回送请求报文是为了测试目的端或路由器是否可达以及了解其有关状态而设计的。管理员和用户都可使用这对报文来发现网络的问题,回送请求和回送应答用来检测主机或路由器是否能够彼此通信。由主机或路由器向一个特定的目的主机发出的询问,收到回送请求报文的主机或路由器创建回送应答报文,并将其返回给原来的发送者。这种询问报文在应用层有一个很常用的服务叫做 PING(Packet InterNet Groper)用来测试两个主机之间的连通性。PING 使用了 ICMP 回送请求与回送回答报文。PING 是应用层直接使用网络层 ICMP 的一个例子,它没有通过运输层的 TCP 或 UDP。

Internet 中各个主机基本上都是独立运行的,对于分布式系统的软件来说。为了避免计算机系统之间的时钟相差过大,TCP/IP 协议提供了一个基本且简单的时钟同步协议,即 ICMP 的时间戳请求和应答。

时间戳请求和时间戳应答报文用来确定 IP 数据报在两个机器之间来往所需的往返时间,它也可用作两个机器中时钟的同步。

另外,ICMP 时间戳请求报文可以请某个主机或路由器回答当前的日期和时间。在 ICMP 时间戳回答报文中有一个 32bit 的字段,其中写入的整数代表从 1900 年 1 月 1 日起到当前时刻一共有多少秒。

如果知道一个主机的 32 位 IP 地址,并且知道子网掩码,那么用简单的"与"运算就可以得到网络地址、子网地址与主机号。而为了得到子网掩码,主机使用 ICMP 地址掩码请求报文可从子网掩码服务器得到某个接口的地址掩码。

主机如果想将数据发送给另一个网络上的主机,需要了解这些路由器是否正常工作,这时主机就使用 ICMP 路由器询问和通告报文。主机将路由器询问报文进行广播(或多播)。收到询问报文的一个或几个路由器就使用路由器通告报文广播其路由选择信息。在没有主机询问时,路由器可以周期性地发送路由器通告报文。路由器发送出通告报文时,它不仅通告自己的存在,而且通告了它所知道的所有在这个网络上的路由器。

ICMP 报文的代码字段是为了进一步区分某种类型中几种不同的情况。

校验和字段用来检验整个 ICMP 报文。因为在 IP 数据报首部的校验和并不检验 IP 数据报的内容，因此不能保证经过传输的 ICMP 报文过程不出差错。

4.6 Internet 的路由选择协议

通过之前的学习我们了解到，IP 层在转发 IP 数据报时，是根据路由表的内容进行数据报转发的，但没有涉及路由表是如何建立的，以及如何更新路由表的内容。本节将讨论几种常用的路由选择协议，也就是要讨论路由表中的路由是怎样得到的。首先我们要了解路由选择算法和路由选择协议在概念上是不同的。

（1）路由选择协议的核心是路由算法。

（2）网络上的主机、路由器通过路由选择算法去形成路由表，以确定分组发送的传输路径。

（3）路由选择协议是路由器用来完成路由表建立和路由信息更新的通信协议。

这是两个不同的概念，前面我们已经了解了路由算法的相关概念，本节将讨论几种常用的路由选择协议。

4.6.1 分层次的路由选择协议

因特网已经从只有一个骨干网的树状结构变成了由不同私人公司运营的多骨干结构。尽管很难给出因特网的全貌，但是我们可以大致认为因特网的结构如图 4-33 所示。

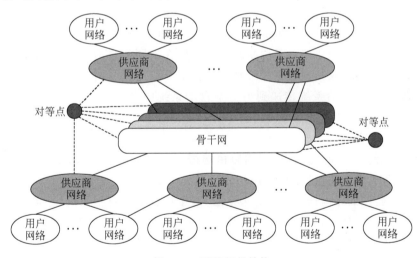

图 4-33　因特网的结构

其中有很多私人通信公司运营的骨干网，它们提供全球连接。骨干网通过一些对等点连接起来，在较低层次有一些供应商网络使用骨干网来进行全球连接，并且它们向因特网用户提供服务。最底层是一些使用供应商网络所提供的服务的用户网络。这三种实体（骨干网、供应商网络和用户网络）都可以称为因特网服务提供商 ISP，它们提供服务，但处于不同的层次。

当今的因特网由大量网络和起连接作用的路由器组成。显然,因特网的路由选择不能只使用一种协议,原因有以下两点。

(1) 扩展性问题:由于因特网的规模非常大(几百万个路由器互联在一起),如果让所有的路由器都知道到达所有网络的路径,则会导致其路由表非常庞大,查询路由表的时间过长。而所有这些路由器之间交换路由信息所需的带宽就会耗费因特网的大量通信资源。

(2) 管理问题:许多单位希望连接到因特网上,但不愿意公开自己单位网络的布局细节和本部门所采用的路由选择协议。

基于上述原因,因特网采用的路由选择协议主要是自适应的(即动态的)、分层次的路由选择协议。分层路由意味着因特网将整个互联网划分为许多较小的自治系统(Autonomous System),简称为 AS。有权自主决定在本自治系统内采用何种路由选择协议,所属网络都由一个行政单位管辖,而且一个自治系统的所有路由器在本自治系统内必须是连通的。但是,一个单位管辖的两个网络,若是通过其他的主干网互联起来,则这两个网络不能构成一个自治系统,而是分属两个自治系统。因此,因特网采用分层次的路由选择方法,根据路由协议是在自治系统内部使用还是在外部使用,把路由选择协议划分为以下两类。

(1) 内部网关协议(Interior Gateway Protocol,IGP)或内部路由器协议 IRP,是指在一个自治系统内部使用的路由选择协议,它不受其他自治系统的内部网关协议和自治系统之间路由选择协议的影响。在互联网中各自治系统可以选用不同的路由选择协议,目前这类路由选择协议使用得最多,如 RIP 和 OSPF 协议,这些协议的原理将在本章的后续部分做具体介绍。

(2) 外部网关协议(External Gateway Protocol,EGP)或外部路由器协议 ERP,是自治系统之间使用的路由选择协议。若源站和目的端处在不同的自治系统中(这两个自治系统使用不同的内部网关协议),当数据报传到一个自治系统的边界时,就需要使用一种协议将路由选择信息从一个自治系统传递到另一个自治系统中。这样的协议就是外部网关协议 EGP。目前,使用最多的外部网关协议是 BGP-4,BGP(Border Gateway Protocol)也叫做边界网关协议。

自治系统之间的路由选择也称**域间路由选择**(Interdomain Routing),而在自治系统内部的路由选择称为**域内路由选择**(Intradomain Routing)。

实际上,因特网的路由选择可以分为多层,对于比较大的自治系统,还可以将所属的网络再进行一次划分。例如,构筑一个链路速率较高的主干网和若干速率较低的区域网,每个区域网通过路由器连接到主干网。当在一个区域内找不到目的主机时,就通过路由器经过主干网到另一个区域查找,或通过外部路由器到别的自治系统中去查找。

图 4-34 为两个自治系统 A 和 B 通过主干网互联在一起的示意图。图中实线双向箭头表示内部网关协议,虚线双向箭头表示外部网关协议,在自治系统内各路由器之间的网络省略了,均用一条链路代替。各自治系统运行本系统的内部路由选择协议 IGP,但每个自治系统都有一个或多个路由器,除运行本系统的内部路由选择协议外,还运行自治系统间的路由选择协议 EGP。如图中的 R_1 和 R_3 两个路由器,这些路由器均为自治系统的边界路由器。

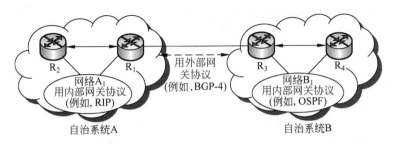

图 4-34　自治系统与内部、外部网关协议

从图 4-34 可以看出,当自治系统 A 的分组要经过路由器 R_1 和 R_3 的转发送到自治系统 B 中去,R_1 和 R_3 之间使用的就是外部网关协议。接下来本章将详细叙述目前使用最多的边界网关协议 BGP。

4.6.2　内部网关协议 RIP

1. RIP 的基本概念与工作过程

路由信息协议(Routing Information Protocol,RIP)是内部网关 IGP 中最先被广泛使用的协议,在众多的网络系统中(如 Internet、Apple Talk、Novell)实现和应用了它。这些网络系统都采用了相同的算法,只是在细节上做了细小的修改,以适应自身的需要。直到今天,其仍然在 Internet 中被广泛地使用[RFC 1058]。其更新版本 RIP2 也是因特网的标准协议。它的最大特点是简单。

RIP 是一种分布式的基于距离向量的路由选择协议。RIP 协议要求网络中的每一个路由器都要维护从它自己到其他每一个目的网络的距离记录(因此,这是一组距离,即"距离向量")。RIP 协议将"距离"定义如下。

从一路由器到直接连接的网络的距离定义为 1。从一路由器到非直接连接的网络的距离定义为所经过的路由器数加 1。"加 1"是因为到达目的网络后就进行直接交付,而到直接连接的网络的距离已经定义为 1。

例如,在图 4-35 中,路由器 R_1 到网络 N1 或网络 N2 的距离均为 1(因为都是与 R_1 直接连接),而到 N3、N4 的距离为 2。由于每经过一个路由器跳数就加 1,所以距离也可用"跳数"来计算。这样,路由的"距离"最短也就是"跳数"最小。分布式路由选择策略就是每一个路由器都要定期(如每隔 30s)和相邻路由器交换路由信息(即自己的整个路由表),以此来更新从它自己到其他每一个目的网络的距离记录。更新的原则是找出到各目的网络的最短距离,这种更新算法又称为距离向量算法。该算法的要点是:若 X 是节点 A 到 B 的最短路

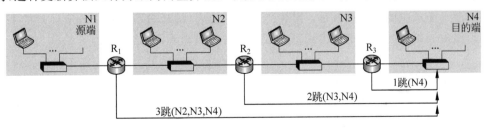

图 4-35　路由器 R_1 到目的网络的距离

径上的一个节点,那么若将路径 A→B 拆成两段 A→X 和 X→B,则每一段路径 A→X 和 X→B 也都是最短路径;反之,若 A→X 和 X→B 都是最短路径,则 A→X→B 是 A→B 的最短路径。

这样的路由表的表头包括目的网络地址、到达目的网络的距离(即所经路由器的个数或跳数)和下一跳(或站)路由器的地址。

RIP 允许一条路径最多只能包含 15 个路由器。因此"距离"的最大值为 16 时即相当于不可达。RIP 认为一个好的路由就是它通过的路由器数目少,即"距离短"。可见 RIP 只适用于相对较小的自治系统,它们的距离一般小于 15"跳步数"(hop count)。

需要注意的是,到直接连接的网络的距离也可定义为 0(采用这种定义的理由是:路由器在和直接连接在该网络上的主机通信时不需要经过另外的路由器。既然每经过一个路由器要将距离加 1,那么不再经过路由器的距离就应当为 0)。这种定义在其他书中也曾使用过。但两种不同的定义对实现 RIP 协议并无影响,因为重要的是要找出最短距离,将所有的距离都加 1 或减 1 对选择最佳路由都是一样的。

RIP 不能在两个网络之间同时使用多条路由。RIP 选择一个具有最少路由器的路由(即最短路由),哪怕还存在另一条高速(低时延)但路由器较多的路由。

另外还要注意以下三个要点。

(1) 仅和相邻路由器交换信息。即交换信息的两个路由器是相邻的,它们之间的通信不需要经过另一个路由器。RIP 协议规定,不相邻的路由器不交换信息。

(2) 交换的信息是当前本路由器所知道的全部信息,即自己的路由表。因此,交换的信息就是:到本自治系统中所有网络的最短距离,以及到每个网络应经过的下一跳路由器。至于本路由器怎样获得这些信息以及路由表是否完整,都是不重要的。

(3) 按固定的时间间隔交换路由信息。RIP 通过广播 UDP 报文来交换路由选择信息,每隔 30s,发送一次路由更新消息,当路由器收到的路由选择更新中包含对条目的修改时,将更新其路由表,以反映新的路由。路径的距离值将加 1,而发送方将被指示为下一跳。RIP 只维护到目的地的最佳路由,即距离值最小的路由。路由器更新其路由表后,会立刻将路由更新情况告知其他的相邻路由器。然后这些路由器根据收到的路由信息更新路由表。当网络拓扑发生变化时,路由器也及时向相邻路由器通告拓扑变化后的路由信息。

需要强调的是,路由器在刚刚开始工作时,只知道到直接连接的网络的距离(即距离定义为 1)。以后,每一个路由器也只和数目非常有限的相邻路由器交换并更新路由信息。但经过若干次的更新后,所有的路由器最终都会知道到达本自治系统中任何一个网络的最短距离和下一跳路由器的地址。

路由表中最主要的信息就是:到某个网络的距离(即最短距离),以及应经过的下一跳地址。路由表更新的原则是找出到每个目的网络的最短距离,这种更新算法称为距离向量算法。

2. 距离向量算法

(1) 当路由器 R_i 刚开始启动时,将路由表初始化,即将与本路由器直接相连的网络的路由距离设置成 1。

(2) 如果某路由器 R_i 收到其相邻路由器 R_j(其地址为 X)的一个 RIP 报文:

① 先修改此 RIP 报文中的所有项目(或每一行),将"下一跳"字段中的地址都改为 X,并将所有的"距离"字段的值加 1(见后面的解释 1)。

② 对修改后的 RIP 报文中的每一个项目,重复以下步骤:

若项目中的目的网络不在 R_i 路由表中,则将该项目添加到 R_i 路由表中。目的网络地址就是该项目中的目的网络地址,下一跳路由器为 R_j(即路由器 R_i "下一跳"字段中的地址为路由器 R_j 的地址);(见解释 2)

否则:

若 R_i 去某个目的网络经过 R_j,而 R_j 去往该目的网络的距离发生变化,则需修改 R_i 中相应项目的距离,用 R_j 所发来的 RIP 报文中同一项目的距离取代原来的距离;即将收到的项目替换原路由表中的项目;(见解释 3)

否则:

若收到的项目中的距离小于路由表中的距离,说明从 R_i 去该目的网络经过 R_j 的距离更短,则修改该项目,目的网络不变,"距离"为该项目距离,下一跳路由器为 R_j;(见解释 4)

否则:

什么也不做。

(3) 若 3 分钟还没有收到相邻路由器的更新路由表,则将此相邻路由器记为不可达路由器,即将距离设置为 16(距离为 16 表示不可达)。

(4) 返回。

解释 1:这样做是为了便于进行本路由表的更新。设从位于地址 X 的相邻路由器 R_j 发来的 RIP 报文的某一个项目是:"Net2,3,Y",意思是"我到网络 Net2 的距离是 3,要经过的下一跳路由器的地址是 Y",那么本路由器就可推断出:"若我将下一跳路由器选为地址 X 的路由器,则我到网络 Net2 的距离应为 3+1=4"。于是,本路由器就将收到的 RIP 报文的这一个项目修改为"Net2,4,X",作为下一步进行比较时使用(只有和路由表中原有的项目比较后才能知道是否需要更新)。读者可注意到,收到的项目中的 Y 对本路由器是没有用的,因为 Y 不是本路由器的下一跳路由器地址。

解释 2:表明这是新的目的网络,应当加入路由表中。例如,本路由表中没有到目的网络 Net2 的路由,那么在路由表中就要加入新的项目"Net2,4,X"。

解释 3:为什么要替换呢?因为这是最新的消息,要以最新的消息为准。到目的网络的距离有可能增大或减小,但也可能没有改变。例如,不管原来路由表中的项目是"Net2,3,X"还是"Net2,5,X",都要更新为现在的"Net2,4,X"。

解释 4:例如,若路由表中已有项目"Net2,5,P",就要更新为"Net2,4,X"。因为到网络 Net2 的距离更短了(从 5 减到 4)。

RIP 协议让互联网中的所有路由器都和自己的相邻路由器不断交换路由信息,并不断更新路由表,使得从每一个路由器到每一个目的网络的距离都是最短的(即跳数最少)。

3. RIP 协议的工作过程

为了理解 RIP 协议的工作原理,我们以图 4-36 所示互联网为例来讨论各路由器的路由表的建立过程。

假设其中的 R_1、R_2、R_3 都运行 RIP 协议。在一开始,将所有路由器中的路由表初始化,目的网络地址只有路由器所接入的网络。因为是直接相连,所以路由器到各目的网络的"距

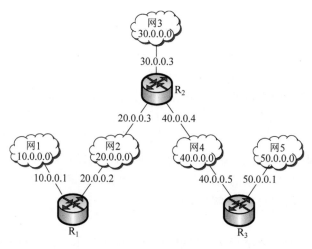

图 4-36　RIP 示例图

离"均为 1,"下一跳路由器"为直接交付,用符号"—"表示。接着,各路由器都向其相邻路由器广播 RIP 报文(即路由表的信息)。

　　假设以路由器 R_2 为例,在经过初始化工作后后,其路由表中包含三项路由。R_2 中的路由表如表 4-12 所示。同理,可以按照类似的方法得到 R_1 和 R_3 的初始化路由表。

表 4-12　路由器 R_2 的初始化路由表

目的网络	目的子网掩码	下一跳路由器	距　离
20.0.0.0	255.0.0.0	—	1
30.0.0.0	255.0.0.0	—	1
40.0.0.0	255.0.0.0	—	1

　　R_2 在完成初始化工作后,主动向各个网络接口发送 RIP 请求。该请求的 RIP 数据部分只包括一项路由信息,且全部域都是 0,表示要得到相邻网络上的路由器所拥有的路由表中的全部信息。该请求以广播的形式发送,网络上的路由器都应该收到请求。当 R_1 收到请求,就会发回 RIP 响应报文。在响应报文中,包含到 R_1 所直接连接的两个网络:10.0.0.0 和 20.0.0.0,并且路由距离都是 1。R_2 根据响应,可以计算通过 R_1 到达这两个网络的距离都是 2。由于在 R_1 路由表中到达 20.0.0.0 子网的路由量度仅为 1,所以仅在路由表中加入到达 10.0.0.0 子网的路由项。R_3 收到请求,也会发回 RIP 响应报文。在响应报文中,包含到 R_3 所直接连接的两个网络:40.0.0.0 和 50.0.0.0,并且量度都是 1。R_2 根据响应,可以计算通过 R_3 到达这两个网络的量度都是 2。由于在 R_3 路由表中到达 40.0.0.0 子网的路由量度仅为 1,所以仅在路由表中加入到达 50.0.0.0 子网的路由项。表 4-13 为在 R_2 中加入收到 R_1 和 R_3 的 RIP 响应报文后的路由表。

　　R_2 更新路由表后再发送给路由器 R_1 和 R_3,路由器 R_1 和 R_3 分别再进行更新。表 4-14 及表 4-15 为 R_1 和 R_3 收到 R_2 更新路由表后,路由器 R_1 和 R_3 分别再进行更新的结果。由于 RIP 报文的交互具有随机性,RIP 报文交互的顺序可能不同,但是最终总能收敛到最后的路由表。

表 4-13　R₂ 更新的路由表

表 4-13　R$_2$ 更新的路由表

目的网络	目的子网掩码	下一跳路由器	距　离
20.0.0.0	255.0.0.0	—	1
30.0.0.0	255.0.0.0	—	1
40.0.0.0	255.0.0.0	—	1
10.0.0.0	255.0.0.0	R$_1$(20.0.0.2)	2
50.0.0.0	255.0.0.0	R$_3$(40.0.0.5)	2

表 4-14　R$_1$ 更新的路由表

目的网络	目的子网掩码	下一跳路由器	距　离
10.0.0.0	255.0.0.0	—	1
20.0.0.0	255.0.0.0	—	1
30.0.0.0	255.0.0.0	R$_2$(20.0.0.3)	2
40.0.0.0	255.0.0.0	R$_2$(20.0.0.3)	2
50.0.0.0	255.0.0.0	R$_2$(20.0.0.3)	3

表 4-15　R$_3$ 更新的路由表

目的网络	目的子网掩码	下一跳路由器	距　离
40.0.0.0	255.0.0.0	—	1
50.0.0.0	255.0.0.0	—	1
20.0.0.0	255.0.0.0	R$_2$(40.0.0.4)	2
30.0.0.0	255.0.0.0	R$_2$(40.0.0.4)	2
10.0.0.0	255.0.0.0	R$_2$(40.0.0.4)	3

4. RIP 协议的报文格式

RIP 在交换路由信息时是通过交换 RIP 报文实现的。现在较新的 RIP 版本是 1998 年的 RIP2[RFC 2453](已成为因特网标准协议),新版本协议本身变化不大,但性能上有些改进。RIP2 支持变长子网掩码和 CIDR,以及提供简单的鉴别过程支持多播。

图 4-37 是 RIP2 的报文格式,RIP2 数据报文包括两部分:32 位的首部和若干个路由。首部的命令字段指出报文的意义,后面的路由部分有些变化。

RIP 使用传输层的用户数据报 UDP 进行传送(UDP 的端口号为 520),协议位置在应用层。

(1) RIP 首部中各个字段的意义

① 命令(Command)。其值为 1 时,表示该报文是一个请求报文,请求命令要求收到该请求的路由器发送其全部或部分路由表信息。需要得到响应的目的地址列在报文的数据部分中每一项的目的网络地址部分。如果数据部分只有一项且目的地址为全 0,就表示希望得到对方路由表的全部信息。为 2 时,表示该报文是一个响应报文或未被请求而发出的路由更新报文。响应是对请求的答复。在很多情况下,即使没有收到请求,路由器本身也会定期使用响应报文向外发布路由更新消息。在响应报文中,有全部或部分路由器路由表信息。

② 版本号(Version Number)。表示当前实现的 RIP 版本。目前有两个 RIP 版本,版本 1 和版本 2,版本 2 对版本 1 向下兼容。版本 2 包含有更多的信息,从而支持一些高级的

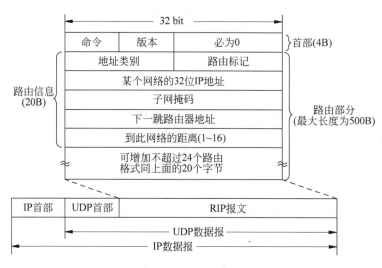

图 4-37　RIP2 的报文格式

IP 特性,如变长掩码等。

③ 首部的"必为 0"是为了 4 个字节的对齐。

（2）RIP 路由部分

位于 RIP 首部之后,由多个结构相同的若干路由信息项组成,每个路由信息需要 20 个字节。IP 报文最多可包括 25 个路由,因而 RIP 报文最大长度为 504B(4+20 * 25)。如果超过这个限制,必须再用一个 RIP 报文来传送。各路由信息项的意义如下。

① 地址类别(Address Family Identifier)：表示所传输的地址类型。在 Internet 中该值为 2,表示传输的是 IP 地址信息。

② 路由标记：填入自治系统的号码,这是考虑到 RIP 有可能收到本自治系统以外的路由选择信息。

③ 网络地址(Destination Address)：是 4 个字节的目的网络 IP 地址。如果这 4 个字节为 0,则表示该路由项为缺省路由。

④ 目的网络的子网掩码(Destination Mask)：目的网络地址和目的网络地址掩码唯一确定一个网络。

⑤ 下一跳路由地址：下一跳路由器的 32 位 IP 地址。

⑥ 距离(Metrics)：是一个 16 位的数字,表示从发送该数据报文的路由器到接收端所要经过的路由器的数目。

RIP 可以支持变长子网掩码和 CIDR,还具有简单的鉴别功能,支持多播。当使用鉴别功能时,将第 1 个路由信息(20 个字节)的位置用作鉴别,这时将地址类别置成全 1,路由标记写入鉴别类型,剩下的 16 个字节为鉴别数据,在鉴别数据之后才写入路由信息。因此,这时最大只能放入 24 个路由信息。

5. RIP 的特点

RIP 最大的优点是简单,但存在以下缺点。

（1）当网络出现故障时,要经过比较长的时间才能将此信息传送到所有的路由器。如图 4-36（路由器 R_1 到目的网络的距离）所示的互联网中,设 3 个路由器都已经建立了各自的路由表,现在路由器 R_1 和网 1 的连接线路突然断开。路由器 R_1 发现后,将网 1 的距离改为 16(16 表示到网络 1 不可达)可能出现以下两种情况。

① 情况 1:在收到 R_2 的 RIP 报文前,R_1 将修改后的路由信息发送出去,于是 R_2 修改路由表,将原来经 R_1 去往网络 1 的路由(10.0.0.0,2,R_1)删除。在这种情况下,不会出现问题。

② 情况 2:R_2 在 R_1 发送新的 RIP 报文到达之前,向 R_1 发送自己的 RIP 报文。该报文必有一个项目(10.0.0.0,2,R_1),说明“我可以经过 R_1 到达网络 1,距离是 2”。得出这条项目的根据是:因为 R_1 到网 1 的距离是 1,而 R_2 到 R_1 的距离是 1。R_1 收到 R_2 的更新报文后,误认为可经过 R_2 到达网 1,于是也错误地认为“我可以经过 R_2 到达网 1,距离是 3”。然后把这个更新信息发送给 R_2。

同理,R_2 以后又发布自己的路由更新信息:“我可以经过 R_1 到网 1,距离是 4。”

这样不断更新下去,直到 R_1 和 R_2 到网 1 的距离都增大到 16 时,R_1 和 R_2 才知道网络 1 是不可达的。RIP 协议的这一特点叫做“好消息传播得快,而坏消息传播得慢”。网络出现故障时的传播往往需要较长的时间(例如数分钟),这是 RIP 的一个主要缺点,如图 4-38 所示。

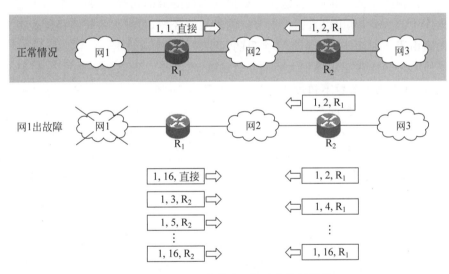

图 4-38   RIP 协议缺点:坏消息传播得慢

但是,如果一个路由器发现了更短的路由,那么这种更新信息就传播得很快。

为了使坏消息传播得更快些,可以采取多种措施。例如,当路由器从某个网络接口发送报文时,不让同一路由信息再通过此接口反方向传送。

(2) RIP 限制了网络的规模,它能使用的最大距离为 15(16 表示不可达)。所以 RIP 协议只适用于规模小的网络。

(3) 路由器之间交换的路由信息是路由器中的整个路由表,扩大网络规模,开销也就增大。因此,对于规模较大的网络就应当使用 4.6.3 节所述的 OSPF 协议。然而目前在规模较小的网络中,使用 RIP 协议的仍占多数。

总之,RIP 协议最大的优点就是实现简单、开销较小。

4.6.3 OSPF 协议

当网络规模变大时,RIP 协议就暴露出它的不足之处。为了克服 RIP 的缺点,在 1989 年开发了开放最短路径优先(Open Shortest Path First,OSPF)协议。"开放"是指 OSPF 是公开的,不受制于某个厂商,"最短路径优先"是因为使用了 Dijkstra 的最短路径算法。OSPF 的原理很简单,但实现起来却较复杂。OSPF 的第二个版本 OSPF2 已成为因特网标准协议[RFC 2328]。

1. OSPF 协议的基本特点

OSPF 最主要的特征是使用**分布式链路状态协议**,而不是像 RIP 那样的距离向量协议。所谓**分布式链路状态协议**就是通过各种路由器之间频繁地交换链路状态信息,即交换本路由器和哪些路由器相邻及其链路(实际上是和两个路由器都有接口的网络)的度量或费用(如距离、时延、带宽等)信息,在所有的路由器中建立一个该互联网的**链路状态数据库**。因此,每一个路由器都知道全网共有多少个路由器,以及哪些路由器是相连的,其代价是多少等。实际上,这个数据库就是全网的拓扑结构图。由于链路状态信息的一致性,保证了在全网范围拓扑结构图是完全相同的(这称为**链路状态数据库的同步**)。每一个路由器使用链路状态数据库中的数据,算出以自己为根节点的最短路径树,再根据最短路径树就很容易地得到自己的路由表。因而能查出到每一个目的网络应当走哪条路径。

为了使 OSPF 能用于规模很大的网络,OSPF 将一个自治系统再划分为若干个较小的区域(每个区域内路由器数不超过 200 为好),如图 4-39 所示。划分区域的好处就是将利用**泛洪法**交换链路状态信息的范围局限于每一个区域而不是整个的自治系统,这就减少了整个网络上的通信量。在一个区域内部的路由器只知道本区域的完整网络拓扑,而不知道其他区域的网络拓扑的情况。因特网采用分层结构,虽然使交换信息的种类增多,使 OSPF 协议更加复杂,但却使每个区域内部交换路由信息的通信量大大减小,使 OSPF 协议能够应用在规模很大的自治系统中。

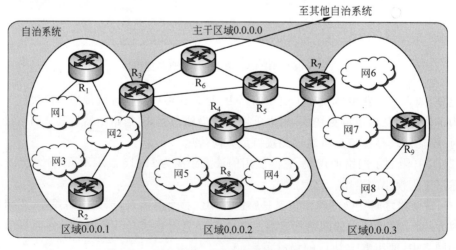

图 4-39　OSPF 划分为两种不同的区域

为了使每一个区域能够和本区域以外的区域进行通信,OSPF 使用层次结构的区域划分。在上层的区域叫做主干区域(Backbone Area)。主干区域的标识符规定为 0. 0. 0. 0。主干区域的作用是用来连通其他在下层的区域。从其他区域来的信息都由区域边界路由器(Area Border Router)进行概括。在图 4-39 中,路由器 R_3、R_4 和 R_7 都是区域边界路由器,而显然,每一个区域至少应当有一个区域边界路由器。在主干区域内的路由器叫做主干路由器(Backbone Router),如 R_3、R_4、R_5、R_6 和 R_7。一个主干路由器可以同时是区域边界路由器,如 R_3、R_4 和 R_7。在主干区域内还要有一个路由器专门和本自治系统外的其他自治系统交换路由信息。这样的路由器叫做自治系统边界路由器,如 R_6。

采用分层次划分区域不仅使交换信息的种类增多了,也使 OSPF 协议更加复杂了。但这样做却能使每一个区域内部交换路由信息的通信量大大减小,因而使 OSPF 协议能够用于规模很大的自治系统中。这里我们再一次看到划分层次在网络设计中的重要性。

OSPF 协议与 RIP 相比具有以下特点:

(1) OSPF 使用洪泛法向本自治系统中所有路由器发送链路状态信息,保证了整个区域中所有的路由器最终都得到了信息的一个一致的副本。而 RIP 协议是仅仅向自己相邻的几个路由器发送信息。由于路由器发送的链路状态信息只能单向传送,不会经过其他路由器的路由表反过来对原路由器产生作用,因而据统计,其响应网络变化时间小于 100ms。

(2) OSPF 发送的是和该路由器相邻的所有路由器的**链路状态信息**。所谓"链路状态"就是说明本路由器都和哪些路由器相邻,以及该链路的"度量"(Metric)。OSPF 将这个"度量"用来表示费用、距离、时延、带宽等。这些都由网络管理人员来决定,较为灵活。但这只是路由器所知道的部分信息,只涉及与相邻路由器的连通状态,与整个互联网的规模无关。因此,OSPF 更能适应大规模网际网的需要。而 RIP 发送的信息是整个路由表,其大小与网络的规模有关,RIP 协议发送的信息是"到所有网络的距离和下一跳路由器"。

(3) OSPF 只有当链路状态发生变化时,路由器才用洪泛法向所有路由器发送此信息,而 RIP 协议是不管网络拓扑有无发生变化,路由器之间都要定期交换路由表的信息。

(4) RIP 协议在应用层,它使用用户数据报 UDP 进行传送,而 OSPF 的位置在网络层,OSPF 不用 UDP 而是直接用 IP 数据报传送(其 IP 数据报首部的协议字段值为 89)。OSPF 构成的数据报很短,可以不必将长的数据报分片传送,这样做可减少路由信息的通信量。数据报很短的另一好处是不会出现一片丢失而重传整个数据报的现象。

(5) 更加灵活。对一个给定的目的网络,OSPF 对不同的链路可根据 IP 分组的不同服务类型 TOS 而设置成不同的代价,进而计算出不同的路由。这种灵活性是 RIP 所没有的。

例如,高带宽的卫星链路对于非实时的业务可设置为较低的代价,但对于时延敏感的业务就可设置为非常高代价。因此,OSPF 对于不同类型的业务可计算出不同的路由。链路的代价可以是 1~65 535 中的任何一个无量纲的数,因此十分灵活。商用的 OSPF 实现通常是根据链路带宽来计算链路的代价。

(6) 提供负载均衡功能。当遇到同一个目的网络有多条费用相同的路径时,可以将通信量分配给这几条路径,这叫做多路径间的负载平衡(Load Balancing)。而 RIP 只能找到去往某个网络的一条路径。

(7) OSPF 支持可变长度的子网划分和无分类编址 CIDR。

(8) 鉴别功能。所有在 OSPF 路由器之间交换的分组(例如,链路状态更新分组)都具有鉴别的功能,因而保证了仅在可信赖的路由器之间交换链路状态信息。RIP 协议没有这种鉴别功能(但 RIP2 有简单的鉴别功能),使攻击者可用 RIP 分组来伪造路由,让受骗的主机和路由器将数据报传给自己。

（9）适应网络中链路状态经常变化的环境。由于网络中的链路状态可能经常发生变化,OSPF 协议让每一个链路状态都带上一个 32bit 的序号,序号越大,状态就越新。OSPF 规定,链路状态序号增长的速率不得超过每 5 秒钟 1 次。这样,全部序号空间在 600 年内不会产生重复号。

2. OSPF 分组的格式

OSPF 分组使用 24B 的固定长度首部,如图 4-40 所示,分组的数据部分可以是 5 种类型分组中的一种,如表 4-16 所示。下面简单介绍 OSPF 首部各字段的意义。

（1）版本：当前的版本号是 2。

（2）类型：可以是 5 种类型分组中的一种。

（3）分组长度：包括 OSPF 首部在内的分组长度,以字节为单位。

（4）路由器标识符：标志发送该分组的路由器接口的 IP 地址。

（5）区域标识符：分组属于的区域的标识符。

（6）检验和：用来检测分组中的差错。

（7）鉴别类型：目前只有两种,0(不用)和 1(口令)。

（8）鉴别：鉴别类型为 0 时就填入 0,鉴别类型为 1 则填入 8 个字符的口令。

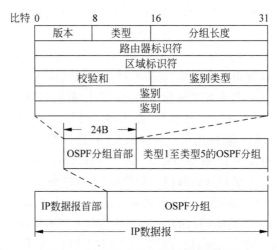

图 4-40　OSPF 分组用 IP 数据报传送

表 4-16　OSPF 报文类型

类　型	意　义	类　型	意　义
1	hello(用于测试可达性)	4	链路状态更新
2	拓扑结构的数据库描述	5	链路状态确认
3	链路状态请求		

如表 4-16 所示,OSPF 共有以下 5 种分组类型。

（1）问候(hello)分组：用来发现和维持邻站的可达性。即：

① 检测链路是否可以使用；

② 在广播型与非广播型网络上选择指定路由器及后备。

(2) 数据库描述(Database Description)分组：向邻站给出自己的链路状态数据库中的所有链路状态项目的摘要信息。当两个路由器已经在一条点对点链路上建立了双向连接之后，路由器通过交换 OSPF 数据库描述报文来初始化它的网络拓扑数据库，使它们的数据库同步。

(3) 链路状态请求(Link State Request)分组：向对方请求发送某些链路状态项目的详细信息。

(4) 链路状态更新(Link State Update)分组：用洪泛法对全网更新链路状态。这种分组是最复杂的，也是 OSPF 协议最核心的部分。路由器使用这种分组将其链路状态通知给邻站。

(5) 链路状态确认(Link State Acknowledgment)分组：对链路更新分组的确认。

OSPF 规定，每两个相邻路由器每隔 10 秒钟要交换一次问候分组。当一个路由器刚开始工作时，便向相邻的路由器发问候分组，以便知道有哪些相邻路由器在工作，以及将数据发往相邻路由器所需的"费用"。但是如果所有的路由器都把自己的本地链路状态信息对全网进行广播，那么各路由器只要将这些链路状态信息综合起来就可得出链路状态数据库，但这样做的缺点是开销太大。因此 OSPF 让每一个路由器用数据库描述分组和相邻路由器交换本数据库中已有的链路状态摘要信息，而摘要信息主要指出有哪些路由器的链路状态信息及其序号已经写入数据库。据此，路由器就使用链路状态请求分组，向对方请求发送自己所缺少的某些链路状态项目的详细信息。这样，通过一系列的这种分组交换，便建立了全网的同步的链路数据库。

在正常情况下，网络中传送的绝大多数 OSPF 分组都是问候分组。若有 40 秒钟没有收到某个相邻路由器发来的问候分组，则可认为该相邻路由器是不可达的，应立即修改链路状态数据库，并重新计算路由表。

其他的 4 种分组都是用来进行链路状态数据库的同步。所谓同步就是指不同路由器的链路状态数据库的内容是一样的。两个同步的路由器叫做完全邻接的(Fully Adjacent)路由器。不是完全邻接的路由器表明它们虽然在物理上是相邻的，但其链路状态数据库并没有达到一致。

在网络运行过程中，如果某路由器的链路状态发生变化，那么该路由器就用洪泛法向全网发送链路状态更新分组，更新链路状态。OSPF 使用可靠的洪泛法。可靠的洪泛法是在收到更新分组后要发送确认，确认的发送故意推迟一些时间，以便少发送几个确认分组。

为了确保链路状态数据库与全网的状态保持一致，OSPF 还规定定时(如每隔 30 分钟)刷新一次数据库中的链路状态。

一个路由器的链路状态只涉及与相邻路由器的连通状态，与整个互联网的规模并无直接关系。因此，当互联网规模很大时，OSPF 协议要比距离向量协议 RIP 好得多。这是由于没有"坏消息传播得慢"的问题。

当 N 个路由器连接在一个以太网上时，若每个路由器向其他$(N-1)$个路由器发送链路状态信息，则有 $N \times (N-1)$ 个链路状态要通过以太网传送。为了尽量降低广播的通信量，OSPF 协议对这种多点接入的局域网指定一个路由器代表所有的链路从这个网络向连接到这个网络上的各路由器发送状态信息。

OSPF 支持 3 种网络的连接:

(1) 两个路由器之间的点对点连接;

(2) 具有广播功能的局域网;

(3) 无广播功能的广域网。

目前多数路由器厂商都支持 OSPF,并开始在一些网络中取代旧的 RIP,链路状态路由选择协议在其他的一些非 TCP/IP 体系中也已得到应用,如 Netware 的 NLSP、IBM 的 APPN、ATM 论坛的 PNNI 路由选择协议。

4.6.4 外部网关协议

4.6.3 节介绍的是内部网关协议,是在一个自治系统内部路由器之间交换路由信息采用的协议。而在不同自治系统的路由器之间交换信息就要采用外部网关协议也称为边界网关协议。BGP 就是一个非常有代表性的外部网关协议。1995 年发表的新版本 BGP-4 已成为因特网草案标准协议。BGP-4 也可简写为 BGP。

那么,为什么在不同自治系统之间的路由选择不能使用前面讨论过的 RIP 和 OSPF 等内部网关协议呢? 主要原因如下。

① RIP 协议不适用的原因:首先,具有最小跳数的路由在其他方面存在着问题,例如线路比较拥挤,或者不太安全;其次,RIP 是不稳定的,因为路由器记录的只是到下一跳的跳数,而没有真正定义到目的路由器的完整路径;最后,RIP 协议跳数的上限比较小,只有 16,不适用于较大规模的网络。

② OSPF 协议不适用的原因:路由器中的链路状态数据库会随网络规模的增大呈几何级数增长,导致对内存需求的增加以及 Dijkstra 算法计算时间和链路状态信息刷新时间的增加。

因此,在自治系统内部选择路由可以做到从源站到目的端选择一条最佳路径,在一个自治系统内部并不需要考虑其他方面的策略。但是,BGP 使用的环境却不同,它是面向自治系统之间的路由选择。BGP 基于路径向量路由选择思想,BGP 要给出到目的路由器的完整路径,而不是距离向量选择。在不同系统之间很难寻找最佳路由,只能力求寻找一条能够到达目的网络且比较好的路径,起码不能兜圈子。原因有以下 3 点。

(1) 因特网的规模太大,使得自治系统之间的路由选择非常困难。因特网主干网上的路由器必须对任何有效的 IP 地址都能在路由表中找到匹配的目的网络,以致使路由表的项目数很大,目前主干网路由器中的路由表的项目数早已超过了 5 万个网络前缀。交换如此巨大的路由信息,即便是大小可以接受,其内容必然大量冗余,甚至无效,使得自治系统之间的路由选择非常困难。

(2) 对于自治系统之间的路由选择,要寻找最佳路由是很不现实的。由于各自治系统运行自己选定的内部路由选择协议,使用自己的路径变量,以至于各自治系统的距离不能用于距离长短的比较。当一条路径经过不同自治系统时,不可能计算出这条路径有意义的费用(或距离)。例如,对某个自治系统来说,代价为 1000 可能表示一条比较长的路由。但对另一个自治系统代价为 1000 却可能表示不可接受的坏路由。因此,自治系统之间的路由选择只可能交换"可达性"信息(即"可到达"或"不可到达")。告诉相邻路由器到达某目的网络可经过的自治系统。

（3）自治系统之间的路由选择必须考虑有关策略。域间路由选择必须考虑政治、安全和经济等因素，允许使用多种选择策略。例如，自治系统 A 要发送数据报到自治系统 B，本来最好是经过自治系统 C。但自治系统 C 不愿意让这些数据报通过本系统的网络。另外，自治系统 C 愿意让某些相邻的自治系统的数据报通过自己的网络，特别是对那些付了服务费的某些自治系统更是如此。显然根据这些策略选择路由，只能由网络管理人员对每一个域间路由器进行设置。这就要求外部网关协议 BGP 允许管理人员介入。显然，只能选择较好的路径，而不是最佳路径。

1. BGP 协议的基本概念与工作过程

边界网关协议 BGP 是路径向量（Path Vector）路由选择协议，它与距离向量协议和链路状态协议都不相同。BGP 只是力求寻找一条能够到达目的网络且比较好的路由（不能兜圈子），而并非要寻找一条最佳路由。

在配置 BGP 时，每个自治系统的管理员要至少选择一个路由器作为该自治系统的"BGP 发言人"，代表整个自治系统和其他自治系统交换路由信息。这是为了减少交换的路由信息，使自治系统之间的路由选择不致过分复杂。一般地讲，两个 BGP 发言人都是与一个共享网络连在一起，而且往往是 BGP 边界路由器。但也可以不是 BGP 边界路由器。这些路由器除运行 BGP 协议外，还必须运行所在自治系统使用的内部网关协议（如 OSPF 或 RIP）。

两个 BGP 发言人要交换路由信息时，先要建立 TCP 连接（端口号为 179）（使用 TCP 连接能提供可靠的服务，也简化了路由选择协议），然后在此连接上交换 BGP 报文以建立 BGP 会话（Session），利用 BGP 会话交换路由信息，如增加了新的路由，或撤销过时的路由，以及报告出差错的情况等。使彼此成为对方的邻站（Neighbor）或对等站（Peer），然后才能交换网络可达性信息。

BGP 支持 CIDR，因此，BGP 的路由表应包括网络前缀、下一跳路由器以及达到目的网络所要经过的各个自治系统序列。这就是路径向量信息。由于使用了路径向量的信息，就可以很容易地避免产生兜圈子的路由。如果一个 BGP 发言人收到了其他 BGP 发言人发来的路径通知，它就要检查一下本自治系统是否在此通知的路径中。如果在这条路径中，就不能采用这条路径（因为会兜圈子）。

BGP 所交换的网络可达性的信息就是要到达某个网络（用网络前缀表示）所要经过的一系列的自治系统。各 BGP 发言人要根据所采用的策略，从收到的路由信息中找出到达各自治系统的比较好的路由，构造出自治系统连通图，由于这个连通图是树状结构，不会存在回路。

图 4-41 是 BGP 发言人和自治系统 AS 的关系的示意图。在图中画出了三个自治系统中的 5 个 BGP 发言人。每一个 BGP 发言人除了必须运行 BGP 协议外，还必须运行该自治系统所使用的内部网关协议，如 OSPF 或 RIP。

图 4-42 给出了一个 BGP 发言人交换路径向量的例子。自治系统 AS_2 的 BGP 发言人通知主干网的 BGP 发言人："要到达网络 N_1、N_2、N_3 和 N_4 可经过 AS_2"。主干网在收到这个通知后，就发出："要到达网络 N_1、N_2、N_3 和 N_4 可沿路径（AS_1，AS_2）"。同理，主干网还可发出通知："要到达网络 N_5、N_6 和 N_7 可沿路径（AS_1，AS_3）"。

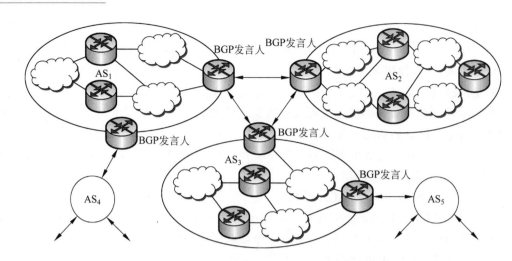

图 4-41　BGP 发言人和自治系统 AS 的关系

由此看出,BGP 协议交换路由信息的节点数量级是自治系统数的量级,这要比这些自治系统中的网络数少很多。要在许多自治系统之间寻找一条较好的路径,就是要寻找正确的 BGP 发言人(或边界路由器),而在每一个自治系统中 BGP 发言人的数目是很少的。这样就使得自治系统之间的路由选择不致过分复杂。

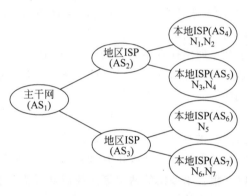

图 4-42　BGP 发言人交换路径向量的例子

BGP 刚运行时,BGP 的邻站交换的是整个 BGP 路由表。但以后只需在发生变化时更新有变化的部分,而不是像 RIP 和 OSPF 那样周期性地进行更新。这样做对节省网络带宽和减少路由器的处理开销方面都有好处。

BGP-4 共使用 4 种报文,列举如下。

(1) 打开(Open)报文,用来与相邻的另一个 BGP 发言人建立关系。BGP 路由器首先建立与相邻路由器的 TCP 连接,然后在该 TCP 连接上发送 Open 报文给要建立相邻关系的路由器。若相邻路由器同意建立该关系,则发回保活报文作为响应,两者的相邻关系即告建立。上述过程称为邻站探测。

(2) 更新(Update)报文,更新报文是 BGP 协议的核心,用来发送某一路由的信息,以及列出要撤销的多条路由。其用途如下。

① 撤销以前通知的到目的路由器的路由;

② 通知到目的路由器的新路由。

注意:BGP 可以在一个更新报文中撤销几个以前通知的目的路由器,但只能通知一个新的目的路由器。

(3) 保活(Keep Alive)报文,用来确认打开报文和周期性地证实邻站关系。

(4) 通知(Notification)报文,用来当路由器检测出差错或打算关闭连接时,发送通知的报文。

下面,我们来看看 BGP 的 4 种报文的使用。

(1) 邻站获取:一个 BGP 发言人要与其他自治系统的 BGP 发言人交换路径信息,一定要先建立邻站关系。为此,一个 BGP 发言人向另一个 BGP 发言人发送打开报文,对方若同意建立邻站关系,就响应一个保活报文。于是两个 BGP 发言人之间建立邻站关系。

(2) 邻站测试:一旦建立邻站关系后,要设法维持这种关系,双方中的每一方都需要确信对方是存在的,且一直保持这种邻站关系,即测试邻站是否可达。为此,这两个对等站彼此之间要周期性地交换一次保活报文。保活报文只用 BGP 报文的通用首部,取 19 个字节长,不会造成太大的网络开销。

(3) 与邻站交换路由信息:更新信息是 BGP 协议的核心内容。BGP 发言人可以用更新报文撤销它以前曾经通知过的路由或增加新的路由,但撤销路由可以一次撤销许多条,而增加新路由时,每个更新报文只能增加一条。

BGP 可以很容易地解决距离向量路由选择算法中的"坏消息传播得慢"这一问题。这是因为当某个路由器或链路出故障时,由于 BGP 发言人可以从不止一个邻站获得路目信息,所以容易选择新的路由。而距离向量算法往往不能给出正确的选择,因为这些算法不能指出哪些邻站到目的端的路由是独立的。

2. BGP 报文的格式

图 4-43 给出了 BGP 报文的格式。4 种类型的 BGP 报文的首部都是一样的,长度为 19B,分为三个字段:标记(marker)字段长度为 16B,用来鉴别收到的 BGP 报文,当不使用鉴别时,标记字段要置为全 1;长度字段指出包括首部在内的整个 BGP 报文以字节为单位的长度,最小值是 19,最大值是 4096;类型字段的值为 1~4,分别对应于上述 4 种 BGP 报文中的一种。

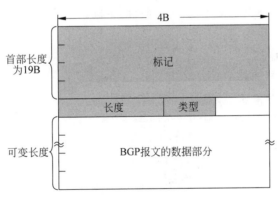

图 4-43　BGP 报文的格式

打开报文共有 6 个字段,即版本(1B,现在的值是 4)、本自治系统编号(2B,使用全球唯一的 16bit AS 代码)、保持时间(2B,以秒计算的保持为邻站关系的时间)、BGP 标识符(4B,通常就是该路由器的 IP 地址)、可选参数长度(1B)和可选参数。

更新报文共有 5 个字段,即不可行路由长度(2B,指明下一个字段的长度)、撤销的路由(列出所有要撤销的路由)、路径属性总长度(2B,指明下一个字段的长度)、路径属性(定义在这个报文中增加的路径的属性)和网络层可达性信息(Network Layer Reachability Information, NLRI)。最后这个字段定义发出此报文的网络,包括网络前缀的位数、IP 地址前缀。

保活报文只有 BGP 的 19 个字节长的首部,没有数据部分。

通知报文有 3 个字段,即差错代码(1B)、差错子代码(1B)和差错数据(给出有关差错的诊断信息)。

4.7 多播和互联网组管理协议

在 Internet 上,一点对多点的通信可以有两种方法:一种是源站节点采用单播的方式,一次次地向多个节点发送同一个数据报,经多次发送完成多播任务;另一种方法就是多播。在因特网上进行多播的方式叫做 IP 多播(Multicast)。现在有许多应用需要 IP 多播的支持。例如,新闻、股市行情的发布、交互式会议等。随着多媒体通信和因特网应用的进一步发展,将有更多的业务需要 IP 多播的支持,IP 多播显得日益重要。在本节,首先讨论单播和多播的基本概念及其基本思想,接着讨论多播地址,最终讨论因特网中的多播路由选择协议及隧道技术。

4.7.1 单播、多播和广播基本介绍

1. 单播

在单播中,源端和目的端的关系是一对一的,即只有一个源端和一个目的端。数据报在网络中的转发所经过的路由器都试图将分组转发到唯一的一个端口上。如图 4-44 所示给出一个由 4 个路由器组成的小型互联网,其中单播分组要从源端计算机发送到连接 N6 的目的端计算机。路由器 R1 负责通过接口 3 转发该分组;到达路由器 R4 后其分组通过接口 2 转发分组。当分组到达 N6 时,传递的任务就落在了网络的身上,它可以向所有主机广播或者以太网交换机只将其点对点的传递到目的主机。

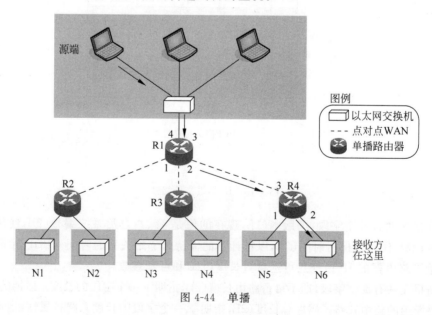

图 4-44 单播

2. 多播

IP 多播的工作过程是:在多播中,源端和目的端的关系是一对多的,即只存在一个源端

和多个目的端。在这类通信中，源地址是一个单播地址，而目的地址是一组地址，其中存在至少一个有想接收多播数据报的组成员。如图 4-45 给出图 4-44 中的一个小型互联网，但这时网络中的路由器已经改为多播路由器（或者之前的路由器已经被配置成为能完成两种工作的路由器）。

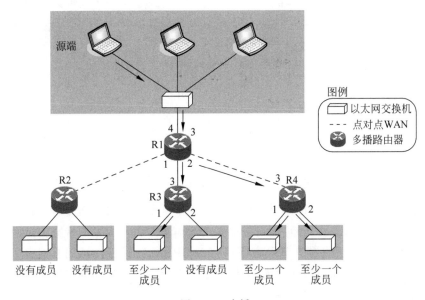

图 4-45　多播

现在假设源主机向小型互联网中的多台主机发送分组。这时源主机可能不知道这个多播组中有哪些成员。源主机在进行多播时只发送一个数据报，传送到路由器 R1 分岔处，在该处路由器 R1 将数据复制后继续转发，多播路由器可能需要通过它的多个端口将相同的数据报的副本发送出去。在图 4-45 中，路由器 R1 需要从端口 2 和端口 3 发送数据报副本。类似地，路由器 R4 需要从两个端口发送数据报副本。然而，路由器 R3 知道没有端口 2 所连接的区域的组，因此它仅仅从端口 1 发送出去。经过 R1，R3 和 R4 的转发，直到最终发送到所有多播组的主机。如果不是多播，则源主机要发送 3 个数据报分别给组内成员。多播组中的主机数一般都很大（例如成千上万个），所以采用多播协议可以明显地减轻网络资源的消耗。在因特网范围的多播要靠路由器来实现，这些路由器必须增加一些能够识别多播分组的软件。能够运行多播协议的路由器称为多播路由器。多播路由器可以是一个专用的路由器，也可以是运行多播软件的普通路由器。

3. 多播与多个单播

另外还要区分多播与多个单播。图 4-46 说明了这两个概念。

多播从源地址开始是单个分组，分组在经过路由器时被复制。每个分组中的目的地址对所有的副本都是相同的。注意，在任何的两个路由器之间只有分组的一份副本。

在多个单播中，从源端发出多个分组。如图 4-46(b)所示，如果有 3 个目的端，源端发送 3 个分组，每个分组都有不同的多播地址。注意，两个路由器之间可能有多个副本在传递。例如，当一个人发送一封电子邮件给一组人，这就是多个单播。电子邮件软件创建报文的多个副本，其中每一个副本具有不同的目的地址并逐一地发送它们。这不是单播，而是多

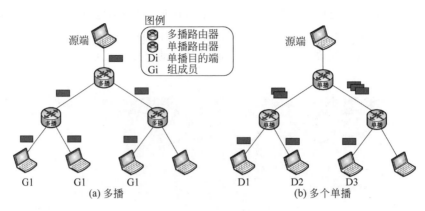

图 4-46　多播与多个单播

个单播。

4. 广播

广播意味着一对多通信,即一个主机向互联网中的所有主机发送分组,因特网层次上没有提供这种广播,这是因为广播可能造成很大的通信量并占用大量的带宽。然而,因特网完成了部分广播。例如,某些对等节点应用(Peer-to-Peer Application)可能使用广播来访问所有对等节点。受控广播可能在域内(区域或自治系统)实现,这作为实现多播的一个步骤。当我们讨论广播协议时,也讨论这些受控广播类型。

4.7.2　IP 多播地址

在多播通信中,发送端只有一个,但接收端有多个,并且成百上千个接收端可能分布在世界各地。在因特网协议中规定,接收端地址只有一个,因此我们需要多播地址。一个多播地址定义了一组接收者,而不是一个。换言之,多播地址是多播组的一个标识符。如果一个新的多播组由一些成员组成,权威机构可以向这个组分配一个唯一的多播地址来唯一地定义它。这意味着分组通信的源地址可以是唯一定义发送方的单播地址,而目的地址可以是定义的一个多播组的多播地址。在这种方式下,如果一台主机是 n 个多播组的成员,那么它事实上有 $(n+1)$ 个地址:用作多播通信源地址的一个单播地址,以及 n 个仅用作目的地址来接收发送到这个组的报文的多播地址。图 4-47 给出了以上概念的示意。

1. IP 多播地址

(1) D 类地址是为 IP 多播地址定义的。D 类 IP 地址类别标志位的值为 1110,因此每个多播地址都会在 224.0.0.0～239.255.255.255 之间。剩下的 28bit 共有 2^{28} 种组合,可以标识 2^{28} 个多播组,超过 2.5 亿个多播组。显然,多播地址只能用作目的地址,而不能用作源地址。当某进程向某个 D 类地址发送数据报,就是向该组中的每一个主机发送同样的数据报。由于都是"尽力交付",故不能保证组内的所以主机都收到这个数据报。

多播地址分两类:永久组地址和临时组地址。

① 永久组地址:要求每一次使用前都不需要创建多播组,有一些 D 类 IP 地址是不能任意使用的,因为因特网号码指派管理局 IANA(Internet Assigned Numbers Authority)已经指派了一些地址。下面是永久组地址的几个例子。

A、B、C和D是多播组
236.14.18.7的成员

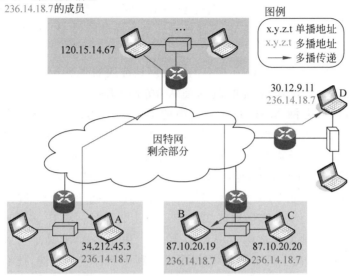

图例
x.y.z.t 单播地址
x.y.z.t 多播地址
———→ 多播传递

图 4-47　多播地址示意图

子块 224.0.0.0/24 被分配给用于网络内部的多播路由协议,这意味着带有这个范围内目的地址的分组不能被路由器转发。在这个地址块内:

224.0.0.0　基地址(保留)

224.0.0.1　在本子网上的所有参加多播的主机和路由器

224.0.0.2　在本子网上的所有参加多播的路由器

224.0.0.3　未指派

224.0.0.4　DVMRP(Distance Vector Multicast Routing Protocol)路由器

224.0.0.5　在一个子网上的所有 OSPF 路由器

224.0.0.6　局域网上的所有 OSPF 指定的路由器

239.192.0.0　至 239.251.255.255 限制在一个组织的范围

239.252.0.0　至 239.255.255.255 限制在一个地点的范围

在这个地址空间中,有一部分地址被预留做特殊用途,例如 224.0.0.11 作为移动代理的地址,224.0.1.1~224.0.1.18 的地址被预留为电视会议等多播的应用。其余的部分可以在进行多播时动态地分配。

② 临时组地址:要求在每一次使用前都必须创建多播组。一个进程可请求其主机参加(或退出)某个特定的多播组。当一个主机加入某一个新的多播组时,就向多播地址 224.0.0.1 中的所有主机发送一个 IGMP(因特网组管理协议,具体内容见 4.7.3 节)报文,报告其组员身份,本地的多播路由器收到该该报文后,一方面在相应表格中记录其组员身份信息;另一方面将此报文转发到因特网中的其他多播路由器,以建立必要的路径。

(2) 完整的保留多播地址表可以从 Internet 指定编号授权的网站获取。

2. IP 多播地址到局域网多播地址的转换

我们都知道,以太网本身具有硬件多播能力,并且它使用的是 48bit 的硬件地址。而因特网是由许多物理网络互联而成,其中有些物理网络正是以太网,因此,当多播数据报传送到这些以太网时,就可以利用以太网的硬件进行多播,将多播数据报交付给属于该组成员的主机。这样的主机在一个以太网上可能不止一个。问题在于当多播分组传送到最后的局域网上的路由器时,如何把 32bit 的 IP 多播地址转换为局域网的 48bit 的多播地址,然后在局域网上进行多播。

因特网号码指派管理局 IANA 拥有的以太网地址块的高 24bit 为 00-00-5E,也就是说,IANA 拥有的以太网 MAC 地址的范围是从 00-00-5E-00-00-00 ～ 00-00-5E-FF-FF-FF。在 3.5 节已讲过,以太网 MAC 地址字段中的第 1 字节的最低位为 1 时即为多播地址。IANA 用其中一半作为多播地址,即以太网多播地址中的范围就是从 01-00-5E-00-00-00 ～ 01-00-5E-7F-FF-FF,因此以太网只有 23bit 用作多播地址,这样只能与 D 类 IP 地址的 23bit 有一一对应关系。但 D 类 IP 地址可供使用的有 28bit,可见在这 28bit 中的前 5bit 不能映射到以太网的 MAC 地址中,从而导致多播 IP 地址与以太网硬件地址的映射关系不是一一对应的,如图 4-48 所示。例如,多播地址 224.128.60.132 和另一个 IP 多播地址 224.0.60.132 转换成以太网的多播地址都是 01-00-5E-00-40-20。由于多播 IP 地址与以太网多播地址不是一一映射的关系,因此主机中的 IP 模块还需要利用软件进行过滤,把不是本主机要接收的数据报丢弃。

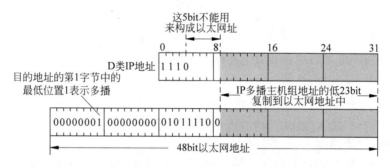

图 4-48   D 类 IP 地址与以太网多播地址的映射关系

不过这种情况是很难发生的。因为以太网属于 C 类地址网络,最多只能容纳 2^8 台主机,而每台主机上各有 2^8 个 TCP 端口(端口的概念见 5.2.2 节)和 UDP 端口,即便每个端口对应于一个应用进程,每个应用进程都加入一个多播组,最多也只需要 2^{16} 个多播地址。事实上,一台主机很难同时加入 2^{16} 个多播,退一步,同时加入 2^{15} 个多播也几乎不可能。所以用 IP 多播地址的低 23bit 作为以太网多播地址供实际使用是足够的。况且,一般 IP 多播地址都是从低到高进行分配,有效位很难超出 23bit。所以上述多播地址映射方式一般不会引起地址冲突。

4.7.3   因特网组管理协议 IGMP

4.7.2 节介绍的是多播的一些基本概念及工作原理。大家可能会想,在 Internet 中,一台主机可以同时运行不同的进程,而一个主机的不同进程可以参加不同的多播组,也可以加入同一个多播组,那么主机是如何知道当前它的各进程加入了哪些组的呢?因特网组管理协议(Internet Group Management Protocol,IGMP)就是用来使单个的主机能够把自己的组成员关系及时地通报给本网络的路由器的一种有效手段。该协议用以帮助多播路由器识别加入一个多播组的成员,它位于网际层,已成为因特网的标准协议。IGMP 现在已经有了三个版本:1989 年公布的[RFC 1112](IGMPv1)早已成为了因特网的标准协议;1997 年公布的[RFC 2236](IGMPv2)对 IGMPv1 进行了更新,但 IGMP 只是个建议标准;2002 年 10 月公布了[RFC 3376](IGMPv3,目前是建议标准),宣布[RFC2236](IGMPv2)是陈旧的。

IGMP 具体的做法是:在参加多播组的主机中,都运行 IGMP 软件。该软件维护着一个表格,该表格中每一项目对应一个多播组。初始化时,各项目均为空,当某应用进程宣布加入一个新的多播组时,IGMP 建立一个项目,登记相应的信息,并在其中的记数域赋初值 1。随后,每当有新的应用进程加入该多播组时,记数域加 1;而每当有应用进程退出该多播时,记数域减 1,当记数域减至 0 时,该主机即不再属于那个组了。由此可知,对临时组地址来讲,主机组中的成员是动态的。为适应组员身份的动态变化,本地的多播路由器要周期性地向本地网络上的主机进行轮询,而本网上所有参加多播的主机都将报告自己的组员身份,以确定哪些主机仍留在哪些多播组内。若经过几次轮询,在一个组内已无本地主机成员,则多播路由器就不再向其他的多播路由器通告组内成员的情况了,同时不再接收相应的多播数据报。

IGMP 报文格式如图 4-49 所示。IGMP 报文分两种,分别为轮询报文和响应报文。当类型值为“1”时,IGMP 报文为轮询报文;当类型值为“2”时,IGMP 报文为响应报文。轮询报文由多播路由器发送,响应报文由参加多播传送的主机发出。两种报文的格式相同,只是轮询报文的多播地址字段值为 0。由于 IGMP 响应报文不给出主机信息,所以参加同一多播组的主机所发出的响应报文完全相同。因此,除第一个响应报文外,其余都是多余的。

图 4-49 IGMP 报文格式

另外,IGMP 报文使用 IP 数据报传递其报文(即 IGMP 报文加上 IP 首部构成 IP 数据报),这一点和 ICMP 非常相似,但 IGMP 还向 IP 软件提供服务。因此,IGMP 是 IP 协议的一部分,而不是独立的协议。从原理上讲,IGMP 包括以下两种操作。

(1)主机向多播路由器发送报文,要求加入或退出某给定地址的多播组。本地的多播路由器收到 IGMP 报文后,把组成员关系转发给因特网上的其他多播路由器。

(2)为适应多播组成员的动态变化,本地多播路由器要周期性地探询本地局域网上的主机,以便知道这些主机是否还继续是组的成员。只要对某个组有一个主机响应,那么多播路由器就认为这个组是活跃的。但一个组在经过几次的探询后仍然没有一个主机响应,则多播路由器就认为本网络上的主机已经都离开了这个组,因此也就不再将该组的成员关系转发给其他的多播路由器。

当本地网上的多播路由器发出组员身份探询报文后,本地网上所有参加多播传送的主机都将报告自己的身份。这样,如果一台主机参加了多个多播组,势必要发送多个响应报文,大量响应报文的出现有可能导致网络拥塞和引起不必要的开销。为了避免上述情况的发生,IGMP 对硬件支持的多播传送,采取了下述措施:

(1) 在主机和多播路由器之间的所有通信都使用 IP 多播。这样可以使网上所有参加多播的主机和路由器都能收到报文,而不参与多播的主机则收不到任何 IGMP 报文。这样就能减少与多播无关的主机的额外开销,进而减小 IGMP 报文在本地网上的延迟时间,有利于避免拥塞。

(2) 多播路由器在探询组成员关系时,只需要对所有的组发送一个请求信息的询问报文,而不需要对每一个组发送一个询问报文。默认的询问速率是每 125s 发送一次,通信量并不太大。

(3) 当同一个网络上连接有几个多播路由器时,它们能够迅速和有效地选择其中的一个来探询主机的成员关系。因此,网络上多个多播路由器并不会引起 IGMP 通信量的增大。

(4) 在 IGMP 的询问报文中有一个数值 N,它指明一个最长响应时间,默认值为 10s。当收到询问时,主机在 $0 \sim N$ 之间随机选择发送响应所需经过的时延。因此,若一个主机同时参加了几个多播组,则主机对每一个多播组选择不同的随机数,每次只发送一个,即对于最小时延的响应将会最先发送,以减少拥塞的机会。

(5) 由于多播路由器只需知道网络上是否至少还有一个主机是本组成员即可,因此同一个组内的每一个主机都要监听响应,只要有本组的其他主机先发送了响应,自己就可以不再发送响应了。这样就抑制了不必要的通信量。

如硬件不支持多播传送,网络只能用广播方式传送多播数据报。在这种情况下,多播路由器了解多播组成员的情况将是有用的。例如,某多播组在本网上只有一个成员,显然用端到端传送最好,不必利用广播方式。

应该指出的是,IGMP 没有为主机提供任何方法来获得某个多播组的 IP 地址,应用软件在使用 IGMP 加入某个组之前,必须设法知道这个组的地址。例如,由网络管理员人为地分配多播地址或从某个服务器获得此信息。

虽然 IP 多播已成为标准协议,但在多播路由器中路由信息的传播规则目前尚无标准可以遵循。有一个称为距离向量多播路由选择协议(Distance Vector Multicast Routing Protocol,DVMRP)的管理协议正在实验中。DVMRP 类似 RIP,但更加有效、更具有强壮性。DVMRP 使用 IGMP 报文携带路由信息,但加入了新的 IGMP 报文类型,允许多播路由器像主机一样,参与组员状态信息交换。

根据 DVMRP 协议,多播路由器之间互通当前多播组组员状况信息,以及路由器之间路径的开销。对每一个可能的多播组,多播路由器都在物理连接图的基础上构成一个寻径树,根据这个寻径树进行多播传送。

4.7.4 多播路由器与 IP 多播中的隧道技术

多播 IP 数据报在传输过程中,可能跨越多个物理网络,若遇到某个物理网络不运行多播软件的路由器或网络,则需采用隧道技术。

图 4-50 给出了 IP 多播中隧道的工作原理。

图 4-50 中表示网 1 中的主机 A 向网 2 中的一些主机 B、C、D……进行多播。但在路由器 R_1 或 R_2 上没有运行多播软件,当然 R_1 与 R_2 之间的网络也就不支持多播,因而不能按多播地址转发数据报。为此,路由器 R_1 对多播数据报进行再次封装,即在多播数据报上加

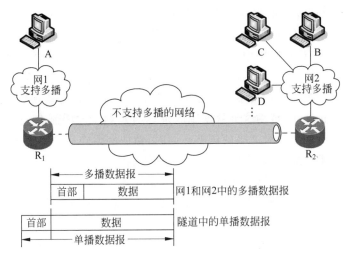

图 4-50　隧道技术在多播中的应用

一个普通 IP 数据报的首部,使其成为一个向单一目的端发送的单播(Unicast)数据报,然后通过"隧道"(Tunnel)从 R_1 发送到 R_2。单播数据报到达路由器 R_2 后,再由路由器 R_2 剥去其首部,使其恢复成原来的 IP 多播数据报,继续向多个目的端转发。

这种使用隧道技术传送 IP 数据报的方法叫做 IP 中的 IP(IP-in-IP)。

4.8　下一代网际协议 IPv6

4.8.1　IPv6 概述

1. 研究 IPv6 的原因

IP 协议是因特网的核心协议。目前使用的 IPv4 协议是 20 世纪 70 年代末设计的,它的设计是非常成功的。IP 协议允许高层协议在异构网络间进行通信而不需要知道底层物理网络的通信系统在硬件地址上的差异。当一个网络应用要向另外一个网络应用传送数据时,这些数据是以一个 IP 数据报的形式通过 Internet 网络传送的。当前的 Internet 在全世界已经有了以数千万计的用户。这本身也说明了 IP 协议在网络初期规模上的可扩展性。但是随着时间的发展,IPv4 协议已经暴露出它的不适应性,主要的问题有以下两点:一是 IPv4 有限的地址空间已经不能适应未来连入 Internet 的网络和主机数量的需要;二是新的 Internet 应用不断出现。

(1) IPv4 有限的地址空间与 Internet 的网络规模的矛盾

IPv4 的地址空间早晚会用尽。当初设计 IP 的时候,只有几个计算机网络。设计者决定使用 32 位的 IP 地址就能允许包含超过一百万个的网络。这在当时是足够的。但是,现在使用 IPv4 协议的网络已经比 IPv4 协议最初设计时多出了好几个数量级,连入 Internet 的网络和主机数量按指数方式增长,所有可能的网络前缀很快就会被用光,而且还没有考虑到今后越来越快的增长率。实践告诉人们不可能长期地按照这种方法来对网络和节点进行地址分配,因此从 20 世纪 80 年代末就已经明确开始了对下一代 IP 网络进行研究。

(2) IPv4 协议与新的 Internet 应用发展的矛盾

人们研究新版本的 IP 协议的第二个动机来源于新的 Internet 应用。研究的初期,下一代 IP 协议研究组的主要目标集中在地址空间的扩展上,但是随着研究的深入,研究人员发现了新的问题,那就是不断出现的新的 Internet 应用对网际层协议的新要求以及安全等问题。例如传送语音与视频应用的多媒体数据的需求。因为语音与视频数据传输的实时性要求高,为了保证在 Internet 传输这类数据流的延迟与延迟变化限制在一个可以接受的范围内,传统的 IPv4 协议就必须做适当的调整。同时,像协同操作应用要求更复杂的寻址、路由能力。为了协同要求高效,要求 IP 协议提供一种机制,这种机制允许创建组和改变组,并且提供一种方法使每个 IP 包能够传送一份副本到指定组中的每位成员。一些应用还使用组来处理负载的分配。因而,新版本的 IP 协议需要包含能满足以上需求的寻址、路由和安全认证的机制。

当研究人员开始新版 IP 的研发工作时,需要为这项工作起一个临时的名称。它们使用了 IP next generation,简称为 IPng。现在正式称为 IPv6。

2. IPv6 协议的新增加的内容

IPv6 引进后带来的主要变化如下。

(1) 更大的地址空间。根据 20 世纪 80 年代末的预测,如果不采取网络地址转换 NAT 技术(NAT 的原理见 4.9 节)或无分类域路由选择(CIDR)的网络地址扩展技术,IPv4 地址空间在 20 世纪 90 年代中期就会消耗殆尽。因此,为了满足未来网络增长的需要,IPv6 提供的地址空间将地址长度从 IPv4 的 32 位增大到 128 位,这样 IPv6 提供的地址空间要比 IPv4 的地址空间大 2^{96} 倍。这样大的地址空间在可预见的将来是不会用完的。

(2) 扩展的地址层次结构。IPv6 地址空间很大,可以划分为更多的层次。

(3) 灵活的首部格式。IPv6 数据报的首部和 IPv4 的并不兼容。IPv6 定义了许多可选的扩展首部,不仅可提供比 IPv4 更多的功能,而且还可提高路由器的处理效率,这是因为在 IPv4 中,若数据报的首部使用了选项,则沿数据报传送的路径上的每一个路由器都必须对这些选项逐一检查,而不管是否使用这些信息,这将降低路由器的处理速度。而 IPv6 将 IPv4 的选项功能放在可选的扩展首部,沿途路由器对扩展首部均不处理(除逐跳扩展首部外),而由源站和目的端的主机来处理,这样就进一步提高了路由器处理数据报的速度。

(4) 改进的选项。我们知道,IPv4 所规定的选项是固定不变的,其选项放在首部的可变部分。而 IPv6 的首部长度是固定的,其选项放在有效载荷中,并允许数据报包含有选项的控制信息,因而可以包含一些新的选项,以便这些数据结构不再对网络和路由选择性能造成影响。

(5) 允许协议继续扩充。我们知道,IPv4 的功能是固定不变的。这将不适应不断地发展技术(如网络硬件的更新)和新应用的不断出现。为了适应将来技术的发展,允许协议继续演变和增加新功能。

(6) 支持即插即用(即自动配置)。

(7) 支持资源的预分配。在 IPv6 中,区分服务字段被取消了,但为了支持多媒体服务的应用(如实时视频和音频),IPv6 增设流标号字段,以便支持对网络资源的预分配。

(8) 考虑到数据链路层和传输层都有差错检验功能,因而取消了首部的校验和字段,从而加快了路由器处理数据报的速度。

（9）支持更多的安全性。在 IPv6 中的加密和鉴别选项提供了分组的保密性和完整性。

（10）分段和重组。IPv6 和 IPv4 在分段和重组上有很大的不同。IPv6 数据报仅仅在源端才分段，而不是在路由器；重组仍然发生在目的端。不允许在路由器对数据报进行分段，以此提高路由器的处理速度。在 IPv6 中，源端可以检查数据报的大小，并决定分组是否被分段。当路由器接收到数据报时，它也要检查分组的大小，如果大于前方网络所允许的 MTU 则丢弃它。之后路由器发送数据报过长的 ICMPv6 错误报文来通知源端。

4.8.2　IPv6 的首部格式

IPv6 将协议数据单元 PDU 称为分组，而不是 IPv4 的数据报。为了统一起见，本书仍采用数据报一词。IPv6 仍支持无连接的传送。

IPv6 数据报的一般格式如图 4-51 所示，由基本首部、0 个或多个扩展首部和数据部分组成。

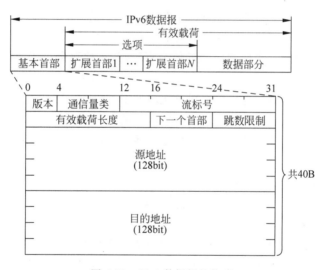

图 4-51　IPv6 数据报的格式

IPv6 将首部长度变为固定的 40B，称为基本首部（Base Header）。首部的字段数减少到只有 8 个（虽然首部长度比 IPv4 增大了一倍），但首部的字段数却减少了 4 个，将不必要的功能取消了。例如，取消了首部的校验和字段。这样就加快了路由器处理数据报的速度。

IPv6 数据报在基本首部的后面允许有零个或多个扩展首部（Extension Header），再后面是数据。但请注意，所有的扩展首部都不属于数据报的首部。所有的扩展首部和数据合起来叫做数据报的有效载荷（Payload）或净负荷，有效载荷可以包含多达 65 535B 的信息。有效载荷包括高层的数据和可能选用的扩展首部。每个 IPv6 数据报都是从基本首部开始的。

下面对 IPv6 基本首部中的各字段作简要介绍。

1. IPv6 基本首部

（1）版本（Version）：占 4bit。指明协议的版本，对 IPv6 其值总是 6。

（2）通信量类（Traffic Class）：占 8bit。用以区分不同的 IPv6 数据报的类别或优先级。它代替了 IPv4 中的区分服务字段。

(3) 流标号(Flow Label)：占 20bit。IPv6 的一个新机制是支持资源预分配，允许路由器将每一个数据报与一个给定的资源分配相联系。所谓"流"是指在互联网上从特定源点到特定终点(单播或多播)的一系列数据报。它是一个抽象的概念。例如，实时音频或视频的传输。而且在这个"流"所经过的路径上的路由器都能保证指明的服务质量。属于同一个流的所有数据报都具有相同的流标号。

(4) 有效载荷长度(Payload Length)：占 16bit。指出 IPv6 数据报除基本首部以外的字节数。这个字段的最大值是 64KB。值得注意的是，IPv4 首部定义两个与长度有关的字段：首部长度与总长度。这是因为 IPv4 的首部长度是不固定的。而 IPv6 中，基本首部的长度是固定的(40B)；因此只有有效载荷的长度需要被定义。

(5) 下一个首部(Next Header)：占 8bit。它相当于 IPv4 的协议字段或可选字段。当 IPv6 数据报没有扩展首部时，下一个首部字段的作用和 IPv4 的协议字段相同，它的值指出基本首部后面的数据应交给 IP 上面的哪一个高层协议(例如 6 或 17 分别表示应交给 TCP 或 UDP)。当 IPv6 数据报有扩展首部时，该字段的值就标识后面第一个扩展首部的类型。

(6) 跳数限制(Hop Limit)：占 8bit。这个字段与 IPv4 中的 TTL 字段的作用是一样的。当源站在发送每一个数据报时，就设置某个跳数限制，每个路由器在转发数据报时，便将跳数限制字段的值减 1。当跳数限制的值为零时，就将此数据报丢弃，以此来防止数据报在网络中长期存在。

(7) 源地址：占 128bit。它是数据报发送端的 IP 地址。

(8) 目的地址：占 128bit。它是数据报接收站的 IP 地址。

从上面介绍的 IPv6 引进后带来的主要变化我们了解到，IPv6 具有灵活的首部格式，就是因为引进了扩展首部，IPv6 将原来 IPv4 首部中选项的功能都放在扩展首部中，并将扩展首部留给路径两端的源站和目的端的主机来处理，而数据报途中经过的路由器都不处理这些扩展首部(只有一个首部例外，即逐跳选项扩展首部)，这样就可以加快路由器处理速度，提高系统的效率。

每一个扩展首部都由若干个字段组成，它们的长度也各不同。但所有扩展首部的第一个段都是 8bit 的"下一个首部"字段。此字段的值指出了在该扩展首部后面的字段是什么。当使用多个扩展首部时，应按以上的先后顺序出现。高层首部总是放在最后面。

2. 扩展首部

在[RFC 2460]中 IPv6 定义了以下 10 种扩展首部及对应的代码。

(1) 00：逐跳选项。

(2) 02：ICMPv6。

(3) 06：TCP。

(4) 17：UDP。

(5) 43：源路由选择选项。

(6) 44：分段选项。

(7) 50：加密的安全有效载荷。

(8) 51：鉴别首部。

(9) 59：空(没有下一个首部)。

(10) 60：目的端选项。

每一个扩展首部都由长度不同的若干字段组成,但所有扩展首部都有两个强制字段,第一个字段都是 8bit 的"下一个首部"字段,该字段的值指出本扩展首部后面的字段是什么。当有多个扩展首部时,应按以上的先后顺序出现。第二个字段都是 8bit 的"长度"字段,紧跟其后的是特定选项。相关的信息高层首部总是放在最后一个扩展首部的后面。例如,当基本首部后面有 3 个扩展首部时,如图 4-52(a)所示,所有"下一个首部"的值都指出了跟随在本首部后面的是何种首部。而无扩展首部如图 4-52 (b)所示。

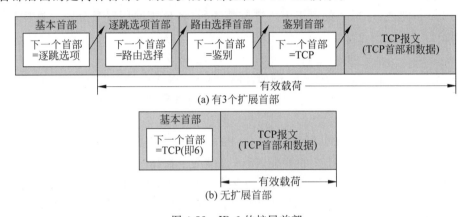

(a) 有3个扩展首部

(b) 无扩展首部

图 4-52　IPv6 的扩展首部

4.8.3　IPv6 的地址空间

一般来讲,一个 IPv6 数据报的目的地址可以是以下三种基本类型。

(1) 单播(Unicast):传统的点对点通信。定义了一个计算机或路由器的接口。

(2) 任播(Anycast):是 IPv6 增加的一种新类型。任播的目的端是一组计算机,这组计算机共享一个地址。带有任播地址的分组只被传送到组中的一个成员,通常是距离最近的一个或最容易到达的一个计算机。例如,当很多服务器响应一个查询时,就使用任播通信。请求被发送到最容易到达的服务器上。硬件和软件值产生一个副本,副本值到达路由器中的一个。DNS 在进行 DNS 地址解析时,在查找根域名服务器时采用的就是任播技术(关于 DNS 的原理见 6.2 节)。

(3) 多播(Multicast):一点对多点的通信。将数据报交给组内的所有计算机。然而与任播不同的是:在任播中,分组这样一个副本被发送到组中的一个成员;而多播中组中的每个成员都接收到副本。IPv6 没有采用广播的术语,而是将广播视为多播的一个特例。

IPv6 的主机和路由器统称为节点。IPv6 的地址分配给节点上的接口。一个接口可以有多个单播地址。一个节点接口的单播地址可用来唯一标识该节点。和 IPv4 一样,当一个 IPv6 路由器和两个或多个网络相连接时,该路由器具有两个或多个地址,和一个网络只有一条连接的 IPv6 主机则只有一个地址。为了方便分配和修改地址,IPv6 允许给一个给定的网络指派多个前缀,也允许对一个主机的给定接口同时指派多个地址。

在 IPv6 中,每个地址占 128bit,地址空间大于 3.4×10^{38}。如果整个地球表面都覆盖上计算机,那么 IPv6 允许每平方米拥有 7×10^{23} 个 IP 地址。如果分配速率是 100 万个地址/微秒,则需要 101^9 年的时间才能将所有的地址分配完。可见,IPv6 的地址空间目前来看是分配不完的。

如此巨大的地址范围,必须使互联网的维护人员容易阅读和操作这些地址,若仍采用点分十进制数记法,就太不方便了。例如,一个用点分十进制数记法的 128bit 的地址:

224.104.0.1.255.255.255.0.0.0.0.0.20.255.0.10

显然,不便于阅读和操作。

为了使地址再简洁些,IPv6 使用**冒号十六进制记法**(Colon hexadecimal notation,简写为 Colon hex),即把每 16bit 的值用十六进制值表示,各值之间用冒号分隔。这样,上面的地址变成:

E068:1:FFFF:FF00:0:0:14FF:A

这里将 0000 的前 3 个 0 省略了,例如,将 0001 和 000A 分别缩写成 1 和 A。再进行零压缩(Zero Compression),即将一连串连续的零用一对冒号取代,上面用冒号十六进制记法的地址可写成:

E068:1:FFFF:FF00::14FF:A

为了保证零压缩不出现歧义的解释,IPv6 还规定:在任一地址中,只能使用一次零压缩。因为已建议的分配策略会有许多地址包含连续的零串,所以这一规定非常有用。

冒号十六进制记法可与点分十进制记法的后缀结合使用。这种结合在 IPv4 向 IPv6 的转换阶段是很有用的。例如:

1:0:0:0:0:0:129.100.50.5

就是一个冒号十六进制记法结合有点分十进制记法的后缀的地址。在这种记法中,要注意的是,冒号所分隔的每个值是一个 16bit 的量,而每个点分十进制数部分的值则是一个字节的值。再使用零压缩可得到:

1::129.100.50.5

在用冒号十六进制记法表示的地址中仍然可用 CIDR 的斜线表示法。例如 80bit 的前缀 16CD 0000 0000 0000 AB40(十六进制数)可记为:

16CD:0000:0000:0000:AB40:0000:0000:0000/80

进行零压缩后为   16CD::AB40:0:0:0/80

或   16CD:0:0:0:AB40::/80

IPv6 将 128bit 地址空间分为两部分。第一部分是可变长度的类型前缀,定义了不同类型前缀的地址类型;第二部分是地址的其余部分,这两部分的长度都是可变的。IPv6 的地址类型前缀列举如下。

类型前缀(二进制)	地址的类型
0000 0000	保留(与 IPv4 兼容)
0000 001	保留给 NSAP 地址
0000 010	保留给 IPX
001	可聚合的全球单播地址
1111 1110 10	本地链路单播地址
1111 1110 11	本地网点单播地址
1111 1111	多播地址

4.8.4 IPv4 向 IPv6 过渡

由于现在 Internet 使用 IPv4 协议的路由器的数量太多,如果规定一个日期实现从 IPv4 向 IPv6 的全部转变是不现实的。因此 IPv4 向 IPv6 过渡只能采用逐步推进、平缓的办法,同时要求新安装的 IPv6 系统能够向后兼容,能够接收、路由选择和转发 IPv4 分组。

目前,IETF 已经提出三种过渡的方法:双协议栈技术、隧道技术和首部转换策略。

1. 双协议栈

双协议栈(Dual Stack)是指在完全过渡到 IPv6 之前,使一部分主机和路由器装有两个协议,一个 IPv4 协议和一个 IPv6 协议。换言之,这种主机既能够与 IPv6 的系统通信,又能够与 IPv4 的系统通信,直到整个因特网使完全过渡到 IPv6 协议。具有双协议栈的主机或路由器应当具有两个 IP 地址:一个 IPv6 地址和一个 IPv4 地址。IP 主机在与 IPv6 主机通信时采用 IPv6 地址,而与 IPv4 主机通信时就采 IPv4 地址。问题在于双协议主机怎知道目的主机采用的是哪种地址? 这可通过域名系统 DNS 查询得到。若 DNS 返回的是 IPv4 地址,则双协议栈的源主机就使用 IPv4 地址,当 DNS 返回的是 IPv6 地址时,源主机就使用 IPv6 地址。

图 4-53 所示的源主机 A 和目的主机 G 都使用 IPv6,A 向 G 发送 IPv6 数据报。但路由器 D 因为只使用 IPv4,而路由器 C 不能向 D 转发 IPv6,于是路由器 C 将 IPv6 数据报转为 IPv4 数据报后转发,待 IPv4 数据报到达路由器 F 时,再恢复成原来的 IPv6 数据报。在 IP 数据报的转换过程中,数据部分只需复制,但首部必须进行转换,主要是**进行地址转换**,在路由器 C 中将 IPv6 地址转换成 IPv4 地址,到路由器 F 再将 IPv4 地址恢复成 IPv6 地址。

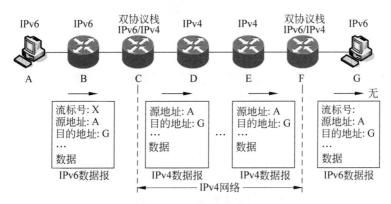

图 4-53　使用双协议栈实现从 IPv4 到 IPv6 的过渡

但 IPv6 首部中的某些字段却无法恢复。例如,流标号 X 在最后恢复的 IPv6 数据报中被丢失,这是双协议栈方法的缺点。

2. 隧道技术

隧道技术(Tunneling)是将 IPv6 分组在进入 IPv4 区域时,封装成为 IPv4 数据报,整个 IPv6 数据的数据报变成了 IPv4 数据分组的数据部分,然后 IPv6 数据报就在 IPv4 网络的隧道中传输。当 IPv4 数据报离开 IPv4 区域时,再将其数据部分交给主机的 IPv6 协议栈,这就好像在 IPv4 区域中打通了一个 IPv6 隧道来传输 IPv6 数据报。但是要使单协议栈的主机知道 IPv4 数据报里面封装的数据是一个 IPv6 数据报,就必须将 IPv4 协议字段的值置为

41(41 表示 IPv6)。图 4-54 给出了隧道技术原理示意图。

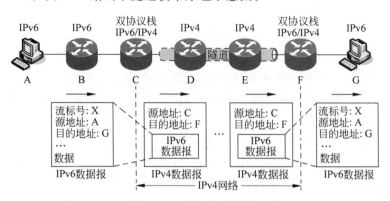

图 4-54　使用隧道技术进行从 IPv4 到 IPv6 的过渡

3. 首部转换

当因特网中绝大部分主机或路由器已经过渡到 IPv6,但一些系统仍然使用 IPv4 时,就需要使用首部转换技术(Header Translation)。发送方使用 IPv6,但接收方不能识别 IPv6,这种情况下使用隧道技术无法工作,因为分组必须是 IPv4 格式才能被接收方识别。在此情况下,首部格式必须通过首部转换而彻底改变,如图 4-55 所示。

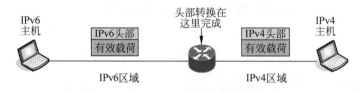

图 4-55　首部转换策略

现在有不少人怀疑是否能够在近期在整个因特网范围内实现从 IPv4 到 IPv6 的过渡。至少,在北美有一些因特网服务提供者表示近期并不打算升级到 IPv6(它们很早就已经分配到足够多的 IP 地址)。它们认为,只有不多的用户需要使用 IPv6 的功能,而大多数的用户只要对 IPv4 协议打些补丁(例如,地址转换程序)就可以了。目前对 IPv6 比较感兴趣的是欧洲和亚洲的一些用户。

4.9　网络地址转换 NAT

当在专业网的内部的一些主机本来已经拥有本地 IP 地址,但又想和因特网上的主机通信时,最简单的方法是申请一个全球的 IP 地址。但是随着接入 Internet 的计算机数量的不断猛增,IP 地址资源已经所剩不多。事实上,除了中国教育和科研计算机网(CERNET)外,一般用户几乎申请不到整段的 C 类 IP 地址。在其他 ISP 那里,即使是拥有几百台计算机的大型局域网用户,当它们申请 IP 地址时,所分配的地址也不过只有几个或十几个 IP 地址。显然,这样少的 IP 地址根本无法满足网络用户的需求。然而大多数情况下,在一个小网络中只有一小部分的计算机同时需要访问因特网,这意味着分配地址的数量不必一定要匹配网络中计算机的数量。目前采用的最简单方法是采用网络地址转换(Network Address

Translation,NAT)。这是一种可以提供私有地址和全球地址之间映射,同时支持虚拟私有网络的一种方法。

网络地址转换这种方法是在 1994 年提出来的。被广泛应用于各种类型 Internet 接入方式和各种类型的网络中。原因很简单,NAT 不仅完美地解决了 IP 地址不足的问题,而且还能够有效地避免来自网络外部的攻击,隐藏并保护网络内部的计算机。

虽然 NAT 可以借助于某些代理服务器来实现,但考虑到运算成本和网络性能,很多时候都是在路由器上来实现的,但需要在专用网连接到因特网的路由器上安装 NAT 软件。装有 NAT 软件的路由器叫做 NAT 路由器,它至少有一个有效的外部全球地址 IP_G。这样,所有使用本地址的主机在和外部通信时都要在 NAT 路由器上将其本地地址转换成 IP_G 才能和因特网连接。

4.9.1 NAT 简介

借助于 NAT,本地(保留)地址的"内部"网络通过 NAT 路由器发送数据包时,本地地址被转换成全球的 IP 地址,一个局域网只需使用少量 IP 地址(甚至是 1 个)即可实现本地网络内所有计算机与 Internet 的通信需求。

NAT 将自动修改 IP 报文头中的源 IP 地址和目的 IP 地址。例如,当内部主机 X 用其本地地址 192.168.1.1 和因特网上的主机 Y(IP 地址为 140.116.72.72)通信时,它所发出的数据包必须经过 NAT 路由器,如图 4-56 所示。NAT 路由器将数据报的源地址 192.168.1.1 转换成自己的全球地址 140.116.72.219,但目的地址 140.116.72.72 保持不变,然后送到因特网。当 NAT 路由器从因特网收到主机 Y 发回的数据报时,知道数据报中的源地址是 140.116.72.72,目的地址是 140.116.72.219。根据原始记录(这个记录叫做 NAT 转换表),NAT 路由器就知道这个数据报是要发给主机 X 的,NAT 路由器将目的地址 140.116.72.219 转换成 192.168.1.1,最终转发给内部的主机 X。

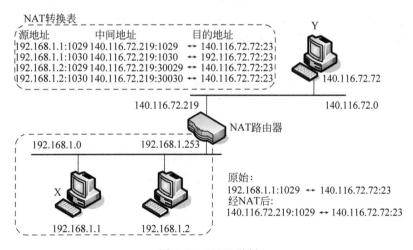

图 4-56 NAT 举例

如果 NAT 路由器具有多个全球 IP 地址,就可以同时将多个本地地址转换为全球 IP 地址,因此可以使多个拥有本地地址的主机同时和因特网上的主机进行通信。

还有一种 NAT 转换器将传输层的端口号也利用上。这样就可以用一个全球 IP 地址使多个拥有本地地址的主机同时和因特网上的不同主机进行通信。

另外,在此再次强调 IP 地址资源中保留的一部分私有地址资源供内部实现 IP 网络时使用。共留出 3 块 IP 地址空间,分别是:

(1) 1 个 A 类地址段,即 10.0.0.0～10.255.255.255;

(2) 16 个 B 地址段,即 172.16.0.0～172.31.255.255;

(3) 256 个 C 类地址段,即 192.168.0.0～192.168.255.255。

4.9.2　NAT 实现方式

NAT 的实现方式有三种,即**静态转换**、**动态转换**和**端口多路复用**。

静态转换(Static Nat)是指将内部网络的本地 IP 地址转换为全球 IP 地址,IP 地址对是一对一的,是一成不变的,某个本地 IP 地址只转换为某个全球 IP 地址。借助于静态转换,可以实现外部网络对内部网络中某些特定设备(如服务器)的访问。

动态转换(Dynamic Nat)是指将内部网络的本地 IP 地址转换为公用 IP 地址时,IP 地址对不是确定的,而是随机的。所有被授权访问因特网的本地 IP 地址可随机转换为任何指定的合法的全球的 IP 地址。也就是说,只要指定哪些内部地址可以进行转换,以及用哪些合法地址作为外部地址时,就可以进行动态转换。动态转换可以使用多个合法外部地址集。当 ISP 提供的合法 IP 地址略少于网络内部的计算机数量时,可以采用动态转换的方式。

端口多路复用(Port Address Translation,PAT)是指改变数据包的源端口并进行端口转换,即端口地址转换。采用端口多路复用方式,内部网络的所有主机均可共享一个合法外部 IP 地址实现对 Internet 的访问,从而可以最大限度地节约 IP 地址资源。同时,又可隐藏网络内部的所有主机,有效避免来自因特网的攻击。因此,目前网络中应用最多的就是端口多路复用方式。

另外,在配置网络地址转换的过程之前,首先必须搞清楚内部接口和外部接口,以及在哪个外部接口上启用 NAT。通常情况下,连接到用户内部网络的接口是 NAT 内部接口,而连接到外部网络(如 Internet)的接口是 NAT 外部接口。

4.10　移动 IP

4.10.1　移动 IP 概述

每个互联网上的主机都有一个 IP 地址,它包括网络号和主机号,网络号表明该主机在哪个路由器的管辖范围内,即在哪个网段上。这样 IP 地址唯一地确定了主机在互联网上的逻辑地址。在通信期间,它们的 IP 地址必须保持不变,否则 IP 主机之间的通信将无法继续。

移动 IP 主机在通信期间可能需要从一个网段移动到另一个网段中去,若采用传统方式,网络号必然会发生变化,IP 地址也会发生变化,IP 地址的变化会导致通信中断。移动 IP 技术提出的关键点在于用户终端在移动过程中仍然可以使用同一个 IP 地址而无须更改。移动 IP 技术把能够移动的便携设备定义为移动节点,移动节点在切换链路时可以不改变 IP 地址而仍能保持正在进行的通信。

为了解决因节点移动(即 IP 地址的变化)而导致通信中断的问题,移动 IP 使用了漫游、位置登记、隧道技术、鉴权等技术,从而使移动节点使用固定不变的 IP 地址,一次登录即可实现在任意位置(包括移动节点从一个 IP(子)网漫游到另一个 IP(子)网时)上保持与 IP 主机的单一链路层连接,使通信持续进行。

总之,移动 IP 是为了满足移动节点在移动中保持其连接性而设计的。移动 IP 现在有两个版本,分别为移动 IPv4(RFC 3344,取代了 RFC 3220 和 RFC 2002)和移动 IPv6(RFC 3775)。目前广泛使用的仍然是移动 IPv4。

简单地说,移动 IP 技术就是让计算机在互联网及局域网中不受任何限制地即时漫游,也称移动计算机技术。

专业一点地解释,移动 IP 技术是移动节点(计算机/服务器/网段等)以固定的网络 IP 地址,实现跨越不同网段的漫游功能,并保证了基于网络 IP 的网络权限在漫游过程中不发生任何改变。

4.10.2 几个重要概念

(1) 移动代理(Mobility Agent):为了使地址的改变对因特网中其他的部分保持透明,就需要归属代理和外区代理两类。如图 4-57 所示,显示了与归属网络相关联的归属代理的位置和与外部网络相关联的外区代理的位置。

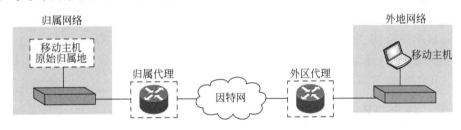

图 4-57　归属代理和外区代理

由图 4-57 可以看出归属代理和外区代理为路由器,但是需要在此强调的是它们作为代理的特定功能是在应用层完成的。换言之,它们是路由器和主机。

归属代理通常是归属于移动主机归属网络的路由器。网上的移动代理,它至少有一个接口在归属网上。其责任是当移动节点移动到外区网时,截收发往该点的数据包,并使用隧道技术将这些数据包转发到移动节点的转交节点。外区代理位于移动节点所在的当前外区网上,它负责解除原始数据包的隧道封装,取出原始数据包,并将其转发到该移动节点。

(2) 移动 IP 地址:移动 IP 节点拥有两个 IP 地址。一个是归属地址,是移动节点与归属网连接时使用的地址,不管移动节点移至网络何处,其归属地址保持不变;另一个是转交地址,就是隧道终点地址,转交地址可能是外区代理转交地址,也可能是驻留本地的转交地址。通常用的是外区代理转交地址。在这种地址模式中,外区代理就是隧道的终点,它接收隧道数据包,解除数据包的隧道封装,然后将原始数据包转发到移动节点。图 4-58 说明了这个概念。

(3) 位置登记(Registration):移动节点必须将其位置信息向其归属代理进行登记,以

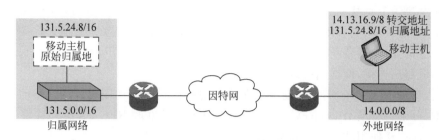

图 4-58   归属地址和转交地址

便被找到。有两种不同的登记规程。一种是通过外区代理,移动节点向外区代理发送登记请求报文,然后将报文中继到移动节点的归属代理;归属代理处理完登记请求报文后向外区代理发送登记答复报文(接受或拒绝登记请求),外区代理处理登记答复报文,并将其转发到移动节点。另一种是直接向归属代理进行登记,即移动节点向其归属代理发送登记请求报文,归属代理处理后向移动节点发送登记答复报文。

(4) 代理发现(Agent Discovery):一是被动发现,即移动节点等待本地移动代理周期性的广播代理通告报文;二是主动发现,即移动节点广播一条请求代理的报文。

(5) 隧道技术(Tunneling):当移动节点在外区网上时,归属代理需要将原始数据报转发给已登记的外区代理。这是,归属代理使用 IP 隧道技术,将原始 IP 数据包封装在转发的 IP 数据包中,从而使原始 IP 数据包原封不动地转发到处于隧道终点的转交地址处。在转交地址处解除隧道,取出原始数据包,并将原始数据包发送到移动节点。当转交地址为主流本地的转交地址时,移动节点本身就是隧道的终点,它自身进行解除隧道,取出原始数据包的工作。RFC2003 和 RFC2004 中分别定义了两种隧道封装技术。

4.10.3　移动 IP 协议工作原理

移动 IP 协议工作原理主要有以下几点。

(1) 移动代理(即外区代理和归属代理)通过代理通告报文广播其存在。移动节点通过代理请求报文,可有选择地向本地移动代理请求代理通告报文。

(2) 移动节点收到这些代理通告后,分辨其在归属网上,还是在某一外区网上。

(3) 当移动节点检测到自己位于归属网上时,那么它不需要移动服务就可工作。假如移动节点从登记的其他外区网返回归属网时,通过交换其随带的登记请求和登记答复报文,移动节点需要向其归属代理撤销其外区网登记信息。

(4) 当移动节点检测到自己已漫游到某一外区网时,它获得该外区网上的一个转交地址。这个转交地址可能通过外区代理的通告获得,也可能通过外部分配机制获得,如 DHCP(一个驻留本地的转交地址)。

(5) 离开归属网的移动节点通过交换其随带的登记请求和登记答复报文,向归属代理登记其新的转交地址,另外它也可能借助于外区代理向归属代理进行登记。

(6) 发往移动节点归属地址的数据包被其归属代理接收,归属代理利用隧道技术封装该数据包,并将封装后的数据包发送到移动节点的转交地址,由隧道终点(外区代理或移动节点本身)接收,解除封装,并最终传送到移动节点。

在相反方向,使用标准的 IP 选路机制,移动节点发出的数据包被传送到目的地,无须通过归属代理转发。无论移动节点在归属网内还是在外区网中，IP 主机与移动节点之间的所有数据包都是用移动节点的归属地址，转交地址仅用于与移动代理的联系，而不被 IP 主机所觉察。

4.11　本章疑难点

1. "IP 网关"和"IP 路由器"是否为同义语？"互联网"和"互连网"有没有区别？

当初发明 TCP/IP 的研究人员使用 IP Gateway 作为网际互连的设备，可以认为"IP 网关"和"IP 路由器"是同义语。

"互联网"和"互连网"都是推荐名词，都可以使用。不过建议优先使用"互联网"。

2. 在一个互联网中，能否用一个很大的交换机（switch）来代替互联网中很多的路由器？

不行。交换机和路由器的功能是不相同的。

交换机可在单个网络中与若干台计算机相连，并且可以将一台计算机发送过来的帧转发给另一台计算机。从这一点上看，交换机具有集线器的转发帧的功能，但交换机比集线器的功能强很多。在同一时间，集线器只允许一台计算机发送数据。而交换机可以允许多台主机之间交换信息。

路由器连接两个或多个同构的或异构的网络，在网络之间转发分组（即 IP 数据报）。

因此，如果是许多相同类型的网络（例如以太网）互联在一起，那么用一个很大的交换机代替原来的一些路由器是可以的。但若这些互联的网络是异构的网络，那么就必须使用路由器来进行互联。

3. 网络前缀是指网络号字段（net-id）中前面的几个类别标志位还是指整个的网络号字段？

是指整个的网络号字段，即包括了最前面的几个类别标志位在内。网络前缀常常被简称为前缀。例如，一个 B 类地址，10100000 00000000 00000000 00010000，其类别位就是最前面的两位：10，而网络前缀就是前 16 位：10100000 00000000。

4. IP 协议有分片的功能，但广域网中的分组则不必分片，这是为什么？

IP 数据报可能要经过许多个网络，而源节点事先并不知道数据报后面要经过的这些网络所能通过的分组的最大长度（MTU）是多少。等到 IP 数据报转发到某个网络时，中间节点可能才发现数据报太长了，因此这时就必须进行分片。

但广域网能够通过的分组的最大长度是该广域网中所有节点都事先知道的，源节点不可能发送网络不支持的过长分组。因此广域网就没有必要将已经发送出的分组再进行分片。

5. 数据链路层的广播和 IP 广播有何区别？

数据链路层的广播是用数据链路层协议在一局域网上实现的对该局域网上的所有主机进行 MAC 帧的广播，而 IP 广播则是用 IP 协议通过因特网实现的对一个网络（即目的网络）上的所有主机进行 IP 数据报的广播。

6. 假定在一个局域网中计算机 A 发送 ARP 请求分组，希望找出计算机 B 的硬件地址。这时局域网上的所有计算机都能收到这个广播发送的 ARP 请求分组。试问这时由哪一个计算机使用 ARP 响应分组将计算机 B 的硬件地址告诉计算机 A?

这要区分两种情况。第一,如果计算机 B 和计算机 A 都连接在同一个局域网上,那么就是计算机 B 发送 ARP 响应分组。第二,如果计算机 B 和计算机 A 不是连接在同一个局域网上,那么就必须由一个连接计算机 A 所在局域网的路由器来转发 ARP 请求分组。这时,该路由器向计算机 A 发送 ARP 响应分组,给出自己的硬件地址。

7. 用一个具体的例子说明地址聚合。

如图 4-59 所示,R1 被连接到 4 个网络上,每个网络使用 $2^6 = 64$ 个地址。R2 位于远离 R1 的因特网某地。R1 有一个相对长的路由表,因为每个分组必须被正确的路由到适当的网络。而 R2 则有一个相对比较短的路由表。对于 R2,任何目的地址在 140.24.7.0～140.24.7.255 之间的分组都将被从端口 m0 转发,不管网络号是多少,这称为地址聚合,因为 4 个网络的地址块被聚合成一个更大的地址块。但是如果有一个网络不能聚合进一个块,那么 R2 将有一个更长的路由表。

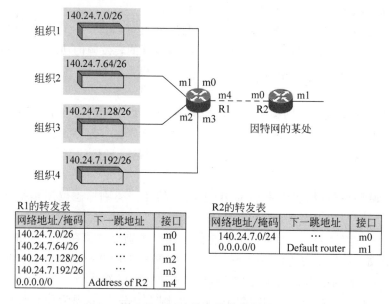

图 4-59 一个路由聚合的例子

8. 用一个具体的例子说明如果不采用最长前缀匹配,将会发生什么情况?

如图 4-60 所示,如果不采用最长前缀匹配,现在有一个目的网络是网络 4 的分组到达路由器 R2,它的目的地址为 140.24.7.200。路由器 R2 的第一个掩码首先被使用,计算后得到网络地址为 140.24.7.192。分组被从端口 m1 正确路由并到达网络 4。然而,如果转发表并不是按照最长前缀有限的顺序存储的,那么使用/24 这个掩码将会错误的路由到路由器 R1。

9. IP 数据报在传输的过程中,其首部长度是否会发生变化?

不会。但首部中的某些字段(如标志、生存时间、检验和等)的数值一般都要发生变化。

10. IP 数据报必须考虑最大传送单元(Maximum Transfer Unit,MTU)。这是指哪一层的最大传送单元?包括不包括首部或尾部等开销在内?

这是指 IP 层下面的数据链路层的最大传送单元,也就是下面的 MAC 帧的数据字段,

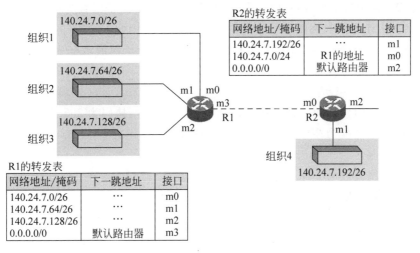

图 4-60　最长前缀匹配事例

不包括 MAC 帧的首部和尾部这两个字段。因为 IP 数据报是装入到 MAC 帧中的数据字段，因此数据链路层的 MTU 数值就是 IP 数据报所容许的最大长度（即 IP 数据报的总长度，即 IP 数据报的首部加上数据字段）。

4.12　综合例题

通过对本章的学习，我们了解到在这一章里涉及的知识点很多，并且许多知识点的掌握只靠理论的灌输很难做到。本章的综合例题正是为了大家更好地掌握相关的教学内容而设立的。通过这些例题的学习，对计算机网络的网络互连的功能、特点及因特网所涉及的相关协议作进一步深入的理解，帮助大家更好地学习。题中可能会涉及以前章节的知识点，请适当回顾相关章节的内容。

【例题 4-1】　一个片偏移值为 100 的 IPv4 分组到达目的端，在这个分组之前，源端发送了多少字节的数据？

解析： IPv4 协议规定，片偏移是以 8 字节为单位的，偏移值是 100，说明之前已经发送了 0～799 个字节，共 800 字节的数据。

【例题 4-2】　现有一个学校需要创建内部的网络，该学校包括信息学院、经贸管理学院、机械学院、材料学院、化工学院、外语学院 6 个部门，每个部门约有 20～30 台计算机，试问：

（1）若要将几个部门从网络上进行分开。如果分配该公司使用的地址为一个 C 类地址，网络地址为 201.168.16.0，如何划分网络，将几个部门分开？

（2）确定各部门的网络地址和子网掩码，并写出分配给每个部门网络中的主机 IP 地址范围。

（3）每个子网的可用 IP 地址数是多少？IP 地址将损失多少个？

解析：（1）可以采用划分子网的方法对该公司的网络进行划分。由于该公司包括 6 个部门，共需要划分为 6 个子网。

(2) 已知网络地址 201.168.16.0 是一个 C 类地址,所需子网数为 6 个,每个子网的主机数 20~30。由于子网号和主机号不允许是全 0 或全 1,因此,子网号的比特数为 3 即最多有 $2^3-2=6$ 个可分配的子网,主机号得比特数为 5 即每个子网最多有 $2^5-2=30$ 个可分配的 IP 地址。

每个子网的网络地址分别为 201.168.16.32、201.168.16.64、201.168.16.96、201.168.16.128、201.168.16.160 和 201.168.16.192,子网掩码为 255.255.255.224。

子网 1 的网络地址为 201.168.16.32,其主机的 IP 范围为 201.168.16.33~62,把该子网分配给信息学院;

子网 2 的网络地址为 201.168.16.64,其主机的 IP 范围为 201.168.16.65~94,把该子网分配给经贸管理学院;

子网 3 的网络地址为 201.168.16.96,其主机的 IP 范围为 201.168.16.97~126,把该子网分配给机械学院;

子网 4 的网络地址为 201.168.16.128,其主机的 IP 范围为 201.168.16.129~158,把该子网分配材料学院;

子网 5 的网络地址为 201.168.16.160,其主机的 IP 范围为 201.168.16.161~190,把该子网分配给化工学院;

子网 6 的网络地址为 201.168.16.192,其主机的 IP 范围为 201.168.16.193~222,把该子网分配给外语学院。

(3) 每个子网的可用的 IP 地址数是 30。IP 地址损失为 74。因为每个 C 类地址最多可以有 254 个地址。划分子网后,共有六个子网,每个子网最多的主机数为 30,所以划分子网后的 IP 地址数为 $6 \times 3 = 180$。所以损失的 IP 地址数为 $2^8-2-(2^3-2) \times (2^5-2)=74$。

【例题 4-3】 假设有两台主机,主机 A 的 IP 地址为 198.168.16.165,主机 B 的 IP 地址为 198.168.16.185,它们的子网掩码为 255.255.255.224,默认网关为 198.168.16.160。试问:

(1) 主机 A 能否和主机 B 直接通信?

(2) 主机 B 不能和 IP 地址为 198.168.16.34 的 DNS 服务器通信,为什么?

(3) 如何只做一个修改就可以排除(2)中的故障?

解析:(1) 将主机 A 和主机 B 的 IP 地址分别为子网掩码进行与操作,由于主机 A 的 IP 地址与主机 B 的 IP 地址只有最后一个字节不同,所以,该操作只在最后一个字节进行。运算结果如下:A 主机,最后一个字节为 165 相当于二进制的 1010 0101,与子网掩码最后一个字节相"与"为

$$
\begin{array}{c}
1010\ 0101 \\
\wedge\ 1110\ 0000 \\
\hline
1010\ 0000
\end{array}
$$

得到的子网地址为 198.168.16.160。同理,对于 B 主机,最后一个字节为 185 相当于二进制的 1011 1001,与子网掩码最后一个字节相"与",得到的子网地址也是 198.168.16.160。因此,主机 A 和主机 B 处在同一个子网中,可以直接通信。

(2) 主机 B 不能与 DNS 服务器通信的原因在于默认网关被错误地设置为子网地址,不是一个有效的主机 IP 地址。

（3）只要将主机 A 与主机 B 的默认网关修改为 198.168.16.161,就可以解决问题了。

【例题 4-4】 （1）假设一个主机的 IP 地址为 201.1.12.120,子网掩码为 255.255.255.240,求出其子网号、主机号以及直接的广播地址。

（2）如果子网掩码是 255.255.192.0,那么下列的哪些主机（A. 168.1.191.21；B. 168.1.127.222；C. 168.1.130.33；D. 168.1.148.122）必须通过路由器才能与主机 H：168.1.144.16 通信？

解析：（1）根据该主机的 IP 地址,可以判断出一个 C 类地址,其中三个字节为网络号,一个字节为主机号。所以子网只能在最后一个字节内划分。子网掩码中的 240 表示为二进制 1111 0000,说明子网号为前 4 位,主机号为后 4 位。对于 IP 地址 201.1.12.120 中的 120,表示为二进制 0111 1000,与子网掩码中的 240（二进制为 1111 0000）进行"与"运算,得出其子网号为 0111 即十进制的 7,主机号位 1000 即十进制的 8,直接的广播地址为 201.1.12.127。

（2）从主机 H 的 IP 地址为 168.1.144.16 及子网掩码为 255.255.192.0 可以看出这是一个 B 类网络,第三个字节的前 2 位表示子网号。如果要和 H 主机直接通信（不需要路由器的转发）,只要和 H 主机在相同的子网即可。因此,只需要把给出的各个主机的 IP 地址的第三个字节转换成二进制,并分别与子网掩码进行二进制"与"操作,然后与目的主机相比较,如果子网号不相同,表示需要路由器转发。经过计算,给定主机的 IP 地址与 A、C、D 的 IP 地址进行与操作的结果均为 1000 0000（十进制的 128）,只有 B 的子网号与主机 H 的子网号不同,为 0100 0000（十进制的 64）,所以主机 B 要与目的主机通信必须通过路由器的转发。

【例题 4-5】 某个单位的网点由 4 个子网组成,结构如图 4-61 所示,其中主机 H_1、H_2、H_3 和 H_4 的 IP 地址和子网掩码如表 4-17 所示。

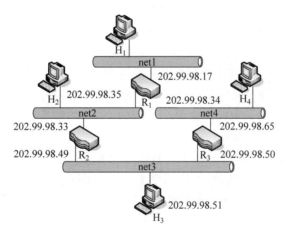

图 4-61　例题 4-5 示意图

表 4-17　主机 H_1、H_2、H_3 和 H_4 的 IP 地址及子网掩码表

主机	IP 地址	子网掩码
H_1	202.99.98.18	255.255.255.240
H_2	202.99.98.35	255.255.255.240
H_3	202.99.98.51	255.255.255.240
H_4	202.99.98.66	255.255.255.240

(1) 请写出路由器 R$_1$ 到 4 个子网的路由表。

(2) 试描述主机 H$_1$ 发送一个 IP 数据报到主机 H$_2$ 的过程(包括物理地址解析过程)。

解析:(1) 将 H$_1$、H$_2$、H$_3$、H$_4$ 的 IP 地址分别与它们的子网掩码进行与操作,可以得到 4 个子网的网络地址,分别为 202.99.98.16、202.99.98.32、202.99.98.48、202.99.98.64。因此,路由器 R$_1$ 到 4 个子网的路由表如表 4-18 所示。

表 4-18 R$_1$ 的路由表

目的网络	子网掩码	下一跳	目的网络	子网掩码	下一跳
202.99.98.16	255.255.255.240	直接	202.99.98.48	255.255.255.240	202.99.98.33
202.99.98.32	255.255.255.240	直接	202.99.98.64	255.255.255.240	202.99.98.33

(2) 主机 H$_1$ 向主机 H$_2$ 发送一个 IP 数据报的过程如下。

① 主机 H$_1$ 首先构造一个源 IP 地址为 202.99.98.18、目的 IP 地址为 202.99.98.35 的 IP 数据报,然后将该数据报传送给数据链路层;

② 数据链路层的实体通过主机 H$_1$ 的 ARP 协议获得路由器 R$_1$(202.99.98.17)所对应的 MAC 地址,并将其作为目的 MAC 地址填入封装有 IP 数据报的帧,然后将该帧发送出去;

③ 路由器 R$_1$ 收到该帧后,去除帧头与帧尾,得到 IP 数据报,然后根据 IP 数据报中的目的 IP 地址(202.99.98.35)去查找路由表,得到下一跳地址为直接广播;

④ 然后路由器 R$_1$ 通过 ARP 协议得到主机 H$_2$ 的 MAC 地址,并将其作为目的 MAC 地址填入封装有 IP 数据报的帧,然后将该帧发送到子网 net2 上;

⑤ 主机 H$_2$ 将收到该帧,去除帧头与帧尾,并最终得到从主机 H$_1$ 发来的 IP 数据报。

【例题 4-6】 假设主机 A 与路由器 R1 相连,R1 与路由器 R2 相连,而 R2 又与主机 B 相连。现在主机 A 上有一个报文包含 900B 数据、20B 首部的 TCP 报文段要传送主机 B。请写出在 3 段链路(A-R1,R1-R2,R2-B)中传输的 IP 数据报首部中的总长度字段、标识字段、DF、MF 和片偏移字段。假设链路 A-R1 能支持的最大帧长度为 1024B(包括 14B 的帧头),链路 R1-R2 能支持的最大帧长度为 512B(包括 12B 的帧头),链路 R2-B 能支持的最大帧长度为 512B(包括 12B 的帧头)。

解析:数据长度为 900B,TCP 报文段首部长度为 20B,IP 数据报首部长度为 20B,则主机 A 发出的 IP 数据报 D 总长度为 940B,这小于链路 A-R1 的 MTU(即 1024－14＝1010(B)),因此该数据报在链路 A-R1 传输之前不需要分片。此时,数据报的首部各字段值如下。

总长度＝940;标识＝12345;DF＝0;MF＝0;片偏移＝0。

当数据报到达路由器 R1 时,由于链路 R1-R2 的 MTU 为 512－12＝500(B),因此需要进行分片,分为两个 IP 数据报片 1、IP 数据报片 2。

其中 IP 数据报片 1 首部中的各字段值如下。

总长度＝500;标识＝12 345;DF＝0;MF＝1;片偏移＝0。

IP 数据报片 2 首部中的各字段值如下。

总长度＝460;标识＝12 345;DF＝0;MF＝0;片偏移＝60。

当 IP 报片 1、IP 数据报片 2 到达路由器 R2 时,由于链路 R2-B 的 MTU 也为 512－12＝500(B),因此不需要继续分片,首部中的各字段值没有发生变化。

【例题 4-7】 某数据报的数据部分的长度为 4000B,要划分三个数据报片,每片的数据部分的长度不超过 1400B。注意片偏移的计算。

解析:注意,该例题中,13 位的片偏移字段表示这个分段在整个数据报中的相对位置,它是在原始数据报中的**数据**偏移量,以 8B 为度量单位。这样做的原因是因为片偏移字段只有 13 位,不能用来表示一个大于 8191 的字节数。所以,将数据报分片的主机或路由器必须这样选择每个分片的长度,即第一个字节标号能被 8 整除。

解析过程如图 4-62 所示。

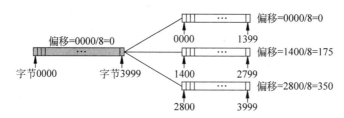

图 4-62 例题 4-7 的解析过程

【例题 4-8】 该例题是对上题的进一步分析。

解析:如图 4-63 所示,注意,原始数据报从客户端开始,数据报片最终在服务器被重组。所有分片中的标志字段的数值是相同的,除了最后一个字段外。另外分片的标识字段的值也是相同的。所以,尽管分片失序到达目的端,但它们可以被正确重组。

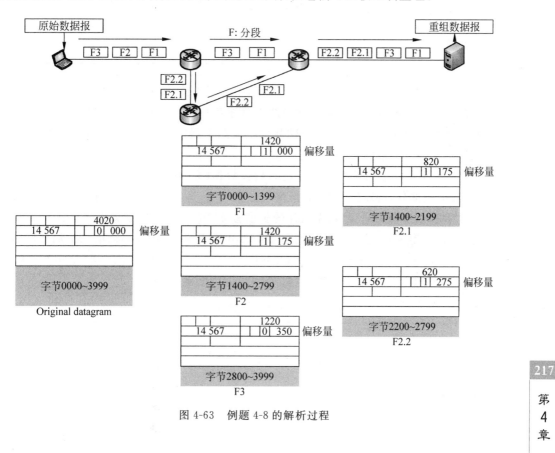

图 4-63 例题 4-8 的解析过程

该例题还表示:分片本身再进行分片会发生什么?在这种情况下,分片偏移量永远是相对于原始数据报的。例如,第二个分片又划分为两个长度为 800B 和 600B 的分片,但这些分片的偏移量所表示的位置都相对于原始数据的位置。

【例题 4-9】 在某个网络中,R1 和 R2 为相邻路由器。其中表 4-19(a)为 R1 的原路由表,表 4-19(b)为 R2 的广播的距离矢量报文(V,D),请根据距离矢量路由选择算法更新 R1 的路由表,并写出更新后的 R1 路由表。

表 4-19(a)　R1 的原路由表

目的网络	距　离	下一跳
10. 0. 0. 0	0	直跳
30. 0. 0. 0	7	R7
40. 0. 0. 0	3	R2
45. 0. 0. 0	4	R8
180. 0. 0. 0	5	R2
190. 0. 0. 0	10	R5

表 4-19(b)　R2 广播的(V,D)报文

目的网络	距　离
10. 0. 0. 0	4
30. 0. 0. 0	4
40. 0. 0. 0	2
41. 0. 0. 0	3
180. 0. 0. 0	5

解析:根据 RIP 的算法,路由器 R1 的路由表更新为表 4-20。

表 4-20　R1 更新后的路由表

目的网络	距　离	下一跳	目的网络	距　离	下一跳
10. 0. 0. 0	0	直接	45. 0. 0. 0	4	R8
30. 0. 0. 0	5	R2	180. 0. 0. 0	6	R2
40. 0. 0. 0	3	R2	190. 0. 0. 0	10	R5
41. 0. 0. 0	4	R2			

【例题 4-10】 一个 3200B 长的 TCP 报文传到 IP 层,加上 20B 的首部后成为 IP 数据报。下面两个互联网有两个局域网通过路由器连在一起。但第二个局域网所能传送的最长数据帧中的数据部分只有 1200B,因此数据报在路由器中必须被分片。试问第二个局域网向其上层传送多少字节的数据?

解析:由于第二个局域网所能传送的最长数据帧中的数据部分只有 1200B,这包括字节的 IP 数据报部分,所以传输 IP 数据报的数据部分(即 TCP 报文)只有 1180B。而 1180B 不能被 8B 整除,所以每个 IP 数据报片的长度去 1176。而 TCP 报文共 3200B,因此要对其进行分片,共分为 3 片,数据长度分别是 1176B,1176B 和 848B。那么第二个局域网能传输的数据为(1176+20)×2+848+20=3260(B)。

【例题 4-11】 设某路由器建立了如表 4-21 所示的路由表。

表 4-21　路由表

目的网络	子网掩码	下　一　站
180. 96. 39. 0	255. 255. 255. 128	接口 0
180. 96. 39. 128	255. 255. 255. 128	接口 1
180. 96. 40. 0	255. 255. 255. 128	R2
192. 4. 153. 0	255. 255. 255. 192	R3
*(默认)		R4

此路由器可以直接从接口 0 和接口 1 转发分组,也可以通过相邻的路由器 R2、R3 和 R4 进行转发。现共收到 5 个分组,其目的端 IP 地址分别为:(1)192.4.153.17;(2)180.96.40.151;(3)180.96.40.12;(4)180.96.39.10;(5)180.86.39.148。试分别计算下一站,要求写出计算步骤。

解析:路由器先找路由表中的第一行,看看这一行的网络地址和收到的分组的网络地址是否匹配。因为并不知道收到的分组的网络地址,因此只能试试看。这就是用这一行的"子网掩码 255.255.255.128"和收到的分组的"目的地址 192.4.153.17"逐比特相"与",得出 192.4.153.0。如果这个数值和这一行给出的目的网络地址一致,就说明收到的分组是发送给本子网上的某个主机。但现在比较的结果是不一致。

因为和路由表第一行的比较结果是"不匹配",所以用同样方法继续往下找第二行。用第二行的"子网掩码 255.255.255.128"和该分组的"目的地址 192.4.153.17"逐比特相"与",结果也是 192.4.153.0。但这个结果和第二行的目的网络地址也不匹配,说明这个网络也不是收到的分组所要寻找的目的网络。于是用同样方法继续往下找第三行,经计算第三行也不匹配,再向下查找第四行,用这一行的"子网掩码 255.255.255.192"和收到的分组的"目的地址 192.4.153.17"逐比特相"与",得出 192.4.153.0,与第四行的目的网络地址匹配,说明这个网络就是收到的分组所要寻找的目的网络。该分组的下一站是 R3。同理可以得出其他分组的下一站地址。

(1) 192.4.153.17   下一站为 R3

(2) 180.96.40.151   下一站为 R4

(3) 180.96.40.12   下一站为 R2

(4) 180.96.39.10   下一站为接口 0

(5) 180.86.39.148   下一站为 R4

【例题 4-12】 假设主机 A 要向主机 B 传输一个长度为 512KB 的报文,数据传输速率为 50Mb/s,途中需要经过 8 个路由器。每条链路长度为 1000km,信号在链路中的传播速度为 200 000km/s,并且链路是可靠的。假定对于报文与分组,每个路由器的排队延迟时间为 1ms,数据传输速率也为 50Mb/s。那么,在下列情况下,该报文需要多长时间才能到达主机 B?

(1) 采用报文交换方式,报文首部长为 32B;

(2) 采用分组交换方式,每个分组携带的数据为 2KB,首部长为 32B。

解析:(1)如果采用报文交换方式,由于报文首部长为 32B,报文携带的数据为 512KB,整个报文长为 $(32+512\times1024)\times8=4\ 194\ 560$(bit)。已知数据传输速率为 50Mb/s,则发送该报文所需的传输时延为 $4\ 194\ 560/50(\mu s)\approx84$(ms)。

另外,报文经过每个路由器的排队时延为 1ms,在每条链路上的传播时延为 $1000/200\ 000=0.005$(s)$=5$(ms)。

因此,该报文从主机 A 到主机 B 所需的总时间 $=9\times$传输时延$+9\times$传播时延$+8\times$排队时延$=9\times84+9\times5+8\times1=809$(ms)。

如果采用分组交换方式,由于分组首部长为 32B,每个分组携带的数据为 2KB,每个分组的总长度$(32+2\times1024)\times8=16\,640$(bit),分组的个数 N 为 512/2=256。已知数据传输速率为 50Mb/s,则发送该一个分组所需的传输时延为 $16\,640/50(\mu s)\approx0.33$(ms)。

分组经过每个路由器的排队时延为 1ms,在每条链路上的传播时延为 $1000/200\,000=0.005$(s)=5(ms)。

因此,从主机 A 到主机 B 发送所有分组所需的总时间为主机 A 发送$(N-1)$个分组的传输时延加上最后一个分组从主机 B 的总时间,即等于 $N\times$传输时延$+(9-1)\times$传输时延$+9\times$传播时延$+8\times$排队时延$=256\times0.33+8\times0.33+9\times5+8\times1\approx140$(ms)。

【例题 4-13】 有两个 CIDR 地址块 208.128/11 和 208.130.28/22。是否一个地址块包含了另一个地址块?如果有,请指出。

解析:是。其中前一个地址块包含后一个地址块。

第一个地址块的二进制表示网络前缀为 11100000 100

第二个地址块的二进制表示网络前缀为 11100000 10000010 000111

明显看出第一个地址块包含第二个地址块。

【例题 4-14】 以下地址中哪一个和 92.32/12 匹配?请说明理由。

(1) 92.33.224.123;(2) 92.79.65.111;(3) 92.38.111.74;(4) 92.68.112.1。

解析:92.32/12 的地址块的网络前缀的二进制表示为 0101 1100 0010 前缀 12 位,说明第二个字节的前 4 位在前缀中。给出的 4 个地址的第一个字节完全相同,第二个字节的前 4 位分别是 0010、0100、0010 和 0100,故只有(1)和(3)是和 92.32/12 是匹配的。

【例题 4-15】 IP 数据报的最大长度是多少个字节?

解析:$64Kb=2^{16}B$,因为其首部的总长度字段只有 16bit 长。但实际上最多只能表示 65 535 字节而不是 65 536 字节,因为在二进制中的 16 个 1 表示十进制的$(2^{16}-1)$。

习　题　4

4-1　网络互连有何实际意义?进行网络互连时,有哪些共同的问题需要解决?网络互连有哪些方式?

4-2　转发器、网桥、路由器和网关有何区别?它们工作在什么层次?

4-3　试简单说明 IP、ARP、RARP 和 ICMP 等协议的作用。

4-4　IP 地址分哪几类?各如何表示?IP 地址的主要特点是什么?

4-5　试说明 IP 地址与物理地址的区别。为什么要使用两种不同的地址?

4-6　回答以下问题。

(1) 子网掩码为 255.255.0.0 代表什么意思?

(2) 一网络的子网掩码为 255.255.248.0,问该网能够连接多少个主机?

(3) 一个 A 类网络和一个 B 类网络的子网号 Subnet.id 分别为 16 比特和 8 比特,问这两个网络的子网掩码有何不同?

(4) 一个 A 类网络的子网掩码为 255.255.0.255,它是否为一个有效的子网掩码?

(5) 某个 IP 地址的十六进制表示是 B4D2F283,试将其转换为点分十进制形式。这个地址是哪一类 IP 地址?

（6）C类网络使用子网掩码有无实际意义？为什么？

4-7　试辨认以下IP地址的网络类别。

（1）129.40.198.5；（2）34.13.240.15；（3）193.183.75.253；（4）226.12.69.17；
（5）89.3.0.1；（6）200.3.5.1。

4-8　IP数据报中的首部校验和，不检验数据报中的数据。这样做的好处是什么？坏处是什么？

4-9　计算首部校验和为什么不采用CRC检验码？当某个路由器发现一数据报的检验和有差错时，为什么采取丢弃的办法而不要求发送端重传此数据报？

4-10　在因特网中，为什么将IP数据报分片传送的数据报在最后的目的主机进行组装而不在数据报片通过一个网络就进行一次组装？

4-11　一个传输层报文由1500bit数据和160bit的首部组成，这个报文进入IP层后加上了160bit的IP首部后成为数据报。下面的互联网由两个局域网通过路由器连接起来。但第二个局域网所能传送的最长数据帧中的数据部分只有800bit，因此数据报在路由器必须进行分片。试问第二个局域网向其上层要传送多少比特的数据（这里的"数据"当然指的是局域网看见的数据）？

4-12　如果要把一个IP数据报分片，哪些字段要复制到每一片首部中？哪些字段只留在第一个片首部中？

4-13　一个数据报长度为4000B（固定首部长度）。现在经过一个能传送最大数据长度为1500B的网络传送。试问应当划分为几个短些的数据报片？各数据报片的数据字段长度、片偏移字段和标志"未完"应为何数值？

4-14　（1）有人说"ARP协议向网络层提供了转换地址的服务，应当属于数据链路层"，这种说法为什么是错误的？

（2）为什么ARP高速缓存每存入一个项目就要设置10～20分钟的超时计时器？这个时间设置得太大或太小会出现什么问题？

4-15　假设因特网中某路由器R_1建立了如下路由表，如表4-22所示。

表4-22　R_1路由表

目 的 网 络	子 网 掩 码	下 一 跳 路 由 器
129.95.29.0	255.255.255.128	接口0
129.95.29.128	255.255.255.128	接口1
129.95.40.0	255.255.255.128	R_2
192.5.160.0	255.255.255.192	R_3
*（默认）	—	R_4

现收到5个数据报，其目的IP地址分别为：

（1）129.95.29.15；（2）129.95.40.20；（3）129.95.29.150；（4）129.5.160.21；
（5）129.5.160.100。试分别计算其下一跳。

4-16　试找出可以产生以下数目的A类子网的子网掩码（采用连续掩码）。

（1）3；（2）8；（3）28；（4）60；（5）126；（6）250。

4-17 有两个 CIDR 地址块 200.192/10 和 200.230.28/22。是否有一个地址块包含了另一个地址？如果有,请指出,并说明理由。

4-18 下列地址中的哪一个和 96.32/12 匹配？请说明理由。

(1) 96.33.224.123；(2) 96.79.65.216；(3) 96.58.119.74；(4) 96.68.206.154。

4-19 与下列掩码相对应的网络前缀各有多少位？

(1) 192.0.0.0；(2) 248.0.0.0；(3) 255.252.0.0；(4) 255.255.255.240。

4-20 一个网络有几个子网,其中的一个已经分配给了地址块 94.178.247.88/29。试问下列网络前缀中的哪些不能再分配给其他的子网？

(1) 94.178.247.120/29；(2) 94.178.247.64/29；(3) 94.178.247.80/28；

(4) 94.178.247.104/29。

4-21 简述 RIP、OSPF 和 BGP 路由选择协议的主要特点。

4-22 因特网的多播是如何实现的？在多播中如何应用隧道技术？

4-23 相对于 IPv4,IPv6 做了哪些改变？

4-24 从 IPv4 过渡到 IPv6 有哪些方法？

4-25 某学校分配到一个 B 类 IP 地址,其网络号 net_id 为 190.252.0.0。该学校有 5000 台机器,平均分布在 20 个不同的地点,如选用子网掩码为 255.255.255.0。试给每一个地点分配一个子网号码,并计算出每个地点主机号码的最小值和最大值。

4-26 一个自治系统有 6 个局域网,其连接如图 4-64 所示。$LAN_1 \sim LAN_6$ 上的主机数分别为 2、230、110、50、5 和 28。该自治系统分配到的 IP 地址块为 64.128.90/23。试给出每一个局域网的地址块(包括前缀)。

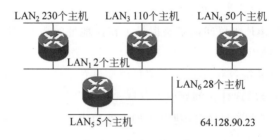

图 4-64 自治系统连接图

4-27 210.108.16.0 是一个 C 类网络,210.108.16.170 是该网内一台主机的 IP 地址,请给出 IP 地址的网络掩码,并求出网络号与主机号。若将 210.108.16.0 划分为 6 个子网,问损失的 IP 地址数是多少？

4-28 某公司有一个总部和 4 个子公司。公司分配到的网络前缀是 128.64.35/24,公司的网络布局如图 4-65 所示。公司总部共有 4 个局域网,其中的 $LAN_1 \sim LAN_3$ 都连接到路由器 R_1 上,R_1 再通过 LAN_4 与路由器 R_2 相连,R_2 通过广域网与 4 个子公司的局域网 $LAN_5 \sim LAN_8$ 相连,每个局域网旁边标明的数字是局域网上的主机数。试给每个局域网分配一个合理的网络前缀。

4-29 有如下的 4 个 /24 地址块,试进行最大可能的聚合：

(1) 214.72.140.0/24；(2) 214.72.141.0/24；(3) 214.72.142.0/24；

(4) 214.72.143.0/24。

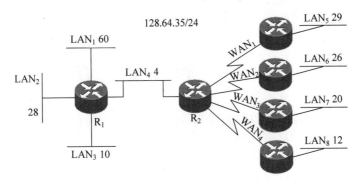

图 4-65 公司的网络布局

4-30 在使用 CIDR 的情况下,写出因特网的路由器转发 IP 数据报的算法。

第5章

传 输 层

[本章主要内容]

1. 传输层功能及其提供的服务

传输层的功能、传输层寻址与端口、无连接与面向连接。

2. UDP 协议

UDP 特点、UDP 数据报、UDP 校验。

3. 传输层可靠传输的原理

停等协议、连续 ARQ 协议。

4. TCP 协议

TCP 提供的服务、TCP 报文的格式、TCP 的连接管理、TCP 的差错控制、流量控制、拥塞控制。

5.1 传输层协议概述

5.1.1 传输层的基本功能

传输层在 OSI/RM 7 层参考模型中的第 4 层,在网络层之上、应用层之下,如图 5-1 所示。传输层利用网络层提供给它的服务去开发自己本层的功能,在两个应用层之间提供进程到进程的服务,实现本层对上一层的服务。

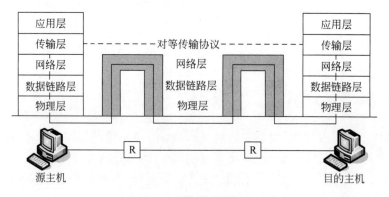

图 5-1 传输层的概念

通过第 4 章的学习我们了解到 IP 协议已经能够将源主机发送出的分组按照首部中的目的地址送交到目的主机,那么,为什么还需要再设置一个传输层呢? 它设立的意义究竟是什么呢？在了解传输层的具体功能之前，让我们先了解三个基本概念，分别是应用进程、端到端和服务保障。

1. 三个概念

（1）应用进程

应用进程就是为了完成某种应用而彼此进行通信的进程。严格地讲，两个主机进行通信实际上就是两个主机中的应用进程互相通信。IP 协议虽然能把分组送到目的主机，但这并不完整，因为这个分组还停留在主机的网络层而没有交付给主机中的应用进程（注意，IP 地址标识因特网中的一个主机，而不是标识主机中的应用进程），这正是传输层要完成的部分。传输层协议负责将报文传输到正确的进程。

（2）端到端（进程到进程）服务

由于通信的两个点是源主机和目的主机中的应用进程，我们把这个运行在各自主机中的应用进程称为端点，因此应用进程之间的通信又称为端到端的通信。在一个主机中经常有多个应用进程同时分别和另一个主机中的多个应用进程通信。例如，某用户在上网浏览网站信息时，其主机的应用层运行浏览器客户端进程。如果在浏览网页的同时，还要发送电子邮件，那么主机的应用层就还要运行电子邮件的客户端进程。因此，应用层中不同进程产生的报文都要通过不同的端口（端口的概念将在 5.2.2 节介绍）向下交付到传输层，再由传输层向下交付而使其共用网络层提供的服务。而由物理层、数据链路层和网络层组成的通信子网可以为网络环境中的主机提供点对点通信服务，通信子网只提供一台机器到另一台机器之间的通信，不会涉及程序或进程的概念。

（3）服务保障

传输层以上的各层都不包含任何数据传输功能，所以传输层可以起到承上启下的作用，要为应用层提供端到端可靠的传输连接，屏蔽下面通信子网的差异，如采用不同的网络拓扑结构、不同的网络协议等。由于许多通信子网只能提供"尽力交付"的服务，就是说网络层不能保证发送端可靠地把数据送至目的端。因此传输层要实现的功能就很复杂了。传输层要保障通过传输协议，可以把尽力交付的不可靠的网络服务演变成为支持网络应用完成可靠的网络服务。

2. 传输层应完成的功能

传输层的功能就是在源主机与目的主机进程之间提供可靠的、端到端的（应用进程之间的）、全双工的数据传输，而传输层以下各层只提供主机到主机及相邻节点之间的点对点的数据传输。传输层的端到端信道是由多段点对点的信道构成的，端到端协议建立在点对点协议之上。

通信子网对于数据的传输是有差错的。设计传输层的目的也是为了提高传输服务的可靠性与保证服务质量（QoS），弥补通信子网服务的不足。

因此，根据传输层在 5 层模式中的地位及作用，它应具有以下主要功能。

（1）传输连接的建立与拆除；

（2）封装与解封；

（3）复用与分用；

（4）传输层的流量控制；

（5）端到端的差错控制；

（6）传输层的拥塞控制；

（7）提供面向连接和无连接两种服务。

总之，传输层是 5 层模式中唯一负责总体的数据传送和控制的一层。它提供可靠的端到端的通信，它反映并扩展了网络层的服务功能，并通过传输层地址提供给高层用户传送数据的通信端口，使系统间高层资源的共享可以免除对数据通信方面的考虑。

另外，在传输层之间传输的报文叫做传输协议数据单元（Transport Protocol Data Unit，TPDU）。TPDU 由两部分构成，即首部和数据部分，数据部分是高层交付给传输层的数据，传输层在这个数据之前加上 TPDU 首部就形成了 TPDU 传输协议数据单元。

通过以上的论述，我们了解了设立传输层的意义。

5.1.2 传输层协议机制

传输层协议的复杂程度取决于网络提供的服务。对可靠的网络服务，只需基本的传输层机制；对不可靠的网络服务，则传输层的机制比较复杂。传输层协议的作用范围和网络层协议的作用范围如图 5-2 所示，网络层为主机之间提供逻辑通信，传输层为应用进程之间提供端到端的逻辑通信。这里讲的逻辑通信是说，对等层之间的通信好像是沿水平方向传输数据，但实际上对等层之间并不存在一条水平方向的物理连接，实际传送的数据是沿垂直方向逐层进行的。

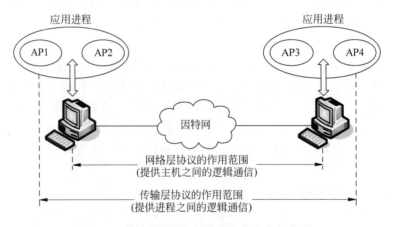

图 5-2 传输层协议和网络层协议的作用范围

如图 5-2 所示，一个主机会存在多个应用进程同时分别与其他一个或多个主机的多个进程通信，传输层需要具有复用和分用功能，通过传输层地址端口（Port）区分不同的应用进程。传输层协议为高层用户屏蔽了通信子网的细节，应用进程看到的是在传输层对等层之间有一条端到端的逻辑通信信道。

5.2 TCP/IP 传输层的两个协议

在 TCP/IP 的传输层有两个不同的协议，如图 5-3 所示，它们都是因特网的正式标准。

（1）用户数据报协议（User Datagram Protocol，UDP）。这是一种不可靠无连接的传输层协议,但由于在应用中简单、高效而被许多场合使用,在那些应用中差错控制由应用层的进程提供。

(2)传输控制协议(Transmission Control Protocol,TCP)。这是一种可靠的面向连接的协议,适用于可靠性要求高的应用场合。

应用层	
UDP	TCP
IP	
与各种网络接口	

图 5-3　TCP/IP 体系中的传输层
　　　　的两个协议

5.2.1　传输层协议的特点

TCP/IP 的网络层提供的是面向无连接的数据报服务,也就是说,IP 数据报在传送过程中有可能会出现错误、丢失、重复或乱序等情况,因此在 TCP/IP 网络中传输层就变得极为重要,它要弥补 IP 协议的不足,为高层提供可靠的服务。针对这些需求,传输层应具有如下特点。

(1)差错检验

在网络层,IP 数据报首部的检验和字段,只对首部进行差错检验而不对数据部分进行检查。所以,需要传输层对收到的报文进行差错检测。这样才能保证传输层接收到的数据的可靠性。在 TCP/IP 的传输层中,两个协议都能实现对报文的差错检验。另外,关于差错控制的具体方法将在 5.5.5 节具体介绍。

(2)可靠与不可靠交付

为适应不同的应用需要,传输层需要有面向连接的 TCP 和无连接的 UDP 两种不同的传输协议。然而,在网络层是无法同时实现这两种协议的。由于传输层向应用层提供 TCP 和 UDP 两种不同的协议使得传输实体之间的逻辑通信信道对上层的表现很不相同。当传输层采用面向连接的 TCP 协议时,尽管下面的网络只提供最大努力服务,不能保证可靠传输,但是这种逻辑通信信道相当于一条全双工的可靠信道,报文在这样的信道中传输,可以做到无差错、按序(接收的顺序和发送的顺序一样)、无丢失、无重复。但当传输层采用无连接的 UDP 协议时,这种逻辑通信信道则是不可靠的。退一步讲,即使传输层提供可靠的交付,也只是指传输层将数据可靠地交付给接收端的应用进程,并非可靠地交给最终用户。

在图 5-4 中将可靠信道画成一个管道,这意味着报文在这样的"管道"中传输时,可以做到无差错、按序、无丢失和无重复。不可靠信道就用一个云状网络来表示,不可靠信道的特点就是不保证交付,即接收时可能不按序、可能会出现丢失和重复。但传输层检查出到达的报文有差错时就将其丢弃因而不收下有差错的报文。

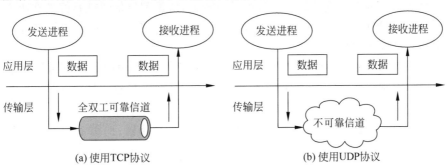

(a) 使用TCP协议　　　　　　　　　(b) 使用UDP协议

图 5-4　传输层向上提供可靠的或不可靠的逻辑通信信道

总之,传输层提供可靠的交付,是指传输层将数据可靠地交付给接收端的应用层。

(3) 协议数据单元

在 OSI/RM 体系中,两个对等传输实体在通信时传送的数据单位为传输协议数据单元 TPDU,但在 TCP/IP 体系中,根据所使用的协议是 TCP 或 UDP,分别为 TCP 报文段或 UDP 用户数据报。

虽然,传输层的 UDP 用户数据报与网络层的 IP 数据报都是提供无连接的服务,并且都叫做数据报,但是,传输层的 UDP 用户数据报与网络层的 IP 数据报有很大的区别。IP 数据报要经过互联网中许多路由器的存储转发,UDP 用户数据报是在传输层的抽象的端到端逻辑信道中传送的。IP 数据报经过路由器进行转发,用户数据报只是 IP 数据报中的数据,路由器不知道有用户数据报经过它。

(4) 无连接与面向连接

UDP 提供无连接的服务,在传送数据之前不需要建立连接,远程主机的传输层在收到 UDP 报文后,也不需要给出任何确认。因此,UDP 不提供可靠交付。尽管如此,UDP 仍是一种最有效的工作方式,例如 DNS 和 NFS 等应用服务器都使用 UDP 传输方式。虽然使用 UDP 协议不能保证传输的安全可靠,但由于它的一些机制的运用(例如 UDP 没有拥塞控制),在一些实时应用的场合,它更加有效。

TCP 则提供面向连接的服务,在传送数据之前必须先建立连接,数据传送结束后要释放连接。TCP 不提供广播或多播服务,而且由于 TCP 要提供可靠的、面向连接的服务,因此要增加许多的开销,如确认、流量控制、差错控制、重传机制、计时器及连接管理等。通过接下来的学习会发现,TCP 首部的长度相对 UDP 要大很多,并且实现 TCP 机制需要更多的处理机资源。

(5) 复用和分用的功能

例如,设因特网上的主机 A 的应用进程 AP_1 与主机 B 的应用进程 AP_4 进行通信,与此同时应用进程 AP_2 与对方的应用进程 AP_3 通信。应用层不同进程的报文分别通过不同的端口向下交到传输层,如图 5-5 所示。源主机的传输层使用其复用功能向下共用网络层(即 IP 层)提供的服务。当这些报文沿着图中虚线到达目的主机后,目的主机的传输层就使用分用功能,通过不同的端口(相应于 OSI 的传输服务访问点 TSAP),将报文分别交给相应的应用进程。应用进程的报文从源主机的传输层到目的主机的传输层,从效果上看,就好像是直接沿水平方向传送到远地的传输层,这就是图 5-5 中两个传输层之间用一个粗的双向箭头表示的意思,即传输层提供传输实体间的逻辑通信,所谓逻辑信道就是好像在两个传输实体之间有一条端到端的通信信道,实际上这两个应用进程之间并没有一条水平方向的物理连接,数据是沿着图中虚线传送的。

由此可知,复用和分用是传输层的一个很重要的功能。应用层不同进程的报文通过不同的端口,向下交到传输层,再往下就共用网络层提供的服务。当这些报文沿着图中的虚线到达目的主机后,目的主机的传输层就使用其分用功能,通过不同的端口将报文分别交付到相应的应用进程。传输层之间的通信好像是沿水平方向传送数据,但事实上这两个传输层之间并没有一条水平方向的物理连接,要传送的数据是沿着图中上下多次的虚线方向传送的。

总之,传输层提供可靠的交付,是指传输层将数据可靠地交付给接收端的应用层。

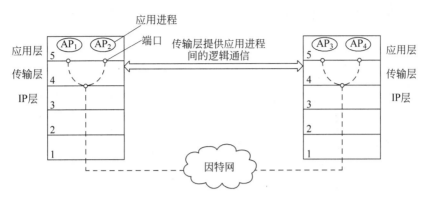

图 5-5 传输层为相互通信的应用进程提供逻辑通信

5.2.2 端口

传输层协议的功能是实现应用进程间的端到端的通信。计算机中的不同进程可以同时进行通信的原因,是因为同一主机中的不同应用进程可以通过端口号来进行唯一的标识。

尽管有一些方法可以实现进程到进程的通信,但是最常用的是客户-服务器模式(Client-Server Paradigm,详细介绍见第 6 章)。本地主机上的进程称为客户,它通常需要远程主机的进程提供的服务,这种远程主机称为服务器。

1. 端口的意义

端口位于传输层与应用层接口处,它就是 OSI/RM 的传输层服务访问点 TSAP。TCP 和 UDP 都使用端口与上层的应用进程进行通信,即应用层的各种进程通过相应端口将数据向下交给传输实体;反之,当传输层收到 IP 层交上来的数据(TCP 报文段或 UDP 用户数据报)时,也要根据其首部的端口号来决定应当通过哪一个端口上交给应该接收此数据的应用进程。由此可知,没有端口,传输层就无法知道应将接收的数据交给应用层的哪一个进程,也就谈不到应用进程与传输实体进行交互。所以,端口是用来标识应用进程的。

由此可见,两个计算机中的进程要互相通信,不仅要知道对方的 IP 地址,还要知道对方的端口号。

但是,由于在传输层使用了复用和分用技术,在传输层与网络层的交互中看不见各种应用进程,而只有 TCP 报文段或 UDP 用户数据,就如同网络层和数据链路层的交互只有 IP 数据报一样。

在传输层与应用层的接口上每个端口都拥有一个叫端口号的整数描述符,用来标识不同的端口或进程。端口号只用来标识本主机应用层中的各个进程,不同主机中的相同端口号之间没有联系,端口号只具有**本地意义**。

2. 端口的格式

在 TCP/IP 传输层,规定使用一个 16bit 表示的整数作为端口标识,也就是说可定义 2^{16} 个端口号,其端口号从 $0 \sim 2^{16}-1$。由于 TCP/IP 传输层的 TCP 和 UDP 协议是两个完全独立的软件模块,各自的端口号也相互独立,即各自可独立拥有 2^{16} 个端口号。TCP 协议和

UDP 协议都采用 16 位的端口号,分别提供 65 536 个端口。

如图 5-6 所示,每种应用层协议或应用进程都具有与传输层唯一连接的端口,并且使用唯一的端口号将这些应用进程区分开来。当数据流从某一个应用进程发送到远程网络中的某一个应用进程时,传输层根据这些端口号,就能够判断出数据来自于哪一个应用进程、想要访问另一个网络的哪一个应用进程,从而将数据传递到相应的应用层协议或应用进程。

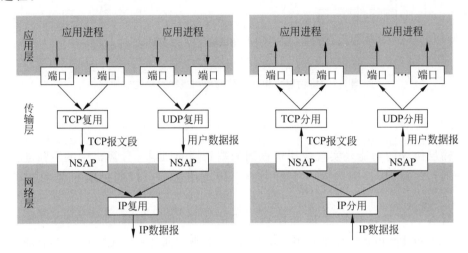

图 5-6 应用层与传输层之间的接口

3. 端口分配

端口根据其对应的协议或应用不同,被分配了不同的端口号。目前,传输层使用的端口共分为下面两大类。在实际使用中可以根据端口号的值加以区别。

(1) 服务器端使用的端口号

服务器进程必须使用一个端口号定义它自己,但这个端口号不能随机选择。如果一个服务器站点的计算机运行一个服务器进程,并随机分配一个数字作为端口号,那么当客户站点的进程想访问该服务器进程时,并不知道其端口号,则访问无法进行。

这里服务器端使用的端口号还分为两种:最重要的一类叫做熟知端口(保留端口、全局端口或系统端口号)。这一类是由国际互联网代理成员管理局 IANA 负责分配的端口,熟知端口号一般在 0～1023 之间,基本上都被分配给了已知的应用协议。例如,分配给 FTP 用 21、Telnet 用 23、SMTP 用 25、DNS 用 53、HTTP 用 80、SNMP 用 161 等。目前,熟知端口的端口号分配已经被广大网络应用者接受,形成了标准,如表 5-1 所示为 TCP 协议和 UDP 协议的一些常用的熟知(保留)端口。

表 5-1 TCP 协议和 UDP 协议的一些常用的保留端口

项　　目	端口号	关键字	应 用 协 议
UDP 保留端口举例	53	DNS	域名服务
	69	TFTP	简单文件传输协议
	161	SNMP	简单网络管理协议
	520	RIP	RIP 路由选择协议

项　　目	端口号	关键字	应 用 协 议
TCP 保留端口举例	21	FTP	文件传输协议
	23	Telnet	虚拟终端协议
	25	SMTP	简单邮件传输协议
	53	DNS	域名服务
	80	HTTP	超文本传输协议
	119	NNTP	网络新闻传输协议

在各种网络的应用中调用这些端口就意味着使用它们所代表的应用协议。由于这些端口已经有了固定的使用者,所以不能再被分配给其他应用程序。

另一类叫注册端口(登记端口)。注册端口比较特殊,是为没有熟知端口号的应用程序所使用的。它所代表的不是已经形成标准的应用层协议,而是某个软件厂商开发的应用程序。一般来说,这些特定的软件要使用注册端口,其厂商必须向端口的管理机构注册。大多数注册端口的端口号大于 1023,在 1024~49 151 之间。

(2) 客户端使用的端口号

客户进程用端口号定义它自己,这称为临时端口号(Ephemeral Port Number)(动态端口或一般端口)。为了客户—服务器进程能正常通信,临时端口号推荐用大于 49 151 的值。这类端口号仅在客户进程运行时才动态选择。它的端口号一般在 49 152~65 535 之间。这些端口号没有固定的使用者,可以被动态地分配给请求通信的应用进程使用,并且使用这个临时的端口与网络上的其他主机通信。如图 5-7 所示为使用动态分配的端口访问网络资源的情况。

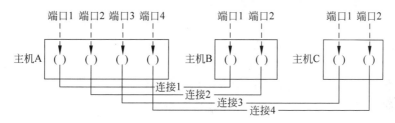

图 5-7　源端口与目的端口的连接

5.2.3　套接字的作用

在因特网中,为了区别不同主机的不同进程,必须把主机的 IP 地址(32bit)和端口号(16bit)结合在一起使用,这样形成的 48bit 可以唯一确定网络中的一个传输层端点,这样的端点也叫做插口或套接字(Socket)。

1. 套接字格式

套接字(插口)是 IP 地址加上一个端口地址。这个概念不复杂,但非常重要。例如,若 IP 地址=130.24.27.1,端口号=49152,则

套接字=(IP 地址,端口号)=(130.24.27.1,49152)

套接字又可分为发送套接字和接收套接字。

发送套接字=源 IP 地址+源端口号

接收套接字=目的 IP 地址+目的端口号

有了套接字(或插口)的概念,那么一个 TCP 连接就可由它的两个端点来标识。

2. 套接字举例

例如在图 5-8 中,设主机 A 和主机 C 使用简单邮件协议 SMTP 与主机 B 通信,SMTP 使用面向连接的 TCP。为了找到目的主机 B 中的 SMTP,主机 A 和主机 C 要与目的主机 B 中的熟知端口(25)建立连接,主机 A 和主机 C 也要给自己的进程分配一个端口号。由于各主机都是独立地分配自己的端口号,可能出现相同的源端口号,所以,设主机 A 和主机 C 各自都为自己分配一个源端口号均 50000,这就可以建立起连接 1 和连接 3,由于这种连接不是物理连接,而是逻辑连接(即虚连接),故用虚线表示。

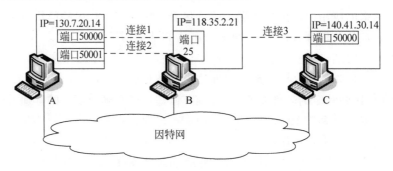

图 5-8　与主机 B 的 SMTP 建立三个连接

现在主机 A 中的另一个进程也要和主机 B 中的 SMTP 建立连接,目的端口号仍为 25,但其源端口号不能与上一个连接重复,所以,设主机 A 又为自己分配一个源端口号为 50001,这就是主机 A 和主机 B 建立的第二个连接。

于是,在整个因特网中,IP 地址为 130.7.20.14 的主机 A 用端口 50000 和 IP 地址为 118.35.2.21 的主机 B 的端口 25 建立了连接 1,相应的一对插口是:

$$发送套接字=(130.7.20.14:50000)$$
$$接收套接字=(118.35.2.21:25)$$

IP 地址为 130.7.20.14 的主机 A 用端口 50001 和 IP 地址为 118.35.2.21 的主机 B 的端口 25 建立了连接 2,连接 2 的一对插口是:

$$发送套接字=(130.7.20.14:50001)$$
$$接收套接字=(118.35.2.21:25)$$

连接 3(主机 C 与主机 B)的一对插口是:

$$发送套接字=(140.41.30.14:50000)$$
$$接收套接字=(118.35.2.21:25)$$

如果使用无连接的 UDP,虽然不需要在相互通信的两个进程之间建立一条虚连接,但为了区分多个主机之间同时通信的多个进程,发送端 UDP 一定要有一个发送端口,而在接收端 UDP 也一定要有一个接收端口,因而同样可以使用套接字(或插口)的概念。

端口在传输层的作用有点类似于 IP 地址在网络层上的作用或 MAC 地址在数据链路层上的作用,只不过 IP 地址和 MAC 地址标识的是主机(一个是逻辑地址,一个是物理地址),而端口标识的是应用进程。由于同一时刻一台主机上可能会有许多应用进程在同时运行,所以需要有大量的端口号来标识(或区分)不同的应用进程。

正是由于 TCP 和 UDP 使用通信端口来识别连接，才使得一台主机上的某个 IP 地址可以被多个连接所共享。

5.3　UDP 协议

5.3.1　UDP 协议的主要特点

（1）提供进程到进程的通信。UDP 使用套接字地址提供进程到进程的通信，这是 IP 地址和端口号的组合。

（2）UDP 是一种无连接的、不可靠的传输层协议。它除了提供进程到进程之间的通信及有限的差错校验功能外，就没有给 IP 服务增加任何东西。如果 UDP 功能如此之差，为什么还有应用进程使用它呢？这是因为在有些情况下，是无法或不能建立连接的，例如对网络进行故障检测时。另外，UDP 在发送数据之前不需要建立连接，发送数据结束后也不需要连接释放，因而减少了许多系统开销和数据发送之前的时延。

（3）UDP 用户数据报只有 8 个字节的首部，比 TCP 固定首部的 20 个字节要短，开销要小。设计比较简单的 UDP 协议的目的是希望以最小的开销来达到网络环境中的进程通信目的。

（4）UDP 不使用拥塞控制。因为不保证可靠交付，所以主机不需要维持具有许多参数的连接状态表。当网络出现拥塞时，也不会使源主机的发送速率降低，这对某些实时应用是非常重要的。例如，IP 电话、实时视频会议等都要求源主机以恒定的速率发送数据，但对于在网络出现拥塞时丢失少量的数据却是可以容忍的。也就是说，即便因为网络拥塞而丢失了一些数据，也不允许数据时延太大。UDP 不使用拥塞控制正好满足这种要求。在某些情况下，UDP 中缺少拥塞控制可以看做是一个优势。

（5）提供了有限的差错检验功能。除检验和外，UDP 也没有差错控制机制。这就表示发送方不知道报文是否丢失、是否重复。当接收方使用校验和检测出差错时，它就悄悄地将此报文丢弃。

（6）无流量控制。UDP 是一个非常简单的协议，无流量控制（Flow Control），因而也没有窗口机制。但是如果到达的报文太多时，接收方可能会溢出。

（7）UDP 是面向报文的，对应用进程交下来的报文不再划分为若干个小报文段来传送，这就要求应用进程要选择大小合适的报文。

（8）UDP 支持一对多，一对一，多对多和多对一通信。

由于 UDP 不具有拥塞控制功能，所以在一些实时通信中可能会满足应用的需要，但当很多源主机同时向网络发送高速的实时视频流时，网络就可能会发生严重的拥塞，造成大量数据的丢失，以致大家都无法正常接收。因此，在一些使用 UDP 的实时应用要求中对 UDP 的不可靠传输进行适当改进，以减少数据的丢失。为此，可以在不影响实时性的前提下，在应用进程本身增加一些提供可靠性的措施，例如采用前向纠错或重传已丢失的报文等。

UDP 常用于一次性传输数据量较小、可靠性要求不高的网络应用，如 SNMP、DNS（都是应用层协议）等应用数据的传输。进程发送的报文较短，同时对报文的可靠性要求不高，那么可以使用 UDP 协议。因为对于这些一次性传输数据量较小的网络应用，若采用 TCP

服务,则付出的关于连接建立、维护和拆除的开销是非常不合算的。

另外,对于不同的应用层协议有的使用 TCP 协议,有的使用 UDP 协议,表 5-2 中列出了应用层协议对应的传输层协议。

表 5-2 应用层协议对应的传输层协议

名字转换	DNS	UDP
路由选择协议	RIP	UDP
网络管理	SNMP	UDP
远程文件服务器	NFS	UDP
IP 电话	专用协议	UDP
流式多媒体通信	专用协议	UDP
多播	IGMP	UDP
电子邮件	SMTP	TCP
远程终端接入	TELNET	TCP
万维网	HTTP	TCP
文件传送	FTP	TCP

5.3.2 UDP 协议的基本工作过程

1. UDP 协议传输过程

为了直观明了地说明 UDP 协议的工作过程,现将其数据的传输过程如图 5-9 所示。

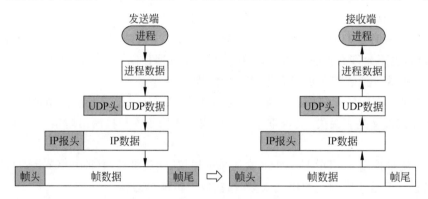

图 5-9 UDP 用户数据报的传输过程

首先应该指出,只有那些发送短报文的进程才应当使用 UDP 协议。

要从源主机将一个进程的报文发送到目的主机的另一个进程,UDP 协议在源主机要进行层层封装,而在目的主机要进行拆封。即当源主机进程有报文要通过 UDP 发送时,要经过如下步骤进行。

(1) 首先将此报文数据传递给 UDP 协议的传输实体,UDP 传输实体将收到的进程数据再加上 UDP 报头(包括本地端口号和远程端口号),形成 UDP 用户数据报。

(2) 然后 UDP 传输实体就将这个用户数据报连同本地 IP 地址、本地端口号、远程 IP 地址、远程端口号一起传递给网络层实体,网络层实体加上自己的 IP 报头(包括本地 IP 地址和远程 IP 地址等),在协议字段使用值 17,指出这个数据是从 UDP 协议来的,形成 IP 数据报,这个 IP 数据报再传递给数据链路层实体。

（3）数据链路层实体收到 IP 数据报后,加上自己的帧头和帧尾,形成一个数据链路层的帧,再传递给物理层。物理层将这些数据编码为电信号或光信号,将其发送到远程的主机上。

当帧到达目的主机后,同样要经过以下步骤。

（1）数据链路层实体按照协议进行检查。若没发现差错,拆掉首尾,提交给网络层实体。

（2）网络层实体按照协议进行检查。若没发现差错,拆掉首部,提交给传输层实体。

（3）传输层实体对 UDP 用户数据报进行检查。如果没发现错误,就除去 UDP 的报头,按照目的端口号,将数据提交给接收端的目的进程。至此,源应用进程与目的应用进程之间的数据交换功能就完成了。

2. UDP 报文传输队列

前面已经提到,传输 UDP 报文需要使用端口来区分多个主机之间同时通信的多个进程。一个 UDP 端口通常使用多个 UDP 报文队列来实现多个进程之间的通信。图 5-10 中是发送端应用进程将用户数据按端口号加入相应队列的情况,首先应将数据加入队列的末尾,如果队列已满,就丢弃该用户数据。当 UDP 发送数据时就先从队列的队头取走一个报文,经 UDP 复用后交 IP 层组装成 IP 数据报发送出去。

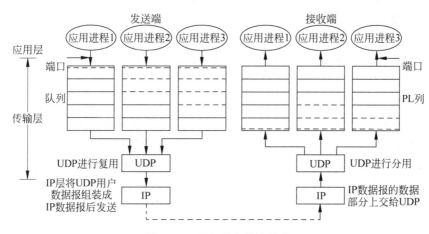

图 5-10　UDP 报文传输队列

如图 5-10 所示,接收端 IP 层将收到的 IP 数据报的数据部分上交给 UDP。UDP 再对收到的用户数据报进行分用,按照端口号将其加入相应队列的末尾。如果队列已满,就丢弃该用户数据报。当应用进程要接收报文时,就从相应的队列前头取走一个报文。若应用进程发现队列已空,则有可能是应用进程数据在传输途中被阻塞,直到队列中出现应用进程数据为止,这时应用进程又可以接收报文。由于没有流量控制机制来通知发送方降低发送速率,在队列已满的情况下,UDP 协议可能会造成数据的丢失,导致传输错误。

5.3.3　UDP 用户数据报格式

UDP 用户数据报包括首部和数据两部分。首部只有 8 个字节,分 4 个字段,每个字段为两个字节,如图 5-11 所示。

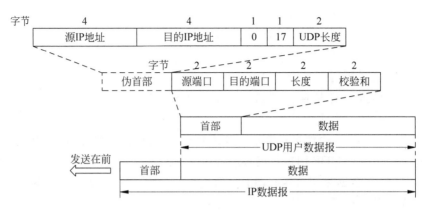

图 5-11　UDP 用户数据报格式

各字段意义如下。

(1) 端口号：包括源端口号和目的端口号字段,各为 16 位。源端口号是在源主机运行的进程使用的端口号。在传输连接建立过程中,源端口是客户机端的端口号,因此源端口号是一般端口号(或动态分配的端口号),它由应用进程请求,由源主机上运行的 UDP 软件进行分配。目的端口号是服务器端的端口号(熟知端口号)。在传输过程中,源端口号和目的端口号根据发送和接收者的身份来确定。

(2) 长度字段：长度 16 位,它定义了包括用户数据报首部在内的用户数据报的总长度。因此用户数据报的总长度最大可为 65 535 字节,最小长度是 8 字节。如果长度字段是 8 字节,那么说明该用户数据报只有报头,没有数据。

(3) 检验和字段：长度 16 位,用来防止 UDP 用户数据报在传输中出错,出错就丢弃。检验和字段用来检验整个用户数据报(包括首部)在传输中是否出现差错,发送方可以选择不计算校验和,这一点正反映出设计者效率优先的思想。因为计算检验和肯定是要花费时间的,如果应用进程对通信效率的要求高于可靠性时,应用进程可以不选择检验和。

UDP 检验和要检验的内容包括三个部分：伪首部(Pseudo Header)、UDP 首部以及 UDP 数据部分。伪首部是 IP 分组首部的一部分,其中填充域字段要填入 0,目的是使伪首部的长度为 16 位的整数倍。协议字段填入协议号 17,17 表示 UDP。UDP 长度包括 UDP 数据报的长度,不包括伪首部的长度。

所谓"伪首部"是因为这种伪首部并不是 UDP 用户数据报真正的首部。只是在计算校验和时,临时和 UDP 用户数据报连接在一起,得到一个过渡的 UDP 用户数据报。校验和就是按照这个过渡的 UDP 用户数据报来计算的。伪首部既不向下传递也不向上递交,而仅仅是为了计算校验和。图 5-11 的最上面给出了伪首部各字段的内容。

使用伪首部的目的是为了验证 UDP 数据报是否传到正确的目的进程。因为 UDP 数据报的目的地址应该包括两部分,即目的主机 IP 地址和目的端口号。UDP 数据报本身只包含目的端口号,由伪首部补充目的主机 IP 地址部分。UDP 数据报发送与接收端计算校验和时均加上伪首部信息。如果接收端发现校验和正确,则在一定程度上说明 UDP 数据报到达了正确主机上的正确端口。UDP 伪首部来自于 IP 报头,因此在计算 UDP 校验和之前,UDP 首先必须从 IP 层获取有关信息。这说明 UDP 与 IP 之间存在一定程度的交互作用。在 UDP/IP 协议结构中,UDP 校验和是保证数据正确性的唯一手段。

5.3.4 UDP 校验和的计算示例

RFC1071(因特网标准)提供了 UDP 校验和计算的有效实现方法。本节中通过引用 Behouz A. Forouzan 所著的 *TCP/IP Protocol Suite(Second Edition)* 中的一个计算校验和的例子,来说明校验和计算的具体步骤。

UDP 计算校验和的方法和计算 IP 数据报首部校验和的方法相似。但不同的是 IP 数据报的校验和只检验 IP 数据报的首部,但 UDP 的校验和是将首部和数据部分一起检验。

1. 校验和的计算方法

在发送端,首先将全零放入检验和字段,再将伪首部以及 UDP 用户数据报看成是由许多 16bit 的字串接起来的,作为一个整体来计算。若 UDP 用户数据报的数据部分不是偶数个字节,则要填入一个全零字节(但此字节不发送),然后按二进制反码计算出这些 16bit 字的和。二进制求和的计算方法是 $0+0=0$、$0+1=1$、$1+1=0$,但需要产生一个进位,加到下一列。如果最高位相加后产生进位,则最后的结果加 1。

2. 发送端的计算步骤

在发送端:计算校验和可以按照以下 8 个步骤进行。

(1) 将伪首部加到 UDP 用户数据报上;

(2) 将校验和字段置为 0;

(3) 将所有的位分为 2B(16 位)的字;

(4) 如果字节总数不是偶数,则增加一个字节的填充(全 0);

(5) 对所有的 16 位字进行二进制反码求和计算;

(6) 将计算所得的 16 位的和取反码,并插入校验和字段;

(7) 将伪首部和其他增加的填充位删除;

(8) 将已经有校验和的 UDP 用户数据报送至网络层实体进行封装。

3. 接收端的计算步骤

在接收端,校验和的验证计算一般需要按以下 5 个步骤进行。

(1) 将伪首部加到 UDP 用户数据报上;

(2) 如果需要就增加填充;

(3) 将所有的位分为 2B(16 位)的字;

(4) 对所有的 16 位字进行二进制反码求和计算;

(5) 如果所得的结果为全 1,说明数据传输正确,则丢弃伪首部和所有的填充字段,并接受已经经过校验的正确的 UDP 用户数据报。如果结果不为 1,则认为 UDP 用户数据报传输中出现错误,丢弃该数据报。

如图 5-12 所示为一个计算校验和的例子。在这个例子中,假设发送端用户数据报是长度为 7 字节的短报文"TESTING",因为它不是 2 字节的整数倍,因此需要添加 1 个全 0 的字节。下面是 UDP 校验和计算的实现方法。

从这个计算校验和的例子可以看出,使用伪首部是为了验证 UDP 用户数据报是否传到了正确的目的进程。

UDP 伪首部来自于 IP 分组首部,因此在计算 UDP 校验和之前,UDP 首先必须从 IP 层获取有关信息。校验和是保证 UDP 用户数据报传输正确性的一种重要手段。这种简单

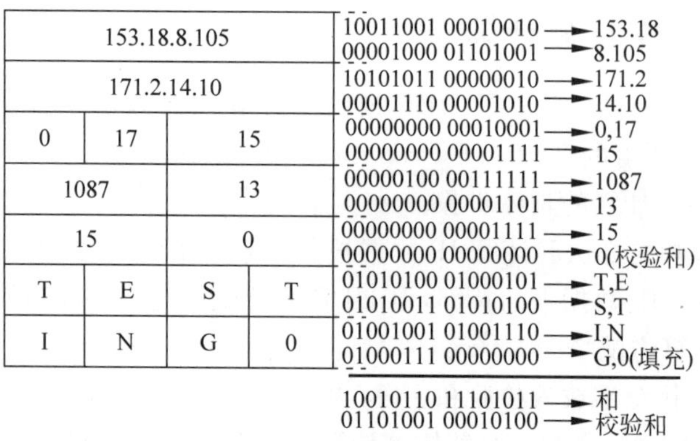

153.18.8.105			
171.2.14.10			
0	17	15	
1087		13	
15		0	
T	E	S	T
I	N	G	0

```
10011001 00010010 ──→153.18
00001000 01101001 ──→8.105
10101011 00000010 ──→171.2
00001110 00000010 ──→14.10
00000000 00010001 ──→0,17
00000000 00001111 ──→15
00000100 00111111 ──→1087
00000000 00001101 ──→13
00000000 00001111 ──→15
00000000 00000000 ──→0(校验和)
01010100 01000101 ──→T,E
01010011 01010100 ──→S,T
01001001 01001110 ──→I,N
01000111 00000000 ──→G,0(填充)
10010110 11101011 ──→和
01101001 00010100 ──→校验和
```

图 5-12   一个 UDP 发送端计算校验和的例子

的校验方法的检错能力不是很强,但它的好处是简单,处理起来较快。设计者考虑的重点是如何使协议简洁以及如何提高软件处理速度。

因此可以看出,这样的校验和,既可以检查 UDP 用户数据报的源端口号、目的端口号、UDP 用户数据报的数据部分,也可以检查 IP 数据报的源 IP 地址和目的 IP 地址。

5.4 传输层可靠传输的工作原理

我们知道,TCP 发送的报文段是要向下交给 IP 层(网络层)来传送的,而 IP 层只能提供尽最大努力服务,不保证可靠传输。因此,TCP 必须采取适当的措施来保证通信双方的传输层之间的传输变得可靠。而可靠性是依赖传输层的协议来保障的。为了更好地理解传输层的协议的原理,我们从一个最简单的协议入手。

5.4.1 停等协议

停等(Stop and Wait)协议是最简单也是最基本的传输层协议,它虽简单却涉及许多有关协议的基本概念。为了便于理解,下面从最理想的情况开始讨论。

1. 理想条件下的数据传输

假设通信条件是理想的,即满足如下两方面的要求:

(1) 传输完全可靠,不出错,不丢失;

(2) 不论发送方的发送速率快或慢,收方均能及时收到数据,并上交主机。

第一个条件表明没有差错,不需要差错控制;第二个条件表明接收方的接收、处理数据的速率永远大于发送方发送数据的速率,不存在缓冲溢出而造成数据帧丢失的可能,因此不需要流量控制。在这种理想环境下,不需要任何的传输层协议,如图 5-13 (a)所示,但这种理想环境实际是不存在的。

2. 具有简单流量控制的数据链路层协议

假定信道仍然是无差错的理想信道,但接收方接收数据的速率跟不上发送方发送数据的速率。这种情况下,为了保证接收方的接收缓冲区在任何情况下都不溢出,最简单的办法是:发送方每发送一帧数据就停下来等待接收方的应答,接收方收到数据帧并交给主机后,发一个表示接收完毕的应答(ACK)给发方,发送方只有在得到这一应答后,才发送下一帧数据。这种方法的实质是使接收方控制发送方的发送速率,即进行流量控制,其过程如图 5-13(b)所示。

由于假设数据在传输中不会出错,因此严格地讲,接收方将收到的数据帧交给主机 B 后向发送方主机 A 发送的应答不需要说明所收到的数据是否正确,只要发回一个没有内容的应答就能起到流量控制作用,这种用停止等待方式实现的数据链路层协议称为简单的停等协议。

然而实际的网络信道都不具备以上两个理想条件(甚至完全不出差错的信道也是不存在的)。但我们可以采用一些可靠的协议,在本来不可靠的传输信道上就能够实现可靠传输了。下面我们从实用的停等协议讲起。

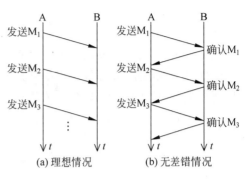

图 5-13　简单的停止等待协议

5.4.2　实用的停等协议

实际的通信环境不是理想的,实用的停等协议既需要差错控制又需要流量控制,它是一个提供流量控制和差错控制的面向连接的协议。现在假设数据帧在传输过程中由于干扰出现了差错,如何检错和纠错呢?

1. 检错

对于检错,通常采用循环冗余校验(Cyclic Redundancy Check,CRC)码(在第 3 章我们已经了解了其工作原理和实现方法)来实现。

目前,已经研究出了若干种 CRC 生成多项式,并定为国际标准。CRC 码可以用软件实现,但通常用硬件来实现 CRC 的编码、译码和判错。

2. 纠错

停等 ARQ 协议的基本原理是:发送方发出一个分组后必须等待应答信号,收到肯定应答信号 ACK 后继续发送下一个分组;在一定的时间间隔内没有收到应答信号必须重传该分组。

正常情况下,收方收到一个正确的数据分组,则交付给主机 B,同时向发送方主机 A 发送一个确认 ACK,主机 A 收到 ACK 后才发送下一个新的数据分组,如图 5-14(a)所示。一旦发现数据有错,接收方首先丢弃有差错的分组,并且不会向发送方回送任何应答信息,而发送方要等收到应答后再发送下一组数据,这样势必永远等待下去,出现死锁。解决死锁问题的办法是发送方每发一组数据,就启动一个超时定时器,若超过定时器所设置的定时时间 T_{out} 仍未收到接收方的应答信息,则发送方重传前面所发送的数据,然后等待。为此,在发送端必须暂时保存已发过数据的副本,直到确认发送完成或决定放弃为止。另一种差错是数据分组在传输中丢失。接收方因没有收到数据分组,当然同样不会向发送方回送任何应答信息,也将出现死锁。一般情况下数据出错和数据丢失将同样处理。这就叫做超时重传。

同理,若接收方发给发送方的应答信息丢失,也会产生死锁。解决死锁问题的办法仍然是发送方每发一个数据分组,就启动一个超时定时器,若超过定时器所设置的定时时间 T_{out} 仍未收到接收方的应答,则发送方重传前面所发送的数据分组。

239

第 5 章

若丢失的是应答数据,如图 5-14(b)所示,则重发将使接收方收到两组同样的数据。由于接收方无法识别重复的数据分组,因而在接收方出现重复分组的差错。为解决这个问题,让每个数据分组带上发送序号 $N(S)$,每发送一组新的数据就把 $N(S)$ 加 1。这样,当接收方收到发送序号相同的数据分组时,就意味着上次发的确认分组发送方未收到。因此,不仅丢弃重复分组,而且再向发送方发一个确认 ACK。发送序号 $N(S)$ 占的位数越少,数据传输的额外开销就越小,在停等协议中它只要能区分两组相邻的数据是否重复就可以了,因此只用两个编号,用 1 位就能区分新的数据和重发的数据了。

如图 5-14(c)所示,也是一种可能出现的情况。传输过程中没有出现差错,但接收方对数据分组 M_1 的确认延迟了。发送方会收到重复的确认。对重复的确认的处理很简单:收下后就丢弃。接收方仍然会收到重复的 M_1,并且同样要丢弃重复的 M_1,并重传确认分组。

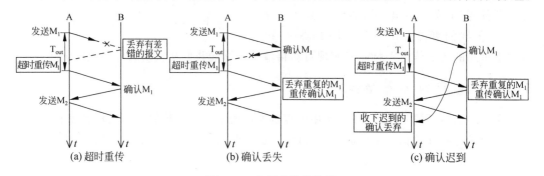

图 5-14　实用的停等协议

这里应注意以下三点。

(1) 发送端在发送完一个分组后,必须暂时保留已发送的分组的副本(为了在发生超时重传时使用)。只有在收到相应的确认后才能清除暂时保留的副本。

(2) 分组和确认分组都必须进行**编号**。这样才能确定哪一个发出的分组收到了确认,而哪一分组还没收到确认。同时接收方还必须记住已收到的分组的编号,直到下一个分组来到并进行比较,若相同则丢弃该分组。

(3) 超时计时器设置的重传时间应当比数据在分组传输的平均往返时间更长一些。如图 5-14(a)中的一段虚线表示如果 M_1 正确到达接收方同时发送方也正确收到确认的过程。超时时间 T_{out} 值的选择应恰当,若选得太长,浪费时间;若选得太短,则发送方有可能在重发了数据后,才收到对方为前一个接收数据所回送的应答信息,这样,就会造成混乱。一般将定时时间选为**略大于**"从发送完毕数据到收到应答信息所需的平均时间"。可见重传时间设定为比平均往返时间更长一些。

一般情况下,发送方最终会总是可以收到对所有发出的数据的确认。如果发送方不断重传数据但总是收不到确认,就说明通信的线路太差,不能进行通信。

使用上述的确认和重传机制,就可以在不可靠的传输线路上实现可靠的通信。

停止-等待协议比起后边讨论的其他协议仍以其简单性见长。然而它的缺点是在有些情况下其效率不能令人满意。

像上述的这种可靠的传输协议,常称为**自动重传请求**(Automatic Repeat reQuest,ARQ)。意思是重传的请求是自动进行的,接收方不需要请求发送方重传某个丢失或出错的数据分组。

5.4.3 停等协议的算法

通过上述讨论,我们可以得出停等协议的算法,如图 5-15 所示。

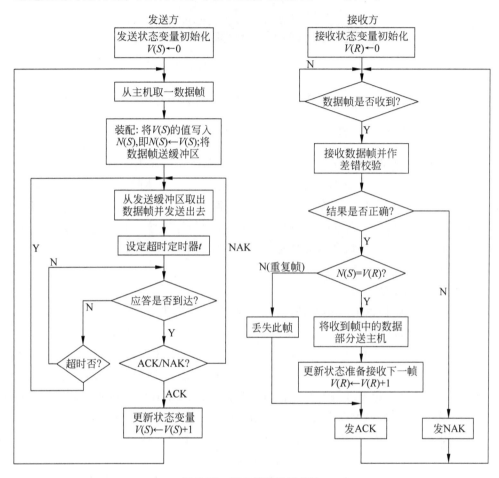

图 5-15 停止等待协议算法

收发双方各设置一个 1 位的本地状态变量,对状态变量的设置要注意如下问题。

(1) 发送方每发一分组数据,都要将发送状态变量 $V(S)$ 的值写到数据分组的发送序号上,但只有收到一个确认分组 ACK 后,才更新发送状态变量 $V(S)$ 一次并发送新的数据分组;

(2) 在接收方每接收一个数据分组,就要将数据分组上的发送序号 $N(S)$ 和本地的接收状态变量 $V(R)$ 进行比较,若两者相等,则为新的数据分组,否则为重复数据;

(3) 当收到无差错的新的数据分组时,接收方除将其交给主机外,还需将接收状态变量更新一次;

(4) 若收到一个无差错的重复分组,则丢弃之,且接收状态变量 $V(R)$ 不变,但要向发送端发一个确认分组 ACK。

停止-等待协议的特点是简单,但传输效率低。为了提高传输效率,发送方可以采用流水线传输(见图 5-16)。流水线传输就是发送端可连续发送多个分组,不必每发完一个分组就停下来等待对方的确认。这样可以使信道上一直有数据不间断地传送。显然这种传输方式可以获得更高的信道利用率。

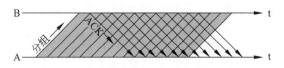

图 5-16　流水线传输可提供许多利用率

当使用流水线传输时,就要用到接下来介绍的连续 ARQ 协议和选择性 ARQ 协议。

5.4.4　连续 ARQ 协议

由于滑动窗口协议比较复杂,并且是 TCP 的精髓所在。详细的协议原理将在 5.5 节中介绍。这里先给出连续 ARQ 协议最基本的概念,但不涉及具体的细节问题。

由于将窗口的尺寸开到足够大时,分组在线路上可以连续地流动,因此称其为连续 ARQ 协议。根据对出错数据和丢失数据处理上的不同,连续 ARQ 协议分为后退 N 帧 ARQ(Go-Back-N,GBN)协议和选择性重传 ARQ(Selective-Repeat,SR)协议。这些协议都是滑动窗口技术和自动请求重发技术的结合。

1. 后退 N 帧 ARQ 协议

后退 N 帧 ARQ 协议的基本原理是:当接收方检测出失序的数据信息后,要求发送方重发最后一个正确接收的数据之后的所有未被确认的数据;或者当发送方发送了 n 组数据后,若发现该 n 组数据的前一组在计时器超时后仍未返回其确认信息,则该组数据被判定为出错或丢失,此时发送方就不得不重新发送该出错数据及其后的 n 组数据。

图 5-17(a)表示发送方维持的发送窗口,它的意义在于:在收到接收方的确认之前位于发送窗口内的 5 个分组都可以发送出去,分组发送的序号从小到大发送。

连续 ARQ 协议规定:发送方每收到一个确认,就把发送窗口向前滑动一个位置。图 5-17(b)表示发送方收到了对第 1 个分组的确认,于是把发送窗口向前滑动一个分组的位置。如果原来发送了前 5 个分组,那么现在可以发送窗口内的第 6 个分组了。

而接收窗口的大小总是 1。接收方总是按顺序寻找特定的分组是否到达。任何失序的分组到达都会被丢弃并要求发送方重发。图 5-18 给出了接收窗口示意图。

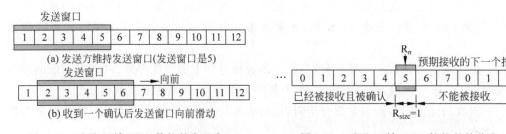

图 5-17　后退 N 帧 ARQ 协议的发送窗口　　　图 5-18　后退 N 帧 ARQ 协议的接收窗口

注意:窗口左侧的序号属于已经被接收和确认的分组;窗口右侧的序号是不能被接收的分组。任何序号在这两个区域中的分组都将被丢弃。只有序号和接收窗口的值一致才能被接收和确认。当正确的分组被接收时，接收窗口也向前滑动，但是一次滑动一个分组的大小。

后退 N 帧 ARQ 协议的实现过程描述如下。

（1）发送方按照窗口中的分组编号顺序地连续发送帧。收到一个肯定应答窗口可向前滑动，使其后沿对准尚未得到肯定应答的最小分组编号，窗口大小保持为 W。

（2）接收方的窗口大小为 1。每接收到一个分组后进行校验，并与窗口中的分组编号进行比较，若校验无误且编号落在窗口之内，则送回肯定应答信号 ACK，并把窗口向前滑动一格；若校验有错或收到的分组编号与窗口中的分组编号不符则丢弃该分组，不予应答，窗口保持不动。

（3）如果发送方发出的某个分组丢失了、出错了或是应答信号（ACK）丢失了，发送方的计时器会发现这种情况。因此无论当时已发送到哪个分组，都退回到出错分组重发该分组及其后续分组。则这时也要后退 N 个分组重发。因此这个协议就叫做后退 N 帧（后退 N 帧是一种叫法，已经使用习惯。在这里和数据链路层的帧没联系）ARQ。注意，由于发送方是连续发送，所以要对已发出而尚没有得到应答的每个分组保持一个计时器。

（4）接收方一般采用累积确认的方式。即不必对收到的分组逐个发送确认，而是对按序到达的最后一个分组发送确认，这样就表示：到这个分组为止的所有分组都已正确收到了。

累积确认有的优点是容易实现，即使确认丢失也不必重传。缺点是不能向发送方反映出接收方已经正确收到的所有分组的信息。

例如，如果发送方发送了前 5 个分组，而中间的第三个分组丢失了。这时接收方只能对前两个分组发出确认。发送方无法知道后面三个分组的下落，而只好把后面的三个分组都再重传一次。这就是 Go-back-N（回退 N）叫法的由来，表示需要再退回来重传已发送过的 N 个分组。

可见当通信线路质量不好时，后退 N 帧 ARQ 协议会带来负面的影响。有时效率甚至不如停止-等待协议。

2. 选择性重传 ARQ 协议

在连续 ARQ 协议中，接收方的窗口大小总是 1，因此浪费了很多线路带宽。如果接收方的窗口也可以开到发送窗口那么大，则允许不按顺序的接收，这样可以只是选择性地重发出错或丢失的分组。因此得到一种更有效的协议——选择性 ARQ 协议。

选择性 ARQ 协议的基本原理是：当接收方发现某分组出错后，其后续送来的正确分组虽然不能立即提交给接收方的高层，但接收方仍可收下来，存放在一个缓冲区中，同时要求发送方重新传送出错的那一分组。一旦收到重新传来的分组后，就可与原已存于缓冲区中的其余分组一起按正确的顺序递交高层。

图 5-19 是在全双工线路上应用选择性 ARQ 协议时分组的流动情况。假定 2 号分组出错，选择性 ARQ 协议比后退 N 帧 ARQ 协议传输同样数量分组用的时间要少得多。这里要特别强调的是，虽然在选择性重传的情况下，接收器可以不按顺序接收，但接收方的链路层仍是按顺序向网络层提供分组的。接收窗口中保存着不按顺序的正确接收到的分组，仅当 2 号分组被正确接收时窗口才向前滑动，并把一批正确接收的分组顺序地提交给网络层。

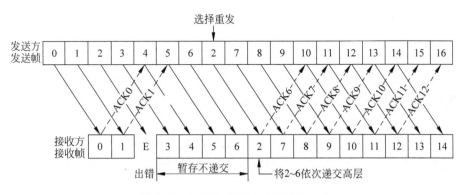

图 5-19　选择性 ARQ 协议工作原理

5.4.5　三种协议的比较

一般来说,凡是在一定范围内到达的分组,即使它们不按顺序,接收方也要接下来。若把这个范围看成是接收窗口,则接收窗口的大小也应该是大于 1 的。而连续 ARQ 协议正是接收窗口等于 1 的一个特例,选择性 ARQ 也可以看做是一种滑动窗口协议,只不过其发送、接收窗口均大于 1。若从滑动窗口的观点来统一看待停等 ARQ、连续 ARQ 和选择性 ARQ 三种协议,它们的区别仅在于各自窗口尺寸的大小不同而已,如表 5-3 所示。

表 5-3　三种协议的区别

协　　议	发 送 窗 口	接 收 窗 口
停等 ARQ	1	1
后退 N 帧 ARQ	>1	1
选择性 ARQ	>1	>1

注意,选择性重传 ARQ 协议的发送窗口和接收窗口的大小相等。

5.5　TCP 协议

通过前面的介绍可以了解到,TCP/IP 协议栈中的网络层提供的是一种面向无连接的 IP 数据报服务。而传输层中的 UDP 协议,仅仅在一些可靠性要求不高的实时传输中比较适合,因此传输层可靠性的保障还不能依靠 UDP 协议。传输层的 TCP 协议旨在向 TCP/IP 的应用层提供一种端到端的面向连接的可靠的数据流传输服务。本节开始介绍更加复杂的 TCP 协议。通过对 TCP 的深入讨论,来了解 TCP 协议是如何在网络层提供的不可靠服务的基础上提供可靠的保障。TCP 协议常用于一次要传输大量报文的情形,如文件传输、远程登录等。

尽管 UDP 协议和 TCP 协议都使用相同的网络层 IP 协议,但是 TCP 向应用层提供与 UDP 完全不同的服务。TCP 是一种面向连接的、可靠的、全双工的传输层协议。TCP 协议在应用层和网络层之间,在 IP 服务的基础上,增加了面向连接和可靠性的特点,它提供面向连接的**流传输**,是因特网中最常见的传输层协议。

5.5.1 TCP 协议提供的服务

1. 进程到进程的通信

像 UDP 一样，TCP 通过使用端口号来提供进程到进程的通信。表 5-4 给出了 TCP 使用的一些端口号。

TCP 端口号也是在 0～65 535 之间。本地计算机上运行的客户端由运行在主机上的 TCP 软件随机选取临时端口（通常在 49 152～65 531 之间），运行在远程计算机上的服务器端必须使用公认的端口号。表 5-4 给出了 TCP 使用的一些熟知端口号。

表 5-4 TCP 常用的熟知端口号

端　口　号	服 务 进 程	说　　　明
20	FTP	文件传输协议（数据连接）
21	FTP	文件传输协议（控制连接）
23	Telnet	虚拟终端网络
25	SMTP	简单邮件传输协议
53	DNS	域名服务器
80	HTTP	超文本传输协议
111	RPC	远程过程调用

和 UDP 协议相同，TCP 协议在全网唯一地标识一个进程需要使用网络层的 IP 地址和传输层的端口号，一个 IP 地址与一个端口号合起来就叫做 Socket 地址。要在源进程和目的进程之间建立一条传输连接，需要一对 Socket 地址，即客户端的 Socket 地址和服务器端的 Socket 地址。

2. 流传递服务

与 UDP 不同，TCP 是一个面向流的协议。TCP 中的"流"（Stream）是指流入到进程或从进程流出的字节序列。"面向字节流"的含义是：虽然应用程序和 TCP 的交互是一次一个数据块（大小不等），但 TCP 把应用程序交下来的数据看成仅仅是一连串的无结构的字节流。TCP 协议提供一个流接口（Stream Interface），TCP 允许发送进程以字节流的形式发送数据、接收进程以字节流的形式接收数据。TCP 传输连接在收发双方之间提供一个"管道"，能保证数据流从一端正确地"流"到另一端，这个"管道"通过因特网传送这些数据。TCP 对数据流的内容不做任何解释（其实 TCP 并不知道所传送的字节流的含义），TCP 也不保证接收方应用进程收到的数据块和发送方应用进程所发送的数据块具有对应大小的关系（例如，发送方应用进程交给发送方的 TCP 8 个数据块，但接收方的 TCP 可能只用了 4 个数据块就把收到的字节流全部交付给上层的应用进程）。这就要求使用数据流服务的应用程序必须在传输数据之前就已经了解了数据流的内容，已经对数据的格式进行过协商了，如图 5-20 所示。

3. 发送和接收缓存

因为发送和接收进程可能以不同的速率写入和读出数据，因此 TCP 需要在发送方和接收方分别设置一个发送缓存和接收缓存。其中发送缓存用于存放发送方应用进程交给 TCP 而发送方 TCP 来不及发送的数据；而接收缓存用于存放发送方 TCP 传递过来而接收

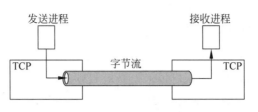

图 5-20　TCP 面向流的概念

方 TCP 尚未提交给接收方应用进程的数据。稍后我们会看到,这些缓冲区也用于 TCP 的流量控制和拥塞控制。

实现缓冲区的一种方法是使用以字节为存储单元的循环数组,如图 5-21 所示。为了简要说明缓存的概念和工作原理,我们只画了发送方的发送缓存和接收方的接收缓存(其实发送方和接收方各有一对发送缓存和接收缓存),每个缓存 20 个字节(实际上的缓存要比这大得多),并设定发送缓存与接收缓存的大小是一样的(实际上可能有很大的差异)。

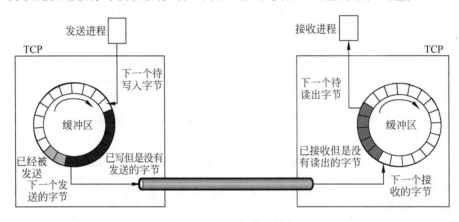

图 5-21　发送与接收缓存

图 5-21 表示了在一个方向上数据的移动。在发送端,缓冲区有三种类型的单元。白色的部分是空存储单元。可以由发送端的应用进程填充;灰色的部分用于保存已经发送但还没有得到确认的字节,TCP 在缓冲区中暂时保留这些字节直到收到确认为止;深灰色缓冲区是将要由 TCP 发送的字节。需要注意的是,灰色存储单元的字节一旦被确认,这些存储单元可以回收发送进程能重新使用,这也是我们给出一个环型缓冲区的原因。

接收端缓冲区的概念和操作都比较简单。环型缓冲区分成白色和灰色两个区域。白色区域是空存储单元,可以接收发送方 TCP 传输来的字节;灰色区域表示接收到的字节,可以被接收进程读取。当某个字节被接收进程读出后,这个存储单元将被回收,并加入空存储单元池中。

4. 生成报文(或段)

尽管能够处理发送端进程的发送速度和接收端进程的接收速度之间存在不一致性,但在发送数据之前,还需要多个步骤。IP 层作为 TCP 服务的提供者,需要以分组的方式而不是以字节流的方式发送数据。在传输层,TCP 将多个字节组合在一起,这些组合在一起的字节称为段(Segment)或报文。TCP 给每个报文添加首部(为了达到控制目的),并将该段向下传递给网络层。报文被封装在 IP 数据报中,然后再进行传输(IP 数据报的传输就是我们已经了解的网络层的内容),整个操作队接收进程是透明的。所有的操作均由发送端的 TCP 进行处理,接收进程不会察觉到任何的操作。图 5-22 表示在缓存区中如何从字节生成段。

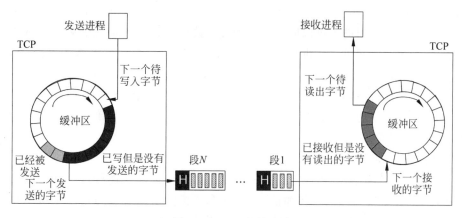

图 5-22　TCP 段的生成

需要说明的是,段的大小不一定相同。为了简单说明问题,我们只在图中表示了一个包含三个字节和另一个包含 5 个字节的段。实际上,段可能包含千百个字节。

5. 可靠的服务

TCP 采用的最基本的可靠性技术是确认、超时重传及流量控制等。也就是说,由于 TCP 协议同样也是建立在不可靠的网络层 IP 协议之上的,IP 不能提供任何可靠性机制,所以 TCP 的可靠性完全是由自己实现的。TCP 为了保证数据传输的可靠、按序、无丢失和无重复,采用的是最基本的可靠性技术,即差错控制、序号与确认、流量与拥塞控制、超时重发等。

以下是 TCP 为保证可靠传输所采取的一些有效手段。

(1) 计时器:当发送方 TCP 发出一个报文段时,先在重传队列中放入一个副本,并启动一个计时器,接收方在收到报文段后进行检测,若无差错则发确认,当发方收到确认后再删除重传队列中的副本。若在计时器计数结束时还没有收到确认,则重传此报文段。TCP 协议中有自适应的超时及重传策略。

(2) 确认:当 TCP 收到发自 TCP 连接的另一端的数据时,它将发送一个确认。这个确认不是立即发送的,通常推迟几分之一秒。

(3) 超时重发:TCP 将进行它首部和数据的检验和计算。这是一个端到端的校验和,目的是检测数据在传输过程中是否有所变化。如果接收方收到的报文段的校验和有差错,TCP 将丢弃这个报文段并且不向发送方发送确认报文段,发送端会启动超时重发机制。

(4) 排序:由于 TCP 报文段作为 IP 数据报来传输,而 IP 数据报的到达可能会乱序,因此,TCP 报文到达时也可能出现乱序的现象。TCP 需要对接收到的数据报进行重新排序,然后将正确的数据传送给应用层。上述概念的实现依靠 TCP 报文中的序号机制。

由于 IP 数据报会发生重复,因而接收方的 TCP 必须能检查出重复,并丢弃重复的数据。

根据协议的基本设计要求,TCP 协议必须根据以上特点的要求,设计出满足要求的数据传输单元来实现。TCP 协议的数据传输单元称为报文段,在 5.5.2 节的内容中将对 TCP 报文段的每一个字段进行详细的解释。

6. 支持全双工服务(Full-Duper Service)

TCP 支持数据可在同一时间双向流动的全双工服务。在两个应用程序已经建立传输连接之后,客户与服务器进程可以同时发送和接收数据。TCP 连接可以从进程 A 向进程 B 发送数据,而在同一时间可以从进程 B 向进程 A 发送数据。当分组从 A 发往 B 时,也可以携带 A 对 B 发来的报文的确认。当报文从 B 向 A 发送时,同样可以携带 B 对 A 发来的报文的确认,这称为捎带确认。确认随数据一起发送,可以节省系统资源。当然,如果一方没有数据可发送,它就只能发送确认报文而不包含有数据。这种捎带确认的方法与数据链路层的帧确认方法很类似。

7. 面向连接的服务

与 UDP 不同,TCP 是一种面向连接的协议。为了保证建立连接过程和释放连接过程的可靠性,TCP 在进行实际数据传输前,必须在源主机的发送进程与目的主机的接收进程之间建立起一条传输连接,创建应用进程到应用进程之间的通信,TCP 可以使用端口号来实现这种连接。因为可能由于某种原因,传输连接建立不成功,则源进程不会像 UDP 一样向目的进程发送数据报,白白地浪费系统资源。只有当连接建立完成后,才将数据流分割成为可传输的单元(TCP 报文),并将它们编号,然后逐个发送它们。接收方 TCP 等待属于同一个进程的不同单元(TCP 报文)到达后,检查那些没有差错的单元,并将它们作为一个数据流交付给接收进程。当整个数据流发送完毕后,传输层关闭这个连接。同时,面向连接传输的每一个报文都需有接收方的确认,未被确认的报文被认为是出错报文。

TCP 协议采用了三次握手的方法来建立连接和释放连接(具体实现方法将在 5.5.3 节介绍)。但要注意的是,这是一个逻辑连接,而非物理连接。TCP 报文封装成 IP 数据报,并且可能被乱序、丢失或被破坏。每个段都可能通过不同的路径到达目的端。TCP 建立一种面向字节流的环境,在这样的环境中,TCP 能承担按顺序传递这些主机到其他站点的任务。

8. 提供流量控制与拥塞控制服务

TCP 协议采用了大小可以变化的滑动窗口方法进行流量控制。在连接建立时窗口的大小由双方商定。在通信过程中,接收端可以根据自己的资源使用情况,随时、动态地对发送窗口的大小进行调整。

流量控制是保证可靠性的一个重要措施。假如没有流量控制,可能因接收缓冲区溢出而丢失大量数据,导致许多报文的重传。TCP 采用可变窗口方法进行流量控制。此外,TCP 还要进行拥塞控制,以进一步提高可靠性。传输层使用 TCP 协议来实现可靠的流传输,增加了大量的附加数据开销。所有接下来我们会看到 TCP 报文的首部比 UDP 的首部大得多。

9. 多路复用与多路分解

与 UDP 类似,TCP 在发送端执行多路复用,在接收端执行多路分用。然而,由于 TCP 是一个面向连接的协议,因此需要在每对进程之间建立连接。

10. 服务于部分应用进程

图 5-23 给出了 TCP 协议与其他协议的层次关系,以及它与应用层协议的单向依赖关

系。从中可以看出,根据应用层协议与传输层协议的单向依赖关系,应用层协议可以分为三类,一类依赖于 UDP 协议,一类依赖于 TCP 协议,另一类既依赖于 UDP 协议又依赖于 TCP 协议。依赖于 TCP 协议的应用层协议主要是需要大量传输交互式报文的一类应用,这类协议包括虚拟终端协议(TELNET)、电子邮件协议(SMTP)、文件传输协议(FTP),以及超文本传输协议(HTTP)等。

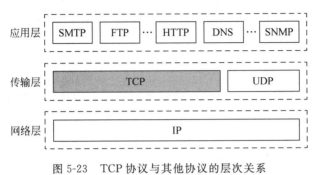

图 5-23　TCP 协议与其他协议的层次关系

5.5.2　TCP 报文的格式

TCP 协议要实现的全部功能都体现在它首部各个字段的作用上。因此只有掌握 TCP 首部各字段的作用才能掌握 TCP 的工作原理。

TCP 报文段的格式如图 5-24 所示。一个 TCP 报文段分为首部和数据两部分,数据部分为应用层报文。

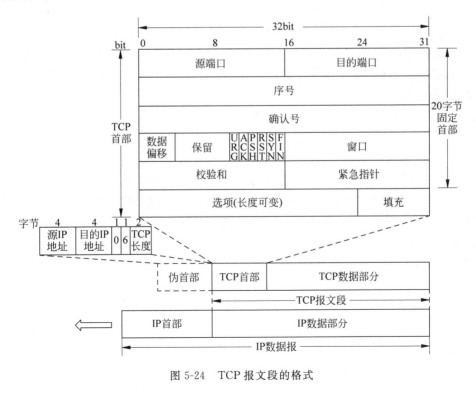

图 5-24　TCP 报文段的格式

TCP 报文段首部为 20～60 字节,分为固定和选项两部分。固定部分 20 字节,选项 4N 字节(N 为正整数)是根据需要而增加的。因此 TCP 首部的最小长度是 20 字节。

1. 源端口和目的端口

端口号包括源端口字段和目的端口字段,分别占 16bit,分别表示发送与接收该报文的应用进程的 TCP 端口号。传输层的复用和分用功能都是通过端口才能实现的。16bit 的端口号加上 32bit 的 IP 地址构成插口,48bit 的插口相当于 OSI/RM 传输服务访问点 TSAP 的地址。

2. 序号

序号占 32bit。虽然 TCP 软件能够记录发送或接收的段,但是在段的首部没有段序号字段。TCP 是面向数据流的,可以将 TCP 传送的报文看成连续的数据流,TCP 把在一个 TCP 连接中传送的数据流中的每一个字节都对应地编上一个序号,在 TCP 首部采用序号和确认号字段,这两个字段指的是字节序号,而不是段序号。在首部中的序号是指本报文段数据字段携带数据的第一个字节的序号。

整个数据的起始序号在连接建立时设置,每一方都使用随机生成器产生一个初始序号 (Initial Sequence Number,ISN),通常每一个方向的 ISN 都不同。例如,一个报文段的首部中的序号字段的值是 201,而它携带的数据长度为 200 字节,这表明,该报文段数据的最后一个字节的序号应该是 400,并且下一个报文段的首部序号字段应为 401。下面将看到序号字段主要用于差错控制和流量控制。

字节被编上号后,TCP 对发送的每一个报文分配一个序号,每个方向上的序号定义如下。

(1) 第一个报文的序号是初始序号,这是一个随机数;

(2) 其他报文的序号是之前报文的序号加上该报文携带的字节数。

【例 5-1】 假设一个 TCP 连接正在传送一个 6000 字节的文件,第一个字节是 10001, 如果数据被平均分成三段,试问每个段的序号是什么?

解析:每个段的序号如下。

段 1 序号:10001 范围:10001～12000;

段 2 序号:12001 范围:12001～14000;

段 3 序号:14001 范围:14001～16000。

一个段的序号字段的值定义了该段包含的第一个字节的序号。

当一个报文携带数据和控制信息(捎带)时,它使用一个序号。如果一个报文没有携带用户数据,那么逻辑上不定义序号,虽然字段存在,但是值是无效的。然而,当有些段仅携带控制信息时也需要一个序号用于接收方的确认,这些段用作连接建立、连接释放等(这些内容将在 5.5.3 节讨论连接的时候进一步研究)。每一个这样的报文中都好像携带一个字节那样使用一个序号,但没有实际的数据。

3. 确认号

确认序号占 32bit。由于 TCP 协议是一个全双工的协议,当连接建立时,双方同时都能发送和接收数据。确认号是期望收到对方的下一个报文段的数据的第一个字节的序号,即期望收到的下一个报文段首部的序号字段的值。例如,正确收到了一个序号字段值为 401 的报文段,数据长度为 300 字节,表明序号在 401～700 之间的数据已正确收到。确认报文段中的确认序号为 701,这表明下次希望收到报文段首部中序号字段为 701 报文。另外,确认号是可以积累的(累积确认),这意味着接收方记下它已经正确收到的最后一个字节,然后将它加 1,并将这个结果作为确认号报告给发送方。序号字段长 32bit,可对 4GB 个报文段进行编号。如此巨大的编号空间,可保证当序号重复使用时,网络中的旧序号的报文段已经从网络中消失。

段中的确认字段的值定义了通信一方预期接收的下一个字节的编号,确认号是累积的。

4. 数据偏移(首部长度)

数据偏移占 4bit。TCP 报文固定首部的长度是 20B。设置这个字段的原因是 TCP 首部长度是不固定的,这个字段指出数据起始的地方离 TCP 报文段的起始处有多少个 4B(32bit)距离,这其实就是 TCP 报文首部(包括选项字段)的长度。数据偏移的单位是 4B。由于 4bit 能够表示的最大十进制数是 15,因此数据偏移的值在 20B 到 $15 \times 4 = 60B$(即 TCP 首部的最大长度)之间。

5. 保留

保留占 6bit,留待今后使用,目前置为 0。

6. 控制比特

共 6 个控制标识或标记,长度为 6bit,分别是 URG、ACK、PSH、RST、SYN 和 FIN 6 种,每个控制字段占 1 个 bit。这 6 个控制比特说明本 TCP 报文段的性质,在同一时间可以设置一位或多位,这些用在 TCP 的流量控制、连接建立和释放、连接失败和数据传送方式等方面的意义如下。

(1) 紧急比特 URG(URGent):当 URG=1 时,紧急指针字段有效,它告诉系统本报文段中有紧急数据,应超越原来的排队顺序尽快传送(相当于高优先级的数据),而不按照原来的排队顺序传送,即便窗口为零时也可发送紧急数据。于是发送 TCP 就将紧急数据插入报文段的数据的最前面,并用首部中的紧急指针(Urgent Pointer)字段指出在本报文段中紧急数据的最后一个字节的序号,以使对方知道紧急数据共有多少个字节,其余的数据都是普通数据。紧急数据到达接收端后,当所有紧急数据被处理完时,TCP 就告诉应用程序恢复正常操作。

(2) 确认比特 ACK:当 ACK=1 时,确认字段有效;当 ACK=0 时,确认号无效。

(3) 推送比特 PSH(Push,也叫紧迫比特):当两个应用进程进行交互式通信时,有时一端的应用进程在输入一个命令后希望立即收到对方的响应。这时,TCP 可以使用推送操作,发送端 TCP 将 PSH 置 1,并立即创建一个报文段发送出去。接收端 TCP 收到 PSH=1 的报文段后,就尽快("推送")向上交给接收应用进程,而不是等到整个缓冲填满后再向上交付。一般应用在一端的应用进程在输入一个命令后想立即收到对方响应的情况。

虽然应用程序可以选择推送操作,但人们往往不使用。

(4) 复位(或重建、重置)比特 RST(ReSet):当 RST=1 时,说明 TCP 连接出现严重差错(如主机崩溃等原因),必须先释放传输连接后,然后再重新建立连接。此外还可以用复位比特来拒绝一个非法的报文段或拒绝打开一个连接。

(5) 同步比特 SYN:当 SYN=1 而 ACK=0 时,表示这是一个连接请求报文段。对方若同意建立连接,则在响应报文段中使 SYN=1 和 ACK=1。也就是说,同步比特置 1 就表示这是一个连接请求或连接响应报文段,而 ACK 为 1 或 0 表示确认序号是否有效。因此,SYN 在连接建立时起同步序号的作用。关于连接的建立和释放,在后面还要进行讨论。

(6) 终止比特 FIN(FINal):用来释放一个传输连接。当 FIN=1 时,表示此报文段的发送端已将数据发送完毕,并要求释放传输连接。

7. 窗口

窗口占 16bit。窗口字段用来控制对方发送的数据量,单位为字节。TCP 也是用接收端的接收能力的大小来控制发送端的数据发送量。即 TCP 连接的一端根据自己设置缓存空间的大小确定自己的接收窗口的大小,然后通知对方从而确定对方的发送窗口的上限。这样一方的接收窗口的大小必然是另一方发送窗口的上限。例如,设 TCP 连接的两端是 A 和 B,若 A 发送的报文段首部中的窗口 WIN=100,确认序号为 100,B 在收到该报文段后,就以这个窗口的数值 WIN=100 作为 B 的发送窗口。也就是告诉 B 的 TCP,你(B)在未收到我(A)的确认时所能发送的数据量的上限就是本首部中 WIN 个字节数,即表示 B 可以在未收到确认的情况下,向 A 发送序号从 100~199 的数据(因为 B 收到的确认序号为 100,窗口值是 100)。注意,在 B 向 A 发送的报文段中的首部也有一个窗口字段,但这是根据 B 的接收能力来确定 A 的发送窗口上限,一定不要混淆这两个窗口值。

8. 校验和

校验和占 16bit。校验和字段检验的范围包括首部和数据两部分。

校验和的计算方法如下。

在计算校验和时,在 TCP 报文段之前要增加 12B 的伪首部,伪首部各字段的内容如图 5-24 所示。第 3 个字段是 0,第 4 个字段是 IP 首部中的协议字段的值,对 TCP 协议为 6,若使用 IPv6,则相应的伪首部也要改变。第 5 个字段是 TCP 报文段的长度。这里,"伪首部"并不是 TCP 报文段的真正首部,它和 UDP 用户数据报的伪首部一样,对它既不向下传送,也不向上递交,只是在计算校验和时,临时和 TCP 报文段连接在一起,得到一个仅供计算校验和使用的过渡 TCP 报文段首部。

在发送端,先将检验和字段 16bit 均置成零,再将伪首部和 TCP 报文段(包括首部和数据)看成由多个 16bit 的字串接起来。如果 TCP 报文段的数据部分的字节数不是偶数,则要填入一个全零字节,但此字节仅供计算用,而不发送。然后按二进制反码计算这些 16bit 字的和。最后,将此和的二进制反码写入校验和字段,并发送此 TCP 报文段。

在接收端,将收到的 TCP 报文段连同伪首部和填充的全零字节(如果有)一起,按二进制反码求这些 16bit 字的和。若其结果全为 1,则传送可靠;否则传送有差错,将此 TCP 报文段丢弃或上交应用层并附上差错警告。

上述差错检验方法的检错能力不强,但检错范围较宽,既检查了 TCP 报文段的源端口号、目的端口号、TCP 报文段的数据部分,又检查了 IP 数据报的源、目的 IP 地址。

但要注意的是,在 UDP 数据报中校验和是可选的。然而,对 TCP 来说,将校验和包含进去是强制的。

9. 紧急指针

紧急指针占 16bit,这个字段只有当紧急标志位 URG 有效时才有效,这个字段包含了紧急数据的字节数。它定义了一个数,将此数加到序号上就得到了此段数据部分中最后一个紧急字段。因此,紧急指针指出了紧急数据的末尾在报文段中的位置(紧急数据结束后就是普通数据)。需要注意的是,即使窗口为零也可以发送紧急数据。

10. 选项

选项字段的长度可变。选项字段在默认情况下是不选的,也就是说可以没有选项。但有时也是可选的,在 TCP 协议中只规定了最大报文段长度(Maximum Segment Size,MSS)一种选项。严格地讲,MSS 是 TCP 报文段中的数据字段的最大长度,用来告诉对方的TCP:"我的缓存所能接收的报文段的数据字段的最大长度是 MSS"。但是这个选项并不是为了考虑接收方的接收缓存可能放不下 TCP 报文段的数据。实际上,MSS 的大小与接收方的窗口值没有关系。MSS 的作用主要是为了提高网络的利用率。显然,当没有选项时,TCP 报文段的首部长度为 20B。

MSS 的选择并不简单,既不能太小也不能太大,若选择的 MSS 长度太小,将降低网络的利用率。而太大则在 IP 层传输时就有可能要分解多个较短的数据报片,在目的端要将收到的数据报片组装成原始的数据报。当传输出错时要进行重传,这样就要增大系统开销。一般来讲,只要在 IP 层传输时不需要分片,MSS 应尽可能大些。在 TCP 建立连接过程中,双方将自己能够支持的 MSS 写入选项字段。在数据传送阶段,MSS 取双方的较小值。若主机未填写这一项,则 MSS 的默认值为 536B。因此,所有在因特网上的主机都能接受的报文长度是 556B(其中 20B 为 TCP 报文段的固定首部长)。

以上介绍了 TCP 首部各个字段的作用,下面通过一个具体的例子,了解 TCP 首部中序号的功能。

【例 5-2】 主机 A 向主机 B 连续发送了两个 TCP 报文段,其序号分别是 70 和 100。试问:

(1) 第一个报文段携带了多少字节的数据?

(2) 主机 B 收到第一个报文段后发回的确认中的确认号应当是多少?

(3) 如果主机 B 收到第二个报文段后发回的确认中的确认号是 180,试问 A 发送的第二个报文段中数据有多少个字节?

(4) 如果主机 A 发送的第一个报文段丢失了,但第二个报文段到达了 B。B 在第二个报文段到达后向 A 发送确认。试问这个确认号是多少?

解析:(1) 第一个报文段携带的字节数为 $100-70=30$(字节)。第一个报文段的起始序号为 70,第二个报文段的起始序号为 100,它们之差为第一个报文段的长度。

(2) 主机 B 收到第一个报文段后发回的确认中的确认号应当是 100。说明 B 主机已经正确收到 100 字节前的所有数据,下次希望收到的是起始序号为 100 的报文段。

(3) A 发送的第二个报文段中的数据有 $180-100=80$ 个字节;第二个报文段的起始序号为 100,第三个报文段的起始序号为 180,它们之差为第二个报文段的长度。

(4) B 在第二个报文段到达后向 A 发送确认的确认号是 70。因为接收端是按序接收的,它下一个的接收序号是 70,即起始序号为 70 的报文段。所以虽然接收的报文段是正确的,但是不按序,接收端不会接收。

5.5.3 TCP 连接的建立与拆除

由于 TCP 是面向连接的协议,所以两个传输实体之间的通信具有传输连接的建立、数据传输和连接拆除三个阶段。

在连接建立过程中,需要解决三个基本问题:

(1) 要使每一方能够确切知道对方存在;

(2) 双方协商一些通信参数(如最大报文长度、最大窗口大小、服务质量等);

(3) 对传输实体的资源(如缓存大小、连接表中的项目等)进行分配。

TCP 采用客户-服务器方式来实现 TCP 的连接和释放。主动发起连接建立的进程称为客户,而被动等待连接建立的进程称为服务器。服务器随系统一起启动并常驻内存,它拥有一个熟知端口号。设主机 A 中运行客户进程,它先向 A 主机的 TCP 发出主动打开(Active Open)命令,表示要与某个 IP 地址的某个端口建立传输连接。客户根据对方的主机 IP 地址和端口号向对方服务器发起连接请求(带有自己的端口号和所在主机的 IP 地址)。设主机 B 中运行一个服务器进程,它先发出一个被动打开(Passive Open)命令,告诉本机的 TCP 准备接受客户进程的连接请求,然后服务器就处于"听"的状态,只要检测出客户进程发起的连接请求就立即作出响应。

TCP 连接的申请、打开和关闭必须遵守 TCP 协议的规定。TCP 使用三次握手协议来建立连接,以全双工的方式传输数据,连接可以由任何一方发起,也可以由双方同时发起。如果一台主机上的 TCP 软件已经主动发起连接请求,运行在另一台主机上的 TCP 软件就被动地等待握手。当双方建立起连接后,它们就能够同时向对方发送报文了。三次握手建立 TCP 连接的简单示意图如图 5-25 所示。

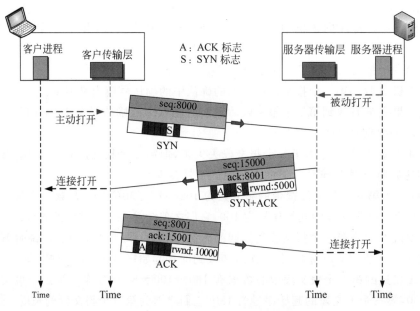

图 5-25　三次握手建立 TCP 连接

1. 建立连接

当客户主机想和服务器主机通信时,服务器主机必须同意,否则 TCP 连接无法建立。为了确保 TCP 连接的成功建立,TCP 采用了三次握手的方式,使得"序号/确认号"系统能够正常工作,从而使连接双方的序号达成同步。如果三次握手成功,则连接建立成功,可以开始传送数据信息。

下面介绍采用三次握手方式建立连接的操作步骤。

为了表示连接建立的过程,共使用了两个序号,每端一个。每个报文段的首部的所有字段都有相应的值,或许选项字段也要有值。但是,为了表述方便,在此我们仅表示少数几个必须要知道的字段的值。这个阶段的步骤如下。

(1) 客户主机的 TCP 向服务器主机发出连接请求报文段,是一个 SYN 报文。其首部中的 SYN(同步比特)=1(或者说有效)、ACK=0,表示想与服务器主机进行通信,同时选择一个同步序列号(例如 seq=8000)进行同步,表明在后面传送数据时的第一个数据字节的序号是 8000+1(即 8001)。这个报文段不包含确认号,它也没有窗口大小;窗口大小的定义只有当该报文段包含确认号时才意义。需要特别强调的是,SYN 段是一个控制段并且不携带数据,然而它消耗一个序号,因为它需要被确认。可以认为 SYN 段携带了一个假想字节。

SYN 段不携带数据,但它占用一个序号。

(2) 服务器主机的 TCP 收到连接请求报文段后,如同意,则发回确认报文段,该报文段是 SYN 和 ACK 段,即 SYN+ACK 报文段。在确认报文段中令 ACK(确认比特)=1 和 SYN=1。这个报文段有两个目的,首先,它是另一个方向通信的 SYN 报文段,服务器主机使用这个段来初始化序号,这个序号是从服务器主机向客户主机发送数据的字节编号。同时服务器主机也通过 ACK 有效来表示这是一个对客户主机的 SYN 报文的确认报文,确认号应为 8000+1,是服务器主机预期从客户主机接收的,同时也为自己选择一个序号 15000。

SYN+ACK 段不携带数据,但它占用一个序号。

(3) 客户主机的 TCP 收到服务器主机的确认后要向服务器主机发回第三个报文进行确认,即 ACK 报文段。它使用 ACK 标志和确认序号字段来确认收到了第二个报文段。在该报文段中令 ACK 为 1、确认号为 15000+1,而自己的序号为 8000+1。

注意:在该报文段中,如果不携带数据,ACK 报文段不占用任何序号,但是如果一些情况下允许第三个段在连接阶段从客户端携带第一块数据时,该段消耗的序号与数据字节数相同。

ACK 段,如果不携带数据,则它不占用序号。

TCP 的标准规定,SYN 置 1 的报文段要消耗掉一个序号。

运行客户进程的客户主机的 TCP 通知上层应用进程,连接已经建立。当客户主机向服务器主机发送第一个数据报文段时,其序号仍为 8000+1,因为上一个确认报文段并不消耗序号。

当运行服务进程的服务器主机的 TCP 收到客户主机的确认后,也通知其上层应用进程,连接已经建立。至此建立了一个全双工的连接。

这样建立连接的过程叫做三次握手或三次联络。

为什么要进行三次握手呢?两次握手为什么不行呢?这主要是为了防止延迟的连接请求报文段突然传送到目的主机而产生错误。

如果采用两次握手,考虑这样一种情况:客户主机向服务器主机发出连接请求报文段,但因该连接请求报文段丢失而未收到确认,于是,客户主机超时再重传一次,这一次,客户主机收到了服务器主机的确认,建立了连接,数据传输完毕后就释放了连接。现在假设客户主机发出的第一个连接请求报文段并没有丢失,而是在一些网络节点滞留的时间太长,以至延误到第二个连接请求建立的连接释放后才到达服务器主机,但是服务器主机在收到这个延迟的报文后,它无法鉴别是失效的连接请求报文还是新的连接请求报文,而误认为客户主机又发出了一次新的连接请求,于是向客户主机发出确认报文段,同意建立连接。客户主机由于没有要求建立连接,当然不会理睬服务器主机的确认,但服务器主机却以为传输连接已建立,并等待客户主机发来数据,这样就白白浪费了服务器主机的资源。由此可知,采用两次握手可能造成主机资源的浪费。

而采用三次握手就可以防止上述问题的产生。因为客户主机知道这是一个不正常的连接,就不会向服务器主机发出确认,服务器主机收不到确认,连接就建立不起来。

至此,客户主机和服务器主机便可以进入数据传输阶段。

2. 传送数据

连接建立后,客户端和服务器端可以进行全双工通信,即双方都可以发送数据和进行确认。并且任何一方在发送数据的同时可以携带确认,这就是数据的捎带确认。

当位于 TCP/IP 参考模型上层的应用程序传输数据流给 TCP,TCP 接收到数据流并且把它们分解成报文段。如果数据流被分成一个个报文段,那么该数据流的每一个报文段都被分给一个序号。在服务器端,这个序列号用来把接收到的报文段重新排序成原来的数据流。

如图 5-26 所示为两台主机在成功建立连接后发送数据段的过程。

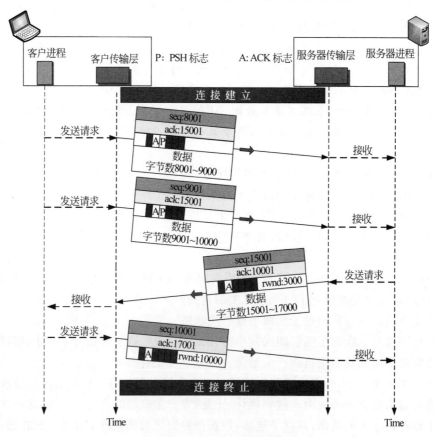

图 5-26　发送 4 个数据段的过程

在这个例子中，当连接建立后，客户端用两个报文段发送2000个字节的数据；然后，服务器端用一个报文段发送2000个字节，并对收到的数据进行确认；最后客户端又发送一个确认报文段。其中，前三个报文段携带数据和确认，但是最后一个报文段仅携带确认，因为已经没有数据要发送了。我们要注意每个报文段的序号和确认号的变化。另外要注意客户端发送的数据段有PSH（推送）标识，说明服务器端的TCP在收到数据时要立刻传递给服务器进程。另一方面，服务器端发送的报文段没有设置推送标识。大多数的TCP的实现中PSH都是可选标识，可以设置也可以不设置。

3. 释放连接

一个TCP连接建立之后，即可发送数据，一旦数据发送结束，就需要关闭连接。由于TCP连接是一个全双工的数据通道，因此参与通信的任何一方都可以关闭连接，尽管通常情况下是由客户端发起的，连接的关闭必须由通信双方共同完成。当前大多数对连接的释放的实现方法有两种：三次握手和带有半关闭（Half-Close）选项的四次握手。

（1）三次握手

当前，对连接的释放的实现绝大多数使用的是三次握手，如图5-27所示。

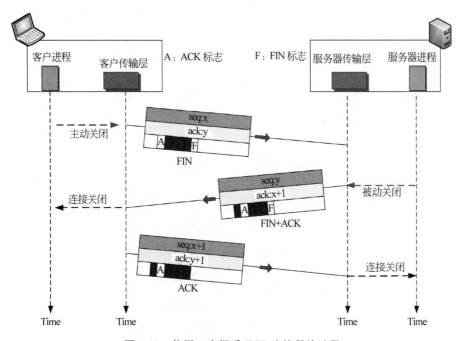

图5-27　使用三次握手TCP连接释放过程

① 在正常情况下，如果双方的进程没有数据需要发送给对方时，客户端的TCP发送第一个报文段FIN段。其首部中的FIN＝1（或者说有效），表示客户主机的TCP向服务器端发出连接释放报文段。需要注意的是，FIN报文段可包含客户端要发送的最后一个数据块。但如图5-27所示的只是一个控制段。如果只是一个控制段，该报文段占用一个序号，因为它需要被确认。

如果FIN段不携带数据，则该段仅占用一个序号。

② 服务器端的TCP收到客户端的FIN报文段后，通知它的进程，发送第二个报文段

FIN+ACK 报文段,确认它已经收到来自客户端的释放请求,同时告知另一端连接已经关闭。这个报文段还可以包含来自服务器端的最后数据块,如果它不携带数据,则这个段只占用一个序号。

如果 FIN+ACK 段不携带数据,则该段只占用一个序号。

③ 客户端的最后一个报文段,即 ACK 段,用来确认收到来自服务器端的 FIN 报文段。这个报文段包含确认号,它是来自服务器端的 FIN 报文段的序号加 1。该段既不携带数据,也不占用序号。

ACK 段,它不占用序号。

(2) 带有半关闭选项的四次握手

由于 TCP 是全双工通信,所以如果一端在停止发送数据后,另一端可以继续发送数据。这就是所谓的半关闭。

虽然任何一端都可以发出半关闭,但通常都是由客户端发起的。可以使用 FIN 报文段向对方发送关闭连接请求。这时,它虽然不再发送数据,但对方如果有数据要传送,它仍可以在这个连接上继续接收数据。只有当通信的对方也发出了关闭连接的请求后,这个 TCP 连接才会完全关闭。实际上,TCP 连接的关闭过程是一个四次握手的过程,如图 5-28 所示。

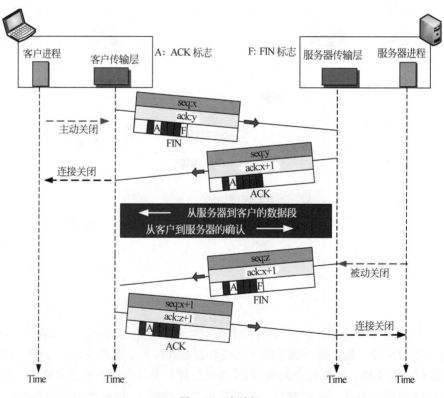

图 5-28　半关闭

从客户到服务器的数据传送停止,客户端通过 FIN 报文段实现半关闭连接。服务器通过发送 ACK 报文段确认半关闭。这时,服务器还可以发送数据。当服务器端已经发送完所有数据时,它发送一个 FIN 段,该 FIN 报文段由客户端的 ACK 确认。

连接半关闭后,数据可以从服务器发送给客户端,而确认可以从客户端发送给服务器端。但客户端不能向服务器端发送任何数据。

5.5.4 TCP 中的窗口

在讨论 TCP 中数据传送并提出差错、流量和拥塞控制之前,首先要介绍 TCP 中使用的以字节为单位的滑动窗口。TCP 在每个方向的数据传送上使用两个窗口(发送窗口和接收窗口),这意味着通信的双方共有 4 个窗口。为了使讨论简单,我们假设通信只是单方向的(这与实际不符),即数据传输只在一个方向进行,这样做的好处是使讨论仅限于两个窗口,发送方 A 的发送窗口和接收方 B 的接收窗口。如果再考虑 B 也向 A 发送数据,那么就要增加 A 的接收窗口和 B 的发送窗口,这对了解窗口的概念没什么帮助,反而加大了复杂性。

(1) 发送窗口

下面给出一个发送窗口的例子。窗口大小为接收方确认报文的窗口值,此处为 200 个字节(其实以后我们会了解到,发送窗口的大小除了由接收方的接收能力决定,它也受低层网络拥塞程度的约束),而确认号是 201(说明序号在 200 之前的所有数据都已经正确接收,下一次希望接收的是序号 201)。根据这些数据,A 构造出自己的发送窗口,如图 5-29 所示。

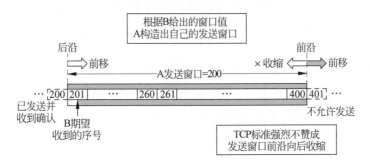

图 5-29 根据 B 给出的窗口值,A 构造出自己的发送窗口

由图 5-29 可以看出,发送窗口的位置由窗口的前沿和后沿共同决定。发送窗口的后沿的后面部分表示已发送且已收到了确认的字节,这些数据显然不需要再保留它们的副本;而发送窗口前沿的前面部分表示是不允许发送的,因为接收方没有为这一部分的数据保留临时存放的存储空间。

发送窗口里的序号表示允许发送的数据,即在没有收到接收方的确认时,发送方可以连续把窗口内的数据都发出去。而凡是已经发送的数据,在未收到确认之前都必须暂时保留,以便超时重传时使用。显然,窗口越大,发送方就可以在收到对方的确认之前连续发送更多的数据,因而获得更高的传输效率。但前提是接收方必须来得及接收。

下面讨论发送窗口前沿和后沿的变化。发送窗口后沿的变化有两种可能的情况,即不动(没有收到接收方新的确认)和前移(收到了接收方新的确认)。而后沿不可能向后移动,因为不能撤销已收到的确认。发送窗口的前沿通常是不断向前移动(收到了接收方新的确认)或不动,对于前沿不动分为以下的两种情况:一是没收到新的确认,接收方的窗口大小也不变;二是收到了新的确认但接收方的通知窗口缩小了,使得发送窗口的前沿正好不动。

发送窗口的前沿也有可能**向后收缩**,这会使在接收方的通知窗口缩小了时。但是 TCP 的标**准强烈不赞成这样做**。因为很可能发送方在收到这个通知以前已经发送了窗口中的许多数据,现在又要收缩窗口,不允许发送已经发送的数据,这样就会产生错误。

如图 5-30 所示,现在假设发送方已经发送了端序号 201～300 之间的数据。这时,发送窗口的位置并没有改变,但发送窗口内有 100 个字节(用灰色小方框表示)表示已发送但未收到确认。而发送窗口内靠前的 100 个字节(301～400)是一些允许发送但尚未发送的。

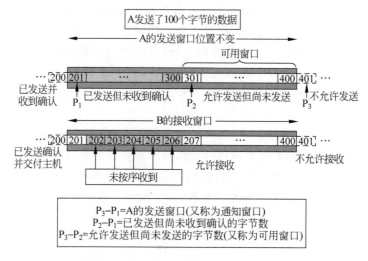

图 5-30   发送方发送了 100 个字节的数据

从图 5-30 可以看出,要描述一个发送窗口的状态需要 P1、P2 和 P3 三个指针。指针都指向字节的序号,这三个指针指向的位置的应用如下。

小于 P1 指向的序号是已发送并已收到确认的数据,而大于等于 P3 的是不允许发送的数据。

$$P3-P1=发送端的发送窗口(又称为通知窗口)$$
$$P2-P1=已发送但尚未收到确认的字节数$$
$$P3-P2=允许发送但尚未发送的字节数(又称为可用窗口或有效窗口)$$

(2)接收窗口

现在假设接收窗口的大小是 200 字节。如图 5-30 所示的接收窗口分为如下几部分。

序号小于 201 号的数据在接收窗口的外面,是已经发送过确认且已经提交给主机的,这部分数据已经不需要接收方 B 保留副本;序号在 201～400 之间的数据是允许接收的;序号大于 400 的是不允许接收的。在图 5-30 中,接收端正确收到了 202～206 之间的数据,但没有收到序号为 201 号的数据(这个数据也许丢失了,也可能是在网络中滞留了)。需要注意的是,接收端只能对按序收到的数据中的最高序号给出确认,因此接收端发送的确认报文段中的确认号仍然是 201(即期望收到的序号),而不能是 202～206 中的任何一个值。

现在假定接收端正确收到了 201 号数据,并把序号为 201～206 的数据提交给主机,然后删除这些数据。接着把接收窗口向前移动 6 个序号,如图 5-31 所示,同时给发送端发送确认,确认号是 207,窗口值仍然是 200。这表明接收端已经正确收到序号 206 为止的所有数据,下次期望收到序号为 207 的数据。我们注意到,接收端还正确接收了 210、211 和 213 号数据,但这些也都没有按序到达,只能先暂存在接收窗口中。发送端在收到接收端的确认后,发送窗口也向前滑动 6 个序号的位置,到达 406 序号的地方,但 P2 指针未动。可以看出,现在发送端的可用窗口增大了,可发送的序号是 207～406。

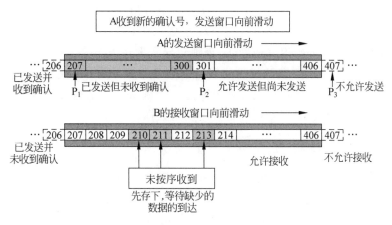

图 5-31　接收端收到新的确认,发送窗口向前滑动

如图 5-32 所示,发送端在发送完序号 207～406 之间的数据后,P2 和 P3 指针重合。发送窗口内的序号都已将近发送完,但是没有收到新的确认,发送窗口不能向前滑动。由于发送窗口已满,可用窗口为零,因此必须停止发送。

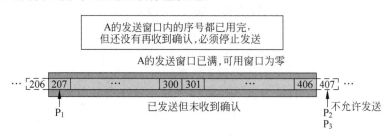

图 5-32　发送窗口内的序号都属于已发送但未得到确认的

需要注意的是,接下来可能发生两种情况,第一种是发送窗口里的数据都已正确到达接收方,接收方也发送了确认,如果发送方收到接收方的确认,那么发送方就可以使发送窗口向前滑动,并发送新的数据;第二种情况是接收方的所有确认都滞留在网络中,但是发送方不清楚是发送的数据丢失或出现错误,还是确认丢失,为了保证可靠传输,发送方在经过一段时间后(由超时计时器控制)就重传这部分数据,然后重新设置计时器,直到收到接收方的确认为止。

另外,有以下三点大家要注意。

(1) 第一,发送窗口和接收窗口在同一时刻并不总是一样大。首先发送窗口是根据接收窗口设置的,但是通过网络传送窗口值需要经历一定的时间延迟(这个时间还是不确定的);其次发送端还可根据网络当时的拥塞情况适当减小自己的发送窗口(拥塞控制的相关内容见 5.5.7 节)。

(2) 第二,TCP 标准并无明确规定,对不按序到达的数据如何处理。如果接收方把不按序到达的数据一律丢弃(后退 N 帧 ARQ),那么对接收窗口的管理就会比较简单,但是这样网络资源的利用率就会不高(因为发送方可能会重复传输较多的数据)。因此 TCP 通常对不按序达到的数据是先临时存放,等待字节流中所缺少的字节收到后,再按序交付上层的应用程序(选择重传 ARQ)。

(3) 第三,为了减少开销,TCP 要求接收方必须有**累积确认**的功能。接收方可以在适合的时候发送确认,也可以在自己有数据给对方发送时把确认信息**捎带**上。但有两点需要注意,一是接收方不能过分推迟发送确认,否则会导致发送方不必要的重传,这样反而浪费了网络资源。TCP 标准规定,确认推迟的数据不应超过 0.5 秒。因此若在收到一连串具有最大长度的报文段时,应每隔一个报文就要发送一个确认。二是捎带确认实际上并不经常发生,因为大多数应用程序不同时在两个方向发送数据。

5.5.5　TCP 的差错控制

TCP 是一个可靠的传输层协议。这意味着 TCP 协议可以保证无差错、按序、不丢失、不重复地完成数据流的传输,它使用了校验和、序号、确认与重传机制,这些机制是 TCP 可靠服务的重要措施。

TCP 使用差错控制提供可靠性。差错控制包括用于检测报文并且重发差错报文的机制、用于重发丢失报文的机制、用于存储失序的报文直到失序报文到达的机制,以及检测并丢弃重复报文的机制。

以下是 TCP 为保证可靠传输所采取的一些有效手段。

(1) 校验和:每个报文都包括校验和字段,用来检测一个报文是否在传输过程中出错。如果一个报文出错,它将被目的端的 TCP 丢弃,并被认为丢失了(这样接下来就与报文丢失进行同样的处理,减少了 TCP 的复杂性)。通过之前对 TCP 报文格式的介绍,我们了解到每一个 TCP 报文都有一个 16 位的校验和来检测该报文段是否出错。

(2) 计时器:当发送方 TCP 发出一个报文段时,先在重传队列中放入一个副本,并启动一个计时器,接收方在收到报文段后进行检测,若无差错,则发送确认。当发送方收到确认后再删除重传队列中的副本。若在计时器计数结束时还没有收到确认,则重传此报文段。TCP 协议中有自适应的超时及重传策略。

(3) 确认:当 TCP 收到发自 TCP 连接的另一端的数据时,它将发送一个确认来证实收到了发送方发送的正确的数据。不携带数据但占用序号的一些控制段也要确认,但 ACK 报文不确认。确认报文一般不立即发送,通常将推迟几分之一秒。

ACK 报文不占有序号,它不需要确认。

TCP 的确认类型有以下两种。

在过去,TCP 只使用累积确认,现在,一些 TCP 也使用选择性确认。

(1) 累积确认　最初的 TCP 被设计成累积确认接收报文。TCP 报文首部的 32 位 ACK 字段用来累积确认,只有当 ACK 字段标志位为 1 时才有效。接收方通过确认号告诉发送方下一个预期接收的报文的起始序号,忽略所有失序的报文。关于累积确认的概念之前已有介绍,在此不再赘述。

(2) 选择性确认(SACK Selective Acknowledgment)　现在越来越多地实现加入了另外一种称为选择性确认的确认类型。SACK 并不代替 ACK,但它向发送方报告额外的信息。SACK 报告失序的报文,也报告重复的报文。然而,由于 TCP 首部没有对应的字段完成相应的功能,SACK 以一种 TCP 报文的末端选项的形式来实现。

接收方什么时候产生(或发送)确认? 在 TCP 的发展历程中,定义了许多的规则也使用了很多种实现方法。我们在此给出最常见的规则。

(1) 当发送端向接收端发送一个报文时,它必须包含(捎带)一个确认,这个确认给出下一个期待接收的序号。这个规则减少了发送的报文段数,减少了网络中的通信量。

(2) 当接收方没有数据发送并接收到一个正确的有序报文(带有预期序号),并且之前的报文已经确认时,接收方延迟发送确认报文直到另一个报文到达(为了实现累积确认),或者过一段时间之后(通常 500ms)再发送确认。换言之,如果收到这样一个未确认的有序报文,那么接收方需要延迟发送 ACK 报文。这个规则减少了 ACK 报文的发送数量。

(3) 当一个带有接收方预期序号的报文达到,且之前一个有序报文未被确认,接收方立即发送确认报文。即任何时候不能有多于两个未确认报文的存在。这防止了不必要的重传可能引起的网络拥塞。

(4) 当一个失序的报文到达时,且它的序号大于预期的序号,那么接收方立即发送一个确认报文,给出下一个预期报文的序号。这样可以使丢失的报文得到快速重传(Fast Retransmission)。

(5) 当一个丢失报文到达,接收方发送一个确认报文,声明下一个预期的序号。通知接收方被报告丢失的报文已经到达。

(6) 如果重复报文到达,接收方丢弃重复报文,但要立即发送一个确认报文声明下一个预期的有序报文。这个方法解决了 ACK 报文丢失的一些问题。

1. 超时重传

差错控制的核心是报文的重传。一个报文被发送后,当重传计时器超时或当发送方收到对队列中的第一个报文的三次重复确认时,就重传这个报文。超时重传有以下功能。

(1) 保障不丢失的重传:在 TCP 的数据传输过程中,当发送方的 TCP 发送一个报文段后,将同时在自己的重传队列中存放一个副本。若发送方在规定的设置时间内收到接收方的确认,就删除此副本。若计时器时间到之前没有收到确认,就要将未被确认的报文段重新发送,即重传此报文段的副本。接收方发出的确认,是为了表明在接收端的 TCP 已经正确地收到了发送方所发送的报文段。

(2) 保障无差错的重传:若接收方收到的是有差错的报文段,则丢弃此报文段但不发送否认信息,等待发送方超时重传。若接收方收到的是重复的报文段(根据序号判断),也要将其丢弃,但要发回(或捎带发回)确认信息。

(3) 保障按序的方法:由于 TCP 报文段要封装到 IP 数据报中来传输,而 IP 数据报的到达可能会乱序,因此,TCP 报文到达时也可能出现乱序的现象。若收到的报文段无差错,只是序号未按先后次序,TCP 对此未做明确规定,由 TCP 的实现者自行确定,或者将不按序号的报文段丢弃,或者将其暂存于接收缓存内,待所缺序号的报文段到齐后再一起上交给应用层。当今的 TCP 实现是不丢弃失序报文,它们暂时存储这些失序报文直到缺失的报文到达。TCP 需要对接收到的报文进行重新排序,然后将按序的报文传送给应用层进程。注意,TCP 不会将失序报文传递给应用进程。

接收方无论收到出错的报文还是不按序的报文,协议规定发送方都要重传该报文。重传机制是 TCP 中最重要和最复杂的问题之一。TCP 每发送一个报文,就要对这个报文设置一次计时器。只要发送方在规定的时间内没有收到接收方的确认,就要对未收到的报文进行重新发送。

失序报文可以失序到达,并被接收的 TCP 暂时存储。但 TCP 要确保传递给应用进程的报文是按序的。

2. 超时计时器重传时间计算

传输层超时计时器重传时间的设置比较复杂。因为 TCP 的下层是一个互联网络环境,发送的报文段可能只经过一个高速的局域网,也可能经过多个低速率的广域网,还可能既经过高速的局域网,也经过低速的广域网,并且数据报所选择的路由还可能发生变化,使传输层传送一个报文段的往返时延相差很大。若将超时时间设置小了,则很多报文的重传时间太早,给网络增加许多不必要的开销;但若将超时时间设置过长,则显然会使网络的传输速率降低很多。

因此,对重传时间的设置,TCP 采用了一种自适应算法。该方法记录每一个报文段发出的时间和收到相应的确认报文段的时间,报文段的往返时间等于这两个时间之差。然后,将各个报文段的往返时间加权平均,便可得到报文段的平均往返时延 RTT。每测量一个新的往返时延样本就按下式重新计算一次平均往返时延:

$$平均往返时延\ RTT = \alpha(旧的\ RTT) + (1-\alpha)(新的往返时延样本)$$

式中 $0 \leqslant \alpha < 1$。若 α 很接近 1,则表示新算出的平均往返时延 RTT 和原来的值相比变化不大,RTT 值更新较慢。若选择 α 接近于零,则 RTT 值更新较快。α 的典型值为 7/8。

定时器设置的重传时间应略大于平均往返时延,即:

$$重传时间 = \beta(平均往返时延)$$

式中 β 是一个大于 1 的系数。TCP 原来的标准是 $\beta = 2$,后来做了改进,即报文段每重传一次,就将重传时间增大一些:

$$新的重传时间 = \gamma(旧的重传时间)$$

系数 γ 的典型值为 2,当不再发生报文重传时,才根据报文段的往返时延更新平均往返时延和重传时间的数值。

3. TCP 中全双工的确认机制

TCP 能提供全双工通信,因此通信中的每一方都不必专门发送确认报文段,而是在传送数据时顺便把确认信息捎带传送,这种方式也叫捎带确认。这样做能提高传输效率。

(1) 发送时机与确认时机

在数据通信时,TCP 发送端的数据来自于它上层的应用进程,发送端的应用进程不断地将数据块(其长短不一定相同)写入 TCP 的发送缓存中,TCP 再从发送缓存中取出一定数量的数据组装成报文段逐个发送出去。接收端 TCP 收到报文段后,先将其暂存在接收缓存中并发回确认,然后接收端的应用进程在有空闲时,再从接收缓存中将数据块逐个读出。

但问题是发送端怎样控制发送一个报文段的时机呢?接收端怎样控制发出确认报文段的时机呢?

① 常用的三种选择发送时机的方法

第一,控制报文段长度的方法。让 TCP 维持一个变量,它通常等于最大报文段长度 MSS,当发送缓存的数据达到 MSS 字节时,就组装一个 TCP 报文段发送出去;

第二,TCP 支持推送(Push)方法。当发送端的应用进程指明要发送报文段时,TCP 采

用推送操作,立即发送;

第三,计时器方法,发送端设置一个计时器,时间到了就将当前缓存区已有的数据装成一个 TCP 报文段发送出去。

但是如何控制 TCP 发送报文的时机仍然是一个较复杂的问题。因为发送时机掌握不好,会导致系统效率低。一般都要适当地推迟发回确认报文的时间,并尽量使用捎带确认的方法。

② Nagle 算法选择发送时机

在 TCP 的实现中还有一种广泛使用的 Nagle 算法来控制发送时机,算法如下。

若发送端的应用进程将要发送的数据以一个字节一个字节的方式送到发送端的 TCP 缓存中,那么发送端先将第一个字符(一个字符的长度是一个字节)发送出去,将后面到达的字符都缓存起来。当收到接收端对第一个字符的确认后,再将缓存的所有字符装成一个报文段发送出去,同时继续缓存到达的字符,待收到对上一个报文段的确认后,才继续发送下一个报文段。算法还规定,只要上层到达的字符达到发送窗口大小的一半或已达到报文段的最大长度时,就立即发送这个报文段。显然,用此种方法在 TCP 中形成的报文长度不等。当上层交付字符速度较快而网络传输速率较慢时,可用这种算法形成一个较长的报文,再按此算法规定发送至网络可以明显地减少所用的网络带宽。但这种算法也存在不足之处,例如在应用层上,当将鼠标移动的信息传到远地主机时,响应会很慢,用户无法忍受。这时最好关闭这个算法。

(2) 确认时机

应该如何选择接收端发出确认报文的时机呢? 这个问题叫做糊涂窗口综合症(Silly Window Syndrome),有时因为这个时机选择不当可能导致 TCP 的性能变坏。设想一种极端的情况:在交互式应用情况下,接收端的缓存已满,而应用进程一次只从缓存中读取一个字符,在缓存中产生一个字节的空位子,这时接收端就向发送端发送确认,并将窗口设置成一个字节。若此时接收端没有数据要发送,不能采用捎带确认方式,只好发送一个只具确认功能的报文段,它具有 20 个字节的 TCP 报文首部,再加上 20 个字节的 IP 数据报首部,形成一个 40 个字节的 IP 数据报后将其发送到发送端。

然后,发送端又发来只含有一个字符,但长度却是 41 个字节的 IP 数据报(20 个字节 IP 首部长,20 个字节 TCP 首部长)。接收端发回确认,窗口仍为 1。这样一直进行下去,网络的传输速率极低。解决问题的方法是让接收端等待一段时间,使缓存能容纳一个最长的报文段或者只有一半的缓存空间处于空闲的状态才发出确认报文,并向发送端通知当前的窗口大小。同时,发送端不发送很小的报文段,而是将数据积累成足够大的报文段,或达到接收端缓存空间的一半大小才发送。这样可以很好地提高系统的效率。

上述的方法可配合使用。使得发送端不再发送很小的报文段,同时,接收端也不要在缓存刚刚有了一点小的空位置就急忙将一个很小的窗口大小通知给发送端。若发送方在规定的设置时间内没有收到确认,就要将未被确认的报文段重新发送。

5.5.6 TCP 的流量控制

前面讨论了 TCP 协议保证可靠性的一些机制,包括连接的建立与拆除、检错、序号、确认与重传技术,这一节将介绍保证 TCP 协议可靠性的另外一种机制,即流量控制。

流量控制平衡了发送方发送速率与接收方接收速率。TCP 将流量控制与差错控制分开,在本节,我们讨论流量控制,忽略之前讨论的差错控制,即假设发送和接收 TCP 的逻辑信道是无差错的。

当一个数据传输连接建立时,连接的双方都要分配一块缓冲区来存储接收到的数据。TCP 提供了一种基于滑动窗口协议的流量控制机制,用接收端接收能力(缓冲区的容量)的大小来控制发送端发送的数据量。以防止由于发送端与接收端之间发送速率与接收速率的不匹配而造成的数据丢失。TCP 采用可变长的滑动窗口,使发送端与接收端根据自己的处理能力和数据缓存区的大小对数据发送和接收能力作出动态调整,从而灵活性更强,也更合理。

(1)确定初始窗口值:在建立连接时,通信双方使用连接请求报文段或连接响应报文段中的窗口字段捎带着各自的接收窗口的尺寸,在该 TCP 报文段首部的窗口字段写入的数值就是当前给对方设置的发送窗口的数据上限(初始窗口值),即通知对方从而确定对方发送窗口的上限。

(2)传输中修改窗口值:在数据传输过程中,发送方按接收方通知的窗口尺寸和序号发送一定量的数据,接收方根据接收缓冲区的使用情况在传输过程中可重新设置接收窗口值,要求对方动态地调整发送窗口的尺寸,并在发送 TCP 报文段或确认报文段时将新的窗口尺寸和确认号通知给发送方。

(3)窗口的大小是使用字节数来定量的。在 TCP 连接建立时,发送窗口由双方商定。通信双方用 SYN(连接建立请求)报文段和 ACK(连接建立确认)报文段中的窗口字段来表示各自的接收窗口尺寸。在数据传输过程中,发送方只发送窗口尺寸内的数据,只有在收到了对方的确认后发送窗口才可前移,窗口尺寸不变,当把窗口内的数据发送完而没收到对方的确认时,就不能再发送报文段了。发送方按接收方通知的窗口尺寸和序号发送一定量的数据。正是由于发送方的发送窗口由接收端的接收能力确定,因此接收端的接收窗口总是等于发送端的发送窗口。所以,一般只使用发送窗口这个词汇。

【例 5-3】 如图 5-33 所示,是一个简单的单向传输的例子,假设发送方主机 A 向接收方主机 B 发送数据,我们现在给出发送方和接收方如何在连接建立阶段设置窗口的大小,并给出它们在数据传输阶段变化的情况。在此我们假定通信是单向的,因此只给出两个单向数据传输的窗口。尽管发送方在第三个报文中将接收方的窗口设为 2000,但我们并不给出那个窗口。

发送方和接收方之间交换了 8 个报文。

(1)第 1 个报文是发送方给接收方的 SYN 请求报文。这个报文声明报文段的起始字节 seqNo=100。注意,下一个将要到达的是起始字节为 101 的报文段(SYN 报文段消耗 1 个序号)。

(2)第 2 个报文是接收方到发送方的 ACK+SYN 报文段。报文中 ackNo=101,这表示接收方期待接收的字节从 101 开始。该报文也指出了发送方可以设置的发送窗口大小为 800 字节。

(3)第 3 个报文是发送方到接收方的确认报文 ACK 报文。注意,在这个报文中,发送方给出自己的接收窗口为 2000 字节,但是,在该例子中,我们不使用这个值,因为通信是单向的。

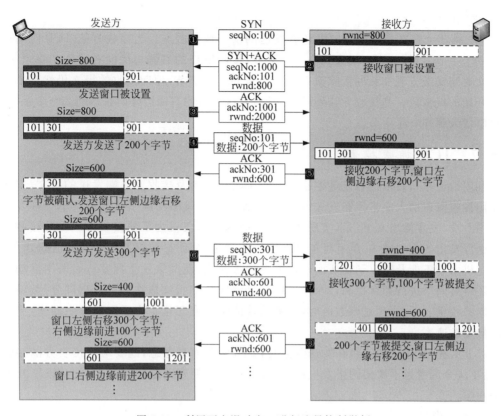

图 5-33　利用可变滑动窗口进行流量控制举例

（4）第 4 个报文段是发送方开始发送数据。发送方设置了接收方指定的接收窗口（800
字节）的大小之后，发送方的 TCP 发送 200 个字节的数据。报文开始的字节数是 101 并且
携带了 200 个字节的数据（编号是 101～300），之后发送方的窗口进行调整，发送窗口的左
侧边缘移到 301 字节位置，表示 200 个字节已经发送，等待对方确认。当这个报文被接收方
接收，则接收方窗口左移到 301 字节处，表示下一个期待接收的是起始字节为 301 的报文。

（5）第 5 个报文段是接收方给发送方的确认。接收方确认了发送方发送的 200 个字
节，期望下次接收 301 字节起始的报文段。该确认报文还携带了接收窗口的收缩通知，现在
接收窗口为 600 个字节。在收到这个接收端的确认报文后，发送窗口左侧边缘向右移到
301 字节处，但发送窗口的右侧边缘不动（因为根据接收方的接收窗口的值，发送窗口大小
正好减少 200 个字节）。

（6）第 6 个报文是发送方发送的第二个数据报文。这次发送方的 TCP 发送了 300 个
字节的数据，即 301～600 字节之间是数据。当该报文到达接收方时，接收方存储着 300 个
字节的数据，同时它减小自己接收窗口的大小。当接收方向高层提交了 100 个字节数据后，
接收窗口的左侧边缘向右移动 300 个字节，但是右侧边缘向右移动 100 个字节，所以接收窗
口总体缩小 200 个字节，为 400 个字节。

（7）第 7 个报文是接收方向发送方发送的第二个确认报文。接收方确认接收数据，并
再次声明接收窗口收缩到 400 个字节。当该确认报文到达发送方时，发送方只能再次收缩
自己的发送窗口。只是发送窗口的左侧边缘向右移动 300 个字节，而右侧边缘仅向右移动

100 个字节。

(8) 第 8 个报文是接收方向发送方发送的窗口调整报文。当接收方的 TCP 向高层提交 200 个字节后,接收窗口增大到 600 个字节,接收窗口的右侧边缘向右移动 200 个字节。该报文通知发送方现在新的接收窗口的大小是 600 个字节,预期接收的报文仍然是 601 个字节开始的报文段。当接收方收到该报文后,发送窗口的右侧边缘向右移动 200 个字节,发送窗口增大到 600 个字节。

5.5.7 TCP 拥塞控制

利用滑动窗口技术进行流量控制可以使接收端来得及接收发送端发送的报文,即接收方使用接收窗口的大小来控制发送窗口大小,使用这个策略保证了接收窗口不会被发送方的数据吞没(发生溢出)。但是,实现滑动窗口技术并非仅仅为了使接收方来得及接收。如果发送方发出的报文过多,就有可能使网络负荷过重,从而导致报文段传输的时延增大,使发送主机由于不能及时收到确认而重传更多的报文段,使网络发生拥塞。而采用滑动窗口机制还可对网络进行拥塞控制,即将网络中的分组(TCP 报文段作为其数据部分)数量维持在一定的数量之下,当超过该数值时,网络的性能会急剧恶化。为了避免发生拥塞,主机应当降低发送速率。

综上所述,发送方的主机在发送数据时,要从两方面来考虑,既要考虑接收方的接收能力,又要从全局考虑不要使网络发生拥塞。因此,关于拥塞问题的讨论,我们从以下几个方面来考虑。

1. 拥塞窗口

对于每一个 TCP 连接,需要有以下两个状态变量。

(1) 接收窗口(Receiver Window,rwnd),又称为通知窗口(Advertised Window)。这是来自接收方对发送方的流量控制。接收方的接收窗口值放在 TCP 首部的窗口字段发送给发送方,是接收方根据其目前的接收缓存大小所提供的最新窗口值。

(2) 拥塞窗口(Congestion Window,cwnd),是来自发送方的流量控制,即发送方根据网络拥塞情况而设置的窗口值。

因此,发送方的发送窗口上限值应取接收方根据接收能力通知的窗口和发送方根据拥塞情况得出的拥塞窗口的最小值,即

$$实际发送窗口的上限值 = \min[rwnd, cwnd]$$

也就是说,TCP 发送方的发送数量由目的主机的接收窗口或网络的拥塞窗口中较小的一个来制约。换句话说,rwnd 和 cwnd 中较小的一个控制着数据的传输。

2. 拥塞检测

在讨论 cwnd 的值如何设置之前,我们先了解一下发送方的 TCP 如何发现网络中出现了拥塞。

首先就是出现了超时(time-out)。如果发送方的 TCP 在超时之前没有收到对于某个或某些报文的确认,那么它就假设相应报文丢失了,并且丢失可能是拥塞引起的。

其次是如果收到三次重复的 ACK(4 个带有相同确认号的 ACK)。因为当接收方的 TCP 发送一个重复 ACK,这是报文已经被延迟的信号。但是如果发送三次重复的 ACK 是丢失报文的标志,这可能是由于网络拥塞造成的。然而,三次重复 ACK 的情况下拥塞的严

重程度低于超时情况。当接收方发送三次重复 ACK 时,这意味着一个报文丢失,但后续的三个报文已经接收到。网络或者处于轻度拥塞或者已经从拥塞中恢复。

TCP 拥塞控制中,TCP 的发送方只使用一种反馈从另一端来检测拥塞,即确认报文 ACK。没有周期性地、及时地接收到 ACK,这导致超时,是严重拥塞的标志。接到三次重复 ACK 报文是网络中轻微拥塞的标志。

3. 拥塞策略

1999 年公布的[RFC2581 因特网标准文件]定义了以下 4 种算法,即慢开始(Slow Start)、拥塞避免(Congestion Avoidance)、快重传(Fast Retransmit)和快恢复(Fast Recovery)。下面介绍这些算法的要点。

(1) 慢开始和拥塞避免

慢开始为发送方的 TCP 维持一个拥塞窗口 cwnd(发送端根据自己估计的网络拥塞程度而设置的窗口值),拥塞窗口是根据网络的拥塞程度来设定的,并且动态地变化着。发送方让自己的发送窗口等于接收端的接收窗口和拥塞窗口的最小值。

发送端确定拥塞窗口的原则是这样的:只要网络没有出现拥塞,发送端就使拥塞窗口再增大一些,以便将更多的分组发送出去。但只要网络出现拥塞,发送端就使拥塞窗口减小一些,以减少注入网络中的分组数。发送端又是怎样发现网络出现拥塞的呢?我们知道,当网络发生拥塞时,路由器就要丢弃分组。如果通信线路带来的差错所引起的分组丢失的概率很小(远小于 1%),那么只要出现分组丢失或时延过长而导致超时重传,就意味着网络某处发生了拥塞,即网络拥塞是引起超时重传的主要原因。下面将继续讨论发送方如何具体控制拥塞窗口 cwnd 的大小。

① 慢开始:指数增加。

这个算法的名字不是很合适,有些误导。该算法启动慢,但它是以指数增长的,即增长是非常快的。下面用例子说明慢开始算法的原理。为说明原理方便,我们用报文段的个数作为窗口大小的单位,每个报文的长度为一个 MSS,并且假设每个报文段是同长度的。如我们之前讨论的,MSS 是连接建立期间由选项协商产生的值。此外,还假定接收端窗口 rwnd 足够大,因此发送窗口只受发送方的拥塞窗口的制约。

如图 5-34 所示,开始时发送端先设置 cwnd=1(一个 MSS),发送第一个报文段 M_1,接收方收到后发回确认 M_1。发送端收到对 M_1 的确认后,将 cwnd 从 1 增大到 2,于是发送端可以接着发送 M_2 和 M_3 两个报文段。接收端收到后发送对 M_2 和 M_3 的确认。发送端每收到一个对**新报文段的确认**(重传的不算),就使发送端的拥塞窗口加 1,因此现在发送端的 cwnd 又从 2 增大到 4,并可发送 $M_4 \sim M_7$ 共 4 个报文段。因此使用慢开始算法后,每经过一个传输轮次(Transmission Round),拥塞窗口就加倍。可见慢开始的"慢"并不是指 cwnd 的增长速率慢。即使 cwnd 增长得很快,同一开始就将 cwnd 设置为较大的数值相比,使用慢开始算法可以使发送端在开始发送时向网络注入的分组数大大减少。这对防止网络出现拥塞是个非常有力的措施。

从图 5-34 可以看出,一个传输轮次的时间其实就是往返时间 RTT。不过使用"传输轮次"更加强调把拥塞窗口 cwnd 所允许发送的报文段都连续地发送出去,并已收到了对已发送的最后一个字节的确认。例如,拥塞窗口 cwnd 的大小是 8 个报文段,那么这时的往返时间 RTT 就是连续发送 8 个报文段,并收到对这 8 个报文段的确认总共经历的时间。

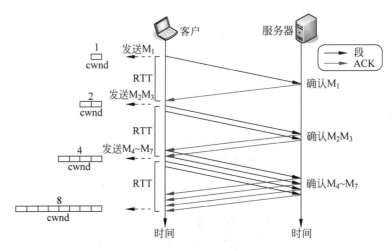

图 5-34　慢开始算法举例

慢开始不能一直进行下去,肯定存在一个停止该阶段的阈值。即发送方为了防止拥塞窗口 cwnd 的增长过大而引起网络拥塞,还需要另一个状态变量,即慢开始阈值 ssthresh。当窗口中的字节数达到总共阈值时,慢启动停止且下一个阶段——拥塞避免开始。

在慢启动算法中,拥塞窗口大小按指数规律增长直到到达阈值。

② 拥塞避免:线性增加。

拥塞避免就是为了降低拥塞窗口的增长速率,避免拥塞。这个算法是线性增加 cwnd 而非指数增加。具体的做法如下。

拥塞避免算法是当拥塞窗口达到慢开始阈值时,慢开始算法停止,而拥塞避免算法开始。使发送端的拥塞窗口 cwnd 每经过一个往返时延 RTT 就增加一个 MSS 的大小而不是加倍(而不管在时间 RTT 内收到了几个确认)。这样,拥塞窗口 cwnd 按线性规律缓慢增长,比按指数增长的慢开始算法缓慢得多。无论在慢开始阶段还是在拥塞避免阶段,只要发送端没有按时收到确认 ACK 或收到了重复的确认 ACK,就认为网络出现拥塞,就要将慢开始阈值 ssthresh 设置为出现拥塞时的发送窗口值的一半(但不能小于 2)。这样设置的考虑就是:既然出现了网络拥塞,那就要减少向网络注入的分组数,然后将拥塞窗口 cwnd 重新设置为 1,并执行慢开始算法。这样做的目的是迅速减少主机发送到网络中的分组数,使得发生拥塞的路由器有足够时间把队列中积压的分组处理完毕。如图 5-35 所示是一个拥塞避免的例子。它由下式决定:

$$ACK 达到 cwnd = cwnd + (1/cwnd)$$

换言之,窗口大小每次只增加 MSS 的 1/cwnd(以字节为单位)。即窗口中的所有段都必须被确认,才能使窗口字节增加 1MSS 字节。

图 5-36 说明了拥塞控制的具体过程,常见的执行步骤如下。

- 在 TCP 连接初始化时,将拥塞窗口置为 1,前面已说过,为了便于理解,窗口单位不使用字节而使用报文段,慢开始阈值的初始值设置为 16 个报文段。我们假定接收端窗口足够大,因此发送窗口值等于拥塞窗口的值。
- 执行慢开始算法,拥塞窗口按指数规律增长,当拥塞窗口 cwnd 增大到慢开始阈值 16 时(即当 cwnd=16 时),改为执行拥塞避免算法,拥塞窗口按线性规律缓慢增长。

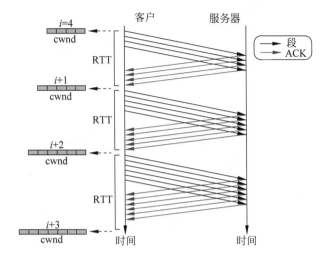

图 5-35　拥塞避免算法举例

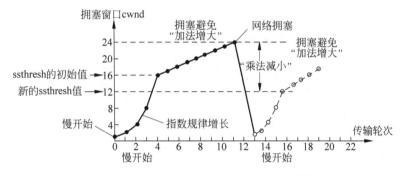

图 5-36　慢开始和拥塞避免算法的实现举例

- 假定拥塞窗口的数值增大到 24 时,网络出现超时,即表明网络出现拥塞了,则将慢开始门限设置为 12,即发送窗口数值 24 的一半,此时拥塞窗口再重新设置为 1,并重新执行慢开始算法。当拥塞窗口等于 12 时,改为执行拥塞避免算法,使拥塞窗口线性增长,避免网络再次出现拥塞。若网络又出现超时,过程同上。

③ 乘法减小与加法增大。

在 TCP 拥塞控制的文献中经常可看见“乘法减小”(Multiplicative Decrease)和“加法增大”(Additive Increase)这样的提法。“乘法减小”主要对慢开始阈值 ssthresh 的计算方法,不论在慢开始阶段还是拥塞避免阶段,只要出现一次超时(即出现一次网络拥塞),就将慢开始阈值 ssthresh 设置为当前的拥塞窗口值乘以 0.5(乘法减小)。当网络频繁出现拥塞时,ssthresh 值就下降得很快,这样可以大大减少注入网络中的分组数。而“加法增大”是指执行拥塞避免算法后,对拥塞窗口 cwnd 的计算方法。当收到对所发报文段的确认后就将拥塞窗口 cwnd 增加一个 MSS 大小,使拥塞窗口缓慢增大(加 1 增大),以防止网络过早出现拥塞。

还要再次强调的是,“拥塞避免”并非指完全能够避免拥塞。利用以上的措施要完全避免网络拥塞还是不可能的。“拥塞避免”是说在拥塞避免阶段将拥塞窗口控制为按线性规律增长,使网络比较不容易出现拥塞。

(2) 快重传和快恢复

前面讲的慢开始和拥塞避免算法是在 TCP 中最早使用的拥塞控制算法(又称为 Taho TCP),那时 TCP 用相同的方式来对待拥塞检测的两种情况,即超时和接收方收到三次重复 ACK。但后来人们发现这种拥塞控制算法还需要改进,因为如果只使用慢开始和拥塞避免算法,还有两个问题没有得到解决:

① 有时一条 TCP 连接会因等待超时重传而空闲较长时间;

② 当发送端发现网络拥塞时就一律将窗口下降为1,然后执行慢开始算法,会使网络不能很快地恢复到正常工作状态。

于是在新版的 TCP(Reno TCP)拥塞控制中,又增加了两个新的拥塞控制算法,这就是快重传和快恢复。在这个版本中用不同的方法来处理拥塞检测的两种情况,即超时和接收方连续收到三次重复 ACK。如果发送超时,TCP 进入慢启动状态(如果它已经处于该状态,则开始新一轮的传输),这是不使用快重传的情况;如果接收方收到三次重复是 ACK,则 TCP 进入快重传与快恢复算法,并且只要有更多的重复 ACK 到达,它就保持这种状态。

① 快重传的工作原理

对第一个问题可采用快重传解决,即接收端每收到一个报文后,不等待自己发送数据捎带 ACK,而是立即发出确认 ACK。当发送端发现某个分组丢失时,不等待超时计时器到时,便立即重传丢失的分组。因此,快重传并非取消超时计时器,而是在确知某分组丢失(连续收到三个重复的 ACK)的情况下,更早地重传丢失的报文段。

如图 5-37 所示,假定发送端发送了 $M_1 \sim M_4$ 共 4 个报文段,接收端每收到一个报文段后都要立即发出确认 ACK 而不要等待自己发送数据时才将 ACK 捎带上。当接收端收到了 M_1 和 M_2 后,就发出确认 ACK_2 和 ACK_3。假定由于网络拥塞使 M_3 丢失了。接收端后来收到下一个 M_4,发现其序号不对,但仍收下放在缓存中,同时发出确认,不过发出的是重复的 ACK_3(不能够发送 ACK_5,因为 ACK_5 表示 M_4 和 M_3 都已经收到了)。这样,发送端知道现在可能是网络出现了拥塞造成分组丢失,但也可能是报文段 M_3 尚滞留在网络中的某处,还要经过较长的时延才能到达接收端。发送端接着发送 M_5 和 M_6。接收端收到了 M_5 和 M_6 后,也还要分别发出重复的 ACK_3。这样,发送端共收到了接收端的 4 个 ACK_3,其中三个是重复的。快重传算法规定,发送端只要一连收到三个重复的 ACK 即可断定有

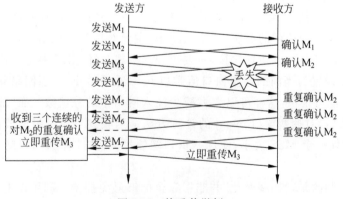

图 5-37　快重传举例

分组丢失了,就应立即重传丢失的报文段 M_3 而不必继续等待为 M_3 设置的超时计时器的超时。不难看出,快重传并非取消超时计时器,而是在某些情况下可更早地重传丢失的报文段。

由于发送方能尽早重传未被确认的报文段,因此采用快重传算法后可以使整个网络吞吐量提高约 20%。

② 快恢复算法的工作原理

与快重传配合使用的还有快恢复算法。对第二个问题采用快恢复算法可以较好地解决,其具体步骤如下。

第一:当发送端收到连续三个重复的 ACK 时,就按照前面讲过的"乘法减小"重新设置慢开始阈值 ssthresh(为了预防拥塞)。这一点和慢开始算法是一样的。需要注意的是,接下来不执行慢开始算法。

第二:与慢开始不同之处是拥塞窗口 cwnd 不是设置为 1,而是设置为原 ssthresh 的一半。然后开始拥塞避免算法,使窗口缓慢地增大。

第三:若收到的重复的 ACK 为 n 个,则将 cwnd 设置为 ssthresh$+n\times$MSS。n 为收到的重复 ACK 个数($n\geqslant3$)。这样做的理由是发送端收到三个重复的 ACK_3 表明有三个分组已经离开了网络,它们不会再消耗网络的资源,这三个分组停留在接收端的缓存中(接收端发送出三个重复的 ACK 就证明了这个事实),可见现在网络中并不是堆积了分组而是减少了三个分组,这些分组已到达接收端。因此,将拥塞窗口扩大些并不会加剧网络的拥塞。

第四:如果发生超时,TCP 假设网络中有真实的拥塞,进入慢启动状态。

第五:若收到了确认新的报文段的 ACK(非重复),就按拥塞避免算法继续发送报文段,但是将 cwnd 缩小到 ssthresh。

如图 5-38 所示是快重传与快恢复的示意图,并标明了"TCP Reno 版本",这是目前使用最多的版本。图中还画出了已经废弃不用的虚线部分(TCP Tahoe 版本)。请注意,它们的区别是:新的 TCP Reno 版本在快重传之后采用的是快重传算法而不是慢开始算法。

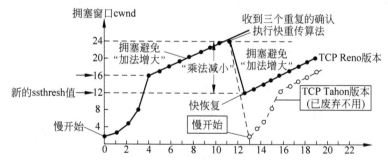

图 5-38　从连续收到三个重复的确认转入拥塞避免

在采用快恢复算法时,慢开始算法只是在 TCP 连接建立时和网络出现超时时才使用。采用这样的拥塞控制方法使得 TCP 的性能有明显的改进。

在这一节的开始我们假定了接收方总是有足够大的缓存空间,因而发送窗口的大小由网络的拥塞程度来决定。

5.6 本章疑难点

1. MSS 设置的太大或者太小会有什么影响？

规定最大报文段 MSS 的大小并不是考虑接收方的缓存可能放不下 TCP 报文段。实际上，MSS 与接收窗口没有关系。TCP 的报文段的数据部分，至少要加上 40 个字节的首部（TCP 首部至少 20 个字节和 IP 首部至少 20 个字节），才能组装成一个 IP 数据报。若选择较小的 MSS 值，网络的利用率就很低。设想在极端情况下，当 TCP 报文段中只有 1 个字节的数据时，在 IP 层传输的数据报的开销至少有 40 个字节。这样，网络的利用率就不会超过 1/41。到了数据链路层还要加上一些开销，网络的利用率就更低。但反过来，若 TCP 报文段很长，那么在 IP 层传输时有可能要分解成多个短数据报片，在目的端还要把收到的各数据报片装配成原来的 TCP 报文段。当传输有差错时，还要进行重传，这些都会使开销增大。

因此，MSS 应尽量大些，只要在 IP 层传输时不要再分片就行。由于 IP 数据报所经历的路径是动态变化的，在一条路径上确定的不需要分片的 MSS，如果改走另一条路径就可能需要进行分片。因此，最佳的 MSS 是很难确定的。MSS 的默认值为 536 字节，因此在因特网上的所有主机都能接收的 TCP 报文段长度是 536+20（TCP 固定首部长度）=556 字节。

2. 为什么要使用 UDP？让用户进程直接发送原始的 IP 分组不就足够了吗？

仅仅使用 IP 分组是不够的。IP 分组包含 IP 地址，该地址指定一个目的主机。一旦这样的分组到达了目的主机，网络控制程序如何知道该把它交给哪个进程呢？UDP 数据报包含一个目的端口，这一信息是必需的，因为有了它，分组才能被投递给正确的进程。此外，UDP 可以对数据报做包括数据段在内的差错检测，而 IP 只对其首部做差错检测。

3. 如何判定此确认报文段是对原来的报文段的确认，还是对重传的报文段的确认？

由于对于一个重传报文的确认来说，很难分辨出它是对原报文的确认还是对重传报文的确认，使用修正的 Kam 算法作为规则：在计算平均往返时间 RTT 时，只要报文段重传了，就不采用其往返时间样本，且报文段每重传一次，就把 RTO 增大一些。

4. TCP 使用的是 GBN 还是选择重传呢？

这是一个有必要弄清的问题。在前面讲过，TCP 使用累计确认，这看起来像是 GBN 的风格。但是，正确收到但失序的报文并不会被丢弃，而是缓存起来。并且发送冗余 ACK 指明期望收到的下一个报文段，这是 TCP 方式和 GBN 的显著区别。例如，A 发送 N 个报文段，其中第 $k(K<N)$ 个报文段丢失，其余 $N-1$ 个报文段正确地按序到达接收方 B。当使用 GBN 时，A 需要重传分组 k，以及所有后继分组 $k+1,k+2,\cdots,N$。相反，在实际中 TCP 却至多重传一个报文段，即失序报文段 k。另外，TCP 中提供一个 SACK（Selective ACK）选项，也就是选择确认选项。当使用选择确认选项的时候，TCP 看起来就和 SR 非常相似了。因此，TCP 的差错恢复机制可以看成是 GBN 和 SR 协议的混合体。

5. 为什么超时时间发生时 cwnd 被置为 1，而收到三个冗余 ACK 时 cwnd 减半呢？

大家可以从这个角度考虑：超时事件发生和收到三个冗余 ACK，哪个意味着网络拥塞程度更严重？通过分析不难发现，在收到三个冗余 ACK 的情况，网络虽然拥塞，但是至少还有 ACK 报文段能够被正确交付。而当超时发生时，说明网络可能已经拥塞得连 ACK 报文段都传输不了了,发送方只能等待超时后重传数据。因此,超时发生时,网络拥塞更严重,那么发送方就应该最大限度地抑制数据发送量,所以将 cwnd 置为 1;收到三个冗余 ACK 时,网络拥塞不是很严重,发送方稍微抑制一下发送的数据量即可,所以将 cwnd 减半。

6. 为什么不采用"两次握手"建立连接呢?

这主要是为了防止两次握手情况下已失效的连接请求报文段突然又传送到服务端而产生错误。考虑下面这种情况:客户 A 向服务器 B 发出 TCP 连接请求,第一个连接请求报文在网络的某个节点长时间滞留,A 超时后认为报文丢失,于是再重传一次连接请求,B 收到后建立连接。数据传输完毕后双方断开连接。而此时,前一个滞留在网络中的连接请求到达了服务端 B,而 B 认为 A 又发来连接请求,此时若是使用"三次握手",则 B 向 A 返回确认报文段,由于是一个失效的请求,因此 A 不予理睬,建立连接失败。若采用的是"两次握手",则这种情况下 B 认为传输连接已经建立,并一直等待 A 传输数据,而 A 此时并无连接请求,因此不予理睬,这样就造成了 B 的资源白白浪费。

7. 在使用 TCP 传送数据时,如果有一个确认报文段丢失了,也不一定会引起与该确认报文段对应的数据的重传。试说明理由。

这是因为发送方可能还未重传时,就收到了对更高序号的确认。例如主机 A 连续发送两个报文段:(SEQ=92,DATA 共 8B)和(SEQ=100,DATA 共 20B),均正确到达主机 B。B 连续发送两个确认:(ACK=100)和(ACK=120),但前一个确认帧在传送时丢失了。例如 A 在第一个报文段(SEQ=92,DATA 共 8B)超时之前收到了对第二个报文段的确认(ACK=120),此时 A 知道,119 号和在 119 号之前的所有字节(包括第一个报文段中的所有字节)均已被 B 正确接收,因此 A 不会再重传第一个报文段。

8. 如果收到的报文段无差错,只是未按序号,则 TCP 对此未作明确规定,而是让 TCP 实现者自行确定。试讨论以下两种可能的方法的优劣:

(1) 将不按序的报文段丢弃。

(2) 先将不按序的报文段暂存于接收缓存内,待所缺序号的报文段收齐后再一起上交应用层。

第一种方法将不按序的报文段丢弃,会引起被丢弃报文段的重复传送,增加对网络带宽的消耗,但由于用不着将该报文段暂存,可避免对接收方缓冲区的占用。

第二种方法先将不按序的报文段暂存于接收缓存内,待所缺序号的报文段收齐后再一起上交应用层进程,这样可以避免发送方对已经被接收方收到的不按序的报文段的重传,减少了对网络带宽的消耗,但增加了接收方缓存区的开销。

5.7 综合例题

通过对第 5 章内容的学习,我们已经对计算机网络的传输层的功能、特点及其相关的协议有了一定的了解,为了加深对传输层的相关概念的理解,特例举如下综合例题,帮助大家学习。例题中可能会涉及以前章节的知识点,请适当回顾相关章节的内容。

【例题 5-1】 在某个网络中,TPDU(传输层的协议数据单元)的长度最大值为 256B,最长生存时间为 30s,序列号为 8b。那么,每条 TCP 连接所能达到的最大数据传输速率为多少?

解析: 因为具有相同序列号的 TPDU 不应该同时在网络中传输。因此, 必须保证当前序列号循环回来重复使用时, 具有相同序列号的 TPDU 已经从网络中消失。现在已知 TPDU 的生存时间为 30s, 序列号的长度为 8b, TPDU 的最大长度为 256B, 那么在 30s 的时间内发送方发送的 TPDU 的数目不能多于 $2^8 - 1 = 255$ 个。

所以, 每条 TCP 连接的最大数据传输速率为 $255 \times 256 \times 8/30 = 17\ 408\ (b/s)$

【例题 5-2】 假设一个应用程序要通过一个 TCP 连接发长度为 LB 的消息。假设 TCP 报文段的首部长度为 20B, IP 数据报的首部长度也为 20B。然后 IP 数据报封装在以太网帧中, 以太网帧的首部长度为 18 字节。那么, 在物理层的传输效率是多少?(考虑 L=10 和 L=1000 两种情况)

解析: 一个长度为 LB 的消息, 在传输时要附加长为 20B 的 TCP 报文段首部、长为 20B 的 IP 数据报首部以及长为 18B 的以太网的首部, 因此数据链路层的帧长为: $L+20+20+18$, 则在物理层的传输效率为 $L/(L+20+20+18) = L/(L+58)$。

当 L=10 时, 传输效率为 $10/(10+58) = 14.7\%$。

当 L=1000 时, 传输效率为 $1000/(1000+58) = 94.5\%$。

【例题 5-3】 IP 数据报的分片和重组是由 IP 协议控制的, 而对 TCP 协议而言是透明的, 这是否意味着 TCP 不用担心 IP 数据报以错误的次序到达? 为什么?

解析: 不是。

尽管 IP 数据报的分片和重组是由 IP 协议控制的, 但是由于 IP 提供的是无连接、不可靠的网络服务, IP 数据报到达的顺序可能会不同, 即出现乱序现象, 因此 TCP 协议必须提供能进行差错控制, 处理乱序情况的能力。

【例题 5-4】 在网络中, 接收窗口的大小是 1 个分组, Stop-and-Wait 协议、Go-Back-N 协议和 Selective-Repeat 协议中的哪个可以被网络使用?

解析: 只有 Stop-and-Wait 协议和 Go-Back-N 协议可以被网络使用。因为这两种协议的接收窗口都为"1", 即必须按序接收。

【例题 5-5】 为什么 UDP 的校验和要与 IP 的校验和分开进行? 你是否反对在包含 UDP 用户数据报的整个 IP 数据报中仅使用一个校验和的协议?

解析: UDP 协议与 IP 协议所处的协议层不同, UDP 处于传输层, 而 IP 处于网络层。如果在整个 IP 数据报中只使用一个校验和, 则需要对 IP 数据报的整个部分进行校验, 包括首部与数据部分。这样, 当 IP 数据报在通信子网中进行传输时, 由于每个路由器都需要对接收的整个 IP 数据报进行校验以判断是否出现了传输差错, 路由器用于处理每个 IP 数据报的时间无疑会增加, 也就是路由器的负载将会变重。因此, IP 数据报的传输时延将会变长, 同时, 传输效率也会下降。

反之, 如果整个 IP 数据报的校验分为独立的两次校验, 即 UDP 对 UDP 数据报的首部以及数据部分进行校验, IP 仅对 IP 数据报的首部进行校验, 路由器只需要校验 IP 数据报的首部, 而较长的数据部分只由目的端完成。这大大降低了路由器处理 IP 数据报的时间, 进而减小了 IP 数据报的传输延迟。而且, 两次校验相互独立, IP 与 UDP 采用的校验方法可以相同也可以不同。

因此, 在包含 UDP 用户数据报的整个 IP 数据报中, 不应该采用仅使用一个校验和的机制。

【例题 5-6】 假定 TCP 使用两次握手代替三次握手来建立连接。也就是说，不需要第三个报文。那么是否可能产生死锁？请举例来说明答案。

解析： 三次握手完成两个主要功能，既要让连接双方做好发送和接收数据的准备工作（双方都知道彼此都已经准备好），也要允许双方就初始序列号等相关参数进行协商，这个序号在握手协议过程中被发送与确认。

现在把三次握手改成仅需要两次握手，就可能发生死锁现象。例如，考虑计算机 A 和 B 之间的通信。假定 A 给 B 发送一个连接请求报文段，B 收到了这个报文段，并发送了一个连接确认报文段。按照两次握手的协定，B 认为连接已经建立成功，于是开始发送报文段。现在假设 B 发给 A 的确认报文段在传输过程中丢失，那么 A 将不知道 B 是否收到连接请求报文段，也不知道 B 发送数据使用的初始序列号。在这种情况下，A 将认为连接还未建立成功，将忽略 B 发送来的任何报文段，而只等待接收来自 B 的连接确认报文段。而 B 在发出的报文段超时后，将不断重复发送同样的报文段，这样就形成了死锁。

还有就是当 A 发送的连接请求报文丢失时，将出现的问题，在 5.5.3 节和疑难解析 6 题中有详细的叙述，请同学们参考书中的讲解，来加深对该问题的理解。

【例题 5-7】 一个应用程序用 UDP，到了 IP 层将数据报再划分 4 个数据报片发送出去。结果前两个数据报片丢失，后两个到达目的端。过了一段时间应用进程重传 UDP，而 IP 层仍然划分为 4 个数据报片传送。结果这次前两个数据报片到达目的端，而后两个丢失。试问：在目的端能否将两次传输的 4 个数据报片组装成为完整的数据报？假定目的端第一次收到的后两个数据报片仍然保持在目的端的接收缓存中。

解析： 不能。

因为重传时，IP 数据报的标识字段会有另一个标识符。只有标识符相同的数据报片才能组装成一个 IP 数据报。前两个数据报片的标识符和后两个 IP 数据报片的标识符不同，所以不能将两次传输的 4 个数据报片组装成一个 IP 数据报。

【例题 5-8】 一个 TCP 连接要发送 3200B 的数据。第一个字节的编号为 10 010，如果前两个报文各携带 1000B 的数据，最后一个携带剩下的数据，请写出每一个报文段的序号。

解析： TCP 为传送的数据流中的每一个字节都编上一个序号。报文段的序号则指的是本报文段所发送的数据的第一个字节的序号。因此第一个报文段的序号为 10 010，第二个报文段的序号为 10 010＋1000＝11 010，第三个报文段的序号为 11 010＋1000＝12 010。

【例题 5-9】 设 TCP 使用的最大窗口尺寸为 64KB，TCP 报文在网络上的平均往返时间为 20ms，问 TCP 协议所能得到的最大吞吐量是多少？（假设传输信道的带宽是不受限的）

解析： 最大吞吐量表明在一个 RTT 内将窗口中的字节全部发送完毕。在平均往返时间 20ms 内，发送的最大数据量为最大窗口值，即 64×1024B。

$$64 \times 1024 \times 8 \div (20 \times 10^{-3}) \approx 26.2 \text{Mb/s}$$

因此，所能得到的最大吞吐量是 26.2Mb/s。

【例题 5-10】 已知当前 TCP 连接的 RTT 值为 35ms，连续收到三个确认报文段，它们比相应的数据报文段的发送时间滞后了 27ms、30ms 与 21ms。设 α＝0.2。计算第三个确认报文段到达后的新的 RTT 估计值。

解析：新的估计 RTT＝(1－α)×(旧的 RTT)＋α×(新的 RTT 样本)

根据以上公式：

$$RTT_1＝(1-0.2)×35＋0.2×27＝33.4ms$$
$$RTT_2＝(1-0.2)×33.4＋0.2×30≈32.7ms$$
$$RTT_3＝(1-0.2)×32.7＋0.2×21≈30.4ms$$

所以当第三个确认报文到达后,新的 RTT 估计值是 30.4ms。

【例题 5-11】 主机 A 的 TCP 向主机 B 连续发送三个 TCP 报文段。第一个报文段的序号为 90,第二个报文段的序号为 120,第三个报文段的序号为 150。问:

(1) 第一、二个报文段中有多少数据?

(2) 假设第二个报文段丢失而其他两个报文段到达主机 B,那么在主机 B 发往主机 A 的确认报文中,确认号应该是多少?

解析：(1) TCP 传送的数据流中的每一个字节都是有一个编号的,而 TCP 报文段的序号为其数据部分第一个字节的编号。那么第一个报文中的数据有 120－90＝30 字节,第二个报文中的数据有 150－120＝30 字节。

(2) 由于 TCP 使用累计确认的策略,那么当第二个报文段丢失后,第三个报文段就成了失序报文,B 期望收到的下一个报文段是序号为 120 的报文段,所以确认号为 120。

【例题 5-12】 网络允许的最大报文段的长度为 128 字节,序号用 8b 表示,报文段在网络中的寿命为 30s。求每一条 TCP 连接所能达到的最高数据率。

解析：具有相同编号的报文段不应该同时在网络中传输,必须保证当序列号循环回来重复使用的时候,具有相同序列号的报文段已经从网络中消失,类似于 GBN 原理(2^n-1)。现在序号用 8bit 表示,报文段的寿命为 30s,那么在 30s 的时间内发送方发送的报文段的数目不能多于 255 个。

$$255×128×8÷30＝8704b/s$$

所以,每一条 TCP 连接所能达到的最高数据率为 8704b/s。

【例题 5-13】 设 TCP 的拥塞窗口的慢开始阈值初始为 12(单位为报文段),当拥塞窗口达到 16 时出现超时,再次进入慢启动过程。从此时起若恢复到超时时刻的拥塞窗口大小,需要的往返时间次数是多少?

解析：在慢启动和拥塞避免算法中,拥塞窗口初始为 1,窗口大小开始按指数增长。当拥塞窗口大于慢开始阈值后停止使用慢开始算法,改用拥塞避免算法。此处慢开始的阈值初始为 12,当拥塞窗口增大到 12 时改用拥塞避免算法,窗口大小按线性增长,每次增加 1 个报文段,当增加到 16 时,出现超时,重新设阈值为 8(16 的 1/2),拥塞窗口再重新设为 1,执行慢启动算法,到阈值 8 时执行拥塞避免算法。

这样,拥塞窗口的变化为 1,2,4,8,12,13,14,15,16,1,2,4,8,9,10,11,12,13,14,15,16……。可见从出现超时时拥塞窗口为 16 到恢复拥塞窗口大小为 16,需要的往返时间次数是 12。

【例题 5-14】 一个 TCP 首部的数据信息(以十六进制表示为 0x0D 28 00 15 50 5F A9 06 00 00 00 00 00 70 02 40 00 C0 29 00 00)。TCP 首部的格式如图 5-24 所示。请回答:

(1) 源端口号和目的端口号各是多少?

(2) 发送的序列号是多少,确认号是多少?

(3) TCP 首部的长度是多少?

（4）这是一个使用什么协议的 TCP 连接？该 TCP 连接的状态是什么？

解析：（1）源端口号为第 1、2 字节，即 0D 28，转换为十进制数为 3368。目的端口号为第 3、4 字节，即 00 15，转换为十进制数为 21。

（2）第 5～8 字节为序列号，即 50 5F A9 06，转换为十进制数为 6269190。第 9～12 字节为确认号，即 00 00 00 00，十进制为 0。

（3）第 13 字节的前 4b 为 TCP 首部的长度，这里的值是 7（以 4b 为单位），故乘以 4 后得到 TCP 首部的长度为 28 字节，说明该 TCP 首部还有 8 字节的选项数据。

（4）根据目的端口是 21 可以知道这是一条 FTP 的连接，而 TCP 的状态则需要分析第 14 字节。第 14 字节的值为 02，即 SYN 置为 1 了，而且 ACK＝0 表示该数据段没有捎带的确认，这说明是第一次握手时发出的 TCP 连接请求报文。

习　题　5

5-1　试说明传输层的作用。网络层提供数据报或虚电路服务对上面的传输层有何影响？

5-2　接收端收到有差错的 UDP 用户数据报应如何处理？

5-3　当应用程序使用面向连接的 TCP 和无连接的 IP 时，这种传输是面向连接的还是面向无连接的？

5-4　一个 TCP 报文段的数据部分最多有多少字节？为什么？如果用户要传送的数据的字节长度超过 TCP 报文段中的序号字段编出的最大序号，试问还能用 TCP 来传送吗？

5-5　主机 A 和主机 B 使用 TCP 通信。在 B 连续发送过的两个报文段中，前一个报文段的确认序号（ACK＝140）大于后一个（ACK＝120），这可能吗？试说明理由。

5-6　在使用 TCP 传送数据时，如果有一个确认报文丢失了，是否一定会引起与该确认报文段对应的数据的重传？试说明理由。

5-7　设 TCP 使用的最大窗口为 64×1024 字节，而传输信道的带宽可以认为是不受限制的。若报文段的平均往返时延为 10ms，问所能得到的最大吞吐量是多少？

5-8　假设一个应用进程使用传输层的用户数据报 UDP，在 IP 层该用户数据报又被封装成 IP 数据报。既然都是数据报可否跳过 UDP 而直接交给 IP 层？为什么？

5-9　使用 TCP 传输实时语音数据和使用 UDP 传送数据文件各有什么问题？

5-10　为什么 TCP 首部的最开始的 4 个字节是 TCP 的端口号？

5-11　网络允许的最大报文段长度为 300 字节，序号用 16b 表示，报文段在网络中的寿命为 30s，求一条 TCP 连接所能达到的最高数据率。

5-12　一个 UDP 用户数据报的数据字段为 9000 字节，使用以太网传送。试问应当划分为几个数据报片？说明每一个数据报片的数据字段长度和片偏移字段的值。

5-13　一个 UDP 用户数据报的首部的十六进制表示是 07 33 00 50 00 1C E3 18。试求源端口、目的端口、用户数据报的总长度、数据部分长度。这个数据报是从客户发送给服务器，还是从服务器发送给客户的呢？使用 UDP 的这个服务器程序是什么？

5-14　试计算一个包括 5 段链路（其中两段是卫星链路）的传输连接的端到端时延。卫星链路的传播时延是 270ms，每一个广域网的端到端的距离是 1500km，其传播时延可按

210 000km/s(光速的 70％)来计算。各数据链路的速率为 48kb/s,帧长为 960b。

5-15　设 TCP 的 ssthresh 的初始值为 8(单位是一个 MSS)。当拥塞窗口上升到 12 时网络发生超时,TCP 使用慢开始和拥塞避免。试分别求出第 1 轮次到第 12 轮次传输的各拥塞窗口大小。你能说明每一次变化的原因吗?

5-16　请图示说明 TCP 连接的建立过程。

5-17　请图示说明 TCP 连接的建立过程(包括三次释放过程和四次释放过程)。

5-18　TCP 的拥塞窗口 cwnd 大小与传输轮次 n 的关系如下:

n	1	2	3	4	5	6	7	8	9	10	11	12	13
cwnd	1	2	4	8	16	32	33	34	35	36	37	38	39
n	14	15	16	17	18	19	20	21	22	23	24	25	26
cwnd	40	41	42	21	22	23	24	25	26	1	2	4	8

(1) 指明 TCP 工作在慢开始阶段的时间间隔。

(2) 指明 TCP 工作在拥塞避免阶段的时间间隔。

(3) 在第 16 轮次和第 22 轮次之后发送方是通过收到三个重复的确认还是通过超时检测到丢失了报文段?

(4) 在第 1 轮次、第 18 轮次和第 24 轮次发送时,阈值 ssthresh 分别被设置为多大?

(5) 在第几轮次发送出第 70 个报文?

(6) 假设在第 26 轮次之后收到了三个重复的确认,因而检测出了报文段的丢失,那么拥塞窗口 cwnd 的 ssthresh 应设置为多大?

第6章　应 用 层

[**本章主要内容**]

1. 网络应用模型

C/S 模型、B/S 模型、P2P 模型。

2. 域名系统

层次域名空间、域名服务器、域名解析过程。

3. 文件传送协议 FTP

FTP 协议的工作原理、控制连接与数据连接。

4. 电子邮件

电子邮件系统的组成结构、SMTP、MIME、POP3、IMAP。

5. 万维网

WWW 的概念、URL、HTTP、HTML。

6. DHCP、SNMP

6.1　应用层概述

应用层是网络体系结构的最高层，应用层的主要任务是为最终用户提供服务，是直接面向用户的。每个应用层协议都是为了解决某一类应用问题，而问题的解决又是通过位于不同主机中的多个进程之间的通信和协同工作来完成的。这些为了解决具体的应用问题而彼此通信的进程就称为"应用进程"。应用层的具体任务就是规定应用进程在通信时所遵循的协议。

Internet 技术的发展极大地丰富了应用层的内容。应用层包括所有的高层协议，并且不断有新的协议加入。本章将以 Internet 应用层协议为主线，讨论域名系统（DNS）、文件传送协议（FTP）、电子邮件（E-mail）、WWW 服务等应用层服务的工作原理与协议。

1. 客户/服务器模型

应用层的许多协议都基于**客户/服务器 C/S**（Client/Server）模型。客户（Client）和服务器（Server）分别是指两个应用程序。客户向服务器发出服务请求，服务器对客户的请求做出响应。在客户/服务器模型中，有一个总是打开的主机称为服务器，它服务于许多来自其他称为客户机的主机请求。其工作流程如下。

（1）服务器处于接收请求的状态；

（2）客户机发出服务请求，并等待接收结果；

（3）服务器收到请求后，分析请求，进行必要的处理，得到结果并发送给客户机。

客户/服务器模型最主要的特征是：客户是服务请求方,服务器是服务提供方。如 Web 应用程序,其中总是打开的 Web 服务器服务于运行在客户机上的浏览器的请求。当 Web 服务器接收到来自客户机对某对象的请求时,它向该客户机发送所请求的对象以做出响应。常见的使用客户/服务器模型的应用包括 Web、文件传输、远程登录和电子邮件等。图 6-1 为客户/服务器模型的网络拓扑图。图 6-2 为一个通过互联网进行交互的客户/服务器工作过程。

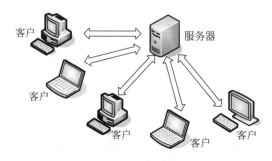

图 6-1　客户/服务器模型的网络拓扑图

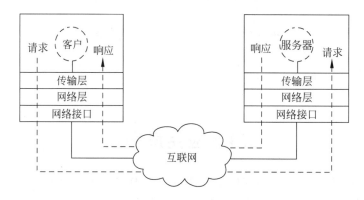

图 6-2　客户/服务器交互工作过程

一台主机上通常可以运行多个服务器程序,每个服务器程序需要并行地处理多个客户的请求,并将处理的结果返回给客户。图 6-3 中,运行服务区程序的主机同时提供 Web 服务、FTP 服务和文件服务。由于客户 1、客户 2 和客户 3 分别运行访问文件服务和 Web 服务的客户端程序,因此通过互联网,客户 1 可以访问运行文件服务主机上的文件系统,而 Web 服务器程序可以根据客户 2 和客户 3 的请求,同时为他们提供服务。

客户/服务器模型的主要特点如下。

(1) 网络中各计算机的地位不平等,服务器可以通过对用户权限的限制来达到管理客户机的目的。整个网络的管理工作由少数服务器担当,故网络的管理非常集中和方便。

(2) 客户机相互之间不直接通信。例如,在 Web 应用中两个浏览器并不直接通信。

(3) 可扩展性不佳。受服务器硬件和网络带宽的限制,服务器支持的客户机数有限。

2. B/S 模型

浏览器/服务器 B/S(Browser/Server)模型,是一种分布式的 C/S 机构,中间多了一层

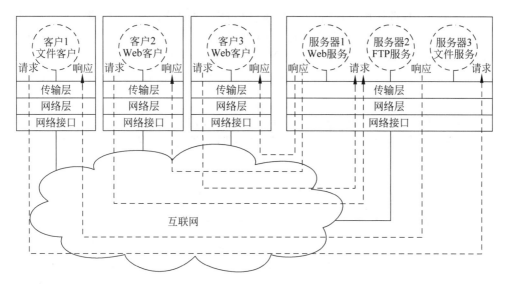

图 6-3　一对多方式处理客户/服务器模式的多个请求

Web 服务器,用户可以通过浏览器向分布在网络上的许多服务器发出请求。B/S 具有 C/S 所不及的很多特点,如更加开放、与软硬件平台无关、应用开发速度快、生命周期长、应用扩充和系统维护升级方便等。B/S 结构简化了客户机的管理工作,客户机上只需安装配置少量的客户端软件,而服务器将承担更多工作,对数据库的访问和应用系统的执行将在服务器上完成。B/S 的运作过程如图 6-4 所示。

图 6-4　B/S 运作过程

从图 6-4 中看出,B/S 的处理过程是:在客户端,用户通过浏览器向 Web 服务器中的控制模块和应用程序输入查询要求,Web 服务器将用户的数据请求提交给数据库服务器中的数据库管理系统 DBMS;在服务器端,数据库服务器将查询的结果返回给 Web 服务器,再以网页的形式发回给客户端。在此过程中,对数据库的访问要通过 Web 服务器来执行。用户端以浏览器作为用户界面,使用简单、操作方法。

3. P2P 模型

不难看出,在 C/S 模型中,服务器性能的好坏决定了整个系统的性能,当大量用户请求服务时,服务器就必然成为系统的"瓶颈"。**P2P**(Peer-to-Peer)的思想是整个网络中的传输内容不再被保存在中心服务器上,每个节点都同时具有下载、上传的功能,其权利和义务都是大体对等的。这些节点计算机称为对等节点(Peer),图 6-5 为 **P2P** 网络模型。

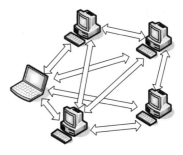

图 6-5　P2P 网络模型

在 P2P 模型中,各计算机没有固定的客户和服务器划分。相反,任意一对计算机——称为对等方(Peer),直接相互通信。每个节点既作为客户访问其他节点的资源,也作为服务器提供资源给其他节点访问。每个节点既可以是客户端也可以是服务器端,所以 P2P 也是一种特殊的客户/服务器模型,当前比较流行的 P2P 应用如 PPlive、Bittorrent 和电驴等。

与 C/S 模型相比,P2P 模型的优点主要体现在以下几点。

(1) 减轻了服务器的计算压力,消除了对某个服务器的完全依赖,可以将任务分配到各个节点上,因此大大提高了系统效率和资源利用率。

(2) 可扩展性好,传统服务器有响应和带宽的限制,因此只能接受一定数量的请求。

(3) 网络健壮性强,单个节点的失效也不会影响其他部分的节点。

P2P 模型也有缺点,在获取服务的同时,还要给其他节点提供服务,因此会占用较多的内存,影响整机速度。例如,经常进行 P2P 下载会对硬盘造成较大的损伤。据某互联网调研机构统计,当前 P2P 程序已经占据了互联网 50%～90% 的流量,使网络变得非常拥塞,因此各大 ISP(互联网服务提供商,如电信、网通等)通常都对 P2P 应用持反对态度。

6.2　域名系统 DNS

IP 地址为 Internet 提供了统一的编址方式,直接使用 IP 地址就可以访问 Internet 中的主机,但是一般用户很难记住点分十进制 IP 地址。在互联网发展初期,人们使用 IP 地址来寻找网络上的主机,随后很快发展为使用便于记忆的字符来表示主机。例如,某大学 WWW 服务器的 IP 地址是 202.118.32.3,大家很难记住这样一串数字,但是,如果把它写成 www.syit.edu.cn,这样的名字结构有层次,每个字符都有一定的意义,书写也有一定的规律。用户容易理解与记忆这样的名字。www.syit.edu.cn 就是 Internet 的主机域名,事实上寻找主机还是要依靠 IP 地址,需要将这些字符解析成对应的 IP 地址才能访问相应的主机。这种提供主机域名和 IP 地址转换的系统就是域名系统。

域名系统 DNS(Domain Name System)主要有两部分内容:一是域名的命名空间;二是域名的解析。域名的命名空间是指因特网使用的域名层次结构及域名的命名规则;域名的解析是指通过域名服务器解析 IP 地址的过程。

DNS 系统采用客户/服务器模型,其协议运行在 UDP 之上(在特殊情况下还使用 TCP),使用 53 号端口。

6.2.1　层次域名空间

因特网采用层次树状结构的命名方法。采用这种命名方法,任何一个连接在因特网上的主机或路由器,都有一个唯一的层次结构的名字,即**域名**(Domain Name)。"**域**"(Domain)是名字空间中一个可被管理的划分。域还可以划分为子域,而子域还可以继续划分为子域的子域,这样就形成了顶级域、二级域、三级域等。每一个域名都是由标号序列组成,而各标号之间用点(".")隔开,域名的层次结构如图 6-6 所示。一个典型的例子如图 6-7 所示。

关于域名中的标号有以下几点需要注意。

图 6-6　域名的层次结构　　　　图 6-7　一个域名的例子

（1）标号中的英文不区分大小写。

（2）标号中除连字符(-)外不能使用其他的标点符号。

（3）每一个标号不超过 63 个字符,多标号组成的完整域名最长不超过 255 个字符。

（4）级别最低的域名写在最左边,而级别最高的顶级域名写在最右边。

顶级域名(Top Level Domain,TLD)有以下三大类:

（1）国家顶级域名 nTLD。国家和某些地区的域名,如. cn 表示中国、. us 表示美国、
. uk 表示英国、. hk 表示中国香港特区。

（2）通用顶级域名 gTLD。常见的有. com(公司企业)、. net(网络服务机构)、. org(非
营利性的组织)和. gov(美国的政府部门)等。

（3）基础结构域名。这种顶级域名只有一个,即 arpa,用于反向域名解析,因此又称为
反向域名。

国家顶级域名下注册的二级域名均由该国家自行确定。图 6-8 展示了域名空间的
结构。

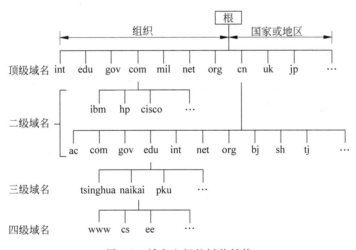

图 6-8　域名空间的树状结构

在域名系统中,每个域分别由不同的组织进行管理。每个组织都可以将它的域再分成
一定数目的子域,并将这些子域委托给其他组织去管理。例如,管理 cn 域的中国将 edu. cn
子域授权给中国教育和科研计算机网 CERNET 来管理。

6.2.2　域名服务器

域名到 IP 地址的解析是由运行在域名服务器上的程序完成的,一个服务器所负责管辖
的(或有权限的)范围称为区(不是以“域”为单位)。每一个域名服务器不但能够进行一些域

名到 IP 地址的解析,而且还必须具有连向其他域名服务器的信息。当自己不能进行域名到 IP 地址的转换时,能够知道到什么地方去找别的域名服务器。

DNS 使用了大量的域名服务器,它们以层次方式组织。没有一台域名服务器具有因特网上所有主机的映射,相反,该映射分布在所有的 DNS 服务器上。采用分布式设计的 DNS 系统,是一个在因特网上实现分布式数据库的精彩范例。主要有 4 种类型的域名服务器。

1. 根域名服务器

根域名服务器是最高层次的域名服务器,所有的根域名服务器都知道所有的顶级域名服务器的 IP 地址。根域名服务器也是最重要的域名服务器,不管是哪一个本地域名服务器,若要对因特网上任何一个域名进行解析,只要自己无法解析,就首先要求助于根域名服务器。因特网上有 13 个根域名服务器,尽管我们将这 13 个根域名服务器中的每个都视为单个的服务器,但每台"服务器"实际上是冗余服务器的集群,以提供安全性和可靠性。需要注意的是,根域名服务器用来管辖顶级域(如.com),通常它并不直接把待查询的域名直接转换成 IP 地址,而是告诉本地域名服务器下一步应当找哪一个顶级域名服务器进行查询。

2. 顶级域名服务器

这些域名服务器负责管理在该顶级域名服务器注册的所有二级域名。当收到 DNS 查询请求时,就给出相应的回答(可能是最后的结果,也可能是下一步应当查找的域名服务器的 IP 地址)。

3. 授权域名服务器(权限域名服务器)

每一个主机都必须在授权域名服务器处登记。为了更加可靠地工作,一个主机最好至少有两个授权域名服务器。实际上,许多域名服务器都同时充当本地域名服务器和授权域名服务器。授权域名服务器总是能够将其管辖的主机名转换为该主机的 IP 地址。

4. 本地域名服务器

每一个因特网服务提供者 ISP,或一个大学,甚至一个大学里的系,都可以拥有一个本地域名服务器。当一个主机发出 DNS 查询请求时,这个查询请求报文就发送给该主机的本地域名服务器。事实上,我们在 Windows 操作系统中配置"本地连接"时,就需要填写 DNS 服务器地址,这个地址就是本地 DNS 域名服务器的地址。

DNS 域名服务器的层次结构如图 6-9 所示。

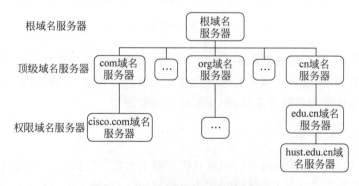

图 6-9　DNS 域名服务器的层次结构

6.2.3 域名解析过程

域名解析是指把域名映射成为 IP 地址或把 IP 地址映射成为域名的过程。前者称为正向解析,后者称为反向解析。当客户端需要域名解析时,通过本机的 DNS 客户端构造一个 DNS 请求报文,以 UDP 数据报方式发往本地域名服务器。域名解析有两种方式,即递归查询和递归与迭代相结合的查询。由于递归查询的过程给根域名服务造成的负载过大,所以在实际中几乎不使用。常用递归与迭代相结合的查询方式,如图 6-10 所示,该方式分为两个部分。

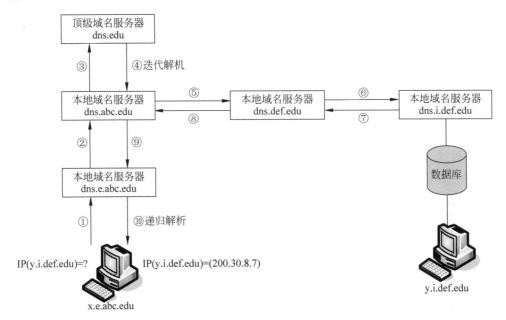

图 6-10　域名解析方式工作原理

(1) 主机向本地域名服务器的查询采用的是递归查询。

也就是说,如果本地主机所询问的本地域名服务器不知道被查询域名的 IP 地址,那么本地域名服务器就以 DNS 客户的身份,向根域名服务器继续发出查询请求报文(即替该主机继续查询),而不是让该主机自己进行下一步的查询。因此,递归查询返回的查询结果或者是所要查询的 IP 地址,或者是报错,表示无法解析到所需的 IP 地址。

(2) 本地域名服务器向根域名服务器的查询采用迭代查询。

当根域名服务器收到本地域名服务器发出的迭代查询请求报文时,要么给出所要查询的 IP 地址,要么告诉本地域名服务器:"你下一步应当向哪一个顶级域名服务器进行查询",让本地域名服务器向这个顶级域名服务器查询。同样,顶级域名服务器收到查询报文后.要么给出所要查询的 IP 地址,要么告诉本地域名服务器下一步应当向哪一个权限域名服务器查询。最后,知道了所要解析的域名的 IP 地址,然后把这个结果返回给发起查询的主机。域名解析的流程如图 6-11 所示。

为了提高 DNS 的查询效率,并减少因特网上的 DNS 查询报文数量,在域名服务器中广泛地使用了高速缓存。当一个 DNS 服务器接收到 DNS 查询结果时,它能将该 DNS 信

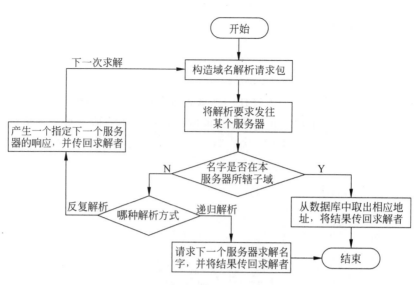

图 6-11　域名解析流程图

息缓存在高速缓存中。这样，当另一个相同的域名查询到达该 DNS 服务器时，该服务器就能够直接提供所要求的 IP 地址，而不需要再去向其他 DNS 服务器询问了。因为主机名和 IP 地址之间的映射不是永久的，所以 DNS 服务器将在一段时间后丢弃高速缓存中的信息。

6.3　文件传输协议 FTP

6.3.1　FTP 的工作原理

FTP(File Transfer Protocol,文件传输协议)是因特网上使用最广泛的文件传输协议。FTP 提供交互式的访问，允许客户指明文件的类型与格式，并允许文件具有存取权限。它屏蔽了各计算机系统的细节，因而适合于在异构网络中的任意计算机之间传送文件。

FTP 系统采用客户/服务器模型，其协议运行在 TCP 之上，使用 21 和 20 两个端口号。

FTP 提供以下功能。

（1）提供不同种类主机系统（硬、软件体系等都可以不同）之间的文件传输能力。

（2）以用户权限管理的方式提供用户对远程 FTP 服务器上的文件管理能力。

（3）以匿名 FTP 的方式提供公用文件共享的能力。

FTP 采用客户/服务器的工作方式，它使用 TCP 可靠的传输服务。一个 FTP 服务器进程可同时为多个客户进程提供服务。FTP 的服务器进程由两大部分组成：一个是主进程，负责接收新的请求；另一个是若干个从属进程，负责处理单个请求。其工作步骤如下。

（1）打开熟知端口 21（控制端口），使客户进程能够连接上。

（2）等待客户进程发连接请求。

（3）启动从属进程来处理客户进程发来的请求。主进程与从属进程并发执行，从属进程对客户进程的请求处理完毕后即终止。

（4）回到等待状态，继续接收其他客户进程的请求。

FTP 服务器必须在整个会话期间保留用户的状态信息。特别是服务器必须把指定的用户账户与控制连接联系起来，服务器必须追踪用户在远程目录树上的当前位置。

FTP 服务的获取有两种方式：一种是内部用户 FTP，必须拥有允许访问某一 FTP 服务器的用户名和口令；另一种是匿名 FTP，不需要特别向 FTP 服务申请用户名和口令。在 Internet 上有许多公用 FTP 服务器，也称为匿名 FTP 服务器，可以为用户提供文件传输服务。如果用户登录到匿名 FTP 服务器上，不需要用户名和口令，或者直接使用 anonymous 作为注册名，用自己的电子邮件地址作为用户口令，匿名 FTP 服务器便允许这些用户登录，并提供文件传输服务。

6.3.2　控制连接与数据连接

FTP 在工作时使用两个并行的 FTP 连接（如图 6-12 所示），一个是控制连接（端口号 21），另一个是数据连接（端口号 20）。使用两个不同的端口号可使协议更加简单和更容易实现。

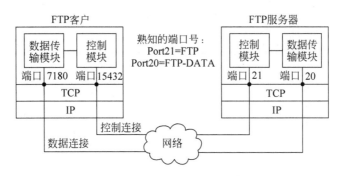

图 6-12　控制连接和数据连接

1. 控制连接

用来传输控制信息（如连接请求、传送请求等），并且控制信息都是以 7 位 ASCII 格式传送的。FTP 客户发出的传送请求，通过控制连接发送给服务器端的控制进程，但控制连接并不用来传送文件。在传输文件时还可以使用控制连接（例如，客户在传输中途发一个中止传输的命令），控制连接在整个会话期间一直保持打开状态。

2. 数据连接

服务器端的控制进程在接收到 FTP 客户端发送来的文件传输请求后就创建数据传送进程和数据连接。数据连接用来连接客户端和服务器端的数据传送进程，数据传送进程实际完成文件的传送，在传送完毕后关闭"数据传送连接"并结束运行。

因为 FTP 使用了一个分离的控制连接，所以也称 FTP 的控制信息是带外（Out of Band）传送的。使用 FTP 时，若需要修改服务器上的文件，则需要先将此文件传送到本地主机，然后再将修改后的文件副本传送到原服务器。

网络文件系统 NFS 允许进程打开一个远程文件，并在该文件的某个特定位置开始读写数据。这样，NFS 可使用户复制一个大文件中的一个很小的片段，而不需要复制整个大文件。

6.4 远程登录协议 TELNET

6.4.1 远程登录

TELNET 是因特网最早提供的服务之一,TELNET(Tele-communication Network Protocol,远程登录)是 Internet 中用来进行远程访问的重要工具之一。远程登录功能允许用户与异地计算机进行动态交互,即用自己的键盘、鼠标等输入设备操作异地计算机,运行异地计算机上的软件,在自己的显示器上了解运行情况,看到运行结果。

在互联网上,有大量运行分时系统的大型计算机,它们有很高的运行速度,极大的存储容量,丰富的软件和庞大的数据资源。使用远程登录功能,用户可以在异地登录这些大型计算机,利用它的强大功能来完成自己在个人计算机上难以完成的工作任务。

通过 TELNET 协议,一台计算机可以作为远程主机的一个虚拟终端,通过网络远程利用服务器所提供的软件、硬件等资源完成自己的任务。

远程登录服务的主要作用如下。

(1)允许用户与远程计算机上运行的程序进行交互。

(2)当用户登录到远程计算机时,可以执行远程计算机的任何应用程序,并且能屏蔽不同型号计算机之间的差异。

(3)用户可以利用个人计算机去完成许多只有大型计算机才能完成的任务。

6.4.2 TELNET 协议

TELNET 协议系统采用客户/服务器模型,其协议运行在 TCP 之上,使用 23 号端口。系统的差异性通常是指不同厂商生产的计算机在硬件或软件方面的不同。系统的差异性给计算机系统的互操作性带来了很大的困难,而 TELNET 协议可解决多种不同计算机系统之间的互操作性问题。不同计算机系统的差异性首先表现在不同系统对终端键盘输入命令的解释上。为了解决系统的差异性,TELNET 协议引入了**网络虚拟终端 NVT**(Network Virtual Terminal)的概念,它提供了一种专门的键盘定义,用来屏蔽不同计算机系统对键盘输入的差异性。

NVT 是一种标准格式。在客户端,客户软件在 TCP 连接传输之前把本地格式转变为 NVT 标准格式。在服务器端,服务器软件再把 NVT 格式转换为远程系统能够识别的格式。这样,有关键盘输入表示的差异性(不同操作系统对键盘的输入存在不同的表示方法)便被 NVT 所屏蔽(来自于 IP 协议对底层网络的屏蔽)。这样才可以使得在运行 Windows XP 的 PC 上可以访问 UNIX 操作系统的远程主机。TELNET-NVT 原理图如图 6-13 所示。

图 6-13　TELNET-NVT 原理图

6.4.3 TELNET 通信过程

TELNET 同样也采用客户机/服务器模式。在远程登录过程中,用户的实终端采用用户终端的格式与本地 TELNET 客户机程序通信。远程主机采用远程系统的格式与远程 TELNET 服务器进程通信。通过 TCP 连接,TELNET 客户机程序与 TELNET 服务器程序之间采用了网络虚拟终端 NVT 标准来进行通信。TELNET 客户机通信过程如下。

(1) 建立与远程主机的 TCP 连接。在一个常用的 23 号 TCP 端口上使用一个套接字。如果远程主机上的 TELNET 服务器软件一直在这个常用的端口上监听连接请求,则这个连接便将建立起来。

(2) 以终端方式为用户提供人机界面,从键盘上接收用户输入的字符。

(3) 把用户输入的字符串变成标准格式,并将用户的信息通过 TELNET 协议传送给远程服务器。

(4) 接收远程主机发送来的信息,并经过适当的转换显示在用户计算机的屏幕上。

(5) 把该信息显示在用户的屏幕上。

远程主机必须运行 TELNET 服务器软件,这样才能提供 TELNET 远程登录服务。TELNET 服务器软件将完成下列功能。

(1) 通知网络系统做好提供远程连接服务的准备。

(2) 不断地在常用的 23 号 TCP 端口上监听用户的连接请求。

(3) 处理用户的请求。

(4) 将处理的结果通过 TELNET 协议返回给客户程序。

(5) 继续监听用户的请求。

6.5 电子邮件系统

6.5.1 电子邮件系统的组成结构

自从有因特网,电子邮件就在因特网上流行起来。电子邮件是一种异步通信方式,通信时不需要双方同时在场。电子邮件把邮件发送到收件人使用的邮件服务器,并放在其中的收件人邮箱中,收件人可以随时上网到自己使用的邮件服务器上进行读取。

一个电子邮件系统应具有如图 6-14 所示的三个最主要的组成构件,这就是用户代理 UA(User Agent)、邮件服务器和电子邮件使用的协议,如 SMTP、POP3(或 IMAP)。

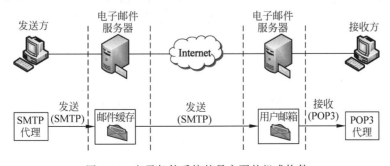

图 6-14 电子邮件系统的最主要的组成构件

（1）用户代理 UA：用户与电子邮件系统的接口，用户代理使用户能够通过一个很友好的接口来发送和接收邮件，用户代理至少应当具有撰写、显示和邮件处理的功能。通常情况下，用户代理就是一个运行在 PC 上的程序，常见的有 Outlook、Foxmail 等。

（2）邮件服务器：组成了电子邮件系统的核心。邮件服务器的功能是发送和接收邮件，同时还要向发信人报告邮件传送的情况（已交付、被拒绝、丢失等）。

邮件服务器采用客户/服务器方式工作，但它能够同时充当客户和服务器。例如，当邮件服务器 A 向邮件服务器 B 发送邮件时，A 就作为 SMTP 客户，而 B 是 SMTP 服务器；反之，当 B 向 A 发送邮件时，B 就是 SMTP 客户，而 A 就是 SMTP 服务器。

（3）邮件发送协议和读取协议：邮件发送协议用于用户代理向邮件服务器发送邮件或在邮件服务器之间发送邮件，通常使用的是 SMTP；邮件读取协议用于用户代理从邮件服务器读取邮件，如 POP3（邮局协议的第三个版本）。

需要注意的是，SMTP 采用的是"推"（Push）的通信方式，即在用户代理向邮件服务器发送邮件以及邮件服务器之间发送邮件时，SMTP 客户端主动将邮件"推"送到 SMTP 服务器端。而 POP3 采用的是"拉"（Pull）的通信方式，当用户读取邮件时，用户代理向邮件服务器发出请求，"拉"取用户邮箱中的邮件。

下面简单地介绍电子邮件的收发过程。

（1）发信人调用用户代理来撰写和编辑要发送的邮件。用户代理用 SMTP 协议把邮件传送给发送方邮件服务器。

（2）发送方邮件服务器将邮件放入邮件缓存队列中，等待发送。

（3）运行在发送方邮件服务器的 SMTP 客户进程，发现在邮件缓存中有待发送的邮件，就向运行在接收方邮件服务器的 SMTP 服务器进程发起建立 TCP 连接。

（4）TCP 连接建立后，SMTP 客户进程开始向远程的 SMTP 服务器进程发送邮件。当所有的待发送邮件发完了，SMTP 就关闭所建立的 TCP 连接。

（5）运行在接收方邮件服务器中的 SMTP 服务器进程收到邮件后，将邮件放入收信人的用户邮箱中，等待收信人在方便时进行读取。

（6）收信人在打算收信时，调用用户代理，使用 POP3（或 IMAP）协议将自己的邮件从接收方邮件服务器的用户邮箱中的取回（如果邮箱中有来信）。

6.5.2 电子邮件格式与 MIME

1. 电子邮件格式

一个电子邮件分为信封和内容两大部分。邮件内容又分为首部和主体两部分。［RFC822］规定了邮件的首部格式，而邮件的主体部分则让用户自由撰写。用户写好首部后，邮件系统自动地将信封所需的信息提取出来并写在信封上，用户不需要亲自填写信封上的信息。

邮件内容的首部包含一些首部行，每个首部行由一个关键字后跟冒号再后跟值组成。有些关键字是必需的，有些则是可选的。最重要的关键字是 To 和 Subject。

（1）"To："是必需的关键字。后面填入一个或多个收件人的电子邮件地址。电子邮件地址的规定格式为收件人邮箱名@邮箱所在主机的域名，如 abc@163.com，其中，收信人邮箱名，即用户名 abc 在 163.com 这个邮件服务器上必须是唯一的。这也就保证了 abc@

163.com 这个邮件地址在整个因特网上是唯一的。

（2）"Subject："是可选的关键字。是邮件的主题,反映邮件的主要内容,便于用户查找邮件。

当然,还有一个必填的关键字是 From,但是通常它是由邮件系统自动填入的。首部与主体之间用一个空行进行分割。

一个典型的邮件内容如图 6-15 所示。

2. MIME（通用因特网邮件扩充）

由于 SMTP 只能传送一定长度的 ASCII 码,许多其他非英语国家的文字（如中文、俄文,甚至带重音符号的法文或德文）就无法传送,且无法传送可执行文件及其他二进制对象,因此提出了通用因特网邮件扩充 MIME（Multipurpose Internet Mail Extensions）。

MIME 并没有改动 SMTP 或取代它。MIME 的意图是继续使用目前的格式,但增加了邮件主体的结构,并定义了传送非 ASCII 码的编码规则。也就是说,MIME 邮件可在现有的电子邮件程序和协议下传送。MIME 与 SMTP 的关系如图 6-16 所示。

图 6-15　电子邮件格式

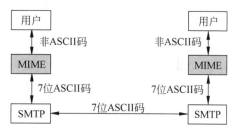

图 6-16　SMTP 与 MIME 的关系

MIME 主要包括以下三部分内容。

（1）5 个新的邮件首部字段,包括 MIME 版本、内容描述、内容标识、内容传送编码和内容类型。

（2）定义了许多邮件内容的格式,对多媒体电子邮件的表示方法进行了标准化。

（3）定义了传送编码,可对任何内容格式进行转换,而不会被邮件系统改变。

6.5.3　SMTP 协议、POP3 协议和 IMAP 协议

1. SMTP 协议

SMTP（Simple Mail Transfer Protocol,简单邮件传输协议）是一种提供可靠且有效的电子邮件传输的协议。由于 SMTP 使用客户/服务器方式,因此负责发送邮件的 SMTP 进程就是 SMTP 客户,而负责接收邮件的 SMTP 进程就是 SMTP 服务器。SMTP 用的是 TCP 连接,端口号 25。SMTP 通信有以下三个阶段。

（1）连接建立

发件人的邮件发送到发送方邮件服务器的邮件缓存后,SMTP 客户就每隔一定时间对邮件缓存扫描一次。如发现有邮件,就使用 SMTP 的熟知端口号（25）与接收方邮件服务器的 SMTP 服务器建立 TCP 连接。在连接建立后,接收方 SMTP 服务器要发出 220 Service ready（服务就绪）。然后 SMTP 客户向 SMTP 服务器发送 HELO 命令,附上发送方的主机名。

SMTP 不使用中间的邮件服务器。TCP 连接总是在发送方和接收方这两个邮件服务器之间直接建立，而不管它们相隔有多远。当接收方的邮件服务器因故障暂时不能建立连接时，发送方的邮件服务器只能等待一段时间后再次尝试连接。

（2）邮件传送

当连接建立后，就要开始传送邮件了。邮件的传送从 MAIL 命令开始，MAIL 命令后面有发件人的地址。如 MAIL：FROM：<lily@csdn.net>。若 SMTP 服务器已准备好接收邮件，则回答 250 OK。接着 SMTP 客户端发送一个或多个 RCPT（recipient，收件人）命令，格式为 RCPT TO：<收件人地址>。每发送一个 RCPT 命令，都应当有相应的信息从 SMTP 服务器返回，如 250 OK 或 550 No such user here（无此用户）。

RCPT 命令的作用是先弄清接收方系统是否已做好接收邮件的准备，然后才发送邮件。不至于发送了很长的邮件以后才知道地址错误，以避免浪费通信资源。

获得 OK 的回答之后，客户端就使用 DATA 命令，表示要开始传输邮件的内容了。正常情况下，SMTP 服务器回复信息是"354 Start mail input；end with<CRLF>.<CRLF>"。<CRLF>是回车换行的意思。此时 SMTP 客户端就可以开始传送邮件内容了，并用<CRLF>.<CRLF>（两个回车，中间一个点）表示邮件内容的结束。

（3）连接释放

邮件发送完毕后，SMTP 客户应发送 QUIT 命令。SMTP 服务器返回的信息是 221（服务关闭），表示 SMTP 同意释放 TCP 连接。邮件传送的全部过程就结束了。

2. POP3 协议和 IMAP 协议

现在常用的邮件读取协议有邮局协议（Post Office Protocol，POP）和因特网报文存取协议（Internet Message Access Protocol，IMAP）两种。

POP3 是一个非常简单、但功能有限的邮件读取协议，现在使用的是它的第三个版本POP3。POP3 采用的是"拉"（Pull）的通信方式，当用户读取邮件时，用户代理向邮件服务器发出请求，"拉"取用户邮箱中的邮件。

POP 也使用客户/服务器的工作方式，在传输层使用 TCP 协议，端口号为 110。在接收方计算机中的用户代理必须运行 POP 客户程序，而在接收方的邮件服务器上则运行 POP服务器程序。

POP3 是一个脱机协议。因为从网上收到的邮件根据收信人的邮件地址交付给目的ISP 邮件服务器的 POP3 服务器后，收信人用 PC 不定期地连接到这个邮件服务器下载发送给他的邮件，并中断与 POP3 服务器的连接。一旦邮件交付给用户的 PC，POP3 服务器就不再保存这些邮件（事先设置除外），所有对邮件的处理都在用户的 PC 上进行。因此，POP3 服务器是一个具有存储转发功能的中间服务器。

而 IMAP 协议却不同，虽然 IMAP 也是所有收到的邮件先进到 ISP 的邮件服务器的IMAP 服务器，在用户的 PC 上运行 IMAP 客户程序，然后与 ISP 邮件服务器上的 IMAP 服务器程序建立 TCP 连接。但是，用户在自己的 PC 上，就可以像在本地一样操作 ISP 邮件服务器的邮箱。因此，IMAP 是一个联机协议。当用户可以在 PC 上通过 IMAP 客户程序打开 IMAP 服务器的邮箱，查询和管理邮件。当用户需要打开某个邮件时，该邮件才传到用户的计算机上，而且 IMAP 还允许收信人只读取邮件中的某一部分。只要用户未发出删除邮件的命令，邮件就保存在 IMAP 服务器的邮箱中。

IMAP 的不足之处是,如果用户没有将邮件复制在自己的 PC 上,当用户处理邮件时需要与 IMAP 服务器建立连接,花费上网费用;好处是用户可以在不同的地方使用不同的计算机阅读或处理自己的邮件。若使用 POP3 就不具备这一优点,但可以不上网就在自己的 PC 上处理收到的邮件。

此外,随着万维网的流行,目前出现了很多基于万维网的电子邮件,这种电子邮件的特点是用户浏览器与邮件服务器之间的发送或接收邮件是使用 HTTP 协议,而不是使用 POP3 或 IMAP 协议,而仅在不同邮件服务器之间传送邮件才使用 SMTP 协议。以上特点如图 6-17 所示。

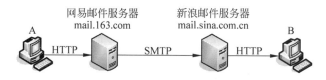

图 6-17   基于万维网的电子邮件的工作过程

6.6   万维网 WWW

万维网 WWW(World Wide Web)简称为 Web,它起源于 1989 年 3 月,是由欧洲粒子物理实验室 CERN 所发展出来的主从结构分布式超媒体系统。万维网是一个大规模的、联机式的信息储藏所,通过万维网,人们使用简单的方法就可以很迅速方便地取得丰富的信息资料。万维网是目前 Internet 上最方便且最受用户欢迎的信息服务类型。

万维网是一个分布式的超媒体(Hypermedia)系统,它是超文本(Hypertext)系统的扩充。所谓超文本是包含指向其他文档的链接的文本。超文本是万维网的基础。超媒体与超文本的区别是文档内容不同。超文本文档仅包含文本信息,而超媒体文档还包含其他表示方式的信息,如图形、图像、声音、视频等。

在这个空间中,一样有用的事物,称为一样"资源";并且由一个全域"统一资源定位符"(URL)标识。这些资源通过超文本传输协议(HTTP)传送给使用者,而后者通过单击链接来获取资源。

万维网使用链接的方法能非常方便地从因特网上的一个站点访问另一个站点,从而主动地按需获取丰富的信息。超文本标记语言 HTML(Hyper Text Markup Language)使得万维网页面的设计者可以很方便地用一个超链接从本页面的某处链接到因特网上的任何一个万维网页面,并且能够在自己的计算机屏幕上将这些页面显示出来。

WWW 的基本运行方式如图 6-18 所示。

从以上所述可以看出,万维网必须解决以下 4 个方面的问题。

(1)怎样标志分布在整个因特网上的万维网文档?

(2)用什么样的协议来实现万维网上的各种链接?

(3)怎样使不同作者创作的不同风格的万维网文档,都能在因特网上的各种主机上显示出来,同时使用户清楚地知道在什么地方存在着链接?

图 6-18　WWW 的基本运行方式

（4）怎样使用户能够很方便地找到所需的信息？

针对上述 4 个方面的问题，万维网的内核部分给出 4 个对应的解决方法。

（1）统一资源定位符（URL）：负责标识万维网上的各种文档，并使每个文档在整个万维网的范围内具有唯一的标识符 URL。

（2）超文本传输协议（HTTP）：它是一个应用层协议，使用 TCP 连接进行可靠的传输，HTTP 是万维网客户程序和服务器程序之间交互所必须严格遵守的协议。

（3）超文本标记语言（HTML）：是一种文档结构的标记语言，使用一些约定的标记对页面上的各种信息（包括文字、声音、图像、视频等）、格式进行描述。

（4）搜索引擎：用户可使用搜索工具在万维网上方便地查找所需的信息。

以下就这 4 个方面的内容展开详细的介绍。

6.6.1　统一资源定位符 URL

统一资源定位符 URL（Uniform Resource Locator）是对可以从因特网上得到的资源的位置和访问方法的一种简洁的表示。URL 相当于一个文件名在网络范围的扩展。

URL 的一般形式是：＜协议＞： // ＜主机＞：＜端口＞/＜路径＞。

常见的＜协议＞有 HTTP、FTP（字母大写或小写都可以）等；＜主机＞是存放资源的主机在因特网中的域名，也可以是 IP 地址；＜端口＞和＜路径＞有时可以省略。在 URL 中不区分大小写。

万维网以客户/服务器方式工作。浏览器是在用户计算机上的万维网客户程序，而万维网文档所驻留的计算机则运行服务器程序，这个计算机称为万维网服务器。客户程序向服务器程序发出请求，服务器程序向客户程序送回客户所要的文档。工作流程如下。

（1）Web 用户使用浏览器（指定 URL）与 Web 服务器建立连接，并发送浏览请求。

（2）Web 服务器把 URL 转换为文件路径，并返回信息给 Web 浏览器。

（3）通信完成，关闭连接。

万维网是无数个网络站点和网页的集合，它们在一起构成了因特网最主要的部分（因特网也包括电子邮件、Usenet 以及新闻组）。

1994 年成立了万维网联盟（World Wide Web Consortium，W3C），W3C 是个组织，它致

力于进一步开发 Web、对协议进行标准化,W3C 联盟的主页是 www.w3.org,可以在那里找到该联盟的所有文档和活动的页面链接。

6.6.2 超文本传输协议 HTTP

HTTP 协议定义了浏览器(万维网客户进程)怎样向万维网服务器请求万维网文档,以及服务器怎样把文档传送给浏览器。从层次的角度看,HTTP 是面向事务的(Transaction-oriented)应用层协议,它规定了在浏览器和服务器之间的请求和响应的格式和规则,它是万维网上能够可靠地交换文件(包括文本、声音、图像等各种多媒体文件)的重要基础。

1. HTTP 的操作过程

从协议执行过程来说,浏览器要访问 WWW 服务器时,首先要完成对 WWW 服务器的域名解析。一旦获得了服务器的 IP 地址,浏览器将通过 TCP 向服务器发送连接建立请求。

万维网的大致工作过程如图 6-19 所示。每个万维网站点都有一个服务器进程,它不断地监听 TCP 的端口 80(默认),当监听到连接请求后便与浏览器建立连接。TCP 连接建立后,浏览器就向服务器发送请求获取某一 Web 页面的 HTTP 请求。服务器收到 HTTP 请求后,将构建所请求的 Web 页必需的信息,并通过 HTTP 响应返回给浏览器。浏览器再将信息进行解释,然后将 Web 页显示给用户。最后,TCP 连接释放。

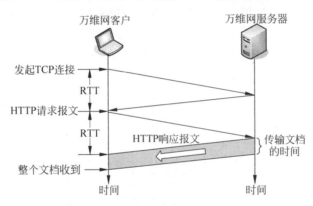

图 6-19　HTTP 的工作过程

在浏览器和服务器之间的请求和响应的交互,必须按照规定的格式并遵循一定的规则,这些格式和规则就是 HTTP。因此 HTTP 有两类报文,即请求报文(从 Web 客户端向 Web 服务器发送服务请求)和响应报文(从 Web 服务器对 Web 客户端请求的回答)。

用户单击鼠标后所发生的事件按顺序如下(以访问微软为例)。

(1) 浏览器分析链接指向页面的 URL(http：//www.microsoft.com/index.html)。

(2) 浏览器向 DNS 请求解析 www.microsoft.com 的 IP 地址。

(3) 域名系统 DNS 解析出微软服务器的 IP 地址。

(4) 浏览器与该服务器建立 TCP 连接(默认端口号 80)。

(5) 浏览器发出 HTTP 请求 GET/index.html。

(6) 服务器通过 HTTP 响应把文件 index.html 发送给浏览器。

(7) TCP 连接释放。

(8) 浏览器将文件 index.html 进行解释,并将 Web 页显示给用户。

2. HTTP 协议的特点

HTTP 协议是无状态的。也就是说,同一个客户第二次访问同一个服务器上的页面时,服务器的响应与第一次被访问时相同。因为服务器并不记得曾经访问过的这个客户,也不记得为该客户曾经服务过多少次。

HTTP 的无状态特性简化了服务器的设计,使服务器更容易支持大量并发的 HTTP请求。在实际应用中,通常使用 Cookie 加数据库的方式来跟踪用户的活动(如记录用户最近浏览的商品等)。Cookie 是一个存储在用户主机中的文本文件,里面含有一串"识别码",如"123456",用于 Web 服务识别用户。Web 服务器根据 Cookie 就能从数据库中查询到该用户的活动记录,进而执行一些个性化的工作,如根据用户之前浏览过的商品向其推荐新产品等。

HTTP 采用 TCP 作为运输层协议,保证了数据的可靠传输。HTTP 不必考虑数据在传输过程中被丢弃后又怎样被重传。但是,HTTP 协议本身是无连接的。也就是说,虽然HTTP 使用了 TCP 连接,但通信的双方在交换 HTTP 报文之前不需要先建立 HTTP连接。

HTTP 既可以使用非持久连接,也可以使用持久连接(HTTP/1.1 支持)。

对于非持久连接,每一个网页元素对象(例如一个 JPEG 图片、FLASH 等)的传输都需要单独建立一个 TCP 连接,如图 6-12 所示(第三次握手的报文段中捎带了客户对万维网文档的请求)。也就是说,请求一个万维网文档所需的时间是该文档的传输时间(与文档大小成正比)加上两倍往返时间 RTT(一个 RTT 用于 TCP 连接,另一个 RTT 用于请求和接收文档)。

所谓持久连接就是万维网服务器在发送响应后仍然保持这条连接,使同一个客户和服务器可以继续在这条连接上传送后续的 HTTP 请求和响应报文。

持久连接又分为非流水线和流水线两种方式。对于非流水线方式,客户在收到前一个响应后才能发出下一个请求。HTTP/1.1 的默认模式是使用流水线的持久连接。这种情况下,客户每遇到一个对象引用就立即发出一个请求,因而客户可以一个接一个地连续发出对各个引用对象的请求。如果所有的请求和响应都是连续发送的,那么所有引用到的对象共计经历一个 RTT 延迟。而不是像非流水线版本那样,每个引用都必须有一个 RTT延迟。

3. HTTP 的报文结构

HTTP 是面向文本的(Text-Oriented),因此在报文中的每个字段都是一些 ASCII 码串,并且每个字段的长度都是不确定的。有以下两类 HTTP 报文。

(1) 请求报文:从客户向服务器发送的请求报文;

(2) 响应报文:从服务器到客户的回答,如图 6-20 所示。

图 6-21 中的"实体"指的是报文,可以看出,这两种报文格式的区别就是开始行不同。开始行用于区分是请求报文还是响应报文。在请求报文中的开始行叫做请求行,而在响应报文中的开始行叫做状态行。

请求报文的请求行有三个内容:方法、请求资源的 URL 以及 HTTP 的版本。其中,"方法"就是对所请求对象进行的操作,这些方法实际上也就是一些命令。表 6-1 给出了HTTP 请求报文中常用的几种方法。

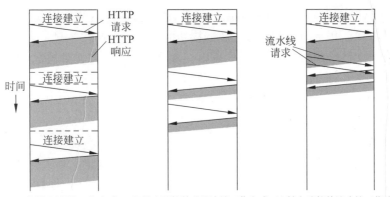

(a) 非持久连接工作方式　(b)持久连接的非流水线工作方式　(c)持久连接的流水线工作方式

图 6-20　三种情况下的 HTTP

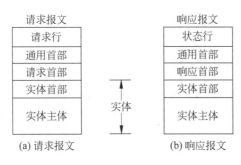

(a) 请求报文　　　　　(b) 响应报文

图 6-21　HTTP 的报文结构

表 6-1　HTTP 请求报文中常用的几种方法

方法(操作)	意　　义
GET	请求读取由 URL 所标识的信息
HEAD	请求读取由 URL 所标识的信息的首部
POST	给服务器添加信息(例如注释)
CONNECT	用于代理服务器

　　响应报文的状态行由 HTTP 的版本、状态码和解释状态码的简单短语三项组成。状态码由三位数组成,分成 5 大类,共 33 种。

　　(1) 通用首部对请求报文和响应报文都使用。HTTP/1.1 规定了 8 种字段供选用。

　　(2) 请求首部字段主要说明浏览器的一些信息,该字段包括 13 种选择。

　　(3) 响应报文的响应字段包括 6 个可选字段。

　　(4) 实体首部对请求报文和响应报文都使用,该字段中可供选用的有 16 种。

　　(5) 实体主体可包括任意长度的字节序列,能传送任意类型的内容,包括文本、二进制数据、声音、图像和视频。实体中的字节序列在接收端如何解释,由实体首部字段说明。

6.6.3　超文本标记语言 HTML

1. HTML 的概念

Web 引入了一种称为超文本标记语言 HTML 的语言。用于创建 Web 页面,可以对

Web 页面的内容、格式及 Web 页面中的超链接进行描述,它告诉 WWW 浏览器如何显示信息、如何进行链接等。因此,HTML 通过超链接功能将文档链接在一起。

HTML 描述文件结构格式的方法是利用一些指令符号,将文件格式效果展现出来。HTML 只是提供指令符号的标注语法,是一种标注式语言。由于 HTML 编写制作的简单性,它对促进 WWW 的迅速发展起到了重要的作用,并已作为 WWW 的核心技术,在 Internet 中得到了广泛的应用。

2. HTML 的作用

HTML 是 WWW 上用于创建超文本链接的基本语言,可以定义格式化的文本、图像与超文本链接等,主要用于 WWW 主页的创建与制作,它以简单、灵活、良好的通用性而深受广大用户欢迎。

网页本身是一般的文本文件,因此可以用任何一种文档编辑工具进行制作,只需要将遵循 HTML 规定的文件以纯文本文件形式保存,文件名为 * . html 或者 * . htm。这些文件经过 HTML 浏览器解释和处理后,就会显示给用户一个多媒体网页。

3. HTML 的使用方法与文件格式

相对于其他无标记的语言来说,标记语言的关键优点是将内容与其应该如何表示相分离。浏览器只需理解标记命令并将这些命令应用于内容即可。

在每个 HTML 文件嵌入所有的标记命令,并且标准化这些标记命令,使得任何一个 Web 浏览器都可以读取任何 Web 页面,并对页面重新格式化。

简单的 HTML 文件由一些必需的基本结构标记和其他标记组成。

<HTML>、</HTML>:结构标记,表示 HTML 文件的开始、结束。

<HEAD>、</HEAD>:结构标记,表示 HTML 文件的首都。

<TITLE>、</TITLE>:标题标记,显示在浏览器标题栏。

<BODY>、</BODY>:结构标记,表示正文开始、结束。

<B>、</B>:文字修饰标记,表示以黑体显示内文。

<P>、</P>:排版标记,表示另起一段。

<img src="/flower. bmp">:图像标记,此处显示位图 flower.bmp。

<a href="/file.html">超链接</a>:超链接标记,当单击"超链接"时链接到 file.html 文件。

下面是一个简单的 HTML 例子。

```
<HTML>
  <HEAD>
    <TITLE>欢迎进入我的网页</TITLE>
  </HEAD>
  <BODY>
    <H1>这是我的第一个网页</H1>
    <P>大家好!</P>
    <P>欢迎!</P>
  </BODY>
</HTML>
```

将上面的 HTML 文档存入 E 盘,文件名是 example. html。在 IE 浏览器中打开该文档,该文档的运行界面如图 6-22 所示。图 6-22 给出了该 HTML 编写的简单 Web 页面在浏览器上的显示。

图 6-22　用 HTML 编写的简单文档在浏览器上的显示

6.6.4　万维网的搜索引擎

在万维网中用来进行搜索的工具叫做搜索引擎(Search Engine)。搜索引擎的种类很多,大体上可划分为两大类,即全文检索搜索引擎和分类目录搜索引擎。

全文检索搜索引擎是一种纯技术型的检索工具。它的工作原理是通过搜索软件到因特网上的各网站收集信息,找到一个网站后可以从这个网站再链接到另一个网站,像蜘蛛爬行一样。然后按照一定的规则建立一个很大的在线数据库供用户查询。用户在查询时只要输入关键词,就从已经建立的索引数据库上进行查询(并不是实时地在因特网上检索信息)。因此很可能有些查到的信息已经是过时的。建立这种索引数据库的网站必须定期对已建立的数据库进行更新维护。现在最出名的全文检索搜索引擎就是 Google(谷歌)网站,它搜集的网页数量超过 80 亿个,图片超过 10 亿个,在中文搜索引擎网站中,最出名的是百度网站。

分类目录搜索引擎并不采集网站的任何信息,而是利用各网站向搜索引擎提交的网站信息时填写的关键词和网站描述等信息,经过人工审核编辑后,如果认为符合网站登录的条件,则输入到分类目录的数据库中,供网上用户查询。因此,分类目录搜索也叫做分类网站搜索。分类目录的好处就是用户可以根据网站设计好的目录有针对性地逐级查询所需要的信息,查询时不需要使用关键词,而是需要按照分类,因而查询的准确性较好。但分类目录查询的结果并不是具体的页面,而是被收录网站主页的 URL 地址,因而所得到的内容就比较有限。相比之下,全文检索可以检索出大量的信息,但缺点是查询结果不够准确,无法使用户迅速找到所需的信息。在分类目录搜索引擎中最著名的就是雅虎。国内著名的分类搜索引擎有雅虎中国、新浪、搜狐、网易等。

目前许多网站往往同时具有全文搜索引擎和分类目录搜索引擎的功能,还出现了垂直搜索和元搜索等搜索引擎,在因特网上搜索信息需要经验的积累,要多实践才能掌握从因特网获取信息的技巧。

6.7 动态主机配置协议 DHCP

用户主机的 IP 地址通常是从各种 ISP 那里获得的,而 ISP 将它获取的 IP 地址固定地分配给其用户时,就是所谓的静态 IP 地址。使用静态 IP 地址显然有利于网络用户的管理和网络安全。但是,由于 IP 资源(准确地说是 IPv4 地址)日益成为因特网上的紧缺资源,如果固定用户实际的网络利用率很低,必然会造成资源的浪费。

既然 IP 资源是有限的,而计算机设备的增长往往会超出 IP 资源的服务能力,为了使有限的 IP 资源可以被尽可能多的设备所利用,就使用所谓“动态分配”机制,也就是“随用随申请,用完即归还”,这是最为合理的。

动态主机配置协议 DHCP(Dynamic Host Configuration Protocol)提供了一种称为即插即用网接入的机制[RFC 2131]。这种机制允许一台计算机加入到某一网络中并自动获取 IP 地址而无需人工分配和设置。目前这种地址分配机制大量用于拨号上网、ADSL 上网和局域网应用中。DHCP 使用客户机/服务器的方式运作,如图 6-23 所示。

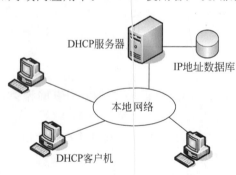

图 6-23 DHCP 服务示意图

DHCP 的工作分为 4 个步骤。

(1) DHCP 发现

DHCP 工作过程的第一步是 DHCP 发现(DHCP Discover)。一台计算机启动时则广播一个 DHCP 请求报文,该过程也称为 IP 发现。以下几种情况需要进行 DHCP 发现。

① 当客户端第一次以 DHCP 客户端方式使用 TCP/IP 协议栈时,即第一次向 DHCP 服务器请求 TCP/IP 配置时。

② 客户端从使用固定 IP 地址转向使用 DHCP 动态分配 IP 地址时。

③ 该 DHCP 客户端所租用的 IP 地址已被 DHCP 服务器收回,并已提供给其他 DHCP 客户端使用。

(2) DHCP 提供

DHCP 工作的第二个过程是 DHCP 提供(DHCP Offer),是指当网络中的任何一个 DHCP 服务器(同一个网络中可能存在多个 DHCP 服务器时)在收到 DHCP 客户端的 DHCP 发现信息后,该 DHCP 服务器若能够提供 IP 地址,就从该 DHCP 服务器的 IP 地址池中选一个没有出租的 IP 地址,然后利用广播方式提供给 DHCP 客户端。

（3）DHCP 请求

DHCP 工作的第三个过程是 DHCP 请求（DHCP Request），一旦 DHCP 客户端收到第一个由 DHCP 服务器提供的应答信息后，就进入此过程。当 DHCP 客户端收到第一个 DHCP 服务器的响应信息后就以广播的方式发送一个 DHCP 请求信息给网络中所有的 DHCP 服务器。在 DHCP 请求信息中包含所选择的 DHCP 服务器的 IP 地址。

（4）DHCP 应答

DHC 工作的最后一个过程是 DHCP 应答（DHCP ACK）。一旦被选择 DHCP 的 DHCP 服务器接收到 DHCP 客户端的 DHCP 请求信息后，就将已保留的这个 IP 地址标识为已租用，然后也以广播方式发送一个 DHCP 应答信息给 DHCP 客户端。该 DHCP 客户端在接收 DHCP 应答信息后，就完成了获得 IP 地址的过程，便开始利用这个已租到的 IP 地址与网络中的其他计算机进行通信。DHCP 的工作过程如图 6-24 所示。

DHCP 也很适合于位置经常移动的计算机。当计算机使用 Windows 操作系统时，网络属性中的 TCP/IP 协议有两种可选方法来确定其 IP 地址：一种方法是自动获得一个 IP 地址；另一种方法是指定 IP 地址。若选择前者，就表示使用 DHCP 协议自动获得 IP 地址。

图 6-24　DHCP 的工作过程

6.8　简单网络管理协议 SNMP

1. 网络管理的基本概念

网络管理是指对网络的硬件和软件等资源的使用进行监视、协调与控制。及时监测网络出现的故障并进行处理，通过监测分析运行情况评价系统性能，通过对网络的配置协调更有效地利用网络资源，保证网络正常高效率的运行，这样就能以合理的价格满足网络使用者的需求，如实时运行性能、服务质量等。显然，网络管理不是指对网络进行行政上的管理。网络管理常简称为网管。

目前，国际上有许多机构与团体都在为制定网络管理国际标准而努力。在众多的网络协议标准化组织中，ISO 与国际电信联盟的电信标准部（ITU-T）做了大量的工作，并制定出了相应的标准。

OSI 网络管理标准将开放系统的网络管理功能划分成 5 个功能域，它们分别用来完成不同的网络管理功能。OSI 管理标准中定义的 5 个功能是配置管理、性能管理、故障管理、安全管理与计费管理。

2. Internet 网络管理模型

在 Internet 网络中，"网络元素"被用来表示任何一种接受管理的网络资源。在 Internet 的网络管理模型中，每个网络元素上都有一个负责执行管理任务的管理代理（Agent），整个网络有多个对网络实施集中式管理的管理进程。那么，网络管理标准就用来定义网络控制中心与各管理代理之间的通信。Internet 的简单网络管理模型如图 6-25 所示。被管理的网络实体与它的管理代理一起构成完整的网络元素。

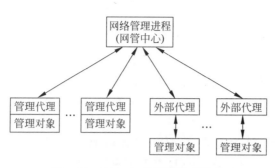

图 6-25　Internet 的网络管理模型

　　Internet 的网络管理模型中还引入了外部代理(Proxy Agent)的概念。它与管理代理有一些不同。管理代理仅仅是网络管理系统中管理动作的执行机构,管理代理是网络元素的一部分;而外部代理则是指在网络元素外附加的、专门为那些不符合管理协议标准的网络元素而设置的代理。

　　外部代理完成管理协议的转换与管理信息的过滤操作。当一个网络资源不能与网络管理进程直接交换管理信息时,就需要使用外部代理。例如,普通的调制解调器不支持复杂的网络管理协议,因此无法与管理进程直接交换管理信息。这时,管理机构与该类网络设备管理信息的通信就需要经过外部代理的转送。外部代理一方面要利用管理协议与管理机构通信,另一方面要与被管理的网络设备通信。当对网络资源进行管理时,需要为它选择相应的外部代理。一个外部代理就能够管理多个网络设备。

3. SNMP 协议

　　简单网络管理协议(Simple Network Management Protocol,SNMP)是 Internet 体系结构委员会 IAB 提出的,SNMP 是基于 TCP/IP 的,当前实现网络管理协议的厂商都支持 SNMP。因此,几乎所有路由器厂商都提供基于 SNMP 的网络管理功能。

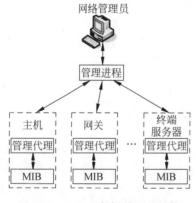

图 6-26　SNMP 管理模型的结构

　　SNMP 管理模型的结构如图 6-26 所示,它包括以下三个组成部分:管理进程、管理代理和管理信息库 MIB(Management Information Base)。

　　(1) 管理进程

　　管理进程是一个或一组软件程序,它一般运行在网络管理站(或网络管理中心)的主机上,它可以在 SNMP 的支持下由管理代理来执行各种管理操作。

　　管理进程负责完成各种网络管理功能,通过各个设备中的管理代理实现对网络内的各种设备、设施和资源的控制。另外,操作人员通过管理进程对全网进行管理。管理进程可以通过图形用户,以容易操作的方式显示各种网络信息、网络中各管理代理的配置图等。管理进程将会对各个管理代理中的数据进行集中存储,以备在事后进行分析时使用。

　　(2) 管理代理

　　管理代理是一种在被管理的网络设备中运行的软件,它负责执行进程的管理操作。管理代理直接操作本地信息库,可以根据要求改变本地信息库,或者是将数据传输到管理进程。

每个管理代理拥有自己的本地管理信息库,一个管理代理管理的本地管理信息库不一定具有 Internet 定义的管理信息库的全部内容,而只需要包括与本地设备或设施有关的管理对象。管理代理具有两个基本管理功能,即读取管理信息库中各种变量值和修改管理信息库中各种变量值。

(3) 管理信息库

管理信息库是一个概念上的数据库,它是由管理对象组成的,每个管理代理管理信息库中属于本地的管理对象,各管理代理控制的管理对象共同构成全网的管理信息库。

6.9　本章疑难点

1. 如何理解客户进程端口号与服务器进程端口号?

通常我们所熟知的端口号是指应用层协议在服务器端的默认端口号。而客户端进程的端口号是由客户端进程任意指定的(临时的)。

当客户进程向服务器进程发出建立连接请求时,要寻找连接服务器进程的熟知端口号,同时还要告诉服务器进程自己的临时端口号,以用于建立连接。然后,服务器进程就用自己的熟知端口号与客户进程所提供的端口号建立连接。

2. 互联网、因特网和万维网的区别?

互联网(internet)泛指由多个计算机网络,按照一定的通信协议,相互连接而成一个大型计算机网络。

因特网(Internet)是指在 ARPA 网基础上发展而来的世界上最大的全球性互联网络。因特网和其他类似的由计算机相互连接而成的大型网络系统,都可算是"互联网",因特网只是互联网中最大的一个。

万维网是无数个网络站点和网页的集合,它们一起构成了因特网最主要的部分(因特网也包括电子邮件、Usenet 以及新闻组等)。

6.10　综 合 例 题

本章中的各个协议是与用户接触最为紧密的协议,它所涉及的每一个应用协议都是学习网络的最终应用,它的可开发研究的空间最大。学习现有的应用协议的实现方法会对今后从事网络设计工作有所帮助。

【例题 6-1】　客户/服务器简称(C/S)模式属于什么为中心的网络计算模式? 其工作过程是如何进行的? 客户/服务器模式的主要优点是什么?

解析:本题主要考查对于网络中服务模型的理解。

在客户/服务器模型中,客户与服务器分别表示相互通信的两个应用程序的进程。在一次服务中,首先由客户向服务器发出服务请求,然后服务器执行请求的服务,并最终将服务返回给客户,发起请求服务的本地计算机中的进程叫做客户进程,而远程计算机提供的进程叫做服务器进程。

在网络环境中,很多应用与服务都采用客户/服务器模型,例如 WWW 服务、DNS 服务、E-mail 服务、文件传输服务、TELNET 服务等。之所以采用客户/服务器模型,主要是由于以下两个原因。首先,计算机网络的资源(包括硬件、软件和资源等)分布存在不均匀性,为了更好地实现资源共享,采用具有不均衡特性的客户/服务器模式是比较恰当的。其次,网络环境中的进程通信是异步的,如果存在一些始终处于服务等待状态的服务器进程能随时响应客户进程的服务请求,将可以很好地保证客户与服务器之间的信息交互与数据交换。

【例题 6-2】　Internet 提供了大量的应用服务,大致可以分为哪几类?

解析:本题主要考查对 Internet 上的各种应用与服务的了解。

Internet 上的各种应用协议都是针对特定的网络服务和网络环境而设计的。本章所出现的各种协议和服务中,E-mail 又称为电子邮件,它是目前 Internet 上使用最为频繁、用于信息交互的一种服务,可以传输各种格式的文本信息,而且还可以传输图像、声音、视频等多种信息;WWW 主要用于提供信息浏览服务等;TELNET 用于远程登录;FTP,TFTP 与 NFS 用于提供文件传输服务;DNS 用于提供域名解析服务;电子公告牌 BBS 用于信息发布、浏览、讨论等服务。

【例题 6-3】　在 TCP/IP 协议栈中,从高层协议对底层协议的单向依赖关系,应用层协议可以分为哪三种类型?

解析:本题主要考查对 TCP/IP 协议栈中各协议的理解。

在 TCP/IP 协议簇中,应用层可以分为三种类型:一类依赖于面向连接的 TCP 协议;另一类依赖于无连接的 UDP 协议;第三类既可以依赖于 TCP 协议,也可以依赖于 UDP 协议。其中,依赖于 TCP 协议的应用层协议主要有远程登录协议(TELNET),简单邮件传输协议(SMTP)、文件传输协议(FTP)、超文本传输协议(HTTP)等。而依赖于 UDP 协议的应用层协议主要有简单文件传输协议(TFTP)、远程过程调用(RPC)、网络时间协议(NTP)、引导协议(BOOTP)、实时传输协议(RTP)、动态主机配置协议(DHCP)等。既可以依赖于 TCP 协议,也可以依赖于 UDP 协议的应用层协议是域名系统(DNS)。

【例题 6-4】　简述域名服务器的工作原理。

解析:本题主要考查对 DNS 操作过程的理解。

域名系统采用了客户/服务器的模式,其中客户端完成域名解析功能的软件称为域名解析器。当客户端需要域名解析时,通过域名解析器构造一个域名请求报文,并发往本地的一个域名服务器。域名请求报文指明了所要求的域名解析方法,包括递归解析与反复解析两类。其中,递归解析方法要求域名服务器一次性完成域名解析任务,而反复解析方法则每次只要请求一个域名服务器。当指定的域名服务器收到域名请求报文时,首先检查所请求的域名是否在自己所管辖的范围内。如果域名服务器可以完成域名解析的任务,就将请求的域名转换成相应的 IP 地址,并将结果返回给发送域名请求报文的客户端。否则,域名服务器将检查客户端要求的解析方法类型。

【例题 6-5】　为什么 HTTP、FTP、SMTP、POP3 都运行于 TCP 而不是 UDP 之上?

解析:本题主要考查对网络中服务器模型的理解。

因为 HTTP、FTP、SMTP、POP3 协议都要求数据传输的可靠性,而 TCP 协议提供了面向连接的可靠数据传输服务,这样使得高层协议不需要考虑数据传输的可靠性问题。如果采用无连接、不可靠的 UDP 协议,高层协议就需要采取比较复杂的机制来进行确认、重传以保证数据传输的可靠性。因此,基于 TCP 协议更加合适。

【例题 6-6】 为什么 FTP 协议使用了两个独立的连接,即控制连接和数据连接?

解析:本题主要考查对于 FTP 协议两个连接的必要性的理解。

在 FTP 协议的实现中,客户与服务器之间采用了两条传输连接,其中控制连接用于传输各种 FTP 命令,而数据传输连接用于文件的传输。之所以这样设计,是因为使用两条独立的连接可以使 FTP 协议变得更加简单、更容易实现且效率更高(控制连接使用非常简单的通信规则,而数据传输则需要使用比较复杂的通信规则),同时在文件传输过程中还可以利用控制连接(例如,客户发送请求终止传输)。

【例题 6-7】 MIME 的用途是什么?

解析:本题主要考查对于推出 MIME 协议的重要性的理解。

由 IETF 开发的通用 Internet 邮件扩展 MIME(Multipurpose Internet Mail Extensions)能够指定编码方案,用于对电子邮件中的非文件数据进行编码。因此,使用 MIME 的电子邮件系统不仅可以传输各种文字信息,而且可以传输图像、语音、视频等多种信息,这使得电子邮件变得丰富多彩起来。

【例题 6-8】 假定一个用户正在通过 HTTP 下载一个网页,该网页没有内嵌对象,TCP 协议的慢启动窗口阈值为 30 个分组的大小。该网页长度为 14 个分组的大小,用户主机到 WWW 服务器之间的往返时延 RTT 为 1s。不考虑其他开销(例如域名解析、分组丢失、报文处理),那么用户下载该网页大概需要多长时间?

解析:本题主要考查对于在 HTTP 协议中使用拥塞控制方法的理解。

用户下载该网页的过程如下。

(1)第 1 秒:TCP 传输连接建立。

(2)第 2 秒:拥塞窗口值为 1 个分组的大小,用户发送 HTTP 请求,并且收到第 1 个分组。

(3)第 3 秒:拥塞窗口值为 2 个分组的大小,用户收到 2 个分组。

(4)第 4 秒:拥塞窗口值为 4 个分组的大小,用户收到 4 个分组。

(5)第 5 秒:拥塞窗口值为 8 个分组的大小,用户收到最后 7 个分组。

因此,用户下载该网页需要的时间大约为 5s。

【例题 6-9】 假设在 Internet 上有一台 FTP 服务器,其名称为 ftp. center. edu. cn。IP 地址为 203. 93. 120. 33,FTP 服务器进程在默认端口守候并支持匿名访问(用户名: anonymous,口令:guest)。如果某个用户直接用服务器名称访问 FTP 服务,并从该服务器下载两个文件 File1 和 File2,试叙述 FTP 客户进程与 FTP 服务器进程之间的交互过程(注:文件 File1 和 File2 允许匿名账户访问)。

解析:本题主要考查对于在 FTP 协议中 C/S 操作过程的理解。

FTP 客户进程与 FTP 服务器进程之间的交互过程如下。

(1)FTP 客户进程直接使用名称 ftp. center. edu. cn 访问该 FTP 服务器。首先需要完成对该服务器的域名解析,并最终获得该服务器对应的 IP 地址为 203. 93. 120. 33。

(2)然后,FTP 的客户进程与服务器进程之间使用 TCP 协议建立一条控制连接,并通过它传送包括用户名和密码在内的各种 FTP 命令。

(3)在控制连接建立之后,客户进程与服务器进程之间也使用 TCP 协议建立一条数据传输连接,并通过它完成文件 File1 和 File2 的传输。

(4) 在文件 File1 和 File2 传输完成后,客户进程与服务器进程分别释放数据传输连接和控制连接。

【例题 6-10】 在 Internet 上有一台 WWW 服务器,其名称为 www.center.edu.cn,IP 地址为 213.67.145.89,HTTP 服务器进程在默认端口守候。如果某个用户直接用服务器名称查看 WWW 服务器的主页,那么客户端的 WWW 浏览器需要经过哪些步骤才能将主页显示在客户端的屏幕上?

解析: 本题主要考查在 WWW 协议中对 C/S 操作过程的理解。

客户端的 WWW 浏览器获得 WWW 服务器的主页并显示在客户端的屏幕上的过程如下。

(1) WWW 浏览器直接使用名称 www.center.edu.cn 访问该 WWW 服务器,首先需要完成对该服务器的域名解析,并最终获得该服务器对应的 IP 地址 213.67.145.89。

(2) 然后,WWW 浏览器将通过 TCP 协议与服务器建立一条 TCP 连接。

(3) 当 TCP 连接建立之后,WWW 浏览器就向 WWW 服务器发送要求获取其主页的 HTTP 请求。

(4) WWW 服务器在接收到浏览器的 HTTP 请求后,将构成所请求的 Web 页必需的各种信息,并将信息通过 Internet 传送给客户端的浏览器。

(5) 浏览器将收到的信息进行解释,然后将 Web 页显示在用户的屏幕上。

【例题 6-11】 某大学校园网有一台主机,其 IP 地址为 202.113.27.60,子网掩码为 255.255.255.224,默认路由配置为 202.113.27.33,DNS 服务器配置为 202.113.16.10。现在,该主机需要解析主机名 www.sina.com.cn。请逐步写出其域名解析过程。

解析: 本题主要考查对于 WWW 协议中使用子网掩码的方法的理解。

该主机解析域名 www.sina.com.cn 的过程如下。

(1) 将该主机的 IP 地址 202.113.27.60 和默认路由的 IP 地址 202.113.27.33 分别与子网掩码 255.255.255.224 进行"与"运算,得到的子网号都为 001,所以该主机与默认路由器处于同一子网中;但该主机与 DNS 服务器不处于同一子网中。在进行域名解析时,主机首先通过本机上的域名解析器构造一个域名请求报文,该报文指明了请求解析的域名为 www.sina.com.cn 以及要求的域名解析方法,然后将该报文发送给其默认的 DNS 服务器 202.113.16.10。

(2) 路由器 202.113.27.33 收到封装有该报文的 IP 分组后,将根据路由信息将该分组转发出去,直至到达 DNS 服务器 202.223.16.10。

(3) DNS 服务器 202.113.16.10 收到该域名请求报文后,将首先查询所管辖的域名信息。由于 DNS 服务器能解析域名,就将请求的域名 www.sina.com.cn 转换成相应的 IP 地址,并将响应报文发送给主机 202.113.27.60。

(4) 该响应报文经过路由器 202.113.27.33 的转发最终到达主机 202.113.27.60。本次域名解析结束。

【例题 6-12】 举出一些在 URL 中可以指定的协议类型。

解析: 本题主要考查对在 URL 中出现协议类型的意义的理解。

标准的统一资源定位(URL)由三部分组成:协议类型、主机名和路径及文件名。协议类型指定了 WWW 服务器和浏览器使用的服务类型,例如下述几种。

(1) file:指定了通常位于本地系统的文件和目录。

(2) ftp:使用 FTP 协议发送请求以检索信息。

(3) http:使用 HTTP 协议访问 WWW 服务器。

(4) https:对于 HTML 文档的 SSL 检索。

(5) news:访问运行新闻组服务器的系统。

(6) Telnet:用于建立到远程系统的 Telnet 连接。

【例题 6-13】 假设用户单击某个超链接来访问某个网页。该网页的 URL 对应的 IP 地址没有被缓存,因此需要通过 DNS 来获得其 IP 地址。假设采用 n 个不同的 DNS 服务器,每个 DNS 服务器和当前机器的往返时延 RTT 分别为 $RTT_1, RTT_2, \cdots, RTT_n$。同时假设网页没有内嵌对象,大小为 500 字节,当前主机和 WWW 服务器的 RTT 为 RTT_0,则从单击超链接到接收该网页的时间最长为多少?

解析: 本题主要考查对 WWW 协议的理解。

由于没有该网页对应的 IP 地址,需要利用 DNS 查询其对应的 IP 地址,分别询问 n 个 DNS 服务器,在最坏的情况下需要的查询时间为 $RTT_1 + RTT_2 + \cdots + RTT_n$。一旦获得 IP 地址,本地主机的 WWW 浏览器将与 WWW 服务器建立一个 TCP 传输连接,所需要的时间为 RTT_0。然后,WWW 浏览器向 WWW 服务器发 HTTP 请求,由于网页的长度为 500 字节,只需要一个 TCP 报文段,因此从 WWW 浏览器发出 HTTP 请求到接收到网页的时间为 RTT_0。

习　题　6

6-1　解释以下英文缩写:WWW,URL,HTTP,HTML,DNS,FTP,NVT,SMTP,POP3,IMAP,MIME,DHCP,SNMP。

6-2　简述 DNS 的域名解析过程。

6-3　说明 FTP 的工作过程。

6-4　电子邮件由哪些主要部件构成?

6-5　说明电子邮件的发送与接收过程及使用的协议。

6-6　何谓万维网?万维网必须解决哪 4 个问题?简述解决这 4 个问题的思路。

6-7　HTTP 1.0 与 HTTP 1.1 有何区别?

6-8　简述 HTTP 1.1 协议的持续连接及工作方式。

6-9　从协议分析的角度,说明万维网的用户单击 www.tsinghua.edu.cn 后所发生的事件有哪些?

参 考 文 献

[1] 宋凯,刘念.计算机网络.北京:清华大学出版社,2010.

[2] 谢希仁.计算机网络(第 6 版).北京:电子工业出版社,2013.

[3] Andrew S Tanenbaum,David J Wetherall.计算机网络(第 5 版).严伟,潘爱民译.北京:清华大学出版社,2012.

[4] 冯博琴等.计算机网络(第 2 版).北京:高等教育出版社,2008.

[5] 王道论坛.2013 计算机网络联考复习指导.长沙:中南大学出版社,2012.

[6] W Richard Stevens.TCP/IP 详解.北京:机械工业出版社,2000.

[7] Behrouz A,Forouzan Firouz Mosharraf.计算机网络教程自顶向下方法.张建忠,靳星,林安华,周立斌译.北京:机械工业出版社,2013.

[8] 鲁士文.计算机网络协议和实现技术.北京:清华大学出版社,2000.

[9] 吴功宜.计算机网络.北京:清华大学出版社,2007.

[10] 吴功宜.计算机网络教师用书.北京:清华大学出版社,2004.

[11] 王树森.计算机网络与 Internet 应用.北京:中国水利水电出版社,2006.

[12] 吴功宜.计算机网络应用技术教程题解与实验指导(第 2 版).北京:清华大学出版社,2006.

[13] 雷震甲.计算机网络.西安:西安电子科技大学出版社,2005.